Java
泛型、容器与流

禹振 吴恋 著

清华大学出版社
北京

内 容 简 介

Java 容器与流功能强大，应用广泛。容器能够存储和管理有限个元素，而流可以管理和处理无限个元素。为尽可能通用化，Java 容器与流的相关接口与类都以泛型类型形式声明、定义和编写。为深入理解容器与流并掌握其使用，必须深入理解和掌握泛型。

本书以泛型为基础全面深入地介绍 Java 容器与流。全书共 10 章，分别介绍泛型、容器与流、列表、迭代器、比较器、队列、映射、集合、容器工具类和流。针对每个特性、接口或类，都以具体程序示例详尽演示其实现或用法。

本书适合对 Java 泛型、容器与流有一定了解但不够深入的学生、开发人员和研究人员学习和参考。

版权所有，侵权必究。举报：010-62782989，beiqinquan@tup.tsinghua.edu.cn。

图书在版编目(CIP)数据

Java 泛型、容器与流 / 禹振，吴恋著. -- 北京：清华大学出版社，2024.6. -- ISBN 978-7-302-66551-9

Ⅰ. TP312.8

中国国家版本馆 CIP 数据核字第 202404XT97 号

责任编辑：贾　斌
封面设计：刘　键
责任校对：韩天竹
责任印制：丛怀宇

出版发行：清华大学出版社
    网　　址：https://www.tup.com.cn，https://www.wqxuetang.com
    地　　址：北京清华大学学研大厦 A 座 邮　编：100084
    社 总 机：010-83470000 邮　购：010-62786544
    投稿与读者服务：010-62776969，c-service@tup.tsinghua.edu.cn
    质量反馈：010-62772015，zhiliang@tup.tsinghua.edu.cn
    课件下载：https://www.tup.com.cn，010-83470236
印 装 者：北京嘉实印刷有限公司
经　　销：全国新华书店
开　　本：185mm×260mm 印　张：20.5 字　数：512 千字
版　　次：2024 年 6 月第 1 版   印　次：2024 年 6 月第 1 次印刷
印　　数：1～1500
定　　价：89.00 元

产品编号：104863-01

前言

Java 是一种受欢迎程度高、应用范围广泛和使用人数众多的通用编程语言。它具有很多功能和特性,其中泛型、容器和流是三个基础且重要的特性。

Java 容器功能强大,使用广泛。但是,现在国内外很多介绍 Java 容器的著作,存在以下两个问题:第一,不全面,即只片面介绍传统容器中的简单接口与类,没有完整介绍所有相关接口与类,没有介绍流这种新式特殊容器,没有给出容器与流的整体体系结构;第二,不深入,即没有在泛型的基础上介绍容器接口或类,没有介绍容器接口或类的具体实现,没有给出各种容器接口或类之间的区别与联系。针对以上问题,本书以泛型为基础全面深入地介绍 Java 容器与流,力求让读者全面深入地理解和掌握泛型特性以及容器与流的用法。

本书具有以下特点。

(1) 全面性:本书全面介绍与 Java 容器和流相关的所有接口与类,包括抽象容器、列表、迭代器、比较器、队列、映射、集合、容器工具类以及流。针对每个接口与类,详尽介绍其所有成员和方法。

(2) 深入性:本书首先介绍泛型,然后以泛型为基础介绍各种容器与流,以帮助读者深入理解相关接口、类和方法的定义与实现。本书不仅介绍容器与流接口或类的具体实现,还指出不同容器接口或类之间的区别与联系。

(3) 实践性:针对每个特性、接口或类,本书都以具体程序示例详尽演示其实现或用法。

全书共 10 章,第 1 章介绍泛型,第 2 章概述容器与流,并给出 Java 容器与流的体系结构,第 3 章介绍列表,第 4 章介绍迭代器,第 5 章介绍比较器,第 6 章介绍队列,第 7 章介绍映射,第 8 章介绍集合,第 9 章介绍容器工具类,第 10 章介绍流。

本书由禹振、吴恋著,其中禹振负责第 1~2、4~5 和 7~10 章内容的撰写,吴恋负责第 3、6 章内容的撰写。全书由禹振负责统稿。

本书所有程序示例全部在 JDK 8 环境下编译通过并运行,读者可扫描目录二维码进行下载。

感谢同事和家人对本书创作提供的鼓励、帮助和支持。感谢贵州师范学院和贵州省科技厅与教育厅,本书受到"贵州师范学院 2019 年校级自编教材项目""贵州师范学院 2018 年度校级教师科研项目博士项目(2018BS004)""贵州省科技厅基础研究计划项目(黔科合基础-ZK〔2021〕一般 309)""贵州省教育厅自然科学基金青年项目(黔教合 KY 字

〔2021〕248)""贵州省科技厅国家自然科学基金奖励补助项目(黔科合平台人才〔2018〕5778-07)"资助。

最后,对于书中内容,作者虽已反复检查、修改,但由于水平有限,仍难免有不足之处,欢迎读者批评指正。

作　者

2024 年 5 月

目 录

程序代码

第1章　泛型 ·· 1

　1.1　泛型概念与类型参数 ··· 1

　1.2　泛型类 ·· 3

　　　1.2.1　泛型类定义 ··· 3

　　　1.2.2　泛型类应用 ··· 4

　1.3　泛型接口 ·· 6

　　　1.3.1　泛型接口定义 ··· 6

　　　1.3.2　泛型接口应用 ··· 8

　1.4　泛型方法 ·· 8

　　　1.4.1　泛型方法定义 ··· 8

　　　1.4.2　泛型方法调用 ··· 10

　1.5　受限泛型 ·· 11

　　　1.5.1　受限泛型定义 ··· 11

　　　1.5.2　受限泛型应用 ··· 12

　1.6　类型通配符 ·· 12

　　　1.6.1　类型通配符存在原因 ··· 12

　　　1.6.2　上限通配符、下限通配符和非限通配符 ··· 14

　　　1.6.3　类型通配符应用 ··· 15

　1.7　泛型擦除 ·· 19

　1.8　泛型的若干限制 ·· 21

　1.9　对泛型若干疑难问题的辨析与释疑 ·· 22

　　　1.9.1　以Object实例化的泛型类型与该泛型的原始类型之间的区别 ············ 22

　　　1.9.2　以非限通配符?实例化的泛型类型与该泛型的原始类型之间的区别 ····· 23

　　　1.9.3　非限通配符?与上限通配符?extends Object之间的区别　·················· 23

　1.10　本章小结 ·· 24

第2章　容器与流 ·· 25

　2.1　容器与流的概念 ·· 25

　2.2　容器与流的体系结构 ·· 25

　2.3　Collection＜E＞接口 ·· 28

　2.4　本章小结 ·· 31

第 3 章 列表 ... 32

- 3.1　List＜E＞ ... 32
- 3.2　ArrayList＜E＞和 Vector＜E＞ ... 33
- 3.3　Stack＜E＞ ... 38
- 3.4　LinkedList＜E＞ ... 40
- 3.5　本章小结 ... 44

第 4 章 迭代器 ... 45

- 4.1　Iterable＜T＞ ... 45
- 4.2　Iterator＜E＞和 ListIterator＜E＞ ... 46
- 4.3　PrimitiveIterator＜T,T_CONS＞ ... 55
- 4.4　Spliterator＜T＞ ... 59
- 4.5　本章小结 ... 72

第 5 章 比较器 ... 73

- 5.1　Comparable＜T＞与 Comparator＜T＞ ... 73
- 5.2　比较器实现与使用示例 ... 77
- 5.3　本章小结 ... 83

第 6 章 队列 ... 84

- 6.1　Queue＜E＞ ... 84
- 6.2　PriorityQueue＜E＞ ... 89
- 6.3　Deque＜E＞和 ArrayDeque＜E＞ ... 95
- 6.4　本章小结 ... 101

第 7 章 映射 ... 102

- 7.1　Map＜K,V＞与 Map.Entry＜K,V＞ ... 102
- 7.2　HashMap＜K,V＞与 LinkedHashMap＜K,V＞ ... 123
- 7.3　IdentityHashMap＜K,V＞与 WeakHashMap＜K,V＞ ... 130
- 7.4　SortedMap＜K,V＞、NavigableMap＜K,V＞与 TreeMap＜K,V＞ ... 140
- 7.5　本章小结 ... 150

第 8 章 集合 ... 151

- 8.1　Set＜E＞、HashSet＜E＞与 LinkedHashSet＜E＞ ... 152
- 8.2　SortedSet＜E＞、NavigableSet＜E＞与 TreeSet＜E＞ ... 156
- 8.3　本章小结 ... 164

第 9 章 容器工具类 ... 165

- 9.1　Objects 类 ... 165

9.2 Spliterators 类 …… 172
9.3 Arrays 类 …… 199
9.4 Collections 类 …… 217
9.5 本章小结 …… 236

第10章 流 …… 237

10.1 流概述 …… 237
10.1.1 流概念、流类、流获取与关闭 …… 237
10.1.2 流管道和流操作 …… 239
10.1.3 顺序流与并行流 …… 240
10.1.4 非干扰的行为参数 …… 240
10.1.5 无状态的行为参数 …… 241
10.1.6 行为参数的副作用 …… 241
10.1.7 有序流与无序流 …… 242
10.1.8 归约操作 …… 243
10.1.9 可变归约 …… 244
10.1.10 归约、并发与有序性 …… 246

10.2 Optional＜T＞、OptionalInt、OptionalLong 与 OptionalDouble …… 247

10.3 BaseStream＜T，S extends BaseStream＜T，S＞＞、Stream＜T＞、IntStream、LongStream 与 DoubleStream …… 258

10.4 StreamSupport、Collector＜T，A，R＞与 Collectors …… 293

10.5 本章小结 …… 316

参考文献 …… 317

第1章

泛 型

本章要点：
(1) 泛型概念与类型参数。
(2) 泛型类、泛型接口和泛型方法的定义与应用。
(3) 受限泛型。
(4) 类型通配符。
(5) 泛型擦除。

1.1 泛型概念与类型参数

泛型是 Java 从 JDK 5 开始引入的一项特性，可对类、接口和方法的定义和使用施加类型限制与类型检查。泛型特性通过在编译时保证类型安全，可以很大程度上避免传统 Java 由于在类型方面的过度通用灵活而导致的运行时异常。

JDK 4 版本的 Java 不支持泛型特性。现假设使用 JDK 4 编写一个链表程序，其中包括一个 MyList 接口和它的实现类 MyArrayList。为使链表尽可能通用，通常会令 java.lang.Object 为其元素的类型，则该程序可如例 1.1 所示。

【例 1.1】 包含 MyList 接口和 MyArrayList 实现类的自制链表程序。

```
1    package com.jgcs.chp1.p1;
2
3    interface MyList {
4        void add(Object elm);
5        Object get(int index);
6        void set(int index, Object newElm);
7        void remove(int index);
8    }
9
10   class MyArrayList implements MyList{
11       Object[] arr = new Object[10];
12       int indicator = 0;
13
14       //为简化起见,所有方法不检查数组下标是否越界
```

```java
15      public void add(Object elm) { arr[indicator++] = elm; }
16      public Object get(int index) { return arr[index]; }
17      public void set(int index, Object newElm) { arr[index] = newElm; }
18      public void remove(int index) { arr[index] = null; }
19   }
20
21   public class App1_1 {
22      public static void main(String[] args) {
23          MyList ms = new MyArrayList();
24          ms.add(1);
25          ms.add("Hello");
26          ms.add(34.56);
27          ms.add(ms);
28
29          new App1_1().useList(ms);
30      }
31
32      void useList(MyList list) {           //一个使用 MyList 对象的方法
33          Object obj = list.get(1);
34          Integer it = (Integer)obj;        //编译器不会对这行提出警告
35          System.out.println(it);
36      }
37   }
```

程序运行结果如下：

```
Exception in thread "main" java.lang.ClassCastException: java.lang.String cannot be cast to
java.lang.Integer
    at com.jgcs.chp1.p1.App1_1.useList(App1_1.java:34)
    at com.jgcs.chp1.p1.App1_1.main(App1_1.java:29)
```

在该程序中，通过将元素类型定义为 Object，MyList 和 MyArrayList 能够存储和操作任意类型的数据对象，具有强大的通用性和灵活性，如第 24～27 行所示，在 main 方法中可以向 ms 插入 Integer、String、Double 和 MyList 等多种类型的对象。不过将对象从 ms 取出来时，只能假定该对象的类型是 Object 而没法确定它的具体类型，如第 33 行所示。这造成在进行强制类型转换等需要明确对象具体类型的操作时，可能会因类型不匹配而发生危险的运行时异常，如第 34 行所示。第 34 行代码在运行时尝试将 obj 所指向的 String 对象 "Hello" 转换为 Integer 类型，这个转换不会成功，并抛出 java.lang.ClassCastException 异常，导致程序被非正常终止，如运行结果所示。更糟糕的是，Java 编译器不会对第 34 行的转换操作提出任何警告，因为 ClassCastException 是运行时异常，编译器在编译期间无法检测到这种异常。

当然，为避免 ClassCastException 异常和程序崩溃，可以在 useList() 方法中限制它的参数 list 只接受元素类型为 Integer 的 MyList 对象且只允许向 list 所指向的实参 MyList 对象中插入 Integer 或 int 类型对象。这样的协议能够避免类型转换异常，不过要求 useList() 的调用方和实现方都严格遵守这样的约定。问题是此时的 Java 并没有任何允许调用双方表达这种约束并检查约束是否得到遵守的机制。而泛型正是被设计用来表达类型限制和实施类型检查的程序构造。

注意：如果采用这种约定方法来编写 useList() 方法，就需要针对元素的每种可能类型分别撰写一个处理该类型列表的方法，如 useIntegerList()、useDoubleList()、useStringList()

等，造成代码臃肿和通用性灵活性较差。而泛型能够在限制 useList() 方法接受的列表类型的同时，又允许其接受多种类型的列表，只需要一个 useList() 方法就可以处理多种类型的列表对象。总之，泛型使得 Java 在类型方面既有限制约束性措施，又有通用灵活性特点。

所谓泛型就是泛化的类型，即指类型具有泛化的能力，其实质就是将类型参数化。所谓类型参数化，是指将声明数据类型的类型本身视为含有类型形式参数的类型，参数化类型的取值是具体类型且将由传递给它的类型实际参数来确定。类型形式参数按照惯例通常用 T 或 E 这样的单个大写字母来表示，当然也可以用任何合法的 Java 标识符表示。泛型只适用于类、接口和方法这三个程序元素上，分别称为泛型类、泛型接口和泛型方法。其定义的格式是在普通类、接口和方法的类名后面、接口名后面和方法的返回类型前面加上一对由尖括号括起来的一个或类型形式参数，从而得到泛型类、泛型接口和泛型方法，如图 1.1 所示。

```
泛型类定义：［类修饰符］class 类名<T1，T2，…，Tn>
泛型接口定义：［public］interface 接口名<T1，T2，…，Tn>
泛型方法定义：［访问控制修饰符］［其他修饰符］<T1，T2，…，Tn> 返回类型 方法名(参数列表)
```

图 1.1　泛型类、泛型接口和泛型方法的定义格式

注意：为了兼容已有代码，Java 在 JDK 5 版本后，仍然允许使用泛型元素（这里的元素包括类和接口，但不包括方法）的非泛型版本，并允许泛型元素的泛型版本和非泛型版本在无须类型转换的前提下进行互相指向，尽管这可能造成泛型极力避免的类型转换运行时异常。泛型元素的非泛型版本称为泛型类型的原始类型（Raw Type）。

1.2　泛型类

1.2.1　泛型类定义

按照图 1.1 中所示的泛型类的定义格式，例 1.2 给出了两个泛型类的具体定义，其中 MyBox<T>是一个盒子类，可以存放 T 类型的对象；MyEntry<K,V>有两个类型参数 K 和 V，它是一个条目类，由 K 类型的键和 V 类型的值构成。

【例 1.2】 两个泛型类的定义。

```
1    package com.jgcs.chp1.p2;
2
3    public class MyBox<T>{            //盒子类用来存放 T 类型对象
4      T obj;
5      T getObj() {
6        return obj;
7      }
8      void setObj(T obj) {
9        this.obj = obj;
10     }
11   }
12
13   class MyEntry<K, V>{              //条目类用来存放由 K 类型键和 V 类型值构成的键值对
14     K key;
15     V value;
```

```
16      MyEntry(K k, V v){
17          this.key = k;
18          this.value = v;
19      }
20      V getValue() {
21          return value;
22      }
23      void setValue(V v) {
24          this.value = v;
25      }
26  }
```

1.2.2 泛型类应用

泛型类在定义后的应用分为两种情况：①使用泛型类创建引用变量和实例对象；②继承泛型类，创建泛型类子类。例1.3给出了关于在例1.2中定义的两个泛型类的应用示例。

【例1.3】 泛型类的应用示例。

```
1   package com.jgcs.chp1.p2;
2
3   class MyPlasticBox extends MyBox<Integer>{
4   }
5
6   class MyMetalBox<E> extends MyBox<E>{
7   }
8
9   public class App1_2 {
10      public static void main(String[] args) {
11          MyBox<String> mbs = new MyBox<String>();
12          mbs.setObj("Hello");
13          //mbs.setObj(10); //Error: The method setObj(String) in the type MyBox<String> is
                //not applicable for the arguments (int)
14          //mbs = new MyBox<Integer>(); //Error: Type mismatch: cannot convert from
                //MyBox<Integer> to MyBox<String>
15
16          MyBox<Integer> mbi = new MyBox<>(); //<> is called the Generics Diamond
17          mbi.setObj(10); //This line is OK
18          //mbi.setObj("One World"); //Error: The method setObj(Integer) in the type
                //MyBox<Integer> is not applicable for the arguments (String)
19
20          MyEntry<String, Integer> mes = new MyEntry<String, Integer>("Beijing Olympics",
                2008);
21          mes.setValue(2022);
22          MyEntry<Integer, String> mei = new MyEntry<>(2022, "Beijing Winter Olympics");
23
24          MyPlasticBox mpb = new MyPlasticBox();
25          mpb.setObj(10);
26          //mpb.setObj("One Dream"); //Error: The method setObj(Integer) in the type
                //MyBox<Integer> is not applicable for the arguments (String)
27
28          MyMetalBox<String> mmbs = new MyMetalBox<String>();
29          mmbs.setObj("World");
30          MyMetalBox<Integer> mmbi = new MyMetalBox<>();
```

```
31              mmbi.setObj(10);
32
33              MyBox mb1 = new MyBox(); //MyBox mb1 = new MyBox<>(); is also OK
34              mb1.setObj(10); //Warning: the raw type MyBox should be parameterized
35              mb1.setObj("Hello World!"); //Warning: the raw type MyBox should be parameterized
36
37              MyBox mb2 = new MyBox<String>();
38              mb2.setObj(10); //The line is OK, surprisingly!
39
40              MyBox<String> mbt = new MyBox();
41              mbt.setObj("Hello World!");
42              //mbt.setObj(10);   //Error: The method setObj(String) in the type MyBox
                //<String> is not applicable for the arguments (int)
43
44              System.out.println("We are good!");
45         }
46     }
```

程序运行结果如下：

We are good!

在例1.3中,第11行给泛型类MyBox<T>传递类型实参String得到MyBox<String>(MyBox<String>称为泛型类型MyBox<T>的实例化类型或参数化类型,即Parameterized Types),并声明和创建MyBox<String>类型的引用变量mbs和匿名实例对象。mbs指向一个只能存放String类型对象的MyBox对象。通过mbs只能向它所指向的MyBox对象存入String类型对象,如第12行所示。如果存入整型对象,如第13行所示,则编译器报告语义错误:MyBox<String>的setObj()方法的int类型实参与其String类型形参类型不匹配。类似地,mbs只能指向MyBox<String>类型对象,不能指向其他类型的MyBox对象,如第14行所示。

第16行声明了一个MyBox<Integer>类型引用变量mbi,它指向一个匿名MyBox<>对象。这里的<>被称为泛型菱形(The Generics Diamond),菱形中的类型实参被省略了,编译器会根据MyBox<>对象被赋予的引用变量的类型来自动推断该类型实参。这里,编译器会推断出类型实参为Integer,即赋值操作右侧是一个MyBox<Integer>对象,因此可以对它设置整型对象10(如第17行所示)但不能设置字符串对象(如第18行所示)。

第20行声明一个键型为String、值型为Integer的MyEntry<String,Integer>类型的引用变量mes,它指向一个相同类型的MyEntry对象。通过mes可以修改该对象的value值,但只能修改为Integer类型的新值,如第21行所示。第22行与第20行类似,声明和创建一个MyEntry<Integer,String>类型的引用变量和一个相同类型的匿名对象。

第3~7行的代码展示了泛型类的第二种使用情形——作为基类被子类继承。第3行定义的MyPlasticBox是一个普通类,它使用泛型类MyBox<T>的一个类型实例MyBox<Integer>作为父类来定义自身。由于MyPlasticBox类的父类是MyBox<Integer>,因此只能向MyPlasticBox类的实例中存放Integer类型的对象,如第25~26行所示。第6行的MyMetalBox<E>是一个泛型类,它也利用泛型类MyBox<T>的一个类型实例MyBox<E>来定义自身。这里,MyMetalBox<E>中的E是一个类型参数,而MyBox<E>中的E是对前者的引用并且作为类型实参传递给泛型类MyBox<T>中的T,因此MyMetalBox<E>表示的是这样的一个泛型类：该泛型类继承父类 MyBox<E>，可以存放任意类型 E 的对象，如第 28～31 行所示。

如前所述，Java 允许使用泛型类的原始类型，程序的第 33～35 行对此进行了展示。第 33 行使用泛型类 MyBox<T>的原始类型 MyBox 声明了引用变量 mb1 并指向 MyBox 类型的匿名对象。使用原始类型时，类型形参 T 没有对应的类型实参，这种情况下 Java 编译器会自动将 T 置为 Object，这导致可以向原始类型对象中存入任意类型的数据，如第 34～35 行所示。在泛型类存在的情况下使用泛型类的原始类型是一种危险操作，可能让程序绕过泛型的类型检查进而发生运行时异常，Java 允许使用原始类型仅仅是为了兼容遗产代码。Java 强烈建议尽量不要使用泛型类的原始类型，如果使用的话，编译器会提出警告，如第 34～35 行所示。

注意：MyBox 与 MyBox<Object>并不相同，1.9 节将对此进行解释。

Java 也允许泛型类的泛型版本和原始版本直接相互指向，程序的第 37～42 行对此进行了展示。原始类型的引用变量可以指向泛型类型的实例，如第 37 行所示，并可通过该引用变量破坏泛型类型的类型约束，如第 38 行所示，通过 mb2 可以向 MyBox<String>对象存入一个 Integer 数据，编译器不会认为这是一个语义错误。但是如果通过 mb2 将该数据取出并转换为 String 类型，则会在运行时触发 ClassCastException 异常。因此用原始类型指向泛型类型是非常危险的一个操作。但是用泛型类型指向原始类型却是一个安全的操作，如 40～42 行所示。声明一个 MyBox<Stirng>类型的引用变量 mbt 并让它指向一个 MyBox 原始类型的对象，这会导致通过 mbt 只能向 MyBox 对象放入 String 类型数据而不是任何其他类型数据。这实际上使得匿名的 MyBox 对象的类型为 MyBox<String>，因此用泛型类型指向原始类型是安全的。

1.3 泛型接口

1.3.1 泛型接口定义

泛型接口的定义与泛型类很类似，图 1.1 给出了泛型接口的定义格式，即"[public] interface 接口名<T1,T2,…,Tn>"。例 1.4 对例 1.1 中的接口 MyList 进行泛型化，得到泛型接口 MyList<T>，并在其基础上定义了一个泛型接口 MySortedList<ParamType>、一个普通类 MyArrayList1 和一个泛型类 MyArrayList2<E>。泛型接口 MySortedList<ParamType>的类型参数是 ParamType，普通类 MyArrayList1 只能存储和操作 String 类型的数据，而泛型类 MyArrayList2<E>可以存储和操作任意类型 E 的数据。

【例 1.4】 泛型接口定义与应用。

```
1      package com.jgcs.chp1.p3;
2
3      interface MyList<T> {
4        void add(T elm);
5        T get(int index);
6        void set(int index, T newElm);
7        void remove(int index);
8      }
9
10     interface MySortedList<ParamType> extends MyList<ParamType>{}
```

```java
11
12    class MyArrayList1 implements MyList<String>{
13        String[] arr = new String[10];
14        int indicator = 0;
15
16        //为简化起见,所有方法不检查数组下标是否越界
17        public void add(String elm) { arr[indicator++] = elm; }
18        public String get(int index) { return arr[index]; }
19        public void set(int index, String newElm) { arr[index] = newElm; }
20        public void remove(int index) { arr[index] = null; }
21    }
22
23    class MyArrayList2<E> implements MyList<E>{
24        E[] arr; //E[] arr = new E[10];是错误的,new E[10]会报告:Cannot create a generic array of E
25        int indicator = 0;
26
27        MyArrayList2(E[] arr){
28            this.arr = arr;
29        }
30        //为简化起见,所有方法不检查数组下标是否越界
31        public void add(E elm) { arr[indicator++] = elm; }
32        public E get(int index) { return arr[index]; }
33        public void set(int index, E newElm) { arr[index] = newElm; }
34        public void remove(int index) { arr[index] = null; }
35    }
36
37    public class App1_3 {
38        public static void main(String[] args) {
39            MyArrayList1 mar1 = new MyArrayList1();
40            mar1.add("Red");
41
42            MyList<String> mls = new MyArrayList1(); //MyArrayList1 可被 MyList<String>
                                                      //而不能被任何其他 MyList<T>
                                                      //指向
43            mls.add("Blue");
44
45            Integer[] arr = new Integer[10];
46            MyArrayList2<Integer> mar2 = new MyArrayList2<Integer>(arr);
47            mar2.add(110);
48
49            Integer[] ints = new Integer[10];
50            MyList<Integer> mli = new MyArrayList2<Integer>(ints); //MyList<E>可以指向
                                                                    //MyArrayList2<E>
51            mli.add(120);
52
53            int elm = 0;
54            System.out.println("mar1's first element is: " + mar1.get(0));
55            System.out.println("mls's first element is: " + mls.get(0));
56            System.out.println("mar2's first element is: " + (elm = mar2.get(0)));
57            System.out.println("mli's first element is: " + (elm = mli.get(0)));
58        }
59    }
```

程序运行结果如下:

```
mar1's first element is: Red
mls's first element is: Blue
mar2's first element is: 110
mli's first element is: 120
```

注意：Java 不允许创建泛型数组，因为在创建数组时需要先知道数组元素的类型，而泛型数组的元素类型在数组创建时是无法获知的。因此，MyArrayList1 允许它的 String[] 类型的成员变量 arr 在声明的同时创建一个 String[] 数组实例对其进行定义（如第 13 行所示），而 MyArrayList2<E>只允许声明它的 E[]类型的成员变量 arr，将对 arr 的定义放到其构造方法中进行。

1.3.2 泛型接口应用

泛型接口在定义后的应用分为三种情况：①使用泛型接口创建引用变量；②实现泛型接口创建泛型接口实现类；③继承泛型接口，创建泛型接口子接口。例 1.4 给出了这三种情况的示例，分别如第 42 与 50 行、第 12 行和第 10 行所示。

在第 10 行，程序定义一个泛型接口 MySortedList<ParamType>，它的类型参数是 ParamType；该接口继承了泛型接口 MyList<ParamType>，该类型是 MySortedList<ParamType>用自己的类型参数 ParamType 实例化泛型接口 MyList<T>所得到的类型。在第 12 行，程序使用实际类型 String 实例化 MyList<T>得到一个泛型接口的实例类型，即 MyList<String>，并定义一个普通类 MyArrayList1 实现此 MyList<String>接口。在第 42 行，程序创建一个 MyList<Stirng>引用变量 mls，并让其指向一个普通类 MyArrayList1 的实例，这是可行的，因为 MyList<String>是 MyArrayList1 的父类。在第 50 行，程序创建一个 MyList<Integer>引用变量 mli，并让其指向一个 MyArrayList2<Integer>的实例，这也是可行的，因为 MyList<E>是 MyArrayList2<E>的父类。

注意：Java JDK 5 及之后版本提供了自动装箱拆箱（也称打包解包）功能，即对于八种基本类型，Java 发现在需要使用包装类型/基本类型的时候却使用了基本类型/包装类型，则会自动完成从基本类型到包装类型或从包装类型到基本类型的转换，即装箱拆箱操作，分别如例 1.4 第 47、51 行和第 56、57 行所示。

1.4 泛型方法

1.4.1 泛型方法定义

泛型方法与泛型类、泛型接口是独立定义的，它不依赖于泛型类和泛型接口的定义，其定义格式如图 1.1 所示，即"[访问控制修饰符][其他修饰符]<T1,T2,…,Tn>返回类型 方法名（参数列表）"。例 1.5 给出了五个泛型方法<T> printGeneralNode1()、<T> printGeneralNode2()、<T> printGeneralObject1()、<T> printGeneralObject2()和<T> printGeneralObject3()的定义及其使用示例。

【例 1.5】 泛型方法定义与应用。

```
1    package com.jgcs.chp1.p4;
2
```

```java
3    class MyIntegerNode{
4        Integer obj;
5        Integer getObj() { return obj; }
6        void setObj(Integer obj) { this.obj = obj;}
7        void printNode() {
8            System.out.println("This node's obj is: " + obj);
9        }
10       <T> void printGeneralNode1(MyGeneralNode<T> mgn1) {
11           mgn1.printNode("MyIntegerNode's <T> printGeneralNode1".replace("T", mgn1.getTName()));
12       }
13       //printGeneralNode2 前面的<T>与printGeneralNode1 前面的<T>,虽然类型参数都是 T,
         //但两个 T 是独立的。为容易理解,一般分别使用不同的类型参数名,如 T 和 E
14       static <T> void printGeneralNode2(MyGeneralNode<T> mgn2) {
15           mgn2.printNode("MyIntegerNode's <T> printGeneralNode2".replace("T", mgn2.getTName()));
16       }
17   }
18
19   class MyGeneralNode<T>{
20       T obj;
21       T getObj() { return obj; }
22       void setObj(T obj) { this.obj = obj;}
23       void printNode(String printer) {
24           System.out.println("This node's obj is: " + obj + ", printed by " + printer);
25       }
26       String getTName() { //获取泛型类型 MyGeneralNode<T>中 T 的具体类型
27           return obj.getClass().getName();
28       }
29       <T> void printGeneralObject1(T obj1) {
30           System.out.println(obj1.toString());
31       }
32       static <T> void printGeneralObject2(T obj2) {
33           System.out.println(obj2.toString());
34       }
35       <T> void printGeneralObject3(T obj3) { //验证泛型方法与泛型类的类型参数是独立的
36           System.out.println("The T in MyGeneralNode<T> is: " + getTName());
37           System.out.println("The T in <T> printGeneralNode5 is: " + obj3.getClass().getName());
38       }
39   }
40
41   public class App1_4 {
42       public static void main(String[] args) {
43           MyIntegerNode min = new MyIntegerNode();
44           min.setObj(119);
45
46           MyGeneralNode<Integer> mgni = new MyGeneralNode<>();
47           mgni.setObj(122);
48           MyGeneralNode<String> mgns = new MyGeneralNode<>();
49           mgns.setObj("Harbin"); //哈尔滨
50
51           min.printGeneralNode1(mgni);
52           MyIntegerNode.printGeneralNode2(mgns);
```

```
53
54            mgni.printGeneralObject1(114);
55            mgns.<String>printGeneralObject1("QiqiHar");  //齐齐哈尔,如果使用 mgns.
              //<String>printGeneralObject(121);则会触发一个编译器 type-mismatch 错误
56
57            mgni.printGeneralObject2(12306);
58            mgns.printGeneralObject2("Daqing");//大庆
59
60            mgni.printGeneralObject3("Songhua River");   //松花江
61        }
62    }
```

程序运行结果如下:

```
This node's obj is: 122, printed by MyIntegerNode's <java.lang.Integer> printGeneralNode1
This node's obj is: Harbin, printed by MyIntegerNode's <java.lang.String> printGeneralNode2
114
QiqiHar
12306
Daqing
The T in MyGeneralNode<T> is: java.lang.Integer
The T in <T> printGeneralObject3 is: java.lang.String
```

该程序定义了一个普通类 MyIntegerNode 和一个泛型类 MyGeneralNode<T>,并在其中分别定义了两个和三个泛型方法。可以看出,泛型方法既可以定义在普通类中也可以定义在泛型类中(泛型方法既可以在普通接口中声明也可以在泛型接口中声明)。另外,如果泛型方法在泛型类或者泛型接口中声明或定义,则它的类型参数与包含它的泛型类/接口的泛型参数是相互独立的,如第 35~38 行的泛型方法<T> printGeneralObject3()与它所在的泛型类 MyGeneralNode<T>的类型参数虽然都是 T,但这两个 T 是独立的、不相关的。总之,泛型方法的声明和定义是与泛型类、泛型接口相互独立的。

注意:多个泛型方法之间也是相互独立的,如第 10 行的<T> printGeneralNode1()和第 14 行的<T> printGeneralNode2(),虽然它们的类型参数都是 T,但这两个 T 也是独立的、不相关的。

泛型方法可以是实例方法,如第 10 行、第 29 行和第 35 行所示的三个泛型方法;也可以是静态方法,如第 14 行和第 32 行所示的两个泛型方法。

1.4.2 泛型方法调用

对泛型方法的调用与对普通方法的调用类似,如第 51~52 行所示,一般通过具体对象调用实例泛型方法,通过类名调用静态泛型方法。当然,也可以通过具体对象调用静态泛型方法,如第 57~58 行所示。

对泛型方法的调用一般无须像使用泛型类或泛型接口那样给类型形参传递类型实参,因为编译器会根据传递给泛型方法的参数列表中的实参的类型来自动推断它的类型参数的实际类型取值。例如,第 54 行对泛型方法<T> printGeneralObject1()的调用,该调用没有显式地向 T 传递实参,但编译器根据实参 114 推断出 T 的实际类型为 Integer。当然,如果显式地指定泛型方法的类型实参,则编译器会检查传递给泛型方法的参数列表的实参的类型是否与类型实参一致,例如编译器会确保传递给第 55 行的<String> printGeneralObject1()

的变量实参必须是 String 类型,否则将会触发一个编译器"type-mismatch"错误。

注意:Java 要求传递给泛型的类型形参的类型实参必须是类类型而不能是基本类型。第 54 行的 114 虽然本身是 int 类型,但编译器会自动将其装箱成 Integer 类型。

第 35~38 行的 <T> printGeneralObject3() 泛型方法位于泛型类 MyGeneralNode<T> 中,对其的调用如第 60 行所示,执行结果显示泛型方法与泛型类的类型参数确实是相互独立的。

1.5 受限泛型

1.5.1 受限泛型定义

目前定义的泛型类、泛型接口和泛型方法的类型形参可以接受任何类型实参。如果需要对类型形参可以接受的类型实参进行限制,就需要用到受限泛型。所谓受限泛型,即在定义泛型类型的类型形参时指定它可以接受的类型上限。用 <T extends UpperBoundClass> 指定类型形参 T 的类型实参只能是 UpperBoundClass 类(接口)、继承 UpperBoundClass 类(接口)的子类(接口)或者实现 UpperBoundClass 接口的类。需要指出的是,即使 UpperBoundClass 是接口,受限泛型也只能使用 extends 来限定 T,而不能用 implements。例 1.6 给出了受限类型的定义和应用示例。

注意:无法指定类型形参的类型下限,即没有 <T super LowerBoundClass> 这样的语法。

【例 1.6】 受限泛型的定义与应用。

```
1    package com.jgcs.chp1.p5;
2
3    class A{}
4    class B1 extends A{}
5    class B2 extends A{}
6    class C extends B2{}
7    class D{}
8    class MyEntry<K extends A, V>{
9        K key;
10       V value;
11       MyEntry(K k, V v){
12           this.key = k;
13           this.value = v;
14       }
15       V getValue() {
16           return value;
17       }
18       void setValue(V v) {
19           this.value = v;
20       }
21   }
22
23   public class App1_5 {
24       public static void main(String[] args) {
25           MyEntry<A, String> me1 = new MyEntry<>(new A(), "Harbin"); //哈尔滨
26           MyEntry<B1, String> me2 = new MyEntry<>(new B1(), "Nangang District");
```

```
                                                                        //南岗区
27          MyEntry< B2, Integer > me3 = new MyEntry<>(new C(), 88); //道里区透笼街88号圣
                                                                        //索菲亚广场
28          //Bound mismatch: The type D is not a valid substitute for the bounded parameter
            //< K extends A > of the type MyEntry< K,V >
29          //MyEntry< D, String > me4 = new MyEntry<>(new D(), "Songhua River"); //松花江
30
31          App1_5 app = new App1_5();
32          app.printMyEntry("me1's value is: ", me1);
33          app.printMyEntry("me2's value is: ", me2);
34          app.printMyEntry("me3's value is: ", me3);
35      }
36      < T extends A, E > void printMyEntry(String str, MyEntry< T, E > me){
37          System.out.println(str + me.getValue());
38      }
39  }
```

程序运行结果如下：

```
me1's value is: Harbin
me2's value is: Nangang District
me3's value is: 88
```

程序在第 8～21 行和第 36～38 行分别定义了一个受限泛型类 MyEntry< K extends A，V >和一个受限泛型方法< T extends A，E > printMyEntry()，它们的第一个类型参数 K 或 T 的类型实参都只能是 A 或者 A 的子类。

1.5.2 受限泛型应用

例 1.6 分别使用 A、B1、B2 作为类型实参创建 MyEntry< K extends A，V >的实例化类型(Parameterized Types) MyEntry< A，String >、MyEntry< B1，String >和 MyEntry< B2，String >，这导致相应类型的引用变量 me1、me2 和 me3 只能分别指向用 A 或 A 的子类、B1 或 B1 的子类、B2 或 B2 的子类类型的对象作为键值的 MyEntry 对象，如第 25～27 行所示。如果将 D 作为类型实参传递给形参 K，则由于 D 既不是 A 类也不是 A 的子类，编译器会报错，如第 28～29 行所示。

在第 32～34 行，程序分别使用 me1、me2 和 me3 作为参数调用受限泛型方法< T extends A，E > printMyEntry()，编译器检查这三个引用变量的类型，发现它们的第一个类型实参分别是 A、B1 和 B2，从而满足泛型方法关于第一个泛型参数 T 的要求，因此这些代码通过编译器的检查。

注意：第 32～34 行对泛型方法的调用没有显式指定类型实参，因此由编译器根据方法的实参自动推断类型参数的类型实参。

1.6 类型通配符

1.6.1 类型通配符存在原因

在 Java 中，泛型是非协变的而数组是协变的。所谓协变就是共变，即共同变化。维基百科对协变的定义是：协变(Covariance)是在计算机科学中，描述具有父/子型别

关系的多个型别通过型别构造器、构造出的多个复杂型别之间是否有父/子型别关系的用语。例如有普通类 A、B 和泛型类 MyGeneralType＜T＞,其中 A 是 B 的父类,则 A[ ]是 B[ ]的父类,即数组是协变的,而 MyGeneralType＜A＞不是 MyGeneralType＜B＞的父类,即泛型是非协变的。例 1.7 给出的程序展示了泛型为什么被设计成非协变的和非协变的泛型可能造成的问题。

【例 1.7】 泛型是非协变的原因和非协变的泛型可能造成的问题。

```
1    package com.jgcs.chp1.p6;
2
3    class MyGeneralNode＜T＞{
4      T obj;
5      T getObj() { return obj; }
6      void setObj(T obj) { this.obj = obj;}
7    }
8
9    public class App1_6 {
10     public static void main(String[] args) {
11       Object[] nums = new Integer[10];
12       nums[0] = 1;
13       nums[1] = "abcd"; //编译时没有问题,运行时发生 java.lang.ArrayStoreException
                           //异常
14
15       //Type mismatch: cannot convert from MyGeneralNode＜Integer＞ to MyGeneralNode＜Object＞
16       MyGeneralNode＜Object＞ mgno = new MyGeneralNode＜Integer＞();
17       mgno.setObj("Hello World!");
18
19       MyGeneralNode＜Integer＞ mgni = new MyGeneralNode＜＞();
20       mgni.setObj(12306);
21
22       App1_6 app = new App1_6();
23       //The method printGeneralNode(MyGeneralNode＜Object＞) in the type App1_6 is
         //not applicable for the arguments (MyGeneralNode＜Integer＞)
24       app.printGeneralNode(mgni);
25     }
26     void printGeneralNode(MyGeneralNode＜Object＞ mgn) {
27       System.out.println(mgn.getObj());
28     }
29   }
```

程序运行结果如下:

编译错误,无法运行

数组是协变的,故 Object[ ]类型的引用变量 nums 可以指向 Integer[ ]类型的数组实例,如第 11 行所示。由于 nums 的类型是 Object[ ],其中可以存放任何 Object 对象,所以第 12、13 行分别向它存入一个 Integer 对象和一个 String 对象(在编译时)是允许的。但是 nums 所指向的数组的实际类型是 Integer[ ],而第 13 行向该数组存入 String 对象的操作尽管可以在编译时通过类型检查,但在运行时会触发 java.lang.ArrayStoreException 异常。这是因为 Java 的数组会在运行时对存入其中的元素类型进行类型检查,如果元素类型与数组期待类型不匹配,就抛出前述异常。

泛型是非协变的,故 MyGeneralNode＜Object＞类型的引用变量 mgno 不能指向

MyGeneralNode＜Integer＞的实例,如第 16 行所示,如果这样做,编译器会对此报"类型不匹配"错误。为什么这样做是不允许的? 为什么泛型被设计成非协变的? 原因如下:假设第 16 行是允许的,则可以对 mgno 调用 setObj()将一个 String 对象设置到 mgno 所指向的 MyGeneralNode＜Integer＞实例中,如第 17 行所示;仅从 mgno 的类型来考虑,这个调用在编译时是没有问题的,故编译器并没有对第 17 行报告任何错误;但 mgno 实际指向的是 MyGeneralNode＜Integer＞实例,因此第 17 行应在运行时报错,就像第 13 行那样抛出某种异常;可是实际上由于类型擦除(参见第 1.7 节),第 17 行的这个操作在运行时也是合法的,不会引起类型不匹配问题;这样的话,第 17 行的调用在编译时和运行时都是正确的,但它明明违反了第 16 行的类型约束而 Java 却在动静态时都检测不出来。为避免这种情况,Java 规定泛型是非协变的,即不允许第 16 行这样的代码存在。

这种规定会限制程序的通用性、灵活性。例如,无法写出一个通用的能够打印各种类型的 MyGeneralNode 对象的普通方法(当然写一个泛型方法是可以的),第 26～28 行的 printGeneralNode()方法展示了这一点。该方法的形参 mgn 的类型是 MyGeneralNode＜Object＞,则它能接受的实参的类型就只能是 MyGeneralNode＜Object＞,而不能是任何其他类型如 MyGeneralNode＜Integer＞,因此用 mgni 作为实参调用该方法是错误的,如第 24 行所示,编译器会报告"类型不适用"错误。为了解决这个问题,Java 引入了类型通配符的概念和语法符号,用以建立泛型的实例化类型之间的父子关系。

1.6.2　上限通配符、下限通配符和非限通配符

Java 的类型通配符是泛型类型的类型形参的类型实参,分为上限通配符、下限通配符和非限通配符,它们的格式如下:

> 上限通配符:? extends UpperBoundClass
> 下限通配符:? super LowerBoundClass
> 非限通配符:?

其中,上限通配符"? extends UpperBoundClass"表示当前的实际类型为 UpperBoundClass 类(接口)、UpperBoundClass 类(接口)的未知子类(接口)或实现 UpperBoundClass 接口的未知子类;下限通配符"? super LowerBoundClass"表示当前的实际类型为 LowerBoundClass 类(接口)、LowerBoundClass 类的未知父类/父接口或 LowerBoundClass 接口的未知父接口;非限通配符"?"表示当前的实际类型为一个未知类(或接口),可以认为它是上限通配符"? extends Object"的简化形式。

注意:? 与? extends Object 并不完全相同,1.9 节将对此进行解释。

借助类型通配符,可以在用通配符实例化的泛型类型与用具体类型实例化的泛型类型之间建立父子关系,从而使得前者类型的引用变量可以指向后者类型的引用变量或者对象实例。假设有两个类 A 和 B,且 A 是 B 的父类,记作 A≥B,则针对例 1.7 中的泛型类 MyGeneralNode＜T＞,其实例化类型之间存在如下关系:

```
MyGeneralNode <? > ≥ MyGeneralNode <? extends A > ≥ MyGeneralNode <? extends B >
MyGeneralNode ＜B＞
MyGeneralNode <? > ≥ MyGeneralNode <? super B > ≥ MyGeneralNode <? super A >
MyGeneralNode ＜A＞
MyGeneralNode <? extends A > ≥ MyGeneralNode ＜A＞
```

MyGeneralNode<? super B> ≥ MyGeneralNode<B>

图 1.2 对这些关系进行了图形化展示。

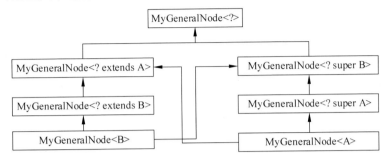

图 1.2 用通配符实例化的泛型类型与用具体类型实例化的泛型类型之间的关系

1.6.3 类型通配符应用

对于用通配符实例化的泛型类型,由于它的类型形参对应的类型实参是未知类型,是一个占位符,因此要着重考察 3 个问题:①它的引用变量可以指向什么类型的应用变量或对象实例;②从它里面取出的数据是何种类型;③能够向它存入何种类型数据。例 1.8 给出了三种类型通配符的简单使用示例。

【例 1.8】 三种类型通配符的简单使用。

```
1   package com.jgcs.chp1.p7;
2
3   class MyGeneralNode<T>{
4     T obj;
5     T getObj() { return obj; }
6     void setObj(T obj) { this.obj = obj;}
7   }
8
9   public class App1_7 {
10    public static void main(String[] args) {
11      MyGeneralNode<Integer> mgni = new MyGeneralNode<>();
12      mgni.setObj(12306);
13
14      MyGeneralNode<String> mgns = new MyGeneralNode<>();
15      mgns.setObj("Heilong River"); //黑龙江
16
17      MyGeneralNode<Double> mgnd = new MyGeneralNode<>();
18      mgnd.setObj(3.1415926d);
19
20      App1_7 app = new App1_7();
21      app.printGeneralNode1(mgni);
22      app.printGeneralNode2(mgnd);
23      app.printGeneralNode1(mgns);
24      //The method printGeneralNode2(MyGeneralNode<? extends Number>) in the type
         //App1_7 is not applicable for the arguments (MyGeneralNode<String>)
25      //app.printGeneralNode2(mgns);
26
```

```
27          app.printGeneralNode3(mgni);
28          //The method printGeneralNode3(MyGeneralNode<? super Integer>) in the type
            //App1_7 is not applicable for the arguments (MyGeneralNode<Double>)
29          //app.printGeneralNode3(mgnd);
30
31          //mgnu虽然指向mgnd,但是mgnu类型中的?并不会具体化为Double,而是仍然表示
            //未知类型
32          MyGeneralNode<? extends Number> mgnu = mgnd;
33          Number num1 = mgnu.getObj();    //mgnu.getObj()返回类型为Number
34          mgnu = mgni;                    //mgnu在指向mgnd后可以重新指向mgni
35          Number num2 = mgnu.getObj();
36          System.out.println("num1 is: " + num1 + "\n" + "num2 is: " + num2);
37
38          MyGeneralNode<? super Integer> mgnv = mgni;
39          Number num3 = (Number)mgnv.getObj();  //mgnv.getObj()返回类型为Object,这里
                                                  //必须进行强制类型转换
40          System.out.println("num3 is: " + num3);
41
42          MyGeneralNode<?> mgnw = mgns;
43          String str = (String)mgnw.getObj();   //mgnw.getObj()返回类型为Object,这里必
                                                  //须进行强制类型转换
44          System.out.println("str is: " + str);
45
46          MyGeneralNode<? extends Number> mgnx = new MyGeneralNode<>(); //相当于new
                                                                          //MyGeneralNode<Number>();
47          MyGeneralNode<? super Integer> mgny = new MyGeneralNode<>();  //相当于new
                                                                          //MyGeneralNode<Object>()
48          MyGeneralNode<?> mgnz = new MyGeneralNode<>();  //相当于new MyGeneralNode
                                                            //<Object>()
49          //MyGeneralNode<?> mgnz = new MyGeneralNode<?>(); //非法,错误信息为Cannot
                                                              //instantiate the type MyGeneralNode<?>
50      }
51      void printGeneralNode1(MyGeneralNode<? extends Object> mgn) {
52          System.out.println(mgn.getObj());
53      }
54      void printGeneralNode2(MyGeneralNode<? extends Number> mgn) {
55          System.out.println(mgn.getObj());
56      }
57      void printGeneralNode3(MyGeneralNode<? super Integer> mgn) {
58          System.out.println(mgn.getObj());
59      }
60  }
```

程序运行结果如下：

```
12306
3.1415926
Heilong River
12306
num1 is: 3.1415926
num2 is: 12306
num3 is: 12306
str is: Heilong River
```

通过引入通配符,Java在泛型类型的各种实例化类型之间建立了父子关系,因此可以将例

1.7 中 printGeneralNode()方法的参数类型改为 MyGeneralNode<? extends Object>(或更简单的 MyGeneralNode<?>),这样它就能够打印任意类型的 MyGeneralNode 对象。修改过的方法如例 1.8 中第 51~53 行的 printGeneralNode1()方法所示。第 21 和 23 行对该方法进行调用,可以看出其参数确实能够接受任何 MyGeneralNode<AnyClass>对象,这里 AnyClass 表示一个具体类型。例 1.8 还定义了方法 printGeneralNode2 和 printGeneralNode3,它们的参数类型分别为 MyGeneralNode<? extends Number>和 MyGeneralNode<? super Integer>,所以第 22 和 27 行分别以 mgnd 和 mgni 作为实参对这两个方法进行调用是正确的,而第 25 和 29 行的调用是错误的,都会导致编译报告"类型不适用"错误。

类型通配符中的"?"表示未知类型,它永远不会具体化为某个特定类型,因此第 32 行的 mgnu 引用变量可以在指向 mgnd 后又在第 34 行指向 mgni。

对于用上限通配符实例化的泛型类型 MyGeneralNode<? extends UBClass>,从它里面取出的数据的类型是 UBClass;因为该实例化泛型类型表示它能够存储的数据的类型是 UBClass 类(接口)或 UBClass 的子类(接口)或实现 UBClass 接口的类,具体是什么类型未知,所以只能假定从它里面取出的数据的类型是 UBClass。对于用下限通配符实例化的泛型类型 MyGeneralNode<? super LBClass>,从它里面取出的数据的类型是 Object;因为该实例化泛型类型表示它能够存储的数据的类型是 LBClass 类(接口)或 LBClass 类的父类(父接口)或 LBClass 接口的父接口,具体是什么类型未知,所以只能假定从它里面取出的数据的类型是 Object。对于用非限通配符实例化的泛型类型 MyGeneralNode<?>,从它里面取出的数据的类型是 Object;MyGeneralNode<?>可以认为是 MyGeneralNode<? extends Object>的简化,对从 MyGeneralNode<? extends Object>中取出的数据的类型进行分析,可以推知从 MyGeneralNode<?>中取出的数据的类型必定是 Object。根据以上分析,程序在第 33、35 行的调用 mgnu.getObj()返回的对象的类型为 Number,故不需要进行强制类型转换就可进行赋值操作;而在第 39、43 行分别通过 mgnv 和 mgnw 对 getObj()的调用返回的对象的类型为 Object,故必须先进行强制类型转换才能进行赋值操作。

对上述用三种类型通配符实例化的泛型类型所返回的数据的类型的分析,也适用于对泛型菱形操作符<>中所省略的类型实参的自动推断,例如对于第 46 行的<>,编译器会推断出被省略的类型是 Number;而对于第 47、48 行的<>,编译器会推断出类型实参为 Object。

注意:无法创建以类型通配符实例化的泛型类型的对象,因为不知道实例化泛型类型中类型实参的具体取值,从而也就不知道对象的具体类型,因而也就无法创建对象。不能创建 MyGeneralNode<?>的对象,如第 49 行所示。同样也不能创建 MyGeneralNode<? extends Number>和 MyGeneralNode<? super Integer>的对象。

现在来考虑第 3 个问题,即对于用通配符实例化的泛型类型,能够向它存入何种类型数据。对于用上限通配符和非限通配符实例化的泛型类型 MyGeneralNode<? extends UBClass>和 MyGeneralNode<?>,无法向其存入除 null 外的任何类型数据,也就是这些泛型类型的对象实例不可修改;原因在于只知道 MyGeneralNode<T>中 T(这里 T 表示? extends UBClass 或?)是某一未知类型,但不知其具体类型取值,这时对其存入任何类型数据都可能导致类型不匹配错误。对于用下限通配符实例化的泛型类型 MyGeneralNode<? super LBClass>,可以向其中存入 LBClass 类型、LBClass 子类型或实现 LBClass 接口的类型的数据;原因在于虽然不知道 MyGeneralNode<T>中 T(这里 T 表示? super LBClass)

的具体类型取值,但知道它是 LBClass 类型或 LBClass 的父类型,则向其存入 LBClass 类型或 LBClass 子类型的对象实例是完全合法的。例 1.9 给出了演示上述论断的例子。

【例 1.9】 演示向用通配符实例化的泛型类型的对象实例存入数据的程序。

```
 1    package com.jgcs.chp1.p8;
 2
 3    class MyGeneralNode<T>{
 4      T obj;
 5      T getObj() { return obj; }
 6      void setObj(T obj) { this.obj = obj;}
 7    }
 8    class A{}
 9    class B extends A{}
10    class C extends B{}
11
12    public class App1_8 {
13      public static void main(String[] args) {
14        MyGeneralNode<Integer> mgni = new MyGeneralNode<>();
15        mgni.setObj(12345);  //12345 市级政务服务便民热线
16
17        MyGeneralNode<? extends Number> mgnu = mgni;
18        //The method setObj(capture#1-of ? extends Number) in the type MyGeneralNode
          //<capture#1-of ? extends Number> is not applicable for the arguments
          //(Integer)
19        //mgnu.setObj(new Integer(12346));        //12346 省级政务服务便民热线
20        System.out.println("mgnu.getObj() is: " + mgnu.getObj());
21
22        MyGeneralNode<String> mgns = new MyGeneralNode<String>();
23        mgns.setObj("Greater Khingan Mountains");   //大兴安岭
24
25        MyGeneralNode<?> mgnq = mgns;
26        //The method setObj(capture#1-of ?) in the type MyGeneralNode<capture#1-
          //of ?> is not applicable for the arguments (String)
27        //mgnq.setObj("Lesser Khingan Mountains");  //小兴安岭
28        System.out.println("mgnq.getObj() is: " + mgnq.getObj());
29
30        mgnq = mgni;
31        //The method setObj(capture#2-of ?) in the type MyGeneralNode<capture#2-
          //of ?> is not applicable for the arguments (Integer)
32        //mgnq.setObj(new Integer(12346));
33        System.out.println("mgnq.getObj() is: " + mgnq.getObj());
34
35        MyGeneralNode<? super B> mgnp = new MyGeneralNode<A>();
36        mgnp.setObj(new B());
37        mgnp.setObj(new C());
38        //The method setObj(capture#4-of ? super B) in the type MyGeneralNode
          //<capture#4-of ? super B> is not applicable for the arguments (A)
39        //mgnp.setObj(new A());
40        System.out.println("mgnp.getObj() is: " + mgnp.getObj());
41
42        mgnu.setObj(null);                          //OK
43        mgnq.setObj(null);                          //OK
44        mgnp.setObj(null);                          //OK
45      }
```

```
46    }
```

程序运行结果如下：

```
mgnu.getObj() is: 12345
mgnq.getObj() is: Greater Khingan Mountains
mgnq.getObj() is: 12345
mgnp.getObj() is: com.jgcs.chp1.p8.C@15db9742
```

第 17 行声明的引用变量 mgnu 类型为 MyGeneralNode<? extends Number>，它不能调用 setObj()向它指向的对象实例存入数据，如第 19 行所示，但可以调用 getObj()获取数据，如第 20 行所示。第 25 行声明的 mgnq 类型为 MyGeneralNode<?>，因此也不能向它指向的对象实例存入数据，如第 27 行所示。第 35 行声明的 mgnp 类型为 MyGeneralNode<? super B>，因此可以向其存入 B 或 C(C 是 B 的子类)的对象实例，如第 36~37 行所示，但不可存入 A(A 是 B 的父类)的实例，如第 39 行所示。但无论对于 mgnu、mgnq 还是 mgnp，都可以向其存入 null，如第 42~44 行所示。根据 Java 规范，null 是一个特殊的、只有一个值且值为 null 的、没有名字的类型的值，这里为叙述方便，将该类型命名为 Null 类型。在 Java 的类型体系结构(只包括类类型，不包括八种基本类型)中，如果说 Object 是任意类型的父类型，则可以说 Null 类型是任意类型的子类型，且它本身没有子类型(类似于 final 类)。由于任意类型都是 Null 的父类，所以任何类型的引用变量都可以指向 Null 类型的唯一取值 null，因为 Java 允许父类引用指向子类实例。基于以上理由，虽然不知道 mgnu、mgnq 和 mgnp 的类型实参的具体类型，但知道它们肯定是 Null 的父类型，因此可以将 null 值赋值给它们的引用变量，即 MyGeneralNode<T>中的 obj 引用变量。

1.7 泛型擦除

泛型类型在用类型实参实例化后，Java 将在编译期间实施类型检查，保证任何对类型的使用不会违反施加在类型上的约束，如 1.2 节~1.6 节所述。如果 Java 发现程序对类型的使用都是合法的，没有违反泛型实例化类型本身以及它们之间的各种类型约束，则就会将泛型实例化类型的类型实参和包含类型实参的一对"<"与">"删除，并在适当位置加上强制类型转换，同时也将泛型类型定义中的类型形参和包含类型形参的一对"<"与">"删除，并将所有类型形参替换成类型上限或 Object，最后只剩下泛型的原始类型。这就是著名的 Java 实现泛型的方式——类型擦除。因此，对于某一个泛型类型，在最终的 class 文件中，并不存在它的多个实例化类型，而只存在一个原始类型。Java 的这种实现泛型的方式跟 C++ 和 C# 针对不同类型模板和不同类型泛型生成不同的类型代码的方式都不一样，因此有人称 Java 的泛型为伪泛型。

注意：实际上，泛型类型的定义和某些实例化类型的信息并没有被彻底删除，而是会被存储到 class 文件的特殊区域中以在运行时供反射机制获取。

例 1.10 展示了一个进行泛型类型定义和使用泛型类型的简单例子，例 1.11 展示了对例 1.10 进行泛型擦除后的代码，请仔细查看两个例子中第 3~7 行和第 11~25 行的代码的差别。例 1.11 在第 20 和 25 行对 getObj()调用返回后的对象进行了强制类型转换，请参照例 1.10 中相应引用变量的泛型类型来理解类型转换的目标类型为何是当前代码所给出的类型。

【例 1.10】 一个定义和使用泛型类型的简单例子。

```
1    package com.jgcs.chp1.p9;
2
3    class MyGeneralNode< T extends Object >{
4      T obj;
5      T getObj() { return obj; }
6      void setObj(T obj) { this.obj = obj;}
7    }
8
9    public class App1_9 {
10     public static void main(String[] args) {
11         MyGeneralNode< Integer > mgni = new MyGeneralNode<>();
12         mgni.setObj(12306);
13
14         MyGeneralNode< String > mgns = new MyGeneralNode<>();
15         mgns.setObj("Heilong River"); //黑龙江
16
17         MyGeneralNode< Double > mgnd = new MyGeneralNode<>();
18         mgnd.setObj(3.1415926d);
19
20         System.out.println("mgni.getObj(), mgns.getObj() and mgnd.getObj() are respectively: "
                + mgni.getObj() + ", " + mgns.getObj() + ", " + mgnd.getObj());
21
22         MyGeneralNode <? extends Number > mgnu = mgni;
23         MyGeneralNode <?> mgnq = mgns;
24         MyGeneralNode <? super Double > mgnp = mgnd;
25         System.out.println("mgnu.getObj(), mgnq.getObj() and mgnp.getObj() are respectively: "
                + mgnu.getObj() + ", " + mgnq.getObj() + ", " + mgnp.getObj());
26     }
27   }
```

程序运行结果如下：

mgni.getObj(), mgns.getObj() and mgnd.getObj() are respectively: 12306, Heilong River, 3.1415926
mgnu.getObj(), mgnq.getObj() and mgnp.getObj() are respectively: 12306, Heilong River, 3.1415926

【例 1.11】 对例 1.10 进行泛型擦除后的代码。

```
1    package com.jgcs.chp1.p10;
2
3    class MyGeneralNode{
4      Object obj;
5      Object getObj() { return obj; }
6      void setObj(Object obj) { this.obj = obj;}
7    }
8
9    public class App1_10 {
10     public static void main(String[] args) {
11         MyGeneralNode mgni = new MyGeneralNode();
12         mgni.setObj(12306);
13
```

```
14          MyGeneralNode mgns = new MyGeneralNode();
15          mgns.setObj("Heilong River"); //黑龙江
16
17          MyGeneralNode mgnd = new MyGeneralNode();
18          mgnd.setObj(3.1415926d);
19
20          System.out.println("mgni.getObj(), mgns.getObj() and mgnd.getObj() are respectively: "
                + (Integer)mgni.getObj() + ", " + (String)mgns.getObj() + ", " + (Double)mgnd.
                getObj());
21
22          MyGeneralNode mgnu = mgni;
23          MyGeneralNode mgnq = mgns;
24          MyGeneralNode mgnp = mgnd;
25          System.out.println("mgnu.getObj(), mgnq.getObj() and mgnp.getObj() are respectively: "
                + (Number)mgnu.getObj() + ", " + (Object)mgnq.getObj() + ", " + (Object)mgnp.getObj
                ());
26       }
27   }
```

程序运行结果如下：

```
mgni.getObj(), mgns.getObj() and mgnd.getObj() are respectively: 12306, Heilong River,
3.1415926
mgnu.getObj(), mgnq.getObj() and mgnp.getObj() are respectively: 12306, Heilong River,
3.1415926
```

1.8 泛型的若干限制

为遵守 Java 语言规范的要求，不与其他语法语义机制产生冲突，泛型有以下几点限制。

(1) 不能用基本类型(如 int 等)作为类型实参来实例化泛型类型。

(2) 不能创建类型形参 T 的对象，即 new T() 是禁止的，因为无法确定待创建对象的具体类型。同样，也无法创建类型形参 T 的数组类型对象，即 new T[10] 是错误的。

(3) 不能创建实例化泛型的数组，如 new MyGeneralNode < String >[2] 是禁止的。原因在于：假设允许创建上述数组，则如下代码将会产生问题。

```
Object[] objs = new MyGeneralNode< String >[2];        //假设new操作成功
objs[0] = new MyGeneralNode< Integer >();              //不会抛出ArrayStoreException异常
```

其中，objs 指向一个泛型数组，数组中的每个元素类型为 MyGeneralNode < String >。由于 objs 类型为 Object[]，因此 objs[0] 类型是 Object，令其指向新建的 MyGeneralNode < Integer >的实例在编译期是合法的。同时由于泛型擦除机制，这行代码在运行时也是合法的，并不会抛出 ArrayStoreException 异常。但它明确违反了 objs 所指向的数组对象对其元素的类型约束，即要求每个元素类型都是 MyGeneralNode < String >，而 Java 却无论在编译期还是运行时都无法检测出来这个错误，这是不可接受的，因此 Java 规定不允许创建实例化泛型的数组。

注意：除了 new MyGeneralNode < ConcreteClass >[2] 是错误的(这里 ConcreteClass 表示某个具体类型)，new MyGeneralNode <? extends UBClass >[2] 和 new MyGeneralNode <? super LBClass >[2] 也是错误的，但 new MyGeneralNode <? >[2] 却是合法的。原因详见 1.9.2 节，

MyGeneralNode<?>在这种情况下等价于原始类型 MyGeneralNode。

（4）不能使用实例化泛型类型进行 instanceof 测试。例如下面关于 instanceof 类型测试的代码也将触发编译时错误：

```
MyGeneralNode<Integer> mgni = new MyGeneralNode<>();
mgni.setObj(230103);                                    //230103 哈尔滨市南岗区行政代码
MyGeneralNode<String> mgns = new MyGeneralNode<>();
mgns.setObj("Nangang District");                        //南岗区
Boolean bString = mgni instanceof MyGeneralNode<String>;   //编译时错误
Boolean bInteger = mgns instanceof MyGeneralNode<Integer>; //编译时错误
```

如果允许使用实例化泛型类型进行 instanceof 测试，那么由于泛型擦除机制的存在（如 1.7 节所述）以及 instanceof 测试只有在运行时才进行的事实，bString 和 bInteger 的结果将都会是 true，也就是 instanceof 无法正确判断某一对象是否是某一实例化泛型类型的实例，因此 Java 禁止使用泛型类型进行 instanceof 测试。

注意：这里有一个例外，就是 Java 允许对用非限通配符实例化的泛型类型（如 MyBox<?>或 MyGeneralNode<?>）进行 instanceof 测试。原因详见 1.9.3 节。

（5）不能在静态环境中使用泛型类的类型参数，即静态成员变量、静态成员方法和静态代码块不能引用泛型类的类型参数。原因在于泛型类的类型参数是类似于实例成员变量或实例成员方法的实例参数，而实例参数不能在静态环境中使用。如下面的代码是错误的。

```
class MyGeneralNode<T>{
    public static T obj;
    public static T getObj(){ return obj; }
    static{
        T data = obj;
    }
}
```

（6）不能创建、捕获和抛出实例化泛型类型的对象。原因在于 Java 禁止任何泛型类直接或间接派生自所有异常类的根类 java.lang.Throwable。

1.9 对泛型若干疑难问题的辨析与释疑

1.9.1 以 Object 实例化的泛型类型与该泛型的原始类型之间的区别

以例 1.2 和例 1.3 中的 MyBox<T>来说明以 Object 实例化的泛型类型与该泛型的原始类型之间的区别。实例化泛型类型 MyBox<Object>与泛型原型 MyBox 并不相同，虽然它们都可以存入和取出 Object 对象。MyBox 是原始类型，而 MyBox<Object>是实例化泛型类型。编译器不会对 MyBox 这样的原始类型的使用进行泛型方面的类型检查，如"MyBox mbo = new MyBox<String>();"和"MyBox<String> mbs = new MyBox();"都是合法的。而对 MyBox<Object>的使用要经过泛型方面的类型检查，如"MyBox<Object> mbo = new MyBox<String>();"和"MyBox<String> mbs = new MyBox<Object>();"都是非法的，因为 MyBox<Object>和 MyBox<String>不构成任何父子关系。

1.9.2 以非限通配符?实例化的泛型类型与该泛型的原始类型之间的区别

以例 1.7 的 MyGeneralNode<T>来说明以非限通配符?实例化的泛型类型与该泛型的原始类型之间的区别。实例化泛型类型 MyGeneralNode<?>与泛型原型 MyGeneralNode 在语义上是等价的,唯一的区别在于:需要对 MyGeneralNode<?>进行更严格的类型检查。下面的代码体现了两者的语义等价性:

```
MyGeneralNode<?> mgnx = new MyGeneralNode();           //OK
MyGeneralNode mgny = mgnx;                             //OK
boolean instanceTest1 = mgnx instanceof MyGeneralNode<?>; //OK,instanceTest1 = true
boolean instanceTest2 = mgnx instanceof MyGeneralNode;    //OK,instanceTest2 = true
MyGeneralNode[] mgn_arr1 = new MyGeneralNode<?>[2];    //OK
MyGeneralNode<?>[] mgn_arr2 = new MyGeneralNode[2];    //OK
```

而下面的代码展示了两者的区别:

```
MyGeneralNode mgnp = new MyGeneralNode();              //OK
MyGeneralNode<?> mgnx = new MyGeneralNode<>();         //OK
MyGeneralNode<?> mgny = new MyGeneralNode<?>();        //Error
MyGeneralNode mgnq = new MyGeneralNode<>();            //OK
```

总结上述代码,可以得到结论:MyGeneralNode<?>与原始类型 MyGeneralNode 是(几乎)等价的,唯一的区别在于 MyGeneralNode<?>不能用作新建实例的类型,即 new MyGeneralNode<?>是错误的。除此之外,MyGeneralNode<?>与 MyGeneralNode 可以任意互换。

1.9.3 非限通配符?与上限通配符? extends Object 之间的区别

用?实例化的泛型类型是一种可具体化类型(Reifiable Types),而用? extends Object 实例化的泛型类型是一种不可具体化类型(Non-Reifiable Types)。可具体化类型的所有信息在运行时都是可获知的。这种类型包括基本类型、非泛型类型、泛型类型的原始类型和用?实例化的泛型类型,例如 int、String、MyGeneralNode 和 MyGeneralNode<?>等。不可具体化类型的信息在运行时不能全部获取到(这是因为类型擦除,见 1.7 节),指的是以?以外的类型实例化的泛型类型,如 MyGeneralNode<Integer>、MyGeneralNode<? super String>和 MyGeneralNode<? extends Number>等。可具体化类型可用于 instanceof 类型测试和创建数组对象(如 1.9.2 节所示),而不可具体化类型不允许这样做。

注意:因为不可具体化类型的类型信息在运行时不能全部获得,如 MyGeneralNode<Integer>在运行时的类型只是 MyGeneralNode 而损失了泛型实参信息 Integer,故在运行时无法判断一个对象是不是 MyGeneralNode<Integer>的实例,即不可具体化类型不能用于 instanceof 类型测试。

针对例 1.7 中的泛型类 MyGeneralNode<T>,基于 1.9.2 节可知,实例化泛型类 MyGeneralNode<?>与泛型原型 MyGeneralNode 在语义上是等价的,Java 将 MyGeneralNode<?>视为 MyGeneralNode,因此以下代码没有语法错误。

```
MyGeneralNode<Integer> mgni = new MyGeneralNode<>();
boolean instanceTest = mgni instanceof MyGeneralNode<?>;   //OK
```

```
MyGeneralNode<?>[] mgn_arr = new MyGeneralNode<?>[2];            //OK
```

而 MyGeneralNode<? extends Object>是不可具体化类型，以下代码会报告语法错误。

```
MyGeneralNode< Integer > mgni = new MyGeneralNode<>();
boolean instanceTest = mgni instanceof MyGeneral<? extends Object>;              //Error
MyGeneralNode<? extends Object>[] mgn_arr = new MyGeneralNode<? extends Object>[2];    //Error
```

? 与? extends Object 在语义上是等价的，但在形式上是不一样的。而 Java 仅从形式上区分可具体化类型与不可具体化类型，只要不是非限通配符?，其他任何通配符构成的实例化泛型类型都是不可具体化类型。不可具体化类型不允许用于类型测试和数组创建语句。

1.10 本章小结

泛型是 Java 的一项重要特性，它可以对类、接口和方法的定义和使用施加类型限制与类型检查，通过在编译时保证类型安全，以避免运行时由于类型不匹配造成的各种异常。

本章首先给出了泛型的起源背景和设计目的，然后介绍了泛型的适用对象和定义形式，并用程序示例详细展示了泛型类、泛型接口、泛型方法和受限泛型的具体定义格式和典型应用情形，接着重点讲述了类型通配符的含义和使用规则，最后针对泛型的三个典型疑难问题进行了分析和解答。

第 2 章

容器与流

本章要点：
(1) 容器与流的概念。
(2) 容器与流的体系结构。
(3) Collection＜E＞接口。

2.1 容器与流的概念

容器是一种数据结构，具有对数据对象的组织、存储、检索和操纵等功能。容器所管理的数据对象称为容器的元素。Java 从 JDK 2 开始提供实现容器概念的接口和类，如 Collection＜E＞、Iterator＜E＞、Map＜K,V＞等，它们主要位于 java.util 包（及其子包）内。

流是一个元素序列，支持对其中的元素进行顺序（串行）或并行聚合操作。流实际上也是容器，只不过它是一种特殊容器。不同于一般容器只能管理有限个元素，流可以对无限个元素进行操作和处理。容器主要关注如何高效地管理和访问元素，而流不提供直接访问或操作元素的手段，主要关注声明性地描述其数据源和将在该源上执行的计算操作。Java 从 JDK 8 开始支持流，它提供的实现流概念的接口和类，如 BaseStream＜T,S extends BaseStream＜T,S＞＞、Stream＜T＞、Collector＜T,A,R＞和 Collectors 等，位于 java.util.stream 包内。

2.2 容器与流的体系结构

Java 中容器和流的接口与类之间存在复杂联系，这些接口与类以及它们之间的联系构成了 Java 容器与流的体系结构，如图 2.1 所示。图 2.1 给出了在 java.util、java.util.stream 和 java.lang 包中所有与容器和流相关的重要接口与类，并详细绘制了它们之间的继承、实现、使用和生成关系，例如从 Collection 实例可以生成 Stream 流，而从 Stream 流也可以生成 Collection 实例。这些容器或流的接口与类都基于泛型编写，都是泛型接口或泛型类或包含了泛型方法，但为叙述方便，在本节中引用它们的名字时，并不给出其类型形参。

在图 2.1 中，位于 java.lang 包中的接口有 Iterable 和 Comparable，位于 java.util.

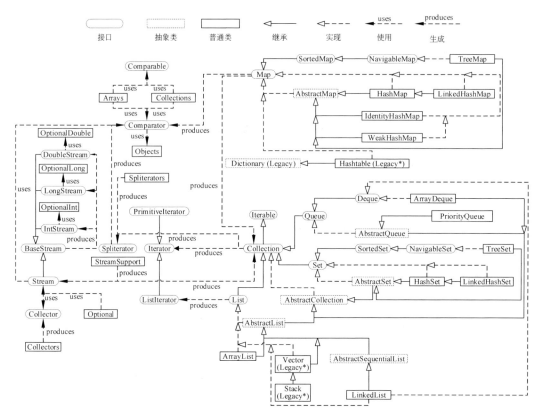

图 2.1　Java 容器与流的体系结构

stream 包中的接口和类有 BaseStream、Stream、IntStream、LongStream、DoubleStream、StreamSupport、Collector 和 Collectors，其他所有接口和类如 Comparator、Iterator、PrimitiveIterator、ListIterator、Spliterator、Collection、List、Set、Queue、Deque、AbstractCollection、AbstractList、AbstractSequentialList、AbstractSet、AbstractQueue、SortedSet、NavigableSet、ArrayList、Vector、Stack、LinkedList、HashSet、LinkedHashSet、TreeSet、PriorityQueue、ArrayDeque、Map、Dictionary、AbstractMap、SortedMap、NavigableMap、HashMap、LinkedHashMap、IdentityHashMap、WeakHashMap、TreeMap、Hashtable、Arrays、Collections、Objects、Spliterators、Optional、OptionalInt、OptionalLong 和 OptionalDouble 都位于 java.util 包内。

在图 2.1 所示的 Java 容器和流的体系结构中，处于顶层（即没有父接口）的接口有 Collection、Map、Iterable、Iterator、Spliterator、Comparable、Comparator、BaseStream 和 Collector。其中，Collection 表示聚集容器，可以存储、检索和操纵某种单独类型的元素；Map 表示映射容器，可以存储、检索和操纵由具有单向一对一关系的两个类型构成的"键值对"数据；Iterable 表示可迭代类，它规定任何实现它的类需要返回 Iterator 和 Spliterator 的实例，其中 Iterator 表示正向迭代器，Spliterator 表示可分割迭代器；Iterator 具有两个子接口，分别是 ListIterator 和 PrimitiveIterator，前者表示双向迭代器，而后者表示面向基本类型（如 int、long 和 double 等）的迭代器；Comparable 表示内部比较器，其实现类能够将一个该实现类的当前实例与另一个同类实例进行比较，而 Comparator 表示外部比较器，其实现类能够将两个同类实例进行比较,被比较的两个实例的类型一般不是实现类的类型;BaseStream 表示基本流,它是所有 Stream 流的父接口,规定了所有流都应具有的功能如关闭、串行化和并行化等,其子接口有面向类类型的流 Stream 和面向基本类型的流 IntStream、LongStream 和 DoubleStream;Collector 表示收集器,它对 Stream 流在进行可变归约(详见 10.1.9 节)时所需要的供应器、累积器和组合器等组件进行了封装。

注意:图 2.1 没有列出 java.util 包中的 Enumeration、EnumMap 和 EnumSet 等接口或类,因为 Map、HashMap 和 HashSet 提供了更通用更易用的类似功能。

Collection 有三种子接口,即 List、Set 和 Queue,它们分别按照不同约束规则对元素进行聚集:列表接口 List 按某种有序方式组织元素;集合接口 Set 要求其管理的元素不能有重复元素;队列接口 Queue 按照某种优先顺序来存取元素。

Map 接口和 Dictionary 抽象类都表示映射概念,它们也称"键值对"接口或类,其实现类或继承类在存储一个"值"的同时还要存储这个"值"所关联的"键"。Map 接口比 Dictionary 抽象类更加先进完善,一般应使用 Map 接口,但为了兼容性考虑,Dictionary 仍然得到保留和使用,例如 Hashtable 类就在以其为父类的同时实现了 Map 接口。

除 Dictionary 外,图 2.1 包含的抽象类还有 AbstractCollection、AbstractList、AbstractSequentialList、AbstractSet、AbstractQueue 和 AbstractMap,它们一般都对相应的接口(如 Collection、List 和 Set 等)给出一个骨架实现(Skeletal Implementation),即对某些方法给出步骤性、框架性实现,而将负责处理具体细节的关键方法的实现留给具体的实现类。例如 AbstractCollection 抽象类在实现 Collection 接口时,会按照如下代码实现 Collection 的 iterator()方法和 clear()方法。

```
public abstract Iterator<E> iterator();
public void clear(){
   Iterator<E> it = iterator();
   while (it.hasNext()){
      it.next();
      it.remove();
   }
}
```

可以看到,AbstractCollection 对 clear()给出了框架性实现,但对该框架性实现所依赖的 iterator()方法未给出实现,而是将其留给 Collection 接口的具体实现类如 ArrayList 和 Vector 等来实现。AbstractList 是 List 接口的抽象实现类,其底层数据结构(如数组)支持随机访问,故可对存储在其中的元素直接进行随机访问;而 AbstractSequentialList 是 AbstractList 的抽象子类,其底层由支持顺序访问的数据结构(如 ListIterator 实现类)构成,AbstractSequentialList 对存储在其中的元素的随机存取将转换成对顺序访问数据结构(如 ListIterator 实现类)的迭代和遍历存取,故 AbstractSequentialList 实现类的性能可能低于 AbstractList 实现类。由于这些抽象类仅为相应高层接口提供了框架实现并没有给出完整实现,因此本书不介绍它们,而直接介绍继承了这些抽象类并完全实现了相应接口的具体类,如 ArrayList、HashSet、PriorityDeque 和 HashMap 等。

Set、Queue 和 Map 接口还分别有 SortedSet 与 NavigableSet 子接口、Deque 子接口、SortedMap 与 NavigableMap 子接口。其中,SortedSet 和 SortedMap 接口提供有序集合和

映射的功能；NavigableSet 和 NavigableMap 接口作为 SortedSet 与 SortedMap 的子接口，分别为有序集合和映射提供导航功能，即返回紧邻当前检索元素的最近元素的功能；Deque 作为单端队列 Queue 的子接口，提供双端队列的功能。

Arrays、Collections、Objects、Spliterators、Collectors 和 StreamSupport 都是工具类，其中 Arrays 和 Collections 分别提供针对数组类（如 int[]和 Object[]等）和聚集类（如 List 实现类和 Set 实现类等）的相等测试、搜索、排序、填充和复制等功能。它们在进行搜索和排序时，要求正在搜排的元素具有彼此能够比较大小的能力，因此如果参与搜排的元素是类类型而不是基本类型的数据，那么要求元素自身实现了 Comparable 接口或者提供外部比较器，即 Comparator 的实例。Objects 类提供对对象的 null 检查、字符串转换、相等比较、大小比较和哈希码生成功能。Spliterators 类提供对可分割迭代器 Spliterator 对象的操纵和创建功能。Collectors 能创建表示各种实用归约操作的 Collector 实例。StreamSupport 能利用可分割迭代器 Spliterator 对象创建 Stream 流对象。

在图 2.1 中，Dictionary、Hashtable、Vector 和 Stack 四个类被标记为 Legacy，意味着它们是遗产类。Java 8.0 提供了更先进和完善的接口或类来代替它们，即 Map、HashMap、ArrayList 和 ArrayDeque。需要注意的是，Hashtable、Vector 和 Stack 是线程安全的类，而 HashMap、ArrayList 和 ArrayDeque 是非线程安全的类，前者在多线程环境中可以直接使用，而后者在使用时需要进行同步保护。因此，Hashtable、Vector 和 Stack 仍未完全过时，它们被标注为 Legacy *。而 Dictionary 已完全过时，仅考虑兼容性才未完全废弃，它被标记为 Legacy，本书不会讲述它的用法。

以上内容将在本书后续章节中详细讲述，具体如下：2.3 节介绍 Collection 接口；第 3 章介绍列表，即 List 接口及其实现类；第 4 章介绍迭代器，即 Iterable、Iterator、ListIterator 和 Spliterator 接口；第 5 章介绍比较器，即 Comparable 和 Comparator 接口；第 6 章介绍队列，即 Queue 接口及其子接口和实现类；第 7 章介绍映射，即 Map 接口及其子接口和实现类；第 8 章介绍集合，即 Set 接口及其子接口和实现类；第 9 章介绍 Objects、Spliterators、Arrays 和 Collections 等工具类；第 10 章介绍流，即 Stream 接口及其相关接口和类。

2.3 Collection＜E＞接口

泛型接口 Collection＜E＞表示一个聚集容器，它提供存储、检索和操纵某种特定类型 E 的数据的功能，即可以添加、删除、查找和修改 E 类型的元素。它的常用方法如表 2.1 所示，其中 iterator()、spliterator()和 forEach()方法继承自 Iterable＜E＞接口。

表 2.1 Collection＜E＞接口的常用方法

方 法 签 名	功 能 说 明
boolean add(E e)	向容器中添加元素 e，添加成功返回 true；若容器中已包含 e，且不允许有重复元素，则添加失败返回 false
boolean addAll(Collection＜? extends E＞ c)	将容器 c 中元素添加到当前容器，集合并运算。当前容器内容如有改动，返回 true，否则返回 false
void clear()	清空当前容器

续表

方 法 签 名	功 能 说 明
boolean contains(Object o)	检查当前容器是否包含元素 o,若包含则返回 true,否则返回 false
boolean containsAll(Collection<?> c)	检查当前容器是否包含容器 c 中的所有元素,若包含则返回 true,否则返回 false
boolean equals(Object o)	判断当前容器是否与对象 o 相等
int hashCode()	返回当前容器的哈希码
boolean isEmpty()	判断当前容器是否为空
Iterator<E> iterator()	返回一个以当前容器为数据源的 Iterator 对象
default Stream<E> parallelStream()	返回一个以当前容器为数据源的并行 Stream 对象
boolean remove(Object o)	从当前容器删除对象 o,成功则返回 true;如果 o 在当前容器中不存在,则返回 false
boolean removeAll(Collection<?> c)	从当前容器删除容器 c 中的所有元素。当前容器内容如有改动,返回 true,否则返回 false
default boolean removeIf(Predicate<? super E> filter)	从当前容器删除所有符合给定谓词条件 filter 的元素。当前容器内容如有改动,返回 true,否则返回 false
boolean retainAll(Collection<?> c)	仅保留当前容器中被包含在容器 c 中的元素,集合交运算。当前容器内容如有改动,返回 true,否则返回 false
int size()	返回当前容器的元素数量
default Spliterator<E> spliterator()	返回一个以当前容器为数据源的 Spliterator 对象
default Stream<E> stream()	返回一个以当前容器为数据源的串行 Stream 对象
Object[] toArray()	将当前容器中的内容转换成 Object 数组
<T> T[] toArray(T[] a)	将当前容器中的内容转换成 T 数组
default void forEach(Consumer<? super E> action)	对当前容器中的每个元素执行由 action 指定的操作

从表 2.1 中所列方法可以看出,Collection<E>容器不仅可以管理 E 类型元素,还能与其他容器进行并集、交集和差集运算或相等测试与包含测试。除此之外,Collection<E>容器还可以生成以其自身为数据源的迭代器、可分割迭代器和流对象,或者将自身转换为 Object[]数组对象。

在表 2.1 中,removeIf()和 forEach()方法的参数类型分别是 Predicate<? super E>和 Consumer<? super E>,这里泛型接口 Predicate<T>和 Consumer<T>都位于 java.util.function 包内。Predicate<T>表示一个关于 T 的实例的谓词或条件判断,Consumer<T>表示对 T 的实例的一个操作或处理,该操作或处理没有返回值。它们的简化定义如下所示:

```
public interface Predicate<T>{
    boolean test(T t);
}
public interface Consumer<T>{
    void accept(T t);
}
```

Predicate<T>的常用方法是 boolean test(T t),表示对实例 t 进行某种测试;Consumer<T>的常用方法是 void accept(T t),表示对实例 t 进行某种无返回值的消费操作。例 2.1 给出了这两个接口的简单使用示例。

【例 2.1】 演示 Predicate<T>和 Consumer<T>用法的程序示例。

```java
1      package com.jgcs.chp2.p1;
2
3      import java.util.function.Predicate;
4      import java.util.Scanner;
5      import java.util.function.Consumer;
6
7      class StringPredicate implements Predicate<String>{
8        public boolean test(String t) {
9            return (t != null) && (t.length() > 7) && (t.length() < 10);
10       }
11     }
12     class StringConsumer implements Consumer<String>{
13       public void accept(String t) {
14           System.out.println(t);
15       }
16     }
17     public class App2_1 {
18       public static void main(String[] args) {
19           StringPredicate sp = new StringPredicate();
20           StringConsumer sc = new StringConsumer();
21
22           int strLen = 5;
23           String strs[] = new String[strLen];
24           Scanner sn = new Scanner(System.in);
25           System.out.println("Please input 5 strings into the String array strs: ");
26           for(int i = 0; i < strLen; i++) {
27               strs[i] = sn.nextLine();
28           }
29
30           System.out.println("The filtered strings are: ");
31           new App2_1().filterStrings(strs, sp,   sc);
32       }
33
34       public void filterStrings(String[] strs, StringPredicate filter, StringConsumer consumer) {
35           for(String str: strs) {
36               if(filter.test(str)){
37                   consumer.accept(str);
38               }
39           }
40       }
41     }
```

程序运行结果如下：

```
Please input 5 strings into the String array strs:
Beijing
Shanghai
Harbin
London
New York
The filtered strings are:
```

```
Shanghai
New York
```

在例 2.1 中，定义了 StringPredicate 和 StringConsumer 这两个类，它们分别实现了参数化泛型接口 Predicate＜String＞和 Consumer＜String＞的 test()和 accept()方法。在 App2_1 中，定义了一个 filterStrings()方法，它对字符串数组 strs 使用 StringPredicate 的实例 filter 进行过滤，符合过滤条件的字符串将被 StringConsumer 的实例 consumer 输出。Collection＜E＞在实现 removeIf()和 forEach()方法（它们是 default 方法）时所采用的逻辑与这里的 filterStrings()方法的实现逻辑很类似。

2.4 本章小结

容器和流是 Java 提供的重要功能、数据结构和特性。本章首先给出了容器与流的概念，然后概要介绍了 Java 中的容器与流的相关接口和类，接着给出了 Java 容器与流的体系结构，并据此对 Collection、Map、BaseStream 等接口和类进行了概括性介绍，最后详细介绍了 Collection 接口和该接口方法中所涉及的参数类型。Collection 是列表接口 List、队列接口 Queue 和集合接口 Set 的父接口，通过介绍 Collection 为介绍 List、Queue 和 Set 做好铺垫。

第 3 章

列　　表

本章要点：

(1) 列表接口 List<E>。
(2) 数组列表类 ArrayList<E>和向量列表类 Vector<E>。
(3) 堆栈类 Stack<E>。
(4) 双向链表类 LinkedList<E>。

在 Java 中，List<E>接口代表能够存储有序元素的数据结构，即列表，其中元素可以重复，也可以是 null 值。元素之间的顺序关系由元素插入的先后顺序决定，或者由元素之间的大小关系确定。List<E>接口的实现类有 ArrayList、Vector、Stack 和 LinkedList。

注意：在引用泛型接口或泛型类时，其泛型形参名称使用其在声明时使用的名称，如 List<E>和 ArrayList<E>接口在声明时使用的类型形参名称就是 E。

3.1　List<E>

List<E>接口的常用方法如表 3.1 所示，为避免重复，没有列出从 Collection<E>继承的方法。List<E>的元素下标从 0 开始。

表 3.1　List<E>接口的常用方法

方 法 签 名	功 能 说 明
void add(int index,E element)	在当前列表的指定位置 index 处添加元素 element，将原先 index 处及其以后的元素右移，列表规模 size 增 1。index 必须位于有效索引范围[0,size()]内，下同
boolean addAll(int index, Collection<? extends E> c)	将容器 c 中元素添加到当前列表的指定位置 index 处，将原先 index 处及其以后的元素右移。当前容器内容如有改动，返回 true，否则返回 false
E get(int index)	返回当前列表指定位置 index 处的元素
int indexOf(Object o)	返回指定对象 o 在当前列表中第一次出现的位置索引，如果列表不包含 o，则返回-1

续表

方法签名	功能说明
int lastIndexOf(Object o)	返回指定对象 o 在当前列表中最后一次出现的位置索引，如果列表不包含 o，则返回 -1
ListIterator＜E＞ listIterator()	返回当前列表中从开始位置到末尾位置的元素的列表迭代器
ListIterator＜E＞ listIterator(int index)	返回当前列表中从指定位置 index 到末尾位置的元素的列表迭代器
E remove(int index)	从当前列表中删除指定位置 index 处的元素，将 index 处以后的元素左移，返回被删除的元素，列表规模 size 减 1
default void replaceAll(UnaryOperator＜E＞ operator)	对于当前列表中的任一元素 x，使用函数 operator.apply(x)将其替换成同类型的 y，然后将 x 设置为 y
E set(int index, E element)	将当前列表中指定位置 index 处的元素替换成 element，返回被替换的元素
default void sort(Comparator＜? super E＞ c)	对当前列表中的任意两个元素 e1 和 e2 调用 c.compareTo(e1,e2)，并根据比较结果对 e1 和 e2 进行排序，即对当前列表根据外部比较器 c 指定的逻辑进行排序
default Spliterator＜E＞ spliterator()	返回当前列表的可分割迭代器(Splitable Iterator)
List＜E＞ subList(int fromIndex, int toIndex)	返回当前列表的位于[FromIndex, toIndex)范围的元素构成的列表

在表 3.1 中，replaceAll()方法的参数类型是 UnaryOperator＜E＞，这里泛型接口 UnaryOperator＜T＞位于 java.util.function 包内，表示一个一元操作符函数，它有一个从 java.util.function.Function＜T,R＞继承而来的方法 R apply(T t)，该方法表示一个函数变换，即输入 T 型数据得到 R 型数据。List＜E＞的 replaceAll()方法的实现逻辑如下：

```
final ListIterator<E> li = list.listIterator();
while (li.hasNext()) {
    li.set(operator.apply(li.next()));
}
```

关于 listiterator()方法、spliterator()方法和 sort()方法的返回类型 ListIterator＜E＞、Spliterator＜E＞和 Comparator＜? super E＞对应的泛型接口 ListIterator＜E＞、Spliterator＜T＞和 Comparator＜T＞，将分别在第 3 章和第 5 章进行详细介绍。

3.2 ArrayList＜E＞和 Vector＜E＞

泛型类 ArrayList＜E＞和 Vector＜E＞实现了接口 List＜E＞，都是表示变长数组列表的数据结构。这种类型的列表底层使用数组实现，支持随机存取，可以插入包括 null 在内的任何元素，且能够随着元素的插入自动调整容量和长度。它们的区别在于：①ArrayList＜E＞称为数组列表，Vector＜E＞称为向量列表；②ArrayList＜E＞是非线程安全的，而 Vector＜E＞是线程安全的；③当元素个数超过当前列表的最大容量时，ArrayList＜E＞将容量增大到当前容量的 1.5 倍，而 Vector＜E＞将容量增大到当前容量的 2 倍。表 3.2 和表 3.3 分别给出这两个类的常用方法。为避免重复，没有列出从 Collection＜E＞和 List＜E＞继承的方法。

表 3.2　ArrayList＜E＞的常用方法

方法签名	功能说明
ArrayList()	构造方法,创建一个初始容量为 10 的空数组列表
ArrayList(Collection＜? extends E＞ c)	构造方法,用容器 c 中的内容创建当前数组列表
ArrayList(int initialCapacity)	构造方法,创建一个初始容量为 initialCapacity 的数组列表
Object clone()	返回当前列表的一个浅拷贝,当前列表元素并未被复制到新列表
void ensureCapacity(int minCapacity)	增加当前列表的容量,使得当前容量不小于 minCapacity 所指定的数值
String toString()	返回当前列表的字符串表示,该字符串形式为"[e1,e2,e3,…,en]"
void trimToSize()	将当前列表的容量调整至它当前包含的元素个数的大小

表 3.3　Vector＜E＞的常用方法

方法签名	功能说明
Vector()	构造方法,构造一个初始容量为 10 且容量增量为 0 的空向量列表
Vector(Collection＜? extends E＞ c)	构造方法,用容器 c 中的内容创建当前向量列表,容量增量为 0
Vector(int initialCapacity)	构造方法,创建一个初始容量为 initialCapacity 且容量增量为 0 的向量列表
Vector(int initialCapacity,int capacityIncrement)	构造方法,创建一个初始容量为 initialCapacity 且容量增量为 capacityIncrement 的向量列表
void addElement(E obj)	将 obj 添加到当前向量列表的末尾,列表规模 size 增 1
int capacity()	返回列表的当前容量大小
Object clone()	返回当前列表的一个深拷贝,当前列表元素会被复制到新列表
void copyInto(Object[] anArray)	将当前列表元素复制到对象数组 anArray
E elementAt(int index)	返回当前列表在指定位置 index 处的元素
void ensureCapacity(int minCapacity)	增加当前列表的容量,使当前容量不小于 minCapacity 所指定的数值
E firstElement()	返回当前列表的第一个元素,即位于位置 0 处的元素
int indexOf(Object o,int index)	返回指定对象 o 在当前列表中从指定位置 index 处开始第一次出现的位置索引,如果列表不包含 o,则返回 −1
void insertElementAt(E obj,int index)	在当前列表的指定位置 index 处插入元素 obj,将原先 index 处及其以后的元素右移
E lastElement()	返回当前列表的最后一个元素,即位于位置 size()−1 处的元素
int lastIndexOf(Object o,int index)	在当前列表中从指定位置 index 处开始反向查找指定对象 o(一直到位置 0 处),如果找到的话,则返回其位置索引,否则返回 −1
void removeAllElements()	从当前列表中删除所有元素,列表规模 size 减为 0

续表

方法签名	功能说明
boolean removeElement(Object obj)	从当前列表中删除指定对象 obj 对应的第一次出现的元素,操作成功返回 true,列表规模 size 减 1,如果当前列表不包含 obj,则返回 false
void removeElementAt(int index)	从当前列表中删除指定位置 index 处的元素,将 index 处以后的元素左移,列表规模 size 减 1
void setElementAt(E obj, int index)	将当前列表中指定位置 index 处的元素置为 obj
void setSize(int newSize)	调整当前列表的元素个数为 newSize,如果 newSize 大于当前元素个数 size(),则在当前元素后面添加 newSize-size()个 null 元素;如果 newSize 小于 size(),则丢弃从 newSize 到 size()−1 位置处的元素
String toString()	返回当前列表的字符串表示,该字符串形式为"[e1,e2,e3,…,en]"
void trimToSize()	将当前列表的容量调整至它当前包含的元素个数的大小

例 3.1 给出了 ArrayList<E>和 Vector<E>的简单使用示例,注意元素删除操作对列表大小和下标使用的影响。

【例 3.1】 演示 ArrayList<E>和 Vector<E>用法的程序示例。

```
1    package com.jgcs.chp3.p1;
2
3    import java.util.ArrayList;
4    import java.util.List;
5    import java.util.Vector;
6    import java.util.function.UnaryOperator;
7    import java.util.function.Predicate;
8
9    class Add32ToInt implements UnaryOperator<Integer>{
10       public Integer apply(Integer i) {
11           return i + 32;
12       }
13   }
14   class OddFilter implements Predicate<Integer>{
15       public boolean test(Integer t) {
16           return t % 2 != 0;
17       }
18   }
19
20   public class App3_1 {
21       public static void main(String[] args) {
22           final int listLen = 20;
23           List<Integer> lin = new ArrayList<Integer>();
24           for(int i = 0; i < listLen; i++) {
25               lin.add(i);
26           }
27           System.out.println("lin 的第 1 次输出:" + lin);//call to lin.toString()
28
29           int oldValAt10 = lin.remove(10); //call to lin.remove(int index)
30           int oldValAtEnd = lin.get(lin.size() - 1); //call to lin.get(19) here will
                                                       //trigger an IndexOutOfBoundsException
```

```java
31          boolean bDeleted = lin.remove(new Integer(19));//call to lin.remove(Object o)
32          System.out.println("lin 的第 2 次输出:" + lin);
33
34          ArrayList< Integer > ain = (ArrayList< Integer >)lin;
35          ain.set(10, oldValAt10);
36          if(bDeleted) {
37              ain.add(oldValAtEnd); //call to ain.set(19, oldValAtEnd) or ain.add(19,
                                      //oldValAtEnd) here will trigger an
                                      //IndexOutOfBoundsException
38          }
39          System.out.println("lin 的第 3 次输出:" + lin.toString());
40
41          lin.replaceAll(new Add32ToInt());
42          System.out.println("lin 的第 4 次输出:" + lin);
43
44          lin.removeIf(new OddFilter());
45          System.out.println("lin 的第 5 次输出:" + lin);
46
47          Vector< Integer > vin = new Vector< Integer >(lin); //call to Vector
                                                                //(Collection <?
                                                                //extends E > c)
48          System.out.println("\nvin 的第 1 次输出:" + vin);
49
50          for(int j = 0; j < listLen/2; j++) {
51              if(new OddFilter().test(j)) {
52                  vin.add(vin.size(), j);
53              }
54          }
55          System.out.println("vin 的第 2 次输出:" + vin);
56
57          System.out.println("vin 的第 3 次输出:vin" + (vin.contains(lin) ? "包含" :
                    "不包含") + "lin");
58          System.out.println("vin 的第 4 次输出:vin" + (vin.contains(42) ? "包含" : "不
                    包含") + "42");
59          System.out.println("vin 的第 5 次输出:vin" + (vin.containsAll(lin) ? "包含" :
                    "不包含") + "lin");
60
61          vin.set(vin.size() - 1, 10);
62          vin.setElementAt(8, vin.size() - 2);
63          vin.removeElementAt(vin.size() - 3);
64          System.out.println("vin 的第 6 次输出:" + vin);
65      }
66  }
```

程序运行结果如下:

```
lin 的第 1 次输出:[0, 1, 2, 3, 4, 5, 6, 7, 8, 9, 10, 11, 12, 13, 14, 15, 16, 17, 18, 19]
lin 的第 2 次输出:[0, 1, 2, 3, 4, 5, 6, 7, 8, 9, 11, 12, 13, 14, 15, 16, 17, 18]
lin 的第 3 次输出:[0, 1, 2, 3, 4, 5, 6, 7, 8, 9, 10, 12, 13, 14, 15, 16, 17, 18, 19]
lin 的第 4 次输出:[32, 33, 34, 35, 36, 37, 38, 39, 40, 41, 42, 44, 45, 46, 47, 48, 49, 50, 51]
lin 的第 5 次输出:[32, 34, 36, 38, 40, 42, 44, 46, 48, 50]

vin 的第 1 次输出:[32, 34, 36, 38, 40, 42, 44, 46, 48, 50]
vin 的第 2 次输出:[32, 34, 36, 38, 40, 42, 44, 46, 48, 50, 1, 3, 5, 7, 9]
vin 的第 3 次输出:vin 不包含 lin
```

vin 的第 4 次输出:vin 包含 42
vin 的第 5 次输出:vin 包含 lin
vin 的第 6 次输出:[32, 34, 36, 38, 40, 42, 44, 46, 48, 50, 1, 3, 8, 10]

例 3.2 展示了 ArrayList<E>和 Vector<E>在多线程环境下的用法和区别。由于 ArrayList<E>是非线程安全的,因此在多线程环境下使用必须对它从外部施加同步保护,否则会发生数据竞争并发缺陷并得到错误运行结果。

【例 3.2】 演示 ArrayList<E>和 Vector<E>在多线程环境下用法和区别的程序示例。

```java
1    package com.jgcs.chp3.p2;
2
3    import java.util.ArrayList;
4    import java.util.List;
5    import java.util.Random;
6    import java.util.Vector;
7
8    public class App3_2 {
9        public static void main(String[] args) throws InterruptedException {
10           ThreadGroup group = new ThreadGroup("myGroup");
11           List<String> list = new ArrayList<>();
12           //Vector<String> list = new Vector<>();
13           MyRunnable runnable = new MyRunnable(list);
14           for (int i = 0; i < 10000; i++) {
15               new Thread(group, runnable).start();
16           }
17
18           //保证所有线程都执行完毕
19           while (group.activeCount() > 0) {
20               Thread.sleep(10);
21           }
22
23           System.out.println(list.size());
24        }
25   }
26
27   class MyRunnable implements Runnable {
28       private List<String> list;
29       public MyRunnable(List<String> list) {
30           this.list = list;
31       }
32
33       public void run() {
34           try {
35               Thread.sleep((int)(Math.random() * 2));
36           } catch (InterruptedException e) { }
37
38           Random random = new Random();
39           synchronized(list) {
40               list.add(Thread.currentThread().getName() + "\t" + random.nextInt(100));
```

```
41            }
42       }
43  }
```

程序运行结果如下：

10000

例 3.2 首先创建一个空的数组列表对象 list，然后开启 10000 个线程，每个线程都向 list 存入一个 0~100 范围内的随机数，最后打印 list 中元素的数量。当前程序的运行结果是 10000，并且无论运行多少次都是 10000。但是如果将第 39 和 41 行注释掉，则程序的运行结果可能会如下所示：

```
Exception in thread "Thread-55" java.lang.ArrayIndexOutOfBoundsException: 49
    at java.util.ArrayList.add(ArrayList.java:465)
    at com.jgcs.chp3.p2.MyRunnable.run(App3_2.java:40)
    at java.lang.Thread.run(Thread.java:748)
9817
```

这证明 ArrayList<E>确实是非线程安全的，如果没有在外部对它进行同步保护，则可能会导致各种各样的错误出现。但是如果使用 Vecotr<E>，则不需要进行任何外部同步保护就能可靠地得到正确结果，例如将例 3.2 中第 11、39 和 41 行注释掉，而将第 12 行反注释掉，则程序每次的运行结果都是 10000，没有任何例外。

3.3 Stack<E>

泛型类 Stack<E>是 Vector<E>的直接子类，它是表示具有先进后出(First-In-Last-Out，FILO)或后进先出(Last-In-First-Out，LIFO)特性的堆栈数据结构。堆栈 Stack<E>不支持随机存取，只能在栈顶存取元素。它可以存储任何类型的数据对象，包括 null 值，且允许元素重复。Stack<E>的常用方法如表 3.4 所示。为避免重复，没有列出从 Collection<E>、List<E>和 Vector<E>继承的方法。

表 3.4 Stack<E>的常用方法

方 法 签 名	功 能 说 明
Stack()	构造方法，创建一个空的堆栈
boolean empty()	返回当前堆栈是否为空
E peek()	返回当前堆栈的栈顶元素，但并不从栈顶删除该元素
E pop()	返回当前堆栈的栈顶元素，并将该元素从栈顶删除
E push(E item)	将 item 压入当前堆栈的栈顶，并将 item 作为返回值返回
int search(Object o)	从栈顶向下搜索对象 o，如果找到与 o 匹配的元素，则返回该元素相对于栈顶的(最小为 1 的)偏移量，如果该元素位于栈顶，则返回 1

例 3.3 给出了 Stack<E>的简单使用示例，该程序利用堆栈和辗转相除法将十进制数 N 转换成 d 进制数，其中 N 和 d 都是正整数。例如，将十进制数 4538 转换成七进制数的过程如表 3.5 所示，最终将所有余数按照轮次从大到小的顺序排列就得了转换结果 $(16142)_7$，即 $(4538)_{10} = (16142)_7$。

表 3.5　十进制数 4538 转换成七进制数的过程

轮 次	被 除 数	除 数	商	余 数
1	4538	7	648	2
2	648	7	92	4
3	92	7	13	1
4	13	7	1	6
5	1	7	0	1

【例 3.3】 利用堆栈 Stack<E>进行正整数进制转换的程序示例。

```
1   package com.jgcs.chp3.p3;
2
3   import java.util.Scanner;
4   import java.util.Stack;
5
6   public class App3_3 {
7     public static void main(String[] args) {
8         App3_3 app = new App3_3();
9         Scanner sc = new Scanner(System.in);
10        Stack<Integer> st = new Stack<>();
11
12        System.out.println("Please input a positive decimal integer: ");
13        int decimal = app.getPositiveInteger(sc);
14        System.out.println("Please input a positive integer as the d of the d-base system: ");//d-base system,d 进制系统
15        int dbase = app.getPositiveInteger(sc);
16        app.convertDecimalToDbaseNumber(decimal, dbase, st);
17
18        String result = "";
19        while(!st.empty()) {
20            result += st.pop();
21        }
22
23        System.out.println("The decimal number " + decimal + " in the " + dbase + "-base system is " + result);
24    }
25
26    void convertDecimalToDbaseNumber(int decimal, int dbase, Stack<Integer> st) {
27        int quotient = 0;                          //除法的结果,即商
28        while((quotient = decimal/dbase) != 0) {   //求商并检查商是否为 0
29            st.push(decimal % dbase);              //如果商不为 0,则将余数压入栈 st
30            decimal = quotient;                    //将商赋值给被除数,继续循环,直到商为 0
31        }
32        st.push(decimal % dbase);
33    }
34
35    int getPositiveInteger(Scanner sc) {
36        int num = 0;
37        while(true) {
38            if(sc.hasNextInt()) {
39                num = sc.nextInt();
```

```
40                    if (num > 0) {
41                        break;
42                    }else {
43                        System.out.println("Please input an positive integer: ");
44                    }
45                }
46            }
47            return num;
48        }
49    }
```

第 1 次程序运行的运行结果如下：

Please input a positive decimal integer:
4538
Please input a positive integer as the d of the d-base system:
7
The decimal number 4538 in the 7-base system is 16142

第 2 次程序运行的运行结果如下：

Please input a positive decimal integer:
1570
Please input a positive integer as the d of the d-base system:
8
The decimal number 1570 in the 8-base system is 3042

第 3 次程序运行的运行结果如下：

Please input a positive decimal integer:
-1
Please input an positive integer:
-2
Please input an positive integer:
045
Please input a positive integer as the d of the d-base system:
3
The decimal number 45 in the 3-base system is 1200

在例 3.3 中，方法 convertDecimalToDbaseNumber() 负责将十进制数 decimal 转换成 dbase 进制数（第 26～33 行），首先进行除法运算 decimal/dbase 并检查结果是否为 0，如果商不为 0，则将两者的余数 decimal％dbase 压入栈 st，接着将商赋值给 decimal，继续进行除法运算，直到商为 0。如果商为 0，也要将余数 decimal％dbase 入栈。最后将栈中元素依次弹出并按弹出顺序进行拼接（第 19～21 行）就到了所求结果。

3.4 LinkedList<E>

泛型类 LinkedList<E>实现了泛型接口 List<E>和 Deque<E>，它表示能够进行正反双向遍历的双向链表（Doubly Linked List）数据结构。双向链表 LinkedList<E>支持随机存取（在底层通过迭代器以遍历方式实现），可以存储任何类型的数据对象，包括 null 值，且允许元素重复。LinkedList<E>的常用方法如表 3.6 所示。为避免重复，没有列出从 Collection<E>和 List<E>继承的方法。

表 3.6 LinkedList＜E＞的常用方法

方 法 签 名	功 能 说 明
LinkedList()	构造方法,创建一个空的双向链表
LinkedList(Collection＜? extends E＞ c)	构造方法,用容器 c 中的内容创建当前双向链表
void addFirst(E e)	将指定元素 e 插入当前双向链表的表头(第一个元素)
void addLast(E e)	将指定元素 e 插入当前双向链表的表尾(最后一个元素)
Object clone()	返回当前链表的一个浅拷贝,当前链表元素并未被复制到新链表
Iterator＜E＞ descendingIterator()	返回当前链表的一个反向迭代器,迭代顺序为从表尾到表头
E element()	返回当前链表的表头元素,但并不删除该元素
E getFirst()	返回当前链表的表头元素
E getLast()	返回当前链表的表尾元素
boolean offer(E e)	将指定元素 e 插入当前链表的表尾,成功则返回 true
boolean offerFirst(E e)	将指定元素 e 插入当前双向链表的表头,成功则返回 true
boolean offerLast(E e)	将指定元素 e 插入当前双向链表的表尾,成功则返回 true
E peek()	返回当前链表的表头元素,但并不删除该元素,如果链表为空,则返回 null
E peekFirst()	返回当前链表的表头元素,但并不删除该元素,如果链表为空,则返回 null
E peekLast()	返回当前链表的表尾元素,但并不删除该元素,如果链表为空,则返回 null
E poll()	删除并返回当前链表的表头元素,如果链表为空,则返回 null
E pollFirst()	删除并返回当前链表的表头元素,如果链表为空,则返回 null
E pollLast()	删除并返回当前链表的表尾元素,如果链表为空,则返回 null
E pop()	删除并返回当前链表的表头元素
void push(E e)	将指定元素 e 插入当前双向链表的表头,等价于 addFirst(E)方法
E remove()	删除并返回当前链表的表头元素
E removeFirst()	删除并返回当前链表的表头元素
boolean removeFirstOccurrence(Object o)	从前向后遍历链表,删除与指定对象 o 匹配的第一个元素,如果存在这样的元素,则返回 true,否则返回 false
E removeLast()	删除并返回当前链表的表尾元素
boolean removeLastOccurrence(Object o)	从前向后遍历链表,删除与指定对象 o 匹配的最后一个元素,如果存在这样的元素,则返回 true,否则返回 false
String toString()	返回当前双向链表的字符串表示,该字符串形式为"[e1,e2,e3,…,en]",元素顺序为从表头到表尾进行遍历时所遇到的元素的顺序

双向链表 LinkedList＜E＞是一个功能非常强大的数据结构,既可以将其用作普通列表,也可以将其视为堆栈、队列或双端队列(Double Ended Queue)。例如,将 LinkedList＜E＞用作普通列表时,可以调用表 2.1 和表 3.1 中列出的方法;将其用作堆栈时,可以调用

push()、pop()和peek()等方法；将其视为队列时，可以调用removeFirst()与addLast()，或pollFirst()与offerLast()；将其视为双端队列时，可以调用removeFirst()与addLast()、removeLast()与addFirst()、peekFirst()、peekLast()、offerFirst()、offerLast()等。例3.4给出了LinkedList<E>的简单使用示例。

【例3.4】 演示LinkedList<E>用法的程序示例。

```
1   package com.jgcs.chp3.p4;
2
3   import java.util.LinkedList;
4   import java.util.List;
5
6   class Entry{
7     String cityName;
8     int cityCode;
9
10    Entry(String cName, int cCode){
11        cityName = cName;
12        cityCode = cCode;
13    }
14
15    public String toString() {
16        return "(" + cityName + ", " + cityCode + ")";
17    }
18  }
19
20  public class App3_4 {
21    public static void main(String[] args) {
22        //将LinkedList<E>用作普通列表
23        List<String> list = new LinkedList<>();
24        list.add("0451");                    //哈尔滨区号
25        list.add("0452");                    //齐齐哈尔区号
26        list.add("0453");                    //牡丹江区号
27        list.add("0454");                    //佳木斯区号
28        list.add("0455");                    //绥化区号
29        list.add("0456");                    //黑河区号
30        list.add("0458");                    //伊春区号
31        list.add("0459");                    //大庆区号
32        list.add(6, "0457");                 //加格达奇区号 //随机插入
33        System.out.println("list的第1次输出:" + list);
34
35        System.out.println("list的第2次输出:list的第4个元素是" + list.get(3));
36
37        list.remove(2);                      //随机删除
38        list.remove("0457");                 //随机删除
39        System.out.println("list的第3次输出:" + list);
40
41        //将LinkedList<E>用作堆栈
42        LinkedList<Entry> stack = new LinkedList<>();
43        stack.push(new Entry("哈尔滨", 0451));  //0451是一个八进制数,表示十进制数297
44        stack.push(new Entry("齐齐哈尔", 0452));
45        stack.push(new Entry("牡丹江", 0453));
46        stack.push(new Entry("佳木斯", 0454));
47        stack.push(new Entry("绥化", 0455));
```

```
48            System.out.println("\nstack 的第 1 次输出:"    + stack);
49
50            stack.pop();
51            System.out.println("stack 的第 2 次输出:"   + stack);
52
53            System.out.println("stack 的第 3 次输出:stack 的当前栈顶元素是"    + stack.peek());
54
55            //将 LinkedList < E >用作队列或双端队列
56            LinkedList<String> queue = new LinkedList<>();
57            queue.addLast("哈尔滨");                //在队尾插入
58            queue.addLast("齐齐哈尔");
59            queue.addLast("牡丹江");
60            queue.addLast("佳木斯");
61            queue.addLast("绥化");
62            System.out.println("\nqueue 的第 1 次输出:" + queue);
63
64            String head = queue.removeFirst();      //从队头取出
65            head = head + ", " + queue.removeFirst();
66            System.out.println("queue 的第 2 次输出:" + queue + ", 从队头取出的元素是:"
                   + head);
67
68            queue.offerFirst("黑河");               //在队头插入
69            queue.addFirst("加格达奇");              //在队头插入
70            System.out.println("queue 的第 3 次输出:" + queue);
71
72            String tail = queue.pollLast();         //从队尾取出
73            tail = tail + ", " + queue.removeLast();   //从队尾取出
74            System.out.println("queue 的第 4 次输出:" + queue + ", 从队尾取出的元素是:"
                   + tail);
75        }
76    }
```

程序运行结果如下:

```
list 的第 1 次输出:[0451, 0452, 0453, 0454, 0455, 0456, 0457, 0458, 0459]
list 的第 2 次输出:list 的第 4 个元素是 0454
list 的第 3 次输出:[0451, 0452, 0454, 0455, 0456, 0458, 0459]

stack 的第 1 次输出:[(绥化, 301), (佳木斯, 300), (牡丹江, 299), (齐齐哈尔, 298), (哈尔滨,
297)]
stack 的第 2 次输出:[(佳木斯, 300), (牡丹江, 299), (齐齐哈尔, 298), (哈尔滨, 297)]
stack 的第 3 次输出:stack 的当前栈顶元素是(佳木斯, 300)

queue 的第 1 次输出:[哈尔滨, 齐齐哈尔, 牡丹江, 佳木斯, 绥化]
queue 的第 2 次输出:[牡丹江, 佳木斯, 绥化], 从队头取出的元素是:哈尔滨, 齐齐哈尔
queue 的第 3 次输出:[加格达奇, 黑河, 牡丹江, 佳木斯, 绥化]
queue 的第 4 次输出:[加格达奇, 黑河, 牡丹江], 从队尾取出的元素是:绥化, 佳木斯
```

在例 3.4 中,首先创建一个 LinkedList < String >类型的对象,并将其用作普通列表 list,此时可对 list 进行普通插入、随机插入和随机删除操作,如第 23~39 行所示;然后创建一个 LinkedList < Entry >类型的对象,并将其用作堆栈 stack,此时可对 stack 进行 push、pop 和 peek 等操作,如第 42~53 行所示;最后创建一个 LinkedList < String >类型的对象,并将其用作队列或双端队列 queue,此时可对 queue 进行队尾插入/队头取出,以及队头插

入/队头取出和队尾插入/队尾取出等操作,如第56~74行所示。

3.5 本章小结

本章首先介绍了列表List<E>接口,然后介绍了数组列表ArrayList<E>和向量列表Vector<E>,它们都是List<E>接口的实现类,接着介绍了堆栈Stack<E>,它是Vector<E>的直接子类,其所有操作(如添加、删除等)只能在列表某一端进行,最后介绍了双向链表LinkedList<E>,它实现了List<E>接口和Deque<E>接口,既可用作普通列表,也可用作双向链表(使用表3.6中的descendingIterator()进行反向遍历),还可用作堆栈、队列或双端队列,是一个功能十分强大的数据结构。

第 4 章

迭 代 器

本章要点:
(1) 可迭代器接口 Iterable<T>。
(2) 单向迭代器接口 Iterator<E>和双向迭代器接口 ListIterator<E>。
(3) 基本类型迭代器接口 PrimitiveIterator<T,T_CONS>。
(4) 可分割迭代器接口 Spliterator<T>。

在 Java 中,迭代器相关的接口有 Iterable<T>、Iterator<E>、ListIterator<E>、PrimitiveIterator<T,T_CONS>和 Spliterator<T>。Iterable<T>表示可迭代器接口,意为实现该接口的容器可以利用 Iterator<E>或 Spliterator<E>实例进行迭代。Iterator<E>表示一个只能从头到尾、从前向后进行遍历的正向单向迭代器。ListIterator<E>是 Iterator<E>的子接口,表示一个既可从前向后也可从后向前进行元素访问的正反双向迭代器。PrimitiveIterator<T,T_CONS>也是 Iterator<E>的子接口,它表示专用于基本类型(Primitive Types)如 int、double 或 long 等的单向迭代器,其中 T 是基本类型的包装类型如 Integer、Double 或 Long 等类型,T_CONS 表示 T 的消费者的类型如 IntConsumer、DoubleConsumer 或 LongConsumer 等类型。如果数据源中的元素类型是类类型,则应使用 Iterator<E>或 ListIterator<E>对数据源进行遍历,而如果元素类型为基本类型,则可使用 PrimitiveIterator<T,T_CONS>对数据源进行遍历。Spliterator<T>表示一个可分割迭代器,它既可在单线程环境中对数据源进行顺序的正向单向遍历,也可在多线程环境中对数据源进行分割以支持对数据源的并发并行访问。

4.1 Iterable<T>

从图 2.1 和表 2.1 可以看出,Collection<E>继承了 Iterable<T>,这意味着任何 Collection<E>的实例都是可迭代的,都可以通过调用 iterator()和 spliterator()方法来分别产生 Iterator<E>实例和 Spliterator<E>实例。Iterable<T>接口的常用方法如表 4.1 所示。实现 Iterable<T>接口的普通类需要具备产生 Iterator<T>和 Spliterator<T>实例的能力,也就是必须实现 iterator()和 spliterator()方法。

表 4.1　Iterable＜T＞接口的常用方法

方 法 签 名	功 能 说 明
default void forEach(Consumer＜? super T＞ action)	对当前可迭代(Iterable)对象中的所有元素执行给定操作 action
Iterator＜T＞ iterator()	返回当前可迭代对象的迭代器 Iterator＜T＞实例
default Spliterator＜T＞ spliterator()	返回当前可迭代对象的可分割迭代器 Spliterator＜T＞实例

一般来说，不同容器类的内部结构各不相同，但迭代器能够为不同类型的容器类对象提供一种统一的元素访问方法。它可以在不依赖具体容器类细节的情况下，以相同的方式操纵所有实现了 Iterable＜T＞接口的容器类的对象中的元素。实际上，Java 的 foreach 循环在底层就是使用迭代器实现的，它要求被循环遍历的对象必须实现 Iterable＜T＞接口。由于 Collection＜E＞如 List＜E＞、Queue＜E＞和 Set＜E＞等都实现了 Iterable＜T＞接口，故 foreach 循环可以对它们的实例按照统一的方式进行遍历。

4.2　Iterator＜E＞和 ListIterator＜E＞

单向迭代器 Iterator＜E＞和双向迭代器 ListIterator＜E＞的常用方法分别如表 4.2 和表 4.3 所示。Iterator＜E＞在前向迭代时不能对元素进行添加和修改，但可以删除，而 ListIterator＜E＞在双向遍历时可以添加、修改和删除元素。根据图 2.1 和表 3.1，ListIterator＜E＞对象可由 List＜E＞实例生成。

例 4.1 给出了 Iterator＜E＞和 ListIterator＜E＞接口的实现和使用示例程序。该示例程序中的 MyArrayList＜E＞类参考引用了 java.util.ArrayList＜E＞类的源码，是 ArrayList＜E＞的简化实现。在 MyArrayList＜E＞内部定义了两个私有内部类 Itr 和 ListItr，分别用来实现 Iterator＜E＞和 ListIterator＜E＞接口；另外，MyArrayList＜E＞还实现了 Iterable＜T＞接口，故对于其对象可使用 foreach 循环进行遍历。

表 4.2　Iterator＜E＞接口的常用方法

方 法 签 名	功 能 说 明
default void forEachRemaining（Consumer＜? super E＞ action）	对当前迭代器所绑定的底层容器类对象中所有剩余元素执行给定操作 action
boolean hasNext()	检查底层容器类对象是否仍有下一个元素，有则返回 true
E next()	返回底层容器类对象的下一个元素
default void remove()	从底层容器类对象中删除最后一次调用 next()时所返回的那个元素

表 4.3　ListIterator＜E＞接口的常用方法

方 法 签 名	功 能 说 明
void add(E e)	向当前列表迭代器所绑定的底层列表对象插入一个元素 e
boolean hasNext()	在前向迭代底层列表对象时，检查当前迭代器是否仍有下一个元素，有则返回 true

续表

方法签名	功能说明
boolean hasPrevious()	在反向迭代底层列表对象时,检查当前迭代器是否仍有下一个元素,有则返回 true
E next()	返回底层列表对象的下一个元素,将当前迭代器的游标前向移动一位
int nextIndex()	返回下一次调用 next()时所返回的那个元素在底层列表对象中的下标
E previous()	返回底层列表对象的前一个元素,将当前迭代器的游标反向移动一位
int previousIndex()	返回下一次调用 previous()时所返回的那个元素在底层列表对象中的下标
void remove()	从底层列表对象中删除最后一次调用 next()或 previous()时所返回的那个元素
void set(E e)	将底层列表对象中最后一次调用 next()或 previous()时所返回的那个元素替换为 e

【例 4.1】 演示 Iterator<E>和 ListIterator<E>接口实现和用法的程序示例。

```
1    package com.jgcs.chp4.p1;
2
3    import java.util.Arrays;
4    import java.util.Iterator;
5    import java.util.ListIterator;
6    import java.util.NoSuchElementException;
7    import java.util.function.Consumer;
8
9    class MyArrayList<E> implements Iterable<E> {
10       Object[] elementData;         // non-private to simplify nested class access
11       private int size;
12       private static final Object[] EMPTY_ELEMENTDATA = {};
13
14       public MyArrayList() {
15           this.elementData = EMPTY_ELEMENTDATA;
16       }
17
18       public MyArrayList(int initialCapacity) {
19           if (initialCapacity > 0) {
20               this.elementData = new Object[initialCapacity];
21           } else if (initialCapacity == 0) {
22               this.elementData = EMPTY_ELEMENTDATA;
23           } else {
24               throw new IllegalArgumentException("Illegeal Capacity: " +
                       initialCapacity);
25           }
26       }
27
28       private void rangeCheck(int index) {
29           if (index >= size) {
30               throw new IndexOutOfBoundsException("Index: " +
                       index + ", Size: " + size);
31           }
32       }
33
34       private void ensureCapacity(int minCapacity) {
35           if (minCapacity > elementData.length) {
```

```java
36              int oldCapacity = elementData.length;
37              int newCapacity = oldCapacity + (oldCapacity >> 1);
38              elementData = Arrays.copyOf(elementData, newCapacity);
39          }
40      }
41
42      public int size() {
43          return size;
44      }
45
46      public boolean isEmpty() {
47          return size == 0;
48      }
49
50      E elementData(int index) {
51          return (E) elementData[index];
52      }
53
54      public E get(int index) {
55          rangeCheck(index);
56          return elementData(index);
57      }
58
59      public E set(int index, E element) {
60          rangeCheck(index);
61          E oldValue = elementData(index);
62          elementData[index] = element;
63          return oldValue;
64      }
65
66      public boolean add(E e) {
67          ensureCapacity(size + 1);
68          elementData[size++] = e;
69          return true;
70      }
71
72      public void add(int index, E element) {
73          rangeCheck(index);
74          ensureCapacity(size + 1);
75
76          System.arraycopy(elementData, index, elementData, index + 1, size - index);
77          elementData[index] = element;
78          size++;
79      }
80
81      public E remove(int index) {
82          rangeCheck(index);
83          E oldValue = elementData(index);
84
85          int numMoved = size - index - 1;
86          if (numMoved > 0) {
87              System.arraycopy(elementData, index + 1, elementData, index, numMoved);
88          }
89
```

```java
 90             elementData[--size] = null;
 91             return oldValue;
 92         }
 93
 94         public void clear() {
 95             for (int i = 0; i < size; i++) {
 96                 elementData[i] = null;
 97             }
 98             size = 0;
 99         }
100
101         public Iterator<E> iterator() {
102             return new Itr();
103         }
104
105         public ListIterator<E> listIterator() {
106             return new ListItr(0);
107         }
108
109         private class Itr implements Iterator<E> {  //内部类 Itr 实现了 Iterator<E>接口
110             int cursor;              // index of next element to return
111             int lastRet = -1;        // index of last element returned; -1 if no such
112
113             Itr() {
114             }
115
116             public boolean hasNext() {
117                 return cursor != size;
118             }
119
120             public E next() {
121                 int i = cursor;
122                 if (i >= size)
123                     throw new NoSuchElementException();
124                 Object[] elementData = MyArrayList.this.elementData;
125                 cursor = i + 1;
126                 return (E) elementData[lastRet = i];
127             }
128
129             public void remove() {
130                 if (lastRet < 0) {
131                     throw new IllegalStateException();
132                 }
133
134                 try {
135                     MyArrayList.this.remove(lastRet);
136                     cursor = lastRet;
137                     lastRet = -1;
138                 } catch (IndexOutOfBoundsException ex) {
139                     throw ex;
140                 }
141             }
142
143             public void forEachRemaining(Consumer<? super E> consumer) {
```

```java
144              if (consumer == null)
145                  return;
146              final int size = MyArrayList.this.size;
147              int i = cursor;
148              if (i >= size)
149                  return;
150
151              final Object[] elementData = MyArrayList.this.elementData;
152              while (i != size) {
153                  consumer.accept((E) elementData[i++]);
154              }
155
156              cursor = i;
157              lastRet = i - 1;
158          }
159      }
160      //内部类 ListItr 继承了 Itr 类并实现了 ListIterator<E>接口
161      private class ListItr extends Itr implements ListIterator<E> {
162          ListItr(int index) {
163              super();
164              cursor = index;
165          }
166
167          public boolean hasPrevious() {
168              return cursor != 0;
169          }
170
171          public int nextIndex() {
172              return cursor;
173          }
174
175          public int previousIndex() {
176              return cursor - 1;
177          }
178
179          public E previous() {
180              int i = cursor - 1;
181              if (i < 0) {
182                  throw new NoSuchElementException();
183              }
184
185              Object[] elementData = MyArrayList.this.elementData;
186              cursor = i;
187              return (E) elementData[lastRet = i];
188          }
189
190          public void set(E e) {
191              if (lastRet < 0)
192                  throw new IllegalStateException();
193
194              try {
195                  MyArrayList.this.set(lastRet, e);
196              } catch (IndexOutOfBoundsException ex) {
197                  throw ex;
```

```
198                     }
199             }
200
201             public void add(E e) {
202                     try {
203                             int i = cursor;
204                             MyArrayList.this.add(i, e);
205                             cursor = i + 1;
206                             lastRet = -1;
207                     } catch (IndexOutOfBoundsException ex) {
208                             throw ex;
209                     }
210             }
211     }
212
213     public String toString() {
214             Iterator<E> it = iterator();
215             if (!it.hasNext())
216                     return "[]";
217
218             StringBuilder sb = new StringBuilder();
219             sb.append('[');
220             for (;;) {
221                     E e = it.next();
222                     sb.append(e == this ? "(this Collection)" : e);
223                     if (!it.hasNext())
224                             return sb.append(']').toString();
225                     sb.append(',').append(' ');
226             }
227     }
228 }
229
230 public class App4_1 {
231     public static void main(String[] args) {
232             String[] cities = { "哈尔滨", "大庆", "齐齐哈尔", "绥化", "牡丹江", "佳木斯", "黑河", "鸡西", "双鸭山", "鹤岗", "伊春", "七台河", "加格达奇" };
233             MyArrayList<String> mal = new MyArrayList<>(32);
234             for (int i = 0; i < cities.length; i++) {
235                     mal.add(cities[i]);
236             }
237
238             //利用 size()和 get()方法打印 mal 中的内容
239             System.out.println("第一次输出,利用 size()和 get()方法打印 mal 中的内容:");
240             System.out.print("黑龙江省的城市有:[");
241             for (int i = 0; i < mal.size(); i++) {
242                     System.out.print(mal.get(i) + (i == mal.size() - 1 ? "" : ","));
243             }
244             System.out.print("]\n");
245
246             //利用 iterator()返回的正向迭代器打印 mal 中的内容
247             System.out.println("\n第二次输出,利用 iterator()返回的正向迭代器打印 mal 中的内容:");
248             Iterator<String> itr = mal.iterator();
249             System.out.print("黑龙江省的城市有:[");
```

```java
250         while (itr.hasNext()) {
251             System.out.print(itr.next() + (!itr.hasNext() ? "" : ", "));
252         }
253         System.out.print("]\n");
254
255         //利用foreach循环打印mal中的内容
256         System.out.println("\n第三次输出,利用foreach循环打印mal中的内容:");
257         StringBuilder sb = new StringBuilder("黑龙江省的城市有:[");
258         String delim = ", ";
259         for (String city : mal) { //底层使用iterable<E>接口的iterator()方法返回
                                     //的正向迭代器对mal进行遍历
260             sb.append(city + delim);
261         }
262         int lastDelimIndex = sb.lastIndexOf(delim); // 最后一个分隔符", "的位置
263         sb.replace(lastDelimIndex, lastDelimIndex + delim.length() - 1, "]\n");
                            // 将最后一个分隔符替换成结束符"]"并换行
264         System.out.print(sb);
265
266         //利用listIterator()返回的线性迭代器双向遍历mal中的内容
267         System.out.println("\n第四次输出,利用listIterator()返回的线性迭代器双
                向遍历mal中的内容:");
268         ListIterator<String> lsitr = mal.listIterator();
269         System.out.print("正向遍历,黑龙江省的城市有:[");     //正向遍历
270         while (lsitr.hasNext()) {
271             System.out.print(lsitr.next() + (!lsitr.hasNext() ? "" : ", "));
272         }
273         System.out.print("]\n");
274         System.out.print("反向遍历,黑龙江省的城市有:[");     //反向遍历
275         while (lsitr.hasPrevious()) {
276             System.out.print(lsitr.previous() + (!lsitr.hasPrevious() ? "" : ", "));
277         }
278         System.out.print("]\n");
279
280         //利用iterator()返回的普通迭代器删除mal中的内容
281         System.out.println("\n第五次输出,利用iterator()返回的普通迭代器删除mal
                中的'鹤岗':");
282         itr = mal.iterator();
283         System.out.print("黑龙江省的城市有:[");
284         while (itr.hasNext()) {
285             String currentElement = itr.next();
286             if(currentElement == "鹤岗") {
287                 itr.remove();                          //删除当前元素
288                 currentElement = itr.next(); //将迭代器的游标向后移动一位
289             }
290             System.out.print(currentElement + (!itr.hasNext() ? "" : ", "));
291         }
292         System.out.print("]\n");
293
294         //利用listIterator()返回的线性迭代器修改mal中的内容
295         System.out.println("\n第六次输出,利用listIterator()返回的线性迭代器修
                改mal中的'加格达奇'为'大兴安岭':");
296         lsitr = mal.listIterator();
297         System.out.print("黑龙江省的城市有:[");
298         while (lsitr.hasNext()) {
```

```
299              String currentElement = lsitr.next();
300              if(currentElement.equals("加格达奇")) {
301                  lsitr.set("大兴安岭");                    //修改当前元素
302                  currentElement = "大兴安岭";
303              }
304              System.out.print(currentElement + (!lsitr.hasNext() ? "" : ", "));
305          }
306          System.out.print("]\n");
307      }
308  }
```

程序运行结果如下:

第一次输出,利用 size()和 get()方法打印 mal 中的内容:
黑龙江省的城市有:[哈尔滨,大庆,齐齐哈尔,绥化,牡丹江,佳木斯,黑河,鸡西,双鸭山,鹤岗,伊春,七台河,加格达奇]

第二次输出,利用 iterator()返回的正向迭代器打印 mal 中的内容:
黑龙江省的城市有:[哈尔滨,大庆,齐齐哈尔,绥化,牡丹江,佳木斯,黑河,鸡西,双鸭山,鹤岗,伊春,七台河,加格达奇]

第三次输出,利用 foreach 循环打印 mal 中的内容:
黑龙江省的城市有:[哈尔滨,大庆,齐齐哈尔,绥化,牡丹江,佳木斯,黑河,鸡西,双鸭山,鹤岗,伊春,七台河,加格达奇]

第四次输出,利用 listIterator()返回的线性迭代器双向遍历 mal 中的内容:
正向遍历,黑龙江省的城市有:[哈尔滨,大庆,齐齐哈尔,绥化,牡丹江,佳木斯,黑河,鸡西,双鸭山,鹤岗,伊春,七台河,加格达奇]
反向遍历,黑龙江省的城市有:[加格达奇,七台河,伊春,鹤岗,双鸭山,鸡西,黑河,佳木斯,牡丹江,绥化,齐齐哈尔,大庆,哈尔滨]

第五次输出,利用 iterator()返回的普通迭代器删除 mal 中的'鹤岗':
黑龙江省的城市有:[哈尔滨,大庆,齐齐哈尔,绥化,牡丹江,佳木斯,黑河,鸡西,双鸭山,伊春,七台河,加格达奇]

第六次输出,利用 listIterator()返回的线性迭代器修改 mal 中的'加格达奇'为'大兴安岭':
黑龙江省的城市有:[哈尔滨,大庆,齐齐哈尔,绥化,牡丹江,佳木斯,黑河,鸡西,双鸭山,伊春,七台河,大兴安岭]

在例 4.1 中,首先定义了 MyArrayList<E>类,该类是 java.util.ArrayList<E>的简化实现,它使用一个 Object 数组 elementData 来保存内部数据。通过它的两个构造方法,可创建空的(即容量为 0)或具有指定初始容量大小的 MyArrayList<E>对象。除了构造方法,MyArrayList<E>还向外暴露了 size()、isEmpty()、get()、set()、add()、remove()、clear()、iterator()、listIterator()和 toString()等方法接口,这些公开方法又通过调用方法 rangeCheck()、ensureCapacity()和 elementData()等进行越界检查、容量扩增和元素获取等操作。私有方法 ensureCapacity()通过调用 Arrays.copyOf()方法完成实际的扩容操作,关于这个方法和 Arrays 类的介绍见 9.3 节。

方法 iterator()返回内部类 Itr 的实例(第 101~103 行),而 Itr 是 Iterator<E>接口的实现类(第 109~159 行)。Itr 类使用成员变量 cursor 跟踪下次调用 next()时要返回的元素的下标(第 110 行),而使用 lastRet 记录最近一次被 next()调用返回的元素的下标(第 111 行)。通过观察 Itr 对 Iterator<E>接口中的方法 hasNext()、next()、remove()和

forEachRemaining()的实现细节,可以发现 Itr 对 MyArrayList<E>的访问和遍历并不独立于 MyArrayList<E>,而是深度依赖于其内部数据结构和公私方法,如 hasNext()方法(第 116~118 行)的功能是通过比较 Itr 的 cursor 与 MyArrayList<E>的 size 是否相等实现的,而 next()方法(第 120~127 行)和 remove()方法(第 129~141 行)的实现需要访问 MyArrayList<E>的 elementData 和调用其 remove()方法。虽然 Itr 对这些方法的实现依赖于 MyArrayList<E>的内部细节,但 Itr 的使用者却无须了解 MyArrayList<E>的内部结构即可遍历其中的元素,这正是 Itr 类和 Iterator<E>接口的目的和意义所在,即屏蔽其底层数据源(这里即 MyArrayList<E>)的内部实现,向外提供统一的访问元素的方法。换句话说,这里的 Itr 类可以认为是对 MyArrayList<E>的某种包装或外壳。

与 iterator()类似,MyArrayList<E>的 listIterator()方法(第 105~107 行)返回内部类 ListItr 的实例,而 ListItr 类继承了 Itr 类并实现了 ListIterator<E>接口(第 161~211 行)。ListItr 类实现了 ListIterator<E>接口中规定的方法如 hasNext()、hasPrevious()、next()、previous()、remove()和 set()等,这些方法的实现也依赖于 MyArrayList<E>的内部细节。同样,ListItr 的使用者无须了解 MyArrayList<E>的内部结构即可双向遍历其中的元素。

例 4.1 在定义 MyArrayList<E>后又定义了类 App4_1,在其 main()方法中创建了一个初始容量为 32 的 MyArrayList<String>对象 mal,并通过一个循环调用其 add()方法将字符串数组 cities 中的元素全部加入 mal 中,如第 233~236 行所示。然后在第 239~244 行,通过调用 mal 的 get()和 size()方法并利用 for 循环打印输出 mal 中的全部元素。接着在第 247~253 行,通过对 mal 调用 iterator()获得其迭代器 itr 并在 while 循环中利用 itr 的 hasNext()和 next()方法正向遍历 mal 中的内容。在第 256~264 行,通过利用 foreach 循环遍历 mal 和打印其内容。在第 267~278 行,通过对 mal 调用 listIterator()方法获取其线性迭代器 lsitr 并在 while 循环中利用 lsitr 的 hasNext()和 next()方法或 hasPrevious()和 previous()方法来分别正向或反向遍历 mal 并打印其内容。

注意:foreach 循环实际上是在底层使用 Iterable<E>接口的 iterator()方法返回的正向迭代器对 mal 进行遍历的。正因为 MyArrayList<E>实现了 Iterable<E>接口,所以才能对 mal 进行 foreach 循环。

在第 281~292 行,对 mal 调用 iterator()获得其正向迭代器 itr,然后在利用 itr 遍历 mal 时删除值为"鹤岗"的元素。注意,在删除该元素时,需要将 itr 的游标向后移动一位,因为 itr 的 remove()方法在删除元素时会将游标位置置为刚被删除的元素的下标,如例 4.1 中第 129~141 行所示。另外,使用 itr 遍历 mal 时,可以对 mal 添加或删除元素,但无法修改其中的元素。要修改 mal 中已有的元素,必须使用线性迭代器 lsitr,如第 295~306 行所示。当然,线性迭代器的修改元素方法 set()不会改变当前游标的位置。

注意:例 4.1 的第 248~253 行在 while 循环中使用迭代器 itr,也可以在 for 循环中使用 itr,如下列代码所示:

```
System.out.print("黑龙江省的城市有:[");
for(itr = mal.iterator(); itr.hasNext(); ){
   System.out.print(itr.next() + (!itr.hasNext() ? "" : ", "));
}
System.out.println("]\n");
```

注意：在例 4.1 的 App4_1 类的 main() 方法中，可以将 MyArrayList<E> 直接替换成 ArrayList<E>，会得到同样的运行结果。所以，这个程序也是关于如何使用 ArrayList<E> 的迭代器 Iterator<E> 和线性迭代器 ListIterator<E> 的例子。

4.3 PrimitiveIterator<T,T_CONS>

基本类型迭代器 PrimitiveIterator<T,T_CONS> 可以用于迭代或遍历元素类型为基本类型的数据源，如 int、double 或 long 数组等。在 PrimitiveIterator<T,T_CONS> 的类型参数中，T 表示基本类型的包装类型如 Int、Double 或 Long 等，T_CONS 表示 T 的消费者的类型如 IntConsumer、DoubleConsumer 或 LongConsumer 等。其常用成员与方法如表 4.4 所示。例 4.2 给出了一个如何实现和使用 PrimitiveIterator<T,T_CONS> 接口与 PrimitiveIterator.OfInt 接口的示例程序。该示例程序中的 MyPrimitiveIterator<T,T_CONS> 接口参考引用了 java.util.PrimitiveIterator<T,T_CONS> 接口的源码。

表 4.4 PrimitiveIterator<T,T_CONS> 接口的常用成员与方法

成员/方法签名	功能说明
static interface PrimitiveIterator.OfInt	专用于 int 基本类型的单向迭代器
static interface PrimitiveIterator.OfDouble	专用于 double 基本类型的单向迭代器
static interface PrimitiveIterator.OfLong	专用于 long 基本类型的单向迭代器
void forEachRemaining(T_CONS action)	对当前迭代器所绑定的底层容器类对象中所有剩余元素按照元素在迭代时出现的顺序执行给定操作 action

【**例 4.2**】 演示 PrimitiveIterator<T,T_CONS> 接口实现和用法的程序示例。

```
1   package com.jgcs.chp4.p2;
2
3   import java.util.Arrays;
4   import java.util.Iterator;
5   import java.util.Objects;
6   import java.util.Random;
7   import java.util.function.Consumer;
8   import java.util.function.DoubleConsumer;
9   import java.util.function.IntConsumer;
10  import java.util.function.LongConsumer;
11
12  interface MyPrimitiveIterator<T, T_CONS> extends Iterator<T> {
13      void forEachRemaining(T_CONS action);
14
15      //声明和定义 OfInt 接口,继承 MyPrimitiveIterator<Integer, IntConsumer>
16      public static interface OfInt extends MyPrimitiveIterator<Integer, IntConsumer> {
17          int nextInt(); //返回基本类型 int 的值
18
19          default void forEachRemaining(IntConsumer action) {
              //实现 MyPrimitiveIterator<T, T_CONS>的 forEachRemaining(T_CONS)方法
20              Objects.requireNonNull(action);
21              while (hasNext())
22                  action.accept(nextInt());
23          }
24
```

```java
25              @Override
26              default Integer next() {    //返回 Integer 类型的值
27                  return nextInt();
28              }
29
30              @Override
31              default void forEachRemaining(Consumer<? super Integer> action) {
                    //实现 Iterator<T>的 forEachRemaining(Consumer<? super T>)方法
32                  if (action instanceof IntConsumer) {
33                      forEachRemaining((IntConsumer) action);
34                  }
35                  else {
36                      Objects.requireNonNull(action);    //action 不能是 null
37                      forEachRemaining((IntConsumer) action::accept);
                            //用 action::accept 构造一个匿名 IntConsumer 对象
38                  }
39              }
40
41          }
42
43          //声明和定义 OfDouble 接口,继承 MyPrimitiveIterator<Integer, DoubleConsumer>
44          public static interface OfDouble extends MyPrimitiveIterator<Double, DoubleConsumer> {
45              double nextDouble();                           //返回基本类型 double 的值
46
47              default void forEachRemaining(DoubleConsumer action) {
                    //实现 MyPrimitiveIterator<T, T_CONS>的 forEachRemaining(T_CONS)方法
48                  Objects.requireNonNull(action);
49                  while (hasNext())
50                      action.accept(nextDouble());
51              }
52
53              @Override
54              default Double next() {    //返回 Double 类型的值
55                  return nextDouble();
56              }
57
58              @Override
59              default void forEachRemaining(Consumer<? super Double> action) {
                    //实现 Iterator<T>的 forEachRemaining(Consumer<? super T>)方法
60                  if (action instanceof DoubleConsumer) {
61                      forEachRemaining((DoubleConsumer) action);
62                  }
63                  else {
64                      Objects.requireNonNull(action);    //action 不能是 null
65                      forEachRemaining((DoubleConsumer) action::accept);
                            //用 action::accept 构造一个匿名 DoubleConsumer 对象
66                  }
67              }
68          }
69
70          //声明和定义 OfLong 接口,继承 MyPrimitiveIterator<Integer, LongConsumer>
71          public static interface OfLong extends MyPrimitiveIterator<Long, LongConsumer> {
72              long nextLong();                              //返回基本类型 long 的值
73
```

```java
74              default void forEachRemaining(LongConsumer action) {
                    //实现 MyPrimitiveIterator<T, T_CONS>的 forEachRemaining(T_CONS)方法
75                  Objects.requireNonNull(action);
76                  while (hasNext())
77                      action.accept(nextLong());
78              }
79
80              @Override
81              default Long next() { //返回 Long 类型的值
82                  return nextLong();
83              }
84
85              @Override
86              default void forEachRemaining(Consumer<? super Long> action) {
                          //实现 Iterator<T>的 forEachRemaining(Consumer<? super T>)方法
87                  if (action instanceof LongConsumer) {
88                      forEachRemaining((LongConsumer) action);
89                  }
90                  else {
91                      Objects.requireNonNull(action); //action 不能是 null
92                      forEachRemaining((LongConsumer) action::accept);
                              //用 action::accept 构造一个匿名 LongConsumer 对象
93                  }
94              }
95          }
96      }
97
98      class MyIntArrayIterator implements MyPrimitiveIterator.OfInt{
                                              //实现 MyPrimitiveIterator.OfInt
99          private int[] intArr = null;
100         private int counter = 0;
101
102         public MyIntArrayIterator(int[] intArr) {
103             Objects.requireNonNull(intArr);
104             this.intArr = intArr;
105         }
106
107         @Override
108         public boolean hasNext() {
109             return counter < intArr.length - 1;
110         }
111
112         @Override
113         public int nextInt() {
114             return intArr[counter++];
115         }
116     }
117
118     public class App4_2 {
119         public static void main(String[] args) {
120             int[] intArr = new int[16];
121             for(int i = 0; i < intArr.length; i++) {
122                 intArr[i] = new Random().nextInt(100);
123             }
```

```java
124            Arrays.sort(intArr);
125
126            MyPrimitiveIterator.OfInt intArrItr1 = new MyIntArrayIterator(intArr);
127            System.out.println("使用 intArrItr1 对 intArr 进行输出:");
128            while(intArrItr1.hasNext()) { //使用 hasNext()和 nextInt()输出 intArr 中的元素
129                    System.out.print(intArrItr1.nextInt());
130                    System.out.print(intArrItr1.hasNext() ? ", " : "\n");
131            }
132
133            MyPrimitiveIterator.OfInt intArrItr2 = new MyIntArrayIterator(intArr);
134            System.out.println("使用 intArrItr2 对 intArr 进行输出:");
135            intArrItr2.forEachRemaining(new IntConsumer() { //使用 forEachRemaining 输出
                                                              //intArr 中的元素
136                    @Override
137                    public void accept(int value) {
138                            System.out.print(value + " ");
139                    }
140            });
141            System.out.println();
142
143            //直接创建一个实现 MyPrimitiveIterator.OfInt 接口的匿名对象,并令 intItr 指
               //向它
144            MyPrimitiveIterator.OfInt intItr = new MyPrimitiveIterator.OfInt() {
145                    private int counter = 0;
146
147                    @Override
148                    public int nextInt() {
149                            counter++;
150                            return new Random().nextInt(100);
151                    }
152
153                    @Override
154                    public boolean hasNext() {
155                            return counter < 32;
156                    }
157            };
158
159            System.out.println("使用 intItr 输出 32 个随机整数:");
160            while(intItr.hasNext()) {
161                    System.out.print(intItr.nextInt());
162                    System.out.print(intItr.hasNext() ? ", " : "\n");
163            }
164    }
165 }
```

程序运行结果如下:

使用 intArrItr1 对 intArr 进行输出:
0, 13, 26, 37, 45, 64, 66, 67, 67, 77, 84, 85, 87, 88, 90
使用 intArrItr2 对 intArr 进行输出:
0 13 26 37 45 64 66 67 67 77 84 85 87 88 90
使用 intItr 输出 32 个随机整数:
12, 80, 57, 40, 88, 81, 2, 26, 19, 49, 35, 83, 34, 95, 24, 53, 90, 40, 60, 47, 24, 32, 75, 76, 6, 75, 59, 57, 51, 86, 81, 82

在例 4.2 中,首先定义了 MyPrimitiveIterator<T,T_CONS>接口,并在其内部定义了继承该接口的三个子接口,即 OfInt、OfDouble 和 OfLong,分别表示专用于基本类型 int、double 和 long 的基本类型迭代器,如第 12~96 行所示。在第 98~116 行,例 4.2 定义了一个实现 MySprimitiveIterator.OfInt 接口的普通类 MyIntArrayIterator,该类可以对一个 int 基本类型数组进行迭代,只需将想要遍历的 int 数组传递给其构造方法即可。在第 118~165 行,例 4.2 定义了类 App4_2,在其 main() 方法中先创建一个长度为 16 个元素的 int 数组 intArr 并用 0~100 内的随机整数填充该数组,然后以 intArr 为参数创建两个 MyIntArrayIterator 对象 intArrItr1 和 intArrItr2,intArrItr1 调用 hasNext() 和 nextInt() 来输出 intArr 中的元素,intArrItr2 调用 forEachRemaining(IntConsumer) 输出 intArr 的元素,分别如第 128~131 行和第 134~140 行所示。在第 144~163 行,App4_2 直接创建一个实现 MyPrimitiveIterator.OfInt 接口的匿名对象并以 intItr 指向它,该对象可以产生 32 个 0~100 内的随机整数,接着调用 intItr 的 hasNext() 和 nextInt() 产生和输出 32 个随机整数,如程序运行结果所示。

注意:在例 4.2 中,MyPrimitiveIterator<T,T_CONS>实际上就是 Java 标准类库中的 PrimitiveIterator<T,T_CONS>。其三个子接口 OfInt、OfDouble 和 OfLong 等同于 PrimitiveIterator<T,T_CONS>的三个相应子接口 OfInt、OfDouble 和 OfLong。根据源码可以看出,PrimitiveIterator<T,T_CONS>的 OfInt、OfDouble 和 OfLong 对 Iterator.next() 和 Iterator.forEachRemaning(Consumer) 的默认实现需要将基本类型的值封装成相应包装类型的对象,如 int 类型的值要转换为 Integer 类型的对象,但在调用端可能又需要将包装类型对象转换为基本类型的值。为避免可能的封装解封(Boxing and Unboxing)开销,应尽量使用基本类型迭代器的对应方法,例如对于 PrimitiveIterator.OfInt,应使用其 nextInt() 和 forEachRemaining(IntConsumer) 方法来代替从 Iterator<E>继承过来的 next() 和 forEachRemaining(Consumer) 方法。

注意:例 4.2 通过定义类 MyIntArrayIterator(第 98~116 行)和给变量 intItr 赋值(第 144 行)演示了如何实现 PrimitiveIterator.OfInt 接口和创建其匿名对象,并进一步演示了该接口的用法。这些实现接口、创建匿名对象和演示用法的逻辑对于 PrimitiveIterator.OfDouble 和 PrimitiveIterator.OfLong 接口也是适用的。

4.4 Spliterator<T>

可分割迭代器 Spliterator<T>的常用成员和方法如表 4.5 所示,其特性如表 4.6 所示。如前所述,Spliterator<T>既可在单线程环境中对数据源进行顺序的正向单向遍历,也可在多线程环境中对数据源进行分割以支持对数据源的并发并行访问。在表 4.5 中,关键的方法是 trySplit()、tryAdvance() 和 forEachRemaining(),其中 trySplit() 表示对当前可分割迭代器进行分割,分割结果仍然是可分割迭代器;tryAdvance() 和 forEachRemaining() 分别表示对数据源进行单步遍历和批块遍历。在表 4.6 中,常用的特性是 IMMUTABLE(只读)、ORDERED(有序)、SIZED(有固定大小)和 SUBSIZED(所有直接或间接子分割迭代器都是有固定大小的)。

对于不具有 IMMUTABLE 或 CONCURRENT 特性的可分割迭代器，它应明确阐述对下述两个问题的应对机制：①何时绑定到数据源；②如果已经绑定到数据源但数据源在被遍历期间(例如使用 tryAdvance()或 forEachRemaining()进行遍历)发生了结构性变化(如元素增加、删除、变化等)，该如何对这些变化作出反应。所谓绑定(Binding)即可分割迭代器在内部开始获取关于数据源的结构信息(如大小或范围)，仅仅获取一个指向数据源的引用不算绑定到数据源。对于第一个问题，有两种机制，即晚绑定(Late-binding)和早绑定。所谓晚绑定即可分割迭代器在进行第一次遍历、分裂或大小查询时才真正绑定到数据源，而如果在创建时就绑定到数据源就称为早绑定。对于晚绑定的可分割迭代器，任何在绑定发生前对数据源的修改都将在使用可分割迭代器对数据源进行遍历期间反映出来。而对于在绑定发生后由其他线程或进程进行的对数据源的修改，当前可分割迭代器应能及时检测出来并抛出 ConcurrentModificationException 异常。这种机制称为快失败(Fail-fast)机制。

例 4.3 给出了如何实现 Spliterator<T>接口以及如何使用其实现类对象的示例程序。该程序给出的 Spliterator<T>实现类 Splitr 并没有实现快失败机制，因为没有其他执行流修改 Splitr 的数组数据源，故这里不需要它实现此机制。

表 4.5 Spliterator<T>接口的常用成员和方法

成员/方法签名	功 能 说 明
static interface Spliterator.OfInt	专用于 int 基本类型的可分割迭代器
static interface Spliterator.OfDouble	专用于 double 基本类型的可分割迭代器
static interface Spliterator.OfLong	专用于 long 基本类型的可分割迭代器
static interface Spliterator.OfPrimitive<T,T_CONS,T_SPLITR extends Spliterator.OfPrimitive<T,T_CONS,T_SPLITR>>	专用于基本类型 t 的可分割迭代器，其中，T 是基本类型 t 的包装类型，T_CONS 是 T 的消费者的类型，T_SPLITR 是 Spliterator.OfPrimitive<T,T_CONS,T_SPLITR>的子类型，如 Spliterator.OfInt、Spliterator.OfDouble 等
int characteristics()	返回当前可分割迭代器的特性集，具体特性见表 4.6
long estimateSize()	返回当前可分割迭代器在调用 forEachRemaining()迭代遍历时可能遇到的元素总数的估算值
default void forEachRemaining(Consumer<? super T> action)	在当前线程中，对当前可分割迭代器的所有剩余元素顺序执行给定操作 action
default Comparator<? super T> getComparator()	如果当前可分割迭代器所关联的底层数据源是有序的(SORTED)且是由比较器 Comparator<T>进行排序的，则返回该比较器，否则返回 null 或抛出 IllegalStateException 异常。关于比较器，详见第 5 章内容
default long getExactSizeIfKnown()	如果当前可分割迭代器是有精确大小的(SIZED)，则返回 estimateSize()方法的返回值，即该方法此时为 estimateSize()的外壳方法，否则返回 -1
default boolean hasCharacteristics(int characteristics)	如果当前可分割迭代器具有 characteristics 中列出的全部特性，则返回 true，否则返回 false
boolean tryAdvance(Consumer<? super T> action)	如果当前可分割迭代器中有一个剩余元素，则对该元素执行给定操作 action，并返回 true，否则返回 false
Spliterator<T> trySplit()	如果当前可分割迭代器仍可继续分割，则返回一个新的分割迭代器，该新分割接待器与当前分割迭代器交集为空

表 4.6　Spliterator＜T＞接口的静态成员变量列表（即特性集）

特 性 签 名	功 能 说 明
public static final int CONCURRENT	该特性值表示当前可分割迭代器的数据源可在无外部同步的情况下由多个线程安全地进行并发修改，如添加、更新、删除等
public static final int DISTINCT	该特性值表示当前可分割迭代器在遍历时所遇到的任意两个元素 x 和 y 都是不相等的，即！x.equals(y)为真。或者说该特性值表示当前可分割迭代器的数据源中没有两个元素是相等的
public static final int IMMUTABLE	该特性值表示当前可分割迭代器的数据源不允许被进行结构性修改，即数据源中的元素不能被添加、更新或删除。一个可分割迭代器如果不具有 IMMUTABLE 特性或 CONCURRENT 特性，则它应具有正式措施（如抛出 ConcurrentModificationException 异常）来应对在遍历期间数据源发生结构性修改的情况
public static final int NONNULL	该特性值表示当前分割迭代器在迭代时遇到的元素不会是 null，或者说该特性值表示当前可分割迭代器的数据源中没有 null 元素
public static final int ORDERED	该特性值表示当前可分割迭代器在迭代时遇到的元素是有固定顺序的，这种顺序称为相遇顺序(An Encounter Order)。或者说该特性值表示当前可分割迭代器的数据源 src 中的元素是有序的，这种有序是指元素是按照索引顺序(例如 src 是数组或各种 List＜E＞等)、插入顺序(例如 src 是 LinkedList＜E＞等)或某种比较规则确定的顺序(如由第5 章所述的内比较器或外比较器所确定的顺序)在数据源 src 中存储和组织的。如果数据源 src 中的元素在上述顺序意义下不是有序的，则与之关联的可分割迭代器就不具有相遇顺序。例如，如果某个可分割迭代器的数据源是 HashSet＜E＞或 HashMap＜K,V＞，则该迭代器不是 ORDERED 的
public static final int SIZED	该特性值表示当前可分割迭代器调用 estimateSize()所返回的大小是一个有限且精确的值(如果没有对数据源进行结构性修改的话)，代表当前迭代器执行一个完整(或成功)遍历时所会遇到的元素总数
public static final int SORTED	该特性值表示当前可分割迭代器在迭代时遇到的元素遵循一种由特定排序顺序定义的相遇顺序，这种特定排序顺序是根据 getComparator()返回的外比较器或者数据源元素自身定义的内比较器来定义的顺序。具有 SORTED 特性的可分割迭代器一定具有 ORDERED 特性。关于外比较器 Comparator＜T＞和内比较器 Comparable＜T＞，详见第 5 章内容
public static final int SUBSIZED	该特性值表示所有由 trySplit()返回的可分割迭代器都是 SIZED 且 SUBSIZED 的，即它表示当前可分割迭代器的所有直接或间接子可分割迭代器都是 SIZED 的

【例 4.3】　演示 Spliterator＜T＞接口实现和用法的程序示例。

```
1    package com.jgcs.chp4.p3;
2
3    import java.util.Arrays;
4    import java.util.Random;
5    import java.util.Spliterator;
6    import java.util.concurrent.CountDownLatch;
7    import java.util.function.Consumer;
8
9    class MySplitableArray<E>{
```

```java
10      private final Object[] elements;    //immutable after construction
11      MySplitableArray(Object[] data){
12          int size = data.length;
13          elements = new Object[size];
14          for(int i = 0; i < size; i++) {
15              elements[i] = data[i];
16          }
17      }
18
19      public Spliterator<E> spliterator(){
20          return new Splitr(elements, 0, elements.length);
21      }
22
23      private class Splitr implements Spliterator<E>{
24          private final Object[] array;
25          private int origin;           //current index, advanced on split or traversal
26          private final int fence;      //one past the greatest index
27          Splitr(Object[] array, int origin, int fence){
28              this.array = array;
29              this.origin = origin;
30              this.fence = fence;
31          }
32
33          public void forEachRemaining(Consumer<? super E> action) {
34              for(; origin < fence; origin++) {
35                  action.accept((E) array[origin]);
36              }
37          }
38
39          public boolean tryAdvance(Consumer<? super E> action) {
40              if(origin < fence) {
41                  action.accept((E) array[origin]);
42                  origin ++;
43                  return true;
44              }else { //cannot advance
45                  return false;
46              }
47          }
48
49          public Spliterator<E> trySplit(){
50              int lo = origin;                         //divide range in half
51              int mid = ((lo + fence) >>> 1) & ~1;    //force midpoint to be even
52              if(lo < mid) { //split out left half
53                  origin = mid; //reset this Spliterator's origin
54                  return new Splitr(array, lo, mid);
55              }
56              else {
57                  return null;                         //too small to split
58              }
59          }
60
61          public long estimateSize() {
62              return (long)(fence - origin);
63          }
```

```java
64
65          public int characteristics() {
66                  return SORTED | ORDERED | IMMUTABLE | SIZED | SUBSIZED;
67          }
68     }
69 }
70
71 class MyConsumer<U> implements Consumer<U>{
72    StringBuffer result = null;
73
74    MyConsumer() {
75          result = new StringBuffer();
76    }
77
78    public void accept(U t) {
79          result.append(t + ", ");
80    }
81
82    public String getResult() {
83          String delim = ", ";
84          result.replace(result.length() - delim.length(), result.length(), "");
                                                                    //[start, end)
85
86          result.insert(0, "[");
87          result.insert(result.length(), "]");
88          return result.toString();
89    }
90
91    public void setResult(String str) {
92          result.replace(0, result.length(), str);
93    }
94 }
95
96 class MyRunnable<V> implements Runnable{
97    String thrMsg = null; //information about the current thread's name and its owning
                            //spliterator's name
98    Spliterator<V> sp = null; //the spliterator of the current thread
99    CountDownLatch latch = null; //the shared latch among multiple threads
100
101   public MyRunnable(String thrMsg, Spliterator<V> sp, CountDownLatch latch) {
102         this.thrMsg = thrMsg;
103         this.sp = sp;
104         this.latch = latch;
105   }
106   public void run() {
107         if(sp != null) {
108               MyConsumer<V> consumer = new MyConsumer<V>();
109               sp.forEachRemaining(consumer);
110               System.out.println(thrMsg + ":" + consumer.getResult());
111         }
112
113         if(latch != null) {
114               latch.countDown();
115         }
```

```java
116         }
117     }
118
119 public class App4_3 {
120     public static void main(String[] args) {
121         Integer[] ints = new Integer[20];
122         for(int i = 0; i < ints.length; i++) {
123             ints[i] = new Integer(new Random().nextInt(100));
124         }
125         Arrays.sort(ints);
126
127         MySplitableArray<Integer> msa = new MySplitableArray<Integer>(ints);
128
129         //利用 sp 顺序遍历 msa 中的全部元素
130         Spliterator<Integer> sp = msa.spliterator(); //可分割迭代器 sp
131         MyConsumer<Integer> consumer = new MyConsumer<>();
132         sp.forEachRemaining(consumer); //forEachRemaining()执行完后,sp 的 origin 会
                                          //等于 fence
133         System.out.println("使用可分割迭代器 sp 以 forEachRemaining()方式顺序遍历 msa:" + consumer.getResult() + "\n");
134
135         sp = msa.spliterator(); //重新获得一个新 Spliterator<Integer>对象,其
                                    //origin 为 0,fence 为 ints.length
136         consumer.setResult(""); //将 consumer 中的 result 置空
137         while(sp.tryAdvance(consumer)) {
138             ;
139         }
140         System.out.println("使用可分割迭代器 sp 以 tryAdvance()方式顺序遍历 msa:" + consumer.getResult() + "\n");
141
142         //利用多个可分割迭代器在多线程中并行遍历 msa
143         System.out.println("使用可分割迭代器 sp1、sp2、sp3 和 sp4 并行遍历 msa:");
144         Spliterator<Integer> sp1 = msa.spliterator(); //可分割迭代器 sp1
145         Spliterator<Integer> sp2 = sp1.trySplit(); //sp2 是迭代器 sp1 进行一次分割
                                                     //后分割出来的迭代器
146         Spliterator<Integer> sp3 = sp1.trySplit(); //sp3 是迭代器 sp1 进行一次分割
                                                     //后再次进行分割后得到的迭代器
147         Spliterator<Integer> sp4 = sp2.trySplit(); //sp4 是 sp2 进行一次分割后分割
                                                     //出来的迭代器
148
149         CountDownLatch latch = new CountDownLatch(4);
150         new Thread(new MyRunnable<Integer>("Thread1 遍历 sp1", sp1, latch)).run();
151         new Thread(new MyRunnable<Integer>("Thread2 遍历 sp2", sp2, latch)).run();
152         new Thread(new MyRunnable<Integer>("Thread3 遍历 sp3", sp3, latch)).run();
153         new Thread(new MyRunnable<Integer>("Thread4 遍历 sp4", sp4, latch)).run();
154
155         try {
156             latch.await();
157
158         } catch (InterruptedException e) {
159             e.printStackTrace();
160         }
161         System.out.println("\nExit");
```

```
162        }
163    }
```

程序运行结果如下：

使用可分割迭代器 sp 以 forEachRemaining()方式顺序遍历 msa:[5, 11, 12, 14, 24, 29, 30, 31, 33, 37, 48, 56, 58, 72, 79, 81, 85, 85, 86, 96]

使用可分割迭代器 sp 以 tryAdvance()方式顺序遍历 msa:[5, 11, 12, 14, 24, 29, 30, 31, 33, 37, 48, 56, 58, 72, 79, 81, 85, 85, 86, 96]

使用可分割迭代器 sp1、sp2、sp3 和 sp4 并行遍历 msa:
Thread1 遍历 sp1:[79, 81, 85, 85, 86, 96]
Thread2 遍历 sp2:[24, 29, 30, 31, 33, 37]
Thread3 遍历 sp3:[48, 56, 58, 72]
Thread4 遍历 sp4:[5, 11, 12, 14]

Exit

在例 4.3 中，首先定义了可分割数组类 MySplitableArray<E>，它使用一个 Object 数组 elements 来保存内部数据。通过向它的构造方法传递 Object 数组 data，可创建一个 MySplitableArray<E>对象，其成员变量 elements 的内容与 data 相同，如第 11～17 行所示。除构造方法外，MySplitableArray<E>只有一个公开方法 spliterator()，该方法在每次调用时都返回一个新建的内部类 Splitr 实例，而该 Splitr 是 Spliterator<T>接口（代码 Spliterator<E>中的 E 只是类型形参 T 的一个实参，而 E 其实又是 MySplitableArray<E>的形参）的实现类。

如第 19～21 行和第 24～31 行所示，Splitr 类使用成员变量 array 指向其数据源，即 MySplitableArray<E>对象中的 elements，使用 origin 和 fence 界定当前可分割迭代器在 elements 中的引用范围为[origin, fence)。注意，fence 并不在当前迭代器的引用范围内。Splitr 的 forEachRemaining()方法（第 33～37 行）对 elements 在[origin, fence)范围内的全部元素使用 Consumer<T>对象 action 进行遍历，而 tryAdvance()方法（第 39～47 行）对 elements 在 origin 位置的单个元素进行访问，如果访问成功则 origin 增 1 并返回 true，访问失败即 origin 大于或等于 fence 时则返回 false。在第 49～59 行，trySplit()方法对当前可分割迭代器进行分割，它首先计算出[origin, fence)的中间点 mid（或者称近似中间点，因为 mid 被设定是偶数），然后将当前迭代器的左半部分即[origin, mid)分裂出去，构成一个新的可分割迭代器，而剩下的部分即[mid, fence)则仍然保留在当前迭代器中。接下来，estimateSize()计算当前迭代器的元素个数，characteristics()规定当前迭代器的特性为有序、只读且大小固定。

在第 71～94 行，例 4.3 定义了 MyConsumer<U>类，该类实现了 Consumer<T>接口中的 accept()方法，并用一个 StringBuffer 类型的成员变量 result 来累积式保存当前 MyConsumer<U>对象所消费的内容，即其 accept()方法所接收的参数。在第 96～117 行，例 4.3 定义了 MyRunnable<V>类，该类是 Runnable 接口的实现类，它使用 thrMsg、sp 和 latch 来分别保存当前线程的线程名与其负责遍历的迭代器名、保存当前线程负责遍历的可分割迭代器和引用多线程间的共享锁。在 run()方法中，首先创建一个 MyConsumer<V>对象 consumer，利用它消费或者遍历 sp 所拥有的所有元素并将遍历的结果打印出来，然后才将共享锁 latch 的计数值减 1。

在例 4.3 App4_3 类的 main()方法中,先创建一个长度为 20 的 Integer 类型随机数组 ints,其中每个元素取值范围为[0,100),然后调用 Arrays.sort()方法对其排序得到一个有序数组 ints(关于这个方法和 Arrays 类的介绍见 9.3 节),接着使用 ints 创建 MySplitableArray＜Integer＞对象 msa。在第 130~140 行,程序先获得 msa 的可分割迭代器 sp,然后使用 sp 分别以 forEachRemaining()和 tryAdvance()方式在当前线程中顺序遍历 msa。在第 143~153 行,程序利用多个可分割迭代器在多线程中并行遍历 msa:①对 mas 调用 spliterator()获得一个新的可分割迭代器 sp1;②对 sp1 进行连续两次分裂,分别得到新迭代器 sp2 和 sp3,再对 sp2 进行一次分裂,得到新迭代器 sp4,这四个迭代器的生成关系如图 4.1 所示;③创建一个初始计数值为 4 的共享锁 latch,并启动四个以 MyRunnable＜Integer＞对象为构造方法参数的线程,每个线程负责遍历前述四个迭代器中的一个相应迭代器,并在遍历完后将 latch 计数值减 1,而主线程通过调用 latch.wait()进行等待直到四个线程全部执行完各自任务。如果 msa 含有的元素数量很大,则使用多个可分割迭代器并行遍历 msa 可显著提高遍历效率。

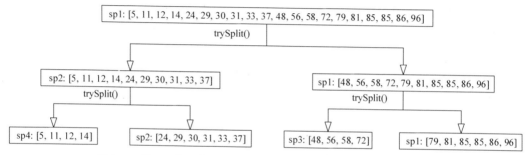

图 4.1 例 4.3 中四个可分割迭代器 sp1、sp2、sp3 和 sp4 的生成关系

注意:与普通迭代器类似,可分割迭代器只能进行正向单向遍历,即在遍历完成后其游标将会移动到最后一个合法位置之后。如在例 4.3 中第 132 行,forEachRemaining()执行完后,sp 的 origin 会等于 fence。

说明:除 java.util 包中各种容器类可以生成可分割迭代器外,位于 java.util.stream 包的各种流类也可以返回可分割迭代器。

根据表 4.5 可知,Spliterator＜T＞接口具有四个内部静态成员子接口 Spliterator.OfPrimitive＜T,T_CONS,T_SPLITR extends Spliterator.OfPrimitive＜T,T_CONS,T_SPLITR＞＞、Spliterator.OfInt、Spliterator.OfDouble 和 Spliterator.OfLong,其中 Spliterator.OfPrimitive 是后三个接口的父接口。Spliterator.OfPrimitive 接口表示专用于基本类型的可分割迭代器,其类型形参 T 表示基本类型的包装类型,T_CONS 表示 T 的消费者类型如 IntConsumer、DoubleConsumer 或 LongConsumer 等类型,而 T_SPLITR 表示当前可分割迭代器在分割(即调用 trySplit())后生成的新的可分割迭代器的类型,可以看出它仍然是一个基本类型可分割迭代器。Spliterator.OfInt、Spliterator.OfDouble 和 Spliterator.OfLong 分别表示专用于基本类型 int、double 和 long 的可分割迭代器。如果数据源中的元素类型是类类型,则应该使用 Spliterator＜T＞对数据源进行遍历,而如果元素类型为基本类型,则可使用相应的基本类型可分割迭代器对数据源进行遍历,这样做的目的是避免使用类类型可分割迭代器 Spliterator<T>对元素类型为基本类型的数据源进行遍历时可能带来的封装解封开销,如将 int 值封装成 Integer 对象或者将 Integer 对象解封成 int 值。例 4.4 给出了一个如何定义、实现和使用这些接口的示例程序。在该示例程序中,PrimitiveSpliterator、IntSpliterator、DoubleSpliterator 与 LongSpliterator 接口分别参考引用了 java.util.Spliterator.OfPrimitive、java.util.Spliterator.OfInt、java.util.Spliterator.OfDouble 和 java.util.Spliterator.OfLong 接口的源码。

【例 4.4】 演示 Spliterator.OfPrimitive、Spliterator.OfInt、Spliterator.OfDouble 和 Spliterator.OfLong 接口定义、实现和使用的程序示例。

```java
1    package com.jgcs.chp4.p4;
2
3    import java.util.Objects;
4    import java.util.Random;
5    import java.util.Spliterator;
6    import java.util.function.Consumer;
7    import java.util.function.DoubleConsumer;
8    import java.util.function.IntConsumer;
9    import java.util.function.LongConsumer;
10
11   //专用于基本类型的可分割迭代器,
12   //等同于 Spliterator.OfPrimitive<T, T_CONS, T_SPLITR extends Spliterator.OfPrimitive
     //<T, T_CONS, T_SPLITR>>
13   interface PrimitiveSpliterator<T, T_CONS, T_SPLITR extends PrimitiveSpliterator<T, T_CONS, T_SPLITR>>
14           extends Spliterator<T> {
15       @Override
16       T_SPLITR trySplit();
17
18       boolean tryAdvance(T_CONS action);
19
20       default void forEachRemaining(T_CONS action) {
21           do {
22           } while (tryAdvance(action));
23       }
24   }
25
26   //专用于 int 基本类型的可分割迭代器,
27   //等同于 Spliterator.OfInt extends Spliterator.OfPrimitive<Integer, IntConsumer,
     //Spliterator.OfInt>
28   interface IntSpliterator extends PrimitiveSpliterator<Integer, IntConsumer, IntSpliterator> {
29       @Override
30       IntSpliterator trySplit();
31
32       //专用于 int 基本类型的 tryAdvance()方法,无须将 int 封装成 Integer
33       @Override
34       boolean tryAdvance(IntConsumer action);
35
36       //专用于 int 基本类型的 forEachRemaing()方法,无须将 int 封装成 Integer
37       @Override
38       default void forEachRemaining(IntConsumer action) {
39           do {
```

```java
40              } while (tryAdvance(action));
41          }
42
43          @Override
44          default boolean tryAdvance(Consumer<? super Integer> action) {
45              if (action instanceof IntConsumer) {
46                  return tryAdvance((IntConsumer) action);
47              } else {
48                  Objects.requireNonNull(action);        //action 不能是 null
49                  return tryAdvance((IntConsumer) action::accept); //将 Consumer 类型的
                                                                    //action 转换为 IntConsumer 类型
50              }
51          }
52
53          @Override
54          default void forEachRemaining(Consumer<? super Integer> action) {
55              if (action instanceof IntConsumer) {
56                  forEachRemaining((IntConsumer) action);
57              } else {
58                  Objects.requireNonNull(action);        //action 不能是 null
59                  forEachRemaining((IntConsumer) action::accept); //将 Consumer 类型的
                                                                   //action 转换为 IntConsumer 类型
60              }
61          }
62      }
63
64      //专用于 double 基本类型的可分割迭代器,
65      //等同于 Spliterator.OfDouble extends Spliterator.OfPrimitive< Double, DoubleConsumer,
        //Spliterator.OfDouble>
66      interface DoubleSpliterator extends PrimitiveSpliterator< Double, DoubleConsumer,
        DoubleSpliterator > {
67          @Override
68          DoubleSpliterator trySplit();
69
70          //专用于 double 基本类型的 tryAdvance() 方法,无须将 double 封装成 Double
71          @Override
72          boolean tryAdvance(DoubleConsumer action);
73
74          //专用于 double 基本类型的 forEachRemaing() 方法,无须将 double 封装成 Double
75          @Override
76          default void forEachRemaining(DoubleConsumer action) {
77              do {
78              } while (tryAdvance(action));
79          }
80
81          @Override
82          default boolean tryAdvance(Consumer<? super Double> action) {
83              if (action instanceof DoubleConsumer) {
84                  return tryAdvance((DoubleConsumer) action);
85              } else {
86                  Objects.requireNonNull(action);        //action 不能是 null
87                  return tryAdvance((DoubleConsumer) action::accept); //将 Consumer 类型
                                                                       //的 action 转换为 DoubleConsumer 类型
88              }
```

```java
 89          }
 90
 91          @Override
 92          default void forEachRemaining(Consumer<? super Double> action) {
 93              if (action instanceof DoubleConsumer) {
 94                  forEachRemaining((DoubleConsumer) action);
 95              } else {
 96                  Objects.requireNonNull(action);         //action 不能是 null
 97                  forEachRemaining((DoubleConsumer) action::accept); //将 Consumer 类型
                                                           //的 action 转换为 DoubleConsumer 类型
 98              }
 99          }
100     }
101
102     //专用于 long 基本类型的可分割迭代器,
103     //等同于 Spliterator.OfLong extends Spliterator.OfPrimitive<Long, LongConsumer,
        //Spliterator.OfLong>
104     interface LongSpliterator extends PrimitiveSpliterator<Long, LongConsumer, LongSpliterator> {
105         @Override
106         LongSpliterator trySplit();
107
108         //专用于 long 基本类型的 tryAdvance()方法,无须将 long 封装成 Long
109         @Override
110         boolean tryAdvance(LongConsumer action);
111
112         //专用于 long 基本类型的 forEachRemaing()方法,无须将 long 封装成 Long
113         @Override
114         default void forEachRemaining(LongConsumer action) {
115             do {
116             } while (tryAdvance(action));
117         }
118
119         @Override
120         default boolean tryAdvance(Consumer<? super Long> action) {
121             if (action instanceof LongConsumer) {
122                 return tryAdvance((LongConsumer) action);
123             } else {
124                 Objects.requireNonNull(action);          //action 不能是 null
125                 return tryAdvance((LongConsumer) action::accept); //将 Consumer 类型的
                                                            //action 转换为 LongConsumer 类型
126             }
127         }
128
129         @Override
130         default void forEachRemaining(Consumer<? super Long> action) {
131             if (action instanceof LongConsumer) {
132                 forEachRemaining((LongConsumer) action);
133             } else {
134                 Objects.requireNonNull(action);          //action 不能是 null
135                 forEachRemaining((LongConsumer) action::accept); //将 Consumer 类型的
                                                          //action 转换为 LongConsumer 类型
136             }
137     }
138 }
```

```java
139
140    class IntArraySpliterator implements IntSpliterator{
141        private final int[] intArr;      //数据源引用
142        private int origin;              //可分割迭代器的当前指针位置
143        private final int fence;         //可分割迭代器的栅栏索引(比最后一个可以访问
                                            //的元素的索引大1)
144
145        IntArraySpliterator(int[] intArr, int origin, int fence) {
146            this.intArr = intArr;
147            this.origin = origin;
148            this.fence = fence;
149        }
150
151        @Override
152        public IntArraySpliterator trySplit() {
153            int lo = origin;                         //将当前可分割迭代器所管辖的元素分为两部分
154            int mid = ((lo + fence) >>> 1) & ~1;     //将分半点置为偶数
155            if(lo < mid) {                           //如果lo小于mid,则将左半部分分裂出去
156                origin = mid;  //将origin置为mid,从而将剩余右半部分留在当前可分割迭
                                  //代器中
157                return new IntArraySpliterator(intArr, lo, mid);
158            }
159            else { //否则,当前可分割迭代器只有一个元素,不再分裂
160                return null;
161            }
162        }
163
164        @Override
165        public boolean tryAdvance(IntConsumer action) {
166            if(origin < fence) {
167                action.accept(intArr[origin]);
168                origin ++;
169                return true;
170            }else {
171                return false;
172            }
173        }
174
175        @Override
176        public long estimateSize() {
177            return (long)(fence - origin);
178        }
179
180        @Override
181        public int characteristics() {
182            return ORDERED | SIZED | IMMUTABLE |SUBSIZED;
183        }
184    }
185
186    class MyIntConsumer implements IntConsumer{
187        StringBuffer result = null;
188
189        MyIntConsumer() {
190            result = new StringBuffer();
```

```
191        }
192
193        public void accept(int t) {
194            result.append(t + ", ");
195        }
196
197        public String getResult() {
198            String delim = ", ";
199            result.replace(result.length() - delim.length(), result.length(), "");
                                            //[start, end)
200
201            result.insert(0, "[");
202            result.insert(result.length(), "]");
203            return result.toString();
204        }
205
206        public void setResult(String str) {
207            result.replace(0, result.length(), str);
208        }
209 }
210
211 public class App4_4 {
212     public static void main(String[] args) {
213         int[] intArr = new int[16];
214         for(int i = 0; i < intArr.length; i++) {
215             intArr[i] = new Random().nextInt(100);
216         }
217
218         IntArraySpliterator ias = new IntArraySpliterator(intArr, 0, intArr.length);
219         MyIntConsumer consumer = null;
220         ias.forEachRemaining((consumer = new MyIntConsumer()));
221         System.out.println("使用 int 基本类型可分割迭代器 ias 以 forEachRemaining()方
                式顺序遍历 intArr:" + consumer.getResult());
222
223         //再创建一个新的关于 intArr 的 IntArraySpliterator 对象 right,其 origin 为 0,
                //fence 为 intArr.length
224         IntArraySpliterator right = new IntArraySpliterator(intArr, 0, intArr.length);
225
226         //left 是 int 基本类型可分割迭代器 right 进行第一次分割后分割出来的迭代器,
                //代表原可分割迭代器 right 的左半部分,分割后的剩余元素留在 right 中
227         IntArraySpliterator left = right.trySplit();
228
229         //遍历 left 中元素或者它所管辖的位于数据源 intArr 中的元素
230         consumer.setResult("");        //将 consumer 中的 result 置空
231         left.forEachRemaining(consumer);
232         System.out.println("int 基本类型可分割迭代器 left 中元素是:" + consumer.
                getResult());
233
234         //遍历 right 中元素或者它所管辖的位于数据源 intArr 中的元素
235         consumer.setResult("");        //将 consumer 中的 result 置空
236         right.forEachRemaining(consumer);
237         System.out.println("int 基本类型可分割迭代器 right 中元素是:" + consumer.
                getResult());
238
```

```
239        }
240    }
```

程序运行结果如下：

```
使用 int 基本类型可分割迭代器 ias 以 forEachRemaining()方式顺序遍历 intArr:[78, 29, 55, 84,
80, 27, 84, 29, 63, 28, 64, 85, 82, 8, 19, 5]
int 基本类型可分割迭代器 left 中元素是:[78, 29, 55, 84, 80, 27, 84, 29]
int 基本类型可分割迭代器 right 中元素是:[63, 28, 64, 85, 82, 8, 19, 5]
```

在例 4.4 中，首先定义了 PrimitiveSpliterator＜T, T_CONS, T_SPLITR extends PrimitiveSpliterator＜T, T_CONS, SPLITR＞＞接口，如第 13～24 行所示，它是 Spliterator＜T＞的子接口，并定义了两个专用于基本类型的遍历方法，即 tryAdvance(T_CONS) 和 forEachRemaining(T_CONS)，它们与 Spliterator＜T＞原有的用于处理类类型的遍历方法 tryAdvance(Consumer＜? super T＞) 和 forEachRemaining(Consumer＜? super T＞) 不同。在第 28～62 行、第 66～100 行和第 104～138 行，例 4.4 分别定义了 PrimitiveSpliterator 的三个子接口 IntSpliterator、DoubleSpliterator 和 LongSpliterator，它们都定义或声明了针对具体基本类型的 tryAdvance() 和 forEachRemaining() 方法。

在第 140～184 行，例 4.4 定义了一个实现 IntSpliterator 接口的普通类 IntArraySpliterator，该类可以对一个 int 基本类型数组进行迭代，只需将想要遍历的 int 数组、遍历开始索引和遍历栅栏索引传递给其构造方法即可。IntArraySpliterator 的 trySplit() 对当前可分割迭代器进行对半分割，并生成一个新的 IntArraySpliterator 对象来表示原可分割迭代器的左半部分，而剩下的右半部分继续存储在原可分割迭代器中。在第 211～240 行，例 4.4 定义了类 App4_4，在其 main() 方法中先创建一个长度为 16、元素取值范围为 0～100 的 int 数组 intArr，然后以 intArr 为参数创建一个 IntArraySpliterator 对象 ias，并利用 ias 以 forEachRemaining() 批量方式遍历 intArr 中的内容，遍历结果保存在 consumer 内。在第 224～237 行，App4_4 用 intArr 又创建了一个 IntArraySpliterator 对象 right，并对 right 调用 trySplit()，从而将 right 分裂成两部分，其中左半部分由新生成的 IntArraySpliterator 对象 left 存储，右半部分继续存储在 right 中；然后对 left 和 right 分别调用 forEachRemaining() 以批量方式输出其中的元素，如程序运行结果所示。

注意：例 4.4 演示了如何实现 Spliterator.OfInt 接口（在第 140～184 行定义类 IntArrayIterator）和创建其实现类的对象（第 218 和 224 行），并进一步演示了该接口的用法。这些实现接口、创建实现类对象和演示用法的逻辑对于 Spliterator.OfDouble 和 Spliterator.OfLong 接口也是适用的。

4.5　本章小结

本章介绍了迭代器相关接口与类，主要包括 Iterable＜T＞、Iterator＜E＞、ListIterator＜E＞、PrimitiveIterator＜T, T_CONS＞和 Spliterator＜T＞，并以具体程序示例详细演示了各个接口的实现和使用。

第 5 章

比 较 器

本章要点:
(1) 内部比较器接口 Comparable＜T＞。
(2) 外部比较器接口 Comparator＜T＞。

比较器用于对接口或类的实例进行比较。Java 的比较器分为内部比较器和外部比较器,分别由 Comparable＜T＞和 Comparator＜T＞接口表示。

5.1 Comparable＜T＞与 Comparator＜T＞

Comparable＜T＞接口表示内部比较器,其实现类能够将一个该实现类的当前实例与另一个同类实例进行比较。而 Comparator＜T＞表示外部比较器,其实现类能够将两个同类实例进行比较,被比较的两个实例的类型可以是也可以不是该实现类的类型。这两个接口的常用方法分别如表 5.1 和表 5.2 所示。

表 5.1 Comparable＜T＞接口的常用方法

方 法 签 名	功 能 说 明
int compareTo(T o)	将当前 Comparable＜T＞实现类对象 this 与 T 类型对象 o 进行比较,返回结果为 0、正数或负数,分别表示 this 等于、大于或小于 o

表 5.2 Comparator＜T＞接口的常用方法

方 法 签 名	功 能 说 明
int compare(T o1,T o2)	比较两个参数 o1 和 o2 的大小,以便排序时使用
static＜T,U extends Comparable＜? super U＞＞Comparator＜T＞comparing(Function＜? super T,? extends U＞keyExtractor)	接受一个 Function 函数对象,该函数从类型 T 的对象中提取实现了 Comparable＜? super U＞接口的类型 U 的对象,该对象被用作排序关键字(Sort Key)。返回的 Comparator＜T＞对象使用前述的排序关键字对两个 T 对象进行排序
static＜T,U＞Comparator＜T＞comparing(Function＜? super T,? extends U＞keyExtractor,Comparator＜? super U＞keyComparator)	接受一个函数对象 keyExtractor 和一个外比较器对象 keyComparator,返回一个 Comparator＜T＞对象。返回的 Comparator＜T＞对象比较两个 T 对象的方法如下:利用 keyExtractor 将 T 转换成 U,然后利用 keyComparator 对两个 U 对象进行比较,并将比较结果作为两个 T 对象的比较结果

续表

方 法 签 名	功 能 说 明
static < T > Comparator < T > comparingDouble (ToDoubleFunction <? super T > keyExtractor)	接受一个函数对象 keyExtractor,返回一个 Comparator < T >对象。返回的 Comparator < T >对象比较两个 T 对象的方法如下:利用 keyExtractor 将 T 转换成 double,得到两个 double 值,然后利用 Double. compare 比较两个 double 值,将比较结果作为两个 T 对象的比较结果
static < T > Comparator < T > comparingInt (ToIntFunction <? super T > keyExtractor)	接受一个函数对象 keyExtractor,返回一个 Comparator < T >对象。返回的 Comparator < T >对象比较两个 T 对象的方法如下:利用 keyExtractor 将 T 转换成 int,得到两个 int 值,然后利用 Integer. compare 比较两个 int 值,将比较结果作为两个 T 对象的比较结果
static < T > Comparator < T > comparingLong (ToLongFunction <? super T > keyExtractor)	接受一个函数对象 keyExtractor,返回一个 Comparator < T >对象。返回的 Comparator < T >对象比较两个 T 对象的方法如下:利用 keyExtractor 将 T 转换成 long,得到两个 long 值,然后利用 Long. compare 比较两个 long 值,将比较结果作为两个 T 对象的比较结果
boolean equals(Object obj)	比较当前外比较器 this 是否与 obj 所代表的对象相等
static < T extends Comparable <? super T >> Comparator < T > naturalOrder()	返回一个 Comparator < T >对象(其中 T 必须实现了 Comparable <? super T >接口),其比较两个 T 对象 t1 和 t2 的方法如下:调用 t1. compareTo(t2)并返回比较结果
static < T > Comparator < T > nullsFirst(Comparator <? super T > comparator)	接受一个外比较器对象 comparator,返回一个对 null 友好的 Comparator < T >对象。返回的 Comparator < T >对象比较两个 T 对象的方法如下:当两者中一个为 null 而另一个为非 null 时,认为值为 null 的对象小于值为非 null 的对象;当两者都为 null 时,认为它们相等;当两者都不为 null 时,使用 comparator 对两者进行比较,如果 comparator 为 null,则认为两者相等
static < T > Comparator < T > nullsLast(Comparator <? super T > comparator)	该方法与 nullFirst()方法类似,不同的是其返回的 Comparator < T >对象认为 null 值大于非 null 值
default Comparator < T > reversed()	返回一个外比较器 Comparator < T >对象,其比较两个 T 对象 t1 和 t2 的方法如下:调用自己的 compare(t2,t1)并返回比较结果(注意 compare()的两个参数的顺序)
static < T extends Comparable <? super T >> Comparator < T > reverseOrder()	返回一个外比较器 Comparator < T >对象(其中 T 必须实现了 Comparable <? super T >接口),其比较两个 T 对象 t1 和 t2 的方法如下:调用 t2. compareTo(t1)并返回比较结果
default Comparator < T > thenComparing(Comparator <? super T > other)	接受一个外比较器对象 other,返回一个 Comparator < T >对象。假设当前 Comparator < T >对象即该 thenComparing()方法所属的对象为 thisCmp。返回的 Comparator < T >对象比较两个 T 对象 t1 和 t2 的方法如下:调用 thisCmp. compare(t1,t2),如果返回结果非 0,则返回该结果;如果返回结果为 0,则进一步调用 other. compare (t1,t2)进行比较并返回比较结果
default < U extends Comparable <? super U >> Comparator < T > thenComparing (Function <? super T,? extends U > keyExtractor)	接受一个函数对象 keyExtractor,返回一个 Comparator < T >对象。假设当前 Comparator < T >对象为 thisCmp。返回的 Comparator < T >对象比较两个 T 对象 t1 和 t2 的方法如下:调用 thisCmp. compare(t1,t2),如果返回结果非 0,则返回该结果;如果返回结果为 0,则调用 comparing(keyExtractor)构建一个新外比较器对象 newCmp,接着进一步利用 newCmp 比较 t1 和 t2 并返回比较结果

续表

方 法 签 名	功 能 说 明
default < U > Comparator < T > thenComparing (Function <? super T,? extends U > keyExtractor, Comparator <? super U > keyComparator)	接受一个函数对象 keyExtractor 和一个外比较器对象 keyComparator,返回一个 Comparator < T > 对象。假设当前 Comparator < T > 对象为 thisCmp。返回的 Comparator < T > 对象比较两个 T 对象 t1 和 t2 的方法如下：调用 thisCmp.compare(t1,t2),如果返回结果非 0,则返回该结果；如果返回结果为 0,则调用 comparing(keyExtractor,keyComparator)构建一个新外比较器对象 newCmp,接着进一步利用 newCmp 比较 t1 和 t2 并返回比较结果
default Comparator < T > thenComparingDouble (ToDoubleFunction <? super T > keyExtractor)	接受一个函数对象 keyExtractor,返回一个 Comparator < T > 对象。假设当前 Comparator < T > 对象为 thisCmp。返回的 Comparator < T > 对象比较两个 T 对象 t1 和 t2 的方法如下：调用 thisCmp.compare(t1,t2),如果返回结果非 0,则返回该结果；如果返回结果为 0,则调用 comparingDouble(keyExtractor)构建一个新外比较器对象 newCmp,接着进一步利用 newCmp 比较 t1 和 t2 并返回比较结果
default Comparator < T > thenComparingInt (ToIntFunction <? super T > keyExtractor)	接受一个函数对象 keyExtractor,返回一个 Comparator < T > 对象。假设当前 Comparator < T > 对象为 thisCmp。返回的 Comparator < T > 对象比较两个 T 对象 t1 和 t2 的方法如下：调用 thisCmp.compare(t1,t2),如果返回结果非 0,则返回该结果；如果返回结果为 0,则调用 comparingInt(keyExtractor)构建一个新外比较器对象 newCmp,接着进一步利用 newCmp 比较 t1 和 t2 并返回比较结果
default Comparator < T > thenComparingLong (ToLongFunction <? super T > keyExtractor)	接受一个函数对象 keyExtractor,返回一个 Comparator < T > 对象。假设当前 Comparator < T > 对象为 thisCmp。返回的 Comparator < T > 对象比较两个 T 对象 t1 和 t2 的方法如下：调用 thisCmp.compare(t1,t2),如果返回结果非 0,则返回该结果；如果返回结果为 0,则调用 comparingLong(keyExtractor)构建一个新外比较器对象 newCmp,接着进一步利用 newCmp 比较 t1 和 t2 并返回比较结果

这两个接口广泛用于各种需要进行比较的场合,如 Arrays.sort(Object[] arr)方法和 Collections.sort(List <? > list)方法(见 9.3 节和 9.4 节)默认要求待排序的数组 arr 或列表 list 中的元素都必须实现内比较器 Comparable < T > 接口(例如例 4.3 之所以能在第 125 行调用 Arrays.sort 对 Integer 随机数组 ints 成功地进行排序,是因为 Integer 实现了 Comparable < T > 接口,具体细节可参见 Integer 类源码),而 Arrays.sort(T[],Comparator <? super T > cmp)方法和 Collections.sort(List < T > list,Comparator <? super T > cmp)方法则使用各自的外比较器 cmp 来比较待排序数组 arr 或列表 list 中的任意两个元素的大小。

内比较器 Comparable < T > 只声明了一个纯虚方法 compareTo(T o),而外比较器接口 Comparator < T > 除规定 compare(T o1,T o2)和 equals(Object obj)两个纯虚方法外,还提供了各种静态方法如 comparing()等用于直接生成符合要求(由参数指定)的 Comparator < T > 对象。根据 JDK 源码(即 java.util.Comparator.java 文件),static < T,U extends Comparable <? super U >> Comparator < T > comparing (Function <? super T,? extends U > keyExtractor)方法的实现如下:

```
public static < T, U extends Comparable <? super U>> Comparator < T > comparing(
```

```
                Function<? super T, ? extends U> keyExtractor)
    {
        Objects.requireNonNull(keyExtractor);
        return (Comparator<T> & Serializable)
               (c1, c2) -> keyExtractor.apply(c1).compareTo(keyExtractor.apply(c2));
    }
```

根据上述实现，可以看出该函数返回的外比较器 Comparator<T>对象的工作过程如下：首先利用 keyExtractor 将类型 T 的对象映射为实现了 Comparable<? super U>接口的类型 U 的对象，然后调用 Comparable<U>接口的 compareTo()方法对两个 U 对象进行比较，并将比较结果返回。

上述 comparing()方法的第二个类型形参 U 被定义为 Comparable<? super U>的实现类或子接口。这意味着，如果 V 是 U 的某个直接或间接父类即? super U，只要 U 实现了 Comparable<V>，即实现了它的 compare(V v1, V v2)方法，则 U 就符合 comparing()方法对它的第二个类型形参的要求。

注意：在 compare(V v1, V v2)中，由于 V 是 U 的父类，所以 v1 和 v2 可以分别指向两个 U 类型的对象。如果作为 V 类型的两个对象 v1 和 v2 可以比较出大小，则它们所实际指向的两个 U 类型对象也就比较出了大小。所以 comparing()方法的类型型参 U 的受限类型最好是 Comparable<? super U>，但不能是 Comparable<? extends U>。实际上，如果 U 的上限泛型是 Comparable<U>也是可以的，但这会缩小 U 的实参的取值范围。

注意：在 comparing()方法中，其参数 keyExtractor 的类型为 Function<? super T, ? extends U>。这意味着，如果 Q 是 T 自身或其某个父类且 V 是 U 自身或其某个子类，则任何实现了 Function<Q, V>接口的类的对象都可以传递给 comparing()方法。类型 Function<? super T, ? extends U>中的类型实参是合理的，因为任何能将 Q 对象转换为 V 对象的 Function<Q, V>实现类对象也必定能将 T 对象转换为 U 对象。

除静态方法 comparing()等外，Comparator<T>还定义了各种默认方法如 thenComparing()等，用于在已有 Comparator<T>对象上继续生成新的符合要求（由参数指定）的 Comparator<T>对象。根据 JDK 源码（即 java.util.Comparator.java 文件），default Comparator<T> thenComparing(Comparator<? super T> other)方法的实现如下：

```
    default Comparator<T> thenComparing(Comparator<? super T> other) {
        Objects.requireNonNull(other);
        return (Comparator<T> & Serializable) (c1, c2) -> {
            int res = compare(c1, c2);
            return (res != 0) ? res : other.compare(c1, c2);
        };
    }
```

根据上述实现，可以看出 thenComparing()方法返回的 Comparator<T>对象比较两个 T 对象的方法如下：首先调用当前对象（即该 thenComparing()方法所属的对象）的 compare()方法对两个 T 对象进行比较，如果比较结果非 0，则返回比较结果，否则调用 other.compare()方法继续进行比较并返回比较结果。这个 other 可以通过静态方法 comparing()等构造出来。Comparator<T>的另一个默认方法 default<U extends Comparable<? super U>> Comparator<T> thenComparing(Function<? super T,?

extends U > keyExtractor)的实现即为直接调用 comparing()方法生成符合要求的 Comparator<T>对象：return thenComparing(comparing(keyExtractor))。这个 return 语句中的 thenComparing()和 comparing()方法分别为前述讲解的 thenComparing (Comparator<? super T> other)方法和 comparing(Function<? super T,? extends U> keyExtractor)。

5.2 比较器实现与使用示例

例 5.1 给出了如何实现与使用 Comparable<T>和 Comparator<T>接口的程序示例。该示例首先定义了 Student 类，它实现了 Comparable<Student>接口。Student 类声明了 5 个成员变量 sno、sname、ssex、sage 和 sdept，分别表示学生的学号、姓名、性别、年龄和学院。例如，第 100~102 行的 compareTo()方法，一个 Student 对象将自己与另一个 Student 对象进行比较时是通过比较各自的姓名进行的。例 5.1 在第 106~119 行定义了 MyComparatorOnAge<T extends Student>类，它实现了 Comparator<T>接口，并且能够按照年龄比较两个 Student 类（或其子类）的对象的大小（见第 108~118 行的 compare()方法）。在第 122~127 行定义的 MyFunction 类实现了 Function<Student,String>接口，它的 apply()方法接受一个 Student 对象并返回该对象的学院名称。

注意：所有实现 Comparable<T>接口的类 SomeClass 都应保证其 compareTo()方法与 equals()方法在语义上是一致的，即对于 SomeClass 的两个对象 s1 和 s2，表达式 s1.compareTo(s2)==0 应与 s1.equals(s2)具有相同的布尔值。例如，本例中定义的 Student 类的 compareTo()方法和 equals()方法在语义上就是一致的。本书 7.4 节解释了保持此一致性的必要性。

【例 5.1】 演示 Comparable<T>和 Comparator<T>接口实现和用法的程序示例。

```
1     package com.jgcs.chp5.p1;
2
3     import java.util.ArrayList;
4     import java.util.Arrays;
5     import java.util.Collections;
6     import java.util.Comparator;
7     import java.util.List;
8     import java.util.function.Function;
9
10    /**
11     * [Student(sno = 09001, sname = Jason, ssex = M, sage = 21, sdept = BD),
12     * Student(sno = 09002, sname = Isabella, ssex = F, sage = 20, sdept = MD),
13     * Student(sno = 09003, sname = Cathy, ssex = F, sage = 19, sdept = MATH),
14     * Student(sno = 09004, sname = Andrew, ssex = M, sage = 22, sdept = AI),
15     * Student(sno = 09005, sname = Sophia, ssex = F, sage = 20, sdept = CS)]
16     */
17    class Student implements Comparable<Student>{
18       String sno;
19       String sname;
20       char ssex;
21       int sage;
22       String sdept;
```

```java
23
24      public Student(String sno, String sname, char ssex, int sage, String sdept) {
25          this.sno = sno;
26          this.sname = sname;
27          this.ssex = ssex;
28          this.sage = sage;
29          this.sdept = sdept;
30      }
31
32      public String getSno() {
33          return sno;
34      }
35
36      public void setSno(String sno) {
37          this.sno = sno;
38      }
39
40      public String getSname() {
41          return sname;
42      }
43
44      public void setSname(String sname) {
45          this.sname = sname;
46      }
47
48      public char getSsex() {
49          return ssex;
50      }
51
52      public void setSsex(char ssex) {
53          this.ssex = ssex;
54      }
55
56      public int getSage() {
57          return sage;
58      }
59
60      public void setSage(int sage) {
61          this.sage = sage;
62      }
63
64      public String getSdept() {
65          return sdept;
66      }
67
68      public void setSdept(String sdept) {
69          this.sdept = sdept;
70      }
71
72      @Override
73      public String toString() {
74          final StringBuilder sb = new StringBuilder("Student(");
75          sb.append("sno = '").append(sno).append('\'');
76          sb.append(", sname = '").append(sname).append('\'');
```

```java
77              sb.append(", ssex = '").append(ssex).append('\'');
78              sb.append(", sage = ").append(sage);
79              sb.append(", sdept = '").append(sdept).append('\'');
80              sb.append(')');
81              return sb.toString();
82          }
83
84          @Override
85          public int hashCode() {
86              return sname.hashCode() >>> 1;
87          }
88
89          @Override
90          public boolean equals(Object obj) { //根据姓名进行比较,在返回true时要与
                                                //compareTo()在语义上保持一致
91              if(obj instanceof Student) {
92                  Student stu = (Student)obj;
93                  return this.sname.equals(stu.getSname()) ? true : false;
94              } else {
95                  return false;
96              }
97          }
98
99          @Override
100         public int compareTo(Student stu) { //根据姓名进行比较,在返回0时要与equals()在
                                                 //语义上保持一致
101             return sname.compareTo(stu.getSname());
102         }
103     }
104
105     //MyComparatorOnAge<T extends Student>按照年龄对两个Student对象进行比较
106     class MyComparatorOnAge<T extends Student> implements Comparator<T> {
107         @Override
108         public int compare(T o1, T o2) {
109             int age1 = o1.getSage();
110             int age2 = o2.getSage();
111             if (age1 == age2) {
112                 return 0;
113             } else if (age1 > age2) {
114                 return 1;
115             } else {
116                 return -1;
117             }
118         }
119     }
120
121     //MyFunction表示一个接受Student对象为参数并返回String对象的函数
122     class MyFunction implements Function<Student, String> {
123         @Override
124         public String apply(Student t) {
125             return t.getSdept();
126         }
127     }
128
```

```java
129    public class App5_1 {
130        public static void main(String[] args) {
131            Student stuJason = new Student("09001", "Jason", 'M', 21, "BD");
                                                                          // BD:大数据学院
132            Student stuIsabella = new Student("09002", "Isabella", 'F', 20, "MD");
                                                                          // MD:音乐与舞蹈学院
133            Student stuCathy = new Student("09003", "Cathy", 'F', 19, "MATH");
                                                                          // MATH:数学学院
134            Student stuAndrew = new Student("09004", "Andrew", 'M', 22, "AI");
                                                                          // AI:人工智能学院
135            Student stuSophia = new Student("09005", "Sophia", 'F', 20, "CS");
                                                                          // CS:计算机学院
136
137            Student[] stuArr = {stuJason, stuIsabella, stuCathy, stuAndrew, stuSophia};
138            System.out.println("stuArr 的第一次输出(按学号排序):");
139            printArray(stuArr);
140            System.out.println();
141
142            System.out.println("stuArr 的第二次输出(使用 Arrays.sort 对 stuArr
                   按姓名排序):");
143            Arrays.sort(stuArr);
144            printArray(stuArr);
145            System.out.println();
146
147            System.out.println("stuArr 的第三次输出(使用 Arrays.sort
                   和 MyComparatorOnAge<Student>对象对 stuArr 按年龄排序):");
148            Arrays.sort(stuArr, new MyComparatorOnAge<Student>());
149            printArray(stuArr);
150            System.out.println();
151
152            System.out.println("stuArr 的第四次输出(使用 Arrays.sort 和 Comparator.comparing
                   (MyFunction 对象)产生的 Comparator<Student>对象对 stuArr 按学院排序):");
153            Arrays.sort(stuArr, Comparator.comparing(new MyFunction()));
154            printArray(stuArr);
155            System.out.println();
156
157            System.out.println("stuArr 的第五次输出(使用 MyComparatorOnAge<Student>对象的
                   thenComparing()方法和 Comparator.comparing(MyFunction 对象)产生的 Comparator
                   <Student>对象对 stuArr 先按年龄再按学院排序):");
158            Arrays.sort(stuArr, new MyComparatorOnAge<Student>().thenComparing(Comparator.
                   comparing(new MyFunction())));
159            printArray(stuArr);
160            System.out.println();
161
162            List<Student> stuList = new ArrayList<>();
163            stuList.add(stuJason);
164            stuList.add(stuIsabella);
165            stuList.add(stuCathy);
166            stuList.add(stuAndrew);
167            stuList.add(stuSophia);
168
169            System.out.println("stuList 的第一次输出(按学号排序):");
170            printList(stuList);
171            System.out.println();
```

```
172
173            System.out.println("stuList 的第二次输出(使用 Collections.sort 对 stuList 按
               姓名排序):");
174            Collections.sort(stuList);
175            printList(stuList);
176            System.out.println();
177
178            System.out.println("stuList 的第三次输出(使用 Collections.sort 和
               MyComparatorOnAge<Student>对象对 stuList 按年龄排序):");
179            Collections.sort(stuList, new MyComparatorOnAge<Student>());
180            printList(stuList);
181            System.out.println();
182
183            System.out.println("stuList 的第四次输出(使用 Collections.sort 和 Comparator.
               comparing(MyFunction 对象)产生的 Comparator<Student>对象对 stuList 按学院排
               序):");
184            Collections.sort(stuList, Comparator.comparing(new MyFunction()));
185            printList(stuList);
186            System.out.println();
187
188            System.out.println("stuList 的第五次输出(使用 MyComparatorOnAge<Student>对象
               的 thenComparing()方法和 Comparator.comparing(MyFunction 对象)产生的 Comparator
               <Student>对象对 stuList 先按年龄再按学院排序):");
189            Collections.sort(stuList, new MyComparatorOnAge<Student>().thenComparing
               (Comparator.comparing(new MyFunction())));
190            printList(stuList);
191            System.out.println();
192        }
193
194        static <T> void printArray(T[] arr) {
195            System.out.print("[");
196            for (int i = 0; i < arr.length; i++) {
197                System.out.print(arr[i] + (i == arr.length - 1 ? "" : "\n"));
198            }
199            System.out.print("]\n");
200        }
201
202        static <T> void printList(List<T> list) {
203            System.out.print("[");
204            for (int i = 0; i < list.size(); i++) {
205                System.out.print(list.get(i) + (i == list.size() - 1 ? "" : "\n"));
206            }
207            System.out.print("]\n");
208        }
209    }
```

程序运行结果如下:

stuArr 的第一次输出(按学号排序):
[Student(sno = '09001', sname = 'Jason', ssex = 'M', sage = 21, sdept = 'BD')
Student(sno = '09002', sname = 'Isabella', ssex = 'F', sage = 20, sdept = 'MD')
Student(sno = '09003', sname = 'Cathy', ssex = 'F', sage = 19, sdept = 'MATH')
Student(sno = '09004', sname = 'Andrew', ssex = 'M', sage = 22, sdept = 'AI')
Student(sno = '09005', sname = 'Sophia', ssex = 'F', sage = 20, sdept = 'CS')]

stuArr 的第二次输出(使用 Arrays.sort 对 stuArr 按姓名排序):
[Student(sno = '09004', sname = 'Andrew', ssex = 'M', sage = 22, sdept = 'AI')
Student(sno = '09003', sname = 'Cathy', ssex = 'F', sage = 19, sdept = 'MATH')
Student(sno = '09002', sname = 'Isabella', ssex = 'F', sage = 20, sdept = 'MD')
Student(sno = '09001', sname = 'Jason', ssex = 'M', sage = 21, sdept = 'BD')
Student(sno = '09005', sname = 'Sophia', ssex = 'F', sage = 20, sdept = 'CS')]

stuArr 的第三次输出(使用 Arrays.sort 和 MyComparatorOnAge < Student >对象对 stuArr 按年龄排序):
[Student(sno = '09003', sname = 'Cathy', ssex = 'F', sage = 19, sdept = 'MATH')
Student(sno = '09002', sname = 'Isabella', ssex = 'F', sage = 20, sdept = 'MD')
Student(sno = '09005', sname = 'Sophia', ssex = 'F', sage = 20, sdept = 'CS')
Student(sno = '09001', sname = 'Jason', ssex = 'M', sage = 21, sdept = 'BD')
Student(sno = '09004', sname = 'Andrew', ssex = 'M', sage = 22, sdept = 'AI')]

stuArr 的第四次输出(使用 Arrays.sort 和 Comparator.comparing(MyFunction 对象)产生的 Comparator < Student >对象对 stuArr 按学院排序):
[Student(sno = '09004', sname = 'Andrew', ssex = 'M', sage = 22, sdept = 'AI')
Student(sno = '09001', sname = 'Jason', ssex = 'M', sage = 21, sdept = 'BD')
Student(sno = '09005', sname = 'Sophia', ssex = 'F', sage = 20, sdept = 'CS')
Student(sno = '09003', sname = 'Cathy', ssex = 'F', sage = 19, sdept = 'MATH')
Student(sno = '09002', sname = 'Isabella', ssex = 'F', sage = 20, sdept = 'MD')]

stuArr 的第五次输出(使用 MyComparatorOnAge < Student > 对象的 thenComparing() 方法和 Comparator.comparing(MyFunction 对象)产生的 Comparator < Student >对象对 stuArr 先按年龄再按学院排序):
[Student(sno = '09003', sname = 'Cathy', ssex = 'F', sage = 19, sdept = 'MATH')
Student(sno = '09005', sname = 'Sophia', ssex = 'F', sage = 20, sdept = 'CS')
Student(sno = '09002', sname = 'Isabella', ssex = 'F', sage = 20, sdept = 'MD')
Student(sno = '09001', sname = 'Jason', ssex = 'M', sage = 21, sdept = 'BD')
Student(sno = '09004', sname = 'Andrew', ssex = 'M', sage = 22, sdept = 'AI')]

stuList 的第一次输出(按学号排序):
[Student(sno = '09001', sname = 'Jason', ssex = 'M', sage = 21, sdept = 'BD')
Student(sno = '09002', sname = 'Isabella', ssex = 'F', sage = 20, sdept = 'MD')
Student(sno = '09003', sname = 'Cathy', ssex = 'F', sage = 19, sdept = 'MATH')
Student(sno = '09004', sname = 'Andrew', ssex = 'M', sage = 22, sdept = 'AI')
Student(sno = '09005', sname = 'Sophia', ssex = 'F', sage = 20, sdept = 'CS')]

stuList 的第二次输出(使用 Collections.sort 对 stuList 按姓名排序):
[Student(sno = '09004', sname = 'Andrew', ssex = 'M', sage = 22, sdept = 'AI')
Student(sno = '09003', sname = 'Cathy', ssex = 'F', sage = 19, sdept = 'MATH')
Student(sno = '09002', sname = 'Isabella', ssex = 'F', sage = 20, sdept = 'MD')
Student(sno = '09001', sname = 'Jason', ssex = 'M', sage = 21, sdept = 'BD')
Student(sno = '09005', sname = 'Sophia', ssex = 'F', sage = 20, sdept = 'CS')]

stuList 的第三次输出(使用 Collections.sort 和 MyComparatorOnAge < Student >对象对 stuList 按年龄排序):
[Student(sno = '09003', sname = 'Cathy', ssex = 'F', sage = 19, sdept = 'MATH')
Student(sno = '09002', sname = 'Isabella', ssex = 'F', sage = 20, sdept = 'MD')
Student(sno = '09005', sname = 'Sophia', ssex = 'F', sage = 20, sdept = 'CS')
Student(sno = '09001', sname = 'Jason', ssex = 'M', sage = 21, sdept = 'BD')
Student(sno = '09004', sname = 'Andrew', ssex = 'M', sage = 22, sdept = 'AI')]

stuList 的第四次输出(使用 Collections.sort 和 Comparator.comparing(MyFunction 对象)产生的 Comparator<Student>对象对 stuList 按学院排序):
[Student(sno = '09004', sname = 'Andrew', ssex = 'M', sage = 22, sdept = 'AI')
Student(sno = '09001', sname = 'Jason', ssex = 'M', sage = 21, sdept = 'BD')
Student(sno = '09005', sname = 'Sophia', ssex = 'F', sage = 20, sdept = 'CS')
Student(sno = '09003', sname = 'Cathy', ssex = 'F', sage = 19, sdept = 'MATH')
Student(sno = '09002', sname = 'Isabella', ssex = 'F', sage = 20, sdept = 'MD')]

stuList 的第五次输出(使用 MyComparatorOnAge<Student>对象的 thenComparing()方法和 Comparator.comparing(MyFunction 对象)产生的 Comparator<Student>对象对 stuList 先按年龄再按学院排序):
[Student(sno = '09003', sname = 'Cathy', ssex = 'F', sage = 19, sdept = 'MATH')
Student(sno = '09005', sname = 'Sophia', ssex = 'F', sage = 20, sdept = 'CS')
Student(sno = '09002', sname = 'Isabella', ssex = 'F', sage = 20, sdept = 'MD')
Student(sno = '09001', sname = 'Jason', ssex = 'M', sage = 21, sdept = 'BD')
Student(sno = '09004', sname = 'Andrew', ssex = 'M', sage = 22, sdept = 'AI')]

在例 5.1 中 App5_1 类的 main()方法中(见第 131～160 行),先创建五个 Student 对象,然后用它们创建 Student 数组 stuArr,接着对 stuArr 进行五次输出:第一次按照 Student 对象的学号顺序其实也就是 Student 对象添加进数组的顺序进行输出;第二次使用 Arrays.sort()对 stuArr 中的 Student 对象按照 compareTo()方法定义的比较规则即按姓名大小进行排序后输出;第三次使用 Arrays.sort 和 MyComparatorOnAge<Student>对象对 stuArr 中的 Student 对象按年龄排序后进行输出;第四次使用 Arrays.sort 和由 Comparator.comparing(MyFunction)产生的 Comparator<Student>对象对 stuArr 中的 Student 对象按学院排序后进行输出;第五次使用 MyComparatorOnAge<Student>对象的 thenComparing()方法和 Comparator.comparing(MyFunction)产生的 Comparator<Student>对象对 stuArr 先按年龄再按学院排序后进行输出。

main()方法在第 162～191 行又先用上述五个 Student 对象创建 Student 列表 stuList,然后对 stuList 也进行与 stuArr 类似的五次输出,不同之处在于对 stuList 进行排序时使用 Collections.sort()方法而不是 Arrays.sort()方法。

5.3 本章小结

比较器广泛用于各种需要进行比较的场合。本章介绍了内部比较器 Comparable<T>接口和外部比较器 Comparator<T>接口的常用方法,并以具体程序示例详细演示了这两个接口的实现和使用。

第 6 章

队　　列

本章要点：

（1）单端队列接口 Queue<E>。
（2）优先队列类 PriorityQueue<E>。
（3）双端队列接口 Deque<E>和基于数组的双端队列类 ArrayDeque<E>。

根据图 2.1，表示队列的接口和类有 Queue<E>、Deque<E>、PriorityQueue<E>、ArrayDeque<E>和 LinkedList<E>。其中，Queue<E>接口表示单端队列；Deque<E>接口表示双端队列，Queue<E>是 Deque<E>的父接口；PriorityQueue<E>表示优先队列，它是 Queue<E>的实现类；ArrayDeque<E>和 LinkedList<E>是 Deque<E>的实现类，它们都表示双端队列，前者基于数组实现，而后者基于链表实现；LinkedList<E>已在 3.4 节介绍过其用法，本章将不再赘述。

Queue<E>中的元素一般按照先进先出顺序存取，但也可以按照其他排序规则定义的顺序进行存取，如 PriorityQueue<E>可以根据元素的自然顺序（此时要求元素类型 E 是 Comparable<T>接口的实现类）或特定外比较器定义的元素顺序存取元素，而 ArrayDeque<E>可以按照先进后出顺序存取元素（这时 ArrayDeque<E>表示栈数据结构）。PriorityQueue<E>的底层逻辑数据结构是堆（实际的物理数据结构是数组，也就是说用数组实现堆），具体是小顶堆还是大顶堆取决于元素类型 E 如何实现 Comparable<T>接口的 compareTo()方法或当前 PriorityQueue<E>对象使用的外比较器 Comparator<T>对象如何实现 compare()方法。ArrayDeque<E>的底层数据结构是大小可变数组，它既可以表示栈也可以表示队列。当它用作栈时，速度比 Stack<E>快；当它用作队列时，速度比 LinkedList<E>快。在非并发环境下，Java 推荐使用 ArrayDeque<E>而不是 Stack<E>来表示堆栈。

6.1　Queue<E>

Queue<E>接口的常用方法如表 6.1 所示。例 6.1 给出了使用 Queue<E>打印杨辉三角形的程序示例。

表 6.1 Queue＜E＞接口的常用方法

方 法 签 名	功 能 说 明
boolean add(E e)	向队尾添加元素 e，如果成功返回 true，否则抛出 IllegalStateException、ClassCastException 等异常
E element()	返回但并不删除队头元素，如果队列为空，则抛出异常
boolean offer(E e)	向队尾添加元素 e，如果成功返回 true，否则返回 false 或者抛出 ClassCastException、NullPointerException 等异常
E peek()	返回但并不删除队头元素，如果队列为空，则返回 null
E poll()	返回并删除队头元素，如果队列为空，则返回 null
E remove()	返回并删除队头元素，如果队列为空，则抛出异常

假设 i 是非负整数且取值范围为[0,n]，则针对 i 从 0 到 n 的每个具体取值，将二项式 $(a+b)^i$ 展开，收集相应的二项式系数。将收集到的二项式系数行按照从上到下的方式排列，就构成了一个 n+1 层的杨辉三角形。图 6.1 就给出了一个六层的杨辉三角形。杨辉三角形具有以下特点：①第 m(m≥1)行具有 m 个元素；②每行首尾两端元素都是 1；③对于 m=1，两端重叠只有一个 1；④第 m 行第 j 个元素(其中 2＜m，1＜j＜m)等于第 m－1 行的第 j－1 个元素与第 j 个元素之和，即第 m 行除首尾外的元素等于第 m－1 行与该元素相应的两个肩头元素之和，如图 6.1 中所示杨辉三角形的第 3 行第 2 个元素 2 就是第 2 行的第 1 个元素与第 2 个元素之和。

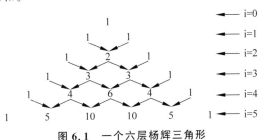

图 6.1 一个六层杨辉三角形

对于图 6.1 中的六层杨辉三角形，可以按照如下方式进行扩展：对每行元素前后端添加 0，则原先每行首尾的元素 1 就可以通过上一行的对应元素 0 和元素 1 之和计算出来。扩展后的杨辉三角形如图 6.2 所示。

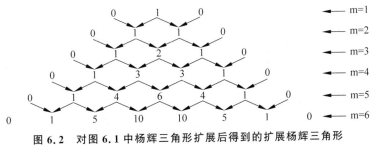

图 6.2 对图 6.1 中杨辉三角形扩展后得到的扩展杨辉三角形

根据以上特点，可以使用队列打印杨辉三角形，基本思想是：在队列中存放扩展杨辉三角形的第 m 行元素，然后利用第 m 行元素逐个计算和入队第 m＋1 行的元素，并在入队元素的同时输出元素。队列中存放的是扩展杨辉三角形，而打印输出的是杨辉三角形。根据这个思想生成和打印杨辉三角形的过程中队列的状态如图 6.3 所示，第 m＝1 行的元素必定是1,不用经过队列即可输出。

图6.3 使用队列生成和打印杨辉三角形时的队列状态变化过程

从图6.3可以看出,第m行的元素可以这样计算、入队和输出:首先获取存储在队列中的第m−1行的前两个元素,其中第一个元素获取后删除,第二个元素只获取不删除,然后计算两个元素之和,并将计算结果(即和数)入队,最后打印该和数;循环进行上述操作m次,并在最后一次时向队列末尾添加元素0;在循环结束后,队列中的元素必定是扩展杨辉三角型的第m行元素。例如,若要打印第m=2行的元素,则首先将存储在队列中的第m=1行的元素即[0 1 0]的前两个元素0和1获取到(其中,0获取后出队,1获取后不出队),然后计算两个元素之和得到结果1,将1入队并打印1,此时队列中元素为[1 0 1];接着继续获取队列的前两个元素1和0(其中,1获取后出队,0获取后不出队),计算两个元素之和得到结果1,将1入队并打印1,此时队列中元素为[0 1 1];现在已共进行两次获取元素、计算和数、入队和数和输出和数的操作,则结束本次循环,并向队列末尾添加元素0,此时队列中的元素正好是[0 1 1 0],即扩展杨辉三角形第m=2行的元素,这些元素可以用来继续计算和输出杨辉三角形第m=3行的元素。图6.4给出了计算和打印第m=2行的杨辉三角形元素时的队列状态变化过程。例6.1给出了按照上述思想使用Queue<E>打印杨辉三角形的示例程序,它调用了Queue<E>的clear()、offer()、add()、poll()和element()方法。

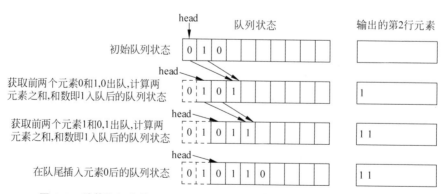

图6.4 计算和打印第m=2行的杨辉三角形元素时的队列状态变化过程

【例6.1】 使用Queue<E>打印杨辉三角形的程序示例。

```
1    package com.jgcs.chp6.p1;
2
```

```java
3     import java.util.LinkedList;
4     import java.util.Queue;
5     import java.util.Scanner;
6
7     class PascalTriangle{  //杨辉三角形也叫 Pascal's Triangle,杨辉比 Pascal 早近 400 年发
                             //现此三角形
8       Queue< Integer > queue = null;  //使用队列来存储和计算杨辉三角形中的元素
9
10      PascalTriangle(){
11          queue = new LinkedList< Integer >();
12      }
13
14      //triangleDepth 控制三角形层数,bIndented 控制是否以缩进形式打印三角形
15      void ComputeAndPrintTriangle(int triangleDepth, boolean bIndented) {
16          int i, j, e1 = 0, e2 = 0;
17
18          if(triangleDepth <= 0)  //深度小于或等于 0,则直接返回,什么也不输出
19              return;
20
21          if(bIndented) {  //如果 bIndented 为 true,则在第一行的 1 前面打印 triangleDepth
                             //-1 个空格
22              for(i = 1; i <= triangleDepth - 1; i++) {
23                  System.out.print(" ");
24              }
25          }
26          System.out.println(1);    //杨辉三角形的第一行肯定是 1
27
28          queue.clear();         //清空队列
29          queue.offer(0);        //初始化队列
30          queue.offer(1);
31          queue.offer(0);
32
33          for(i = 2; i <= triangleDepth; i++) {  //从第二行开始计算和打印
34              if(bIndented) {  //如果 bIndented 为 true,则在第 i 行第一个元素前面打印
                                 //triangleDepth-i 个空格
35                  for(j = 1; j <= triangleDepth - i; j++) {
36                      System.out.print(" ");
37                  }
38              }
39
40              for(j = 1; j <= i; j++) {
41                  e1 = queue.poll();            //这里用 queue.remove()也可以
42                  e2 = queue.element();         //这里用 queue.peek()也可以
43                  int result = e1 + e2;
44                  queue.offer(result);
45                  System.out.print(result);     //打印第 i 行的第 j 个元素
46                  if(j == i) {  //如果当前 result 是第 i 行的最后一个元素,就向队尾
                                  //添加一个 0,以便进行下一行元素的计算
47                      queue.add(0);             //这里用 queue.offer(0)也可以
48                      System.out.println();     //当前行结束,换行以打印新行元素
49                  }else {
50                      System.out.print(" ");    //当前行没有结束,就在当前元素后面
                                                  //打印一个空格
51                  }
```

```java
52                  }
53              }
54          }
55      }
56
57      public class App6_1 {
58          public static void main(String[] args) {
59              PascalTriangle pt = new PascalTriangle();
60
61              Scanner sc = new Scanner(System.in);
62              System.out.println("请以正整数形式输入拟打印杨辉三角形的深度:");
63              int triangleDepth = sc.nextInt();
64              sc.close();
65
66              System.out.println("\n以无缩进形式打印深度为" + triangleDepth + "层的杨辉
                      三角形如下:");
67              pt.ComputeAndPrintTriangle(triangleDepth, false);
68
69              System.out.println("\n以有缩进形式打印深度为" + triangleDepth + "层的杨辉
                      三角形如下:");
70              pt.ComputeAndPrintTriangle(triangleDepth, true);
71          }
72      }
```

程序运行结果如下：

请以正整数形式输入拟打印杨辉三角形的深度:
16

以无缩进形式打印深度为16层的杨辉三角形如下:
```
1
1 1
1 2   1
1 3   3    1
1 4   6    4    1
1 5   10   10   5    1
1 6   15   20   15   6    1
1 7   21   35   35   21   7    1
1 8   28   56   70   56   28   8    1
1 9   36   84   126  126  84   36   9    1
1 10  45   120  210  252  210  120  45   10   1
1 11  55   165  330  462  462  330  165  55   11   1
1 12  66   220  495  792  924  792  495  220  66   12   1
1 13  78   286  715  1287 1716 1716 1287 715  286  78   13   1
1 14  91   364  1001 2002 3003 3432 3003 2002 1001 364  91   14   1
1 15  105  455  1365 3003 5005 6435 6435 5005 3003 1365 455  105  15   1
```

以有缩进形式打印深度为16层的杨辉三角形如下:
```
              1
             1 1
            1 2 1
           1 3 3 1
          1 4 6 4 1
         1 5 10 10 5 1
        1 6 15 20 15 6 1
```

```
        1  7  21  35  35  21  7  1
       1  8  28  56  70  56  28  8  1
      1  9  36  84  126  126  84  36  9  1
     1  10  45  120  210  252  210  120  45  10  1
    1  11  55  165  330  462  462  330  165  55  11  1
   1  12  66  220  495  792  924  792  495  220  66  12  1
  1  13  78  286  715  1287  1716  1716  1287  715  286  78  13  1
 1  14  91  364  1001  2002  3003  3432  3003  2002  1001  364  91  14  1
1  15  105  455  1365  3003  5005  6435  6435  5005  3003  1365  455  105  15  1
```

在例 6.1 的 PascalTriangle 类中定义了 ComputeAndPrintTriangle(int triangleDepth, boolean bIndented)方法(第 15～54 行),它根据参数 triangleDepth 来确定所要打印的杨辉三角形的深度或层数,并使用 bIndented 来确定是否在打印三角形时进行缩进。因此,可以有缩进和无缩进两种形式打印杨辉三角形,如第 66～70 行所示。该方法通过调用 Queue< E >的 clear()、offer()、poll()和 element()等方法来清空队列 queue 并在队尾插入元素和在队头获取元素。

6.2 PriorityQueue< E >

PriorityQueue< E >类表示优先队列,它是 Queue< E >接口的一个实现类。与传统队列不同,它故意破坏队列的先进先出(FIFO)特性,而是按照内比较器或外比较器的比较逻辑确定的优先顺序对队列中的元素进行排序,最优先的元素排在队头,最落后的元素排在队尾。PriorityQueue< E >类的常用方法如表 6.2 所示。在构造 PriorityQueue< E >对象 pq 时,如果类型 E 是 Comparable< E >的实现类,则可不必为 pq 指定外比较器;但如果 E 不是 Comparable< E >的实现类,则必须为 pq 指定外比较器。例 6.2 给出了如何使用 PriorityQueue< E >模拟操作系统对进程(在该程序中是 Process 对象)按优先级排序和调度的程序示例,它调用了 PriorityQueue< E >的构造方法、contains()、add()、offer()、isEmpty()、remove()和 poll()方法。

注意:优先队列 PriorityQueue< E >不允许插入 null 元素,且它是非线程安全的,但位于 java.util.concurrent 包中、同样实现了 Queue< E >接口的 PriorityBlockingQueue< E >是线程安全的。

表 6.2 PriorityQueue< E >类的常用方法

方 法 签 名	功 能 说 明
PriorityQueue()	创建一个默认初始容量为 11 的空优先队列,按照自然序对元素排序(因此要求元素类型 E 实现接口 Comparable< T >)
PriorityQueue(Collection <? extends E> c)	使用集合类对象 c 创建一个优先队列,其中元素全部来自 c
PriorityQueue(Comparator <? super E> comparator)	创建一个默认初始容量为 11 的空优先队列,使用 comparator 对元素排序
PriorityQueue(int initialCapacity)	创建一个初始容量为 initialCapacity 的空优先队列,按照自然序对元素排序
PriorityQueue(int initialCapacity, Comparator<? super E> comparator)	创建一个初始容量为 initialCapacity 的空优先队列,使用 comparator 对元素排序

方 法 签 名	功 能 说 明
PriorityQueue(PriorityQueue <? extends E> c)	使用优先队列对象 c 创建一个新的优先队列,其中元素全部来自 c
PriorityQueue(SortedSet <? extends E> c)	使用有序集合对象 c 创建一个优先队列,其中元素全部来自 c。关于 SortedSet<E>见 8.2 节
boolean add(E e)	向当前优先队列插入元素 e,成功返回 true,失败抛出异常
void clear()	清空当前优先队列,即删除所有元素
Comparator<? super E> comparator()	返回当前优先队列的外比较器,如果当前队列使用自然序对元素排序,则返回 null
boolean contains(Object o)	检查当前队列是否包含元素 o,是的话返回 true,否则返回 false
Iterator<E> iterator()	返回当前优先队列的迭代器,使用此迭代器遍历队列时所遇到的元素不遵从任何特定顺序,即该迭代器是无序的
boolean offer(E e)	等同于 add(E e)
E peek()	返回但并不删除队头元素,如果队列为空,则返回 null
E poll()	返回并删除队头元素,如果队列为空,则返回 null
boolean remove(Object o)	从当前优先队列删除等于(在 equals()意义上)o 的某个元素,成功返回 true,失败即当前队列不包含等于 o 的元素则返回 false
int size()	返回当前优先队列的元素个数
Spliterator<E> spliterator()	返回当前优先队列的一个可分割迭代器
Object[] toArray()	将当前优先队列中的元素集转变成一个新建的 Object 数组,该数组持有原集合中所有元素的引用
<T> T[] toArray(T[] a)	将当前优先队列中的元素集转变成 T 数组,其中元素无特定顺序。如果 a 足以容纳当前队列中的元素,则返回 a,否则新建一个 T[] t 用以容纳当前队列中的元素,并返回 t

【例 6.2】 使用 PriorityQueue<E>模拟操作系统对进程按优先级排序和调度的程序示例。

```
1     package com.jgcs.chp6.p2;
2
3     import java.util.Comparator;
4     import java.util.PriorityQueue;
5     import java.util.Random;
6
7     class Process implements Comparable<Process>{
8         private int pid;                          //进程 id
9         private String pname;                     //进程名称
10        private String pgroup;                    //进程所属进程组的名称
11        private int ppriority;                    //进程优先级
12        private int pwaitingtime;                 //进程等待时间
13
14        Process(int id, String name, String group, int priority, int waitingtime){
15            this.pid = id;
16            this.pname = name;
17            this.pgroup = group;
18            this.ppriority = priority;
19            this.pwaitingtime = waitingtime;
20        }
```

```java
21
22          public static Process generateProcess() { //Process 的工厂方法,自动生成
                                                      //Process 对象
23              int id = new Random().nextInt() >>> 1; //无符号右移一位,使 id 永远为正整数
24
25              String alphabet = "abcdefghijklmnopqrstuvwxyzABCDEFGHIJKLMNOPQRSTUVWXYZ";
                                                      //字母表
26              StringBuffer sb = new StringBuffer();
27              for(int i = 0; i < 6; i++){
28                  int index = new Random().nextInt(alphabet.length());
29                  sb.append(alphabet.charAt(index));
30              }
31              String name = sb.toString();
32
33              String[] groups = {"main", "user", "system", "daemon", "mysql", "hadoop",
                    "spark", "office"};
34              String group = groups[new Random().nextInt(groups.length)];
35
36              int priority = new Random().nextInt(1000);
37
38              int waitingtime = new Random().nextInt(10000) >>> 1;
                                    //无符号右移一位,使 waitingtime 永远为正整数
39
40              return new Process(id, name, group, priority, waitingtime);
41          }
42
43          public int getPid() {
44              return pid;
45          }
46
47          public void setPid(int pid) {
48              this.pid = pid;
49          }
50
51          public String getPname() {
52              return pname;
53          }
54
55          public void setPname(String pname) {
56              this.pname = pname;
57          }
58
59          public String getPgroup() {
60              return pgroup;
61          }
62
63          public void setPgroup(String pgroup) {
64              this.pgroup = pgroup;
65          }
66
67          public int getPpriority() {
68              return ppriority;
69          }
70
```

```java
71      public void setPpriority(int ppriority) {
72          this.ppriority = ppriority;
73      }
74
75      public int getPwaitingtime() {
76          return pwaitingtime;
77      }
78
79      public void setPwaitingtime(int pwaitingtime) {
80          this.pwaitingtime = pwaitingtime;
81      }
82
83      @Override
84      public int compareTo(Process o) { //比较逻辑:根据优先级进行比较,当前 Process 对
                                          //象 this 的优先级小于(或大于)o 的优先级,则返
                                          //回-1(或 1),若相等则返回 0
85          if(ppriority < o.getPpriority()) {
86              return -1;
87          }else if(ppriority > o.getPpriority()) {
88              return 1;
89          }else {
90              return 0;
91          }
92      }
93
94      @Override
95      public boolean equals(Object obj) { //根据进程 ppriority 确定当前进程是否与 obj
                                            //所代表的进程相等(为保持与 compareTo()一
                                            //致性才使用 ppriority,正常应使用 pid)
96          if(ppriority == ((Process)obj).getPpriority()) {
97              return true;
98          }else {
99              return false;
100         }
101     }
102
103     @Override
104     public int hashCode() { //保持与 equals()一致,两个对象在 equals()上相等,则它们
                                //的 hashCode()必须也相等
105         return (ppriority << 8) & ppriority;
106     }
107
108     public void run() {
109         System.out.print("Process#" + pid + "[name: " + pname + ", group: " +
                pgroup + ", priority: " + ppriority + ", waitingtime: " + pwaitingtime
                + "] is running: ");
110         for(int i = 0; i < new Random().nextInt(10); i++) {
111             try {
112                 Thread.sleep(new Random().nextInt(1000));
113             } catch (InterruptedException e) {
114                 e.printStackTrace();
115             }
116             System.out.print(".");
117         }
```

```
118              System.out.println(" done!");
119         }
120     }
121
122     class ComparatorOnWaitingTime implements Comparator<Process>{
123         public int compare(Process p1, Process p2) { //比较逻辑:根据等待时间进行比较,当前
                //p1 的等待时间小于(或大于)p2 的等待时间,则返回 1(或 -1),若相等则返回 0
124             long wt1 = p1.getPwaitingtime();
125             long wt2 = p2.getPwaitingtime();
126             if(wt1 < wt2) {
127                 return 1;
128             }else if(wt1 > wt2) {
129                 return -1;
130             }else {
131                 return 0;
132             }
133         }
134     }
135
136     public class App6_2{
137         public static void main(String[] args) {
138             int pqInitialCapacity = 12;
139             PriorityQueue<Process> pqWithComparable = new PriorityQueue<>
                    (pqInitialCapacity);
140             PriorityQueue<Process> pqWithComparator = new PriorityQueue<>
                    (pqInitialCapacity, new ComparatorOnWaitingTime());
141             for(int i = 0; i < pqInitialCapacity; i++) { //生成 Process 对象填充
                                                //pqWithComparable 和 pqWithComparator
142                 Process p = Process.generateProcess(); //生成一个 Process 对象
143                 if(!pqWithComparable.contains(p)) {
144                     pqWithComparable.add(p);
145                 }
146
147                 p = Process.generateProcess();         //生成一个新的 Process 对象
148                 if(!pqWithComparator.contains(p)) {
149                     pqWithComparator.offer(p);
                                                            //这里也可以用 add()
150                 }
151             }
152
153             System.out.println("操作系统运行 pqWithComparable 中的进程,按优先级从小
                    到大调度:");
154             while(!pqWithComparable.isEmpty()) {
155                 Process p = pqWithComparable.remove(); //这里用 poll()也可以
156                 p.run();
157             }
158
159             System.out.println("\n 操作系统运行 pqWithComparator 中的进程,按等待时间
                    从长到短调度:");
160             while(!pqWithComparator.isEmpty()) {
161                 Process p = pqWithComparator.poll();   //这里用 remove()也可以
162                 p.run();
163             }
164
```

```
165                System.out.println("\n 操作系统运行进程结束!");
166          }
167    }
```

程序运行结果如下:

操作系统运行 pqWithComparable 中的进程,按优先级从小到大调度:

Process♯1099857470[name: buoAfw, group: user, priority: 33, waitingtime: 4929] is running: ... done!

Process♯634475650[name: nvjQkJ, group: user, priority: 101, waitingtime: 2903] is running: ... done!

Process♯1473890818[name: YKMIlM, group: user, priority: 364, waitingtime: 3815] is running: .... done!

Process♯1489327194[name: RlrxlK, group: user, priority: 524, waitingtime: 1660] is running: . done!

Process♯685728685[name: UawFgQ, group: user, priority: 620, waitingtime: 4038] is running: .... done!

Process♯1432477201[name: rUuCNt, group: hadoop, priority: 681, waitingtime: 794] is running: .... done!

Process ♯ 1006200123 [name: ENQeRE, group: system, priority: 704, waitingtime: 2907] is running: done!

Process ♯ 1024022663 [name: bEANIn, group: system, priority: 719, waitingtime: 2923] is running: .... done!

Process ♯ 1659375733 [name: rfkNuw, group: office, priority: 731, waitingtime: 2306] is running: .... done!

Process♯1690377020[name: oJfyjx, group: user, priority: 760, waitingtime: 1510] is running: ... done!

Process♯1176190076[name: WIqKQS, group: spark, priority: 790, waitingtime: 4126] is running: ... done!

Process♯166347154[name: UNrwga, group: system, priority: 963, waitingtime: 2587] is running: .. done!

操作系统运行 pqWithComparator 中的进程,按等待时间从长到短调度:

Process♯1659004083[name: CQlqzR, group: spark, priority: 22, waitingtime: 4556] is running: . done!

Process♯529470406[name: vNgzdC, group: hadoop, priority: 313, waitingtime: 4199] is running: ... done!

Process♯697015223[name: lYYLuw, group: system, priority: 77, waitingtime: 4142] is running: . done!

Process ♯ 1762950328 [name: LKJuWB, group: system, priority: 340, waitingtime: 4071] is running: .... done!

Process ♯ 1484851220 [name: eHDNqL, group: hadoop, priority: 347, waitingtime: 3903] is running: ... done!

Process ♯ 1057674084 [name: ZuGcZs, group: system, priority: 919, waitingtime: 3369] is running: . done!

Process♯532749356[name: LmjCyg, group: hadoop, priority: 324, waitingtime: 3131] is running: done!

Process♯249669252[name: OkYQPj, group: office, priority: 468, waitingtime: 2922] is running: .... done!

Process ♯ 1991876589 [name: iqDdKF, group: office, priority: 245, waitingtime: 2587] is running: . done!

Process♯342080577[name: iMImvP, group: office, priority: 796, waitingtime: 1075] is running: .... done!

Process♯508339846[name: QZGXkY, group: spark, priority: 355, waitingtime: 868] is running: done!

Process♯478034298[name: auLokX, group: mysql, priority: 350, waitingtime: 568] is running: ..... done!

操作系统运行进程结束!

在例 6.2 中,首先定义 Process 类以表示进程,如第 7~120 行所示。Process 的成员变量有 pid、pname、pgroup、ppriority 和 pwaitingtime,分别表示进程的标识符、名称、组别、优先级和等待时间。在第 22~41 行,Process 定义了一个静态方法 generateProcess(),其在每次调用时会返回一个新的、随机生成的 Process 对象。Process 实现了 Comparable <Process>接口,如第 84~92 行所示,在方法 compareTo(Process o)中根据优先级即 ppriority 来比较当前对象 this 与另一个 Process 对象 o 的大小。Process 重写了 Object 的 equals()方法,如第 95~101 行所示,它也根据进程优先级 ppriority 来确定当前对象 this 与另一个 Process 对象 obj(obj 类型虽然是 Object,但它指向一个 Process 对象)是否相等。该被重写的 equals()方法会在调用 PriorityQueue<Process>对象的 contains()方法中用到。Process 还定义了 run()方法,用来模拟进程运行时所要执行的操作,这里仅仅打印出进程的各项成员变量的取值信息。

例 6.2 在第 122~134 行定义了 ComparatorOnWaitingTime 类,它实现了 Comparator <Process>接口,并在方法 compare(Process p1,Process p2)中根据 pwaitingtime 来比较 p1 和 p2 的大小,比较规则如下:pwaitingtime 大的 Process 对象小于 pwaitingtime 小的 Process 对象,即前者优先后者次后。

例 6.2 在类 App6_2 的 main()方法中(如第 137~166 行所示)创建了两个 PriorityQueue<Process>对象即 pqWithComparable 和 pqWithComparator,分别使用 Process 内比较器和 ComparatorOnWaitingTime 外比较器对元素根据优先级 ppriority 和等待时长 pwaitingtime 进行排序。然后,在 for 循环中通过不断调用 Process 的 generateProcess()方法来生成 Process 对象并填充两个优先队列。最后使用两个 while 循环模拟操作系统调度执行两个队列中进程的过程。从程序运行结果可以看出,pqWithComparable 队列中的进程按照 ppriority 进行排序,ppriority 小的优先,ppriority 大的次后;而 pqWithComparable 队列中的进程按照 pwaitingtime 进行排序,pwaitingtime 大的优先,pwaitingtime 小的次后。

6.3 Deque<E>和 ArrayDeque<E>

Deque<E>接口表示双端队列,它的常用方法如表 6.3 所示,用来在队头或队尾插入、删除和检查元素。针对上述每种功能都有若干方法与之对应,这些方法可以根据失败时的行为分成两大类:一类抛出异常;另一类返回特定的值如 null 或 false。表 6.4 对表 6.3 中的主要方法进行了分类概述。

表 6.3 Deque<E>接口的常用方法

方 法 签 名	功 能 说 明
boolean add(E e)	向队尾添加元素 e,如果成功返回 true,否则抛出 IllegalStateException、ClassCastException 等异常
void addFirst(E e)	向队头添加元素 e,如果失败则抛出 IllegalStateException、ClassCastException、NullPointerException 等异常

续表

方法签名	功能说明
void addLast(E e)	向队尾添加元素 e,如果失败则抛出 IllegalStateException、ClassCastException、NullPointerException 等异常
boolean contains(Object o)	检查当前队列是否包含元素 o,是则返回 true,否则返回 false
Iterator＜E＞ descendingIterator()	返回当前队列的逆序迭代器,元素遍历顺序为从尾到头
E element()	返回但并不删除队头元素,如果队列为空则抛出异常
E getFirst()	返回但并不删除队头元素,如果队列为空则抛出异常
E getLast()	返回但并不删除队尾元素,如果队列为空则抛出异常
Iterator＜E＞ iterator()	返回当前队列的正序迭代器,元素遍历顺序为从头到尾
boolean offer(E e)	向队尾添加元素 e,如果成功返回 true,否则返回 false 或者抛出 ClassCastException、NullPointerException 等异常
boolean offerFirst(E e)	向队头添加元素 e,如果成功返回 true,否则返回 false 或者抛出 ClassCastException、NullPointerException 等异常
boolean offerLast(E e)	等同于 offer(E e)
E peek()	返回但并不删除队头元素,如果队列为空则返回 null
E peekFirst()	等同于 peek()
E peekLast()	返回但并不删除队尾元素,如果队列为空则返回 null
E poll()	等同于 pollFirst()
E pollFirst()	返回并删除队头元素,如果队列为空则返回 null
E pollLast()	返回并删除队尾元素,如果队列为空则返回 null
E pop()	从当前堆栈(由当前队列所表示)弹出栈顶元素,即删除并返回当前队列的队头元素,等同于 removeFirst()
void push(E e)	向当前堆栈(由当前队列所表示)栈顶压入元素 e,如果失败则抛出 IllegalStateException、ClassCastException 等异常,等同于 addFirst(E e)
E remove()	返回并删除队头元素,如果队列为空则抛出异常
boolean remove(Object o)	等同于 removeFirstOccurrence(Object o)
E removeFirst()	返回并删除队头元素,如果队列为空则抛出异常
boolean removeFirstOccurrence (Object o)	对当前队列从头向尾遍历,删除第一个与 o 相等(在 equals()意义上)的元素,如果删除成功返回 true,否则返回 false 或抛出 ClassCastException 或 NullPointerException 异常
E removeLast()	返回并删除队尾元素,如果队列为空的话则抛出异常
boolean removeLastOccurrence (Object o)	对当前队列从尾向头遍历,删除第一个与 o 相等(在 equals()意义上)的元素,如果删除成功返回 true,否则返回 false 或抛出 ClassCastException 或 NullPointerException 异常
int size()	返回当前队列的元素个数

表 6.4 Deque＜E＞主要方法的分类概述

功能名称	第一个元素(Head)		最后一个元素(Tail)	
	抛出异常	返回特定值	抛出异常	返回特定值
插入(Insert)	addFirst(e)	offerFirst(e)	addLast(e)	offerLast(e)
删除(Remove)	removeFirst()	pollFirst()	removeLast()	pollLast()
检查(Examine)	getFirst()	peekFirst()	getLast()	peekLast()

Deque＜E＞是 Queue＜E＞的子接口,因此它可用作普通队列,以 FIFO 方式存取元素。它提供了一些与 Queue＜E＞中相应方法等价的方法,如表 6.5 所示。Deque＜E＞也可用作堆栈,以 FILO 方式管理元素,表 6.6 列出了 Deque＜E＞中与 Stack＜E＞相应方法等价的方法。

表 6.5 Deque＜E＞与 Queue＜E＞中的等价方法

Queue＜E＞中的方法	Deque＜E＞中的等价方法	Queue＜E＞中的方法	Deque＜E＞中的等价方法
add(e)	addLast(e)	poll()	pollFirst()
offer(e)	offerLast(e)	element()	getFirst()
remove()	removeFirst()	peek()	peekFirst()

表 6.6 Deque＜E＞与 Stack＜E＞中的等价方法

Stack＜E＞中的方法	Deque＜E＞中的等价方法	Stack＜E＞中的方法	Deque＜E＞中的等价方法
push(e)	addFirst(e)	peek()	peekFirst()
pop()	removeFirst(e)		

ArrayDeque＜E＞是 Deque＜E＞接口的实现类,它的常用方法如表 6.7 所示。例 6.3 给出了 Deque＜E＞接口和 ArrayDeque＜E＞类的使用方法的程序示例,它调用了 ArrayDeque＜E＞的构造方法、add()、remove()、peek()、poll()、push()、pop()和 descendingIterator()等方法。

表 6.7 ArrayDeque＜E＞类的常用方法

方 法 签 名	功 能 说 明
ArrayDeque()	创建一个默认初始容量为 16 的空数组双端队列
ArrayDeque(Collection ＜? extends E＞ c)	使用集合类对象 c 创建一个数组双端队列,其中元素全部来自 c
ArrayDeque(int numElements)	创建一个初始容量为 numElements 的空数组双端队列
boolean add(E e)	向队尾添加元素 e,如果成功返回 true,失败抛出异常
void addFirst(E e)	向队头添加元素 e,如果失败则抛出 NullPointerException 异常
void addLast(E e)	向队尾添加元素 e,如果失败则抛出 NullPointerException 异常
void clear()	清空当前双端队列,即删除所有元素
ArrayDeque＜E＞ clone()	返回当前双端队列的一个拷贝
boolean contains(Object o)	检查当前队列是否包含元素 o,如果包含则返回 true,否则返回 false
Iterator＜E＞ descendingIterator()	返回当前队列的逆序迭代器,元素遍历顺序为从尾到头
E element()	返回但并不删除队头元素,如果队列为空则抛出异常
E getFirst()	返回但并不删除队头元素,如果队列为空则抛出异常
E getLast()	返回但并不删除队尾元素,如果队列为空则抛出异常
boolean isEmpty()	如果当前队列不含有任何元素,则返回 true,否则返回 false
Iterator＜E＞ iterator()	返回当前队列的正序迭代器,元素遍历顺序为从头到尾
boolean offer(E e)	等同于 offerLast(E e)
boolean offerFirst(E e)	向队头添加元素 e,如果成功返回 true,否则抛出 NullPointerException 异常
boolean offerLast(E e)	向队尾添加元素 e,如果成功返回 true,否则抛出 NullPointerException 异常
E peek()	返回但并不删除队头元素,如果队列为空则返回 null
E peekFirst()	等同于 peek()

续表

方法签名	功能说明
E peekLast()	返回但并不删除队尾元素,如果队列为空则返回 null
E poll()	等同于 pollFirst()
E pollFirst()	返回并删除队头元素,如果队列为空则返回 null
E pollLast()	返回并删除队尾元素,如果队列为空则返回 null
E pop()	从当前堆栈(由当前队列所表示)弹出栈顶元素,即删除并返回当前队列的队头元素,等同于 removeFirst()
void push(E e)	向当前堆栈(由当前队列所表示)栈顶压入元素 e,如果失败则抛出 NullPointerException 异常,等同于 addFirst(E e)
E remove()	返回并删除队头元素,如果队列为空则抛出异常
boolean remove(Object o)	等同于 removeFirstOccurence(Object o)
E removeFirst()	返回并删除当前队列的队头元素,如果队列为空,则抛出 NoSuchElementException 异常
boolean removeFirstOccurrence(Object o)	对当前队列从头向尾遍历,删除第一个与 o 相等(在 equals()意义上)的元素,如果删除成功返回 true,否则返回 false
E removeLast()	返回并删除当前队列的队尾元素,如果队列为空,则抛出 NoSuchElementException 异常
boolean removeLastOccurrence(Object o)	对当前队列从尾向头遍历,删除第一个与 o 相等(在 equals()意义上)的元素,如果删除成功返回 true,否则返回 false
int size()	返回当前队列的元素个数
Spliterator<E> spliterator()	返回当前双端队列的一个可分割迭代器
Object[] toArray()	将当前双端队列中的元素集转变成一个新建的 Object 数组,该数组持有原集合中所有元素的引用
<T> T[] toArray(T[] a)	将当前双端队列中的元素集转变成 T 数组(从队头元素到队尾元素)。如果 a 足以容纳当前队列中的元素,则返回 a,否则新建一个 T[] t 用以容纳当前队列中的元素,并返回 t

【例 6.3】 演示如何使用 Deque<E>和 ArrayDeque<E>的程序示例。

```
1    package com.jgcs.chp6.p3;
2
3    import java.util.ArrayDeque;
4    import java.util.Deque;
5    import java.util.Iterator;
6
7    enum UniversityClass{
8      //普通,省属重点,211,双一流,985
9      ClassOrdinary, ClassProvincialKey, Class211, ClassDoubleFirst, Class985
10   }
11
12   class University{
13     int uno;                        //大学代码
14     String uname;                   //大学名称
15     UniversityClass[] uclasses;     //大学级别
16
17     public University(int uno, String uname, UniversityClass[] uclasses) {
18         this.uno = uno;
19         this.uname = uname;
```

```java
20            this.uclasses = uclasses;
21
22        }
23
24        @Override
25        public String toString() {
26            StringBuffer sb = new StringBuffer("University [uno = " + uno + ", uname = "
                    + uname + ", uclasses = (");
27            String[] classnames = {"普通高等院校", "省属重点大学", "211 大学", "双一
                流大学", "985 大学"};
28            for(int i = 0; i < uclasses.length; i++) {
29                sb.append(classnames[uclasses[i].ordinal()] + ((i == uclasses.
                    length - 1) ? "" : ", "));
30            }
31            sb.append(")]");
32
33            return sb.toString();
34        }
35    }
36
37    public class App6_3 {
38        public static void main(String[] args) {
39            //将 Deque<E>用作普通队列
40            Deque<String> queue = new ArrayDeque<>();
41            queue.add("哈尔滨工业大学:10213");        //哈尔滨工业大学学校代码:10213
42            queue.addLast("哈尔滨工程大学:10217");    //哈尔滨工程大学学校代码:10217
43            queue.offer("东北林业大学:10225");        //东北林业大学学校代码:10225
44            queue.add("黑龙江大学:10212");            //黑龙江大学学校代码:10212
45            queue.offer("哈尔滨师范大学:10231");      //哈尔滨师范大学学校代码:10231
46            queue.add("齐齐哈尔大学:10232");          //齐齐哈尔大学学校代码:10232
47            queue.offer("绥化学院:10236");            //绥化学院学校代码:10236
48            System.out.println("queue 的第 1 次输出:" + queue);
49
50            System.out.print("queue 的第 2 次输出:[");
51            Iterator<String> descItr = queue.descendingIterator();
52            while(descItr.hasNext()) {
53                String university = descItr.next();
54                System.out.print(university);
55                System.out.print(descItr.hasNext() ? ", " : "");
56            }
57            System.out.println("]");
58
59            System.out.print("queue 的第 3 次输出:[");
60            while(queue.peek() != null) { //如果队列非空,peek()只返回队头元素,但并不
                                          //删除它
61                System.out.print(queue.poll());     //进行出队操作
62                System.out.print((queue.peekFirst() != null) ? ", " : "");
63            }
64            System.out.println("]");
65
66            //将 Deque<E>用作堆栈
67            Deque<University> stack = new ArrayDeque<>();
68            UniversityClass[] classes = {UniversityClass.Class985, UniversityClass.
                Class211, UniversityClass.ClassDoubleFirst};
```

```java
69              stack.push(new University(10213, "哈尔滨工业大学", classes));
                                        //985、211、双一流大学
70
71              classes = new UniversityClass[] {UniversityClass.Class211, UniversityClass.
                 ClassDoubleFirst};
72              stack.push(new University(10217, "哈尔滨工程大学", classes));
                                        //211、双一流大学
73
74              classes = new UniversityClass[] {UniversityClass.Class211, UniversityClass.
                 ClassDoubleFirst};
75              stack.push(new University(10225, "东北林业大学", classes));
                                        //211、双一流大学
76
77              stack.push(new University(10212, "黑龙江大学", new UniversityClass[]
                 {UniversityClass.ClassProvincialKey}));//省属重点大学
78              stack.push(new University(10231, "哈尔滨师范大学", new UniversityClass[]
                 {UniversityClass.ClassProvincialKey})); //省属重点大学
79              stack.push(new University(10232, "齐齐哈尔大学", new UniversityClass[]
                 {UniversityClass.ClassProvincialKey})); //省属重点大学
80               stack.push(new University(10236, "绥化学院", new UniversityClass[]
                 {UniversityClass.ClassOrdinary}));      //普通高等院校
81              System.out.println("\nstack 的第 1 次输出:");
82              while(stack.peek() != null) { //如果堆栈非空,peek()只返回栈顶元素,但并不
                                              //删除它
83                  System.out.println(stack.pop());
84              }
85              System.out.println();
86
87              //将 Deque<E>用作双端队列
88              Deque<String> deque = new ArrayDeque<>(32);
89              deque.addFirst("哈尔滨工业大学:10213");         //在队头插入
90              deque.offerFirst("哈尔滨工程大学:10217");        //在队头插入
91              deque.addFirst("哈尔滨师范大学:10231");         //在队头插入
92              System.out.println("deque 的第 1 次输出:" + deque);
93
94              deque.removeLast();                         //在队尾删除并返回队尾元素
95              System.out.println("deque 的第 2 次输出:" + deque);
96
97              deque.pollLast();                           //在队尾删除并返回队尾元素
98              System.out.println("deque 的第 3 次输出:" + deque);
99
100             deque.add("哈尔滨工程大学:10217");            //在队尾插入,这里用 offer()也可以
101             deque.offer("哈尔滨工业大学:10213");          //在队尾插入,这里用 add()也可以
102             System.out.println("deque 的第 4 次输出:" + deque);
103
104             deque.remove();                             //在队头删除并返回队头元素
105             System.out.println("deque 的第 5 次输出:" + deque);
106
107             deque.poll();                               //在队头删除并返回队头元素
108             System.out.println("deque 的第 6 次输出:" + deque);
109         }
110     }
```

程序运行结果如下:

queue 的第 1 次输出:[哈尔滨工业大学:10213, 哈尔滨工程大学:10217, 东北林业大学:10225, 黑龙江大学:10212, 哈尔滨师范大学:10231, 齐齐哈尔大学:10232, 绥化学院:10236]
queue 的第 2 次输出:[绥化学院:10236, 齐齐哈尔大学:10232, 哈尔滨师范大学:10231, 黑龙江大学:10212, 东北林业大学:10225, 哈尔滨工程大学:10217, 哈尔滨工业大学:10213]
queue 的第 3 次输出:[哈尔滨工业大学:10213, 哈尔滨工程大学:10217, 东北林业大学:10225, 黑龙江大学:10212, 哈尔滨师范大学:10231, 齐齐哈尔大学:10232, 绥化学院:10236]

stack 的第 1 次输出:
University [uno = 10236, uname = 绥化学院, uclasses = (普通高等院校)]
University [uno = 10232, uname = 齐齐哈尔大学, uclasses = (省属重点大学)]
University [uno = 10231, uname = 哈尔滨师范大学, uclasses = (省属重点大学)]
University [uno = 10212, uname = 黑龙江大学, uclasses = (省属重点大学)]
University [uno = 10225, uname = 东北林业大学, uclasses = (211 大学, 双一流大学)]
University [uno = 10217, uname = 哈尔滨工程大学, uclasses = (211 大学, 双一流大学)]
University [uno = 10213, uname = 哈尔滨工业大学, uclasses = (985 大学, 211 大学, 双一流大学)]

deque 的第 1 次输出:[哈尔滨师范大学:10231, 哈尔滨工程大学:10217, 哈尔滨工业大学:10213]
deque 的第 2 次输出:[哈尔滨师范大学:10231, 哈尔滨工程大学:10217]
deque 的第 3 次输出:[哈尔滨师范大学:10231]
deque 的第 4 次输出:[哈尔滨师范大学:10231, 哈尔滨工程大学:10217, 哈尔滨工业大学:10213]
deque 的第 5 次输出:[哈尔滨工程大学:10217, 哈尔滨工业大学:10213]
deque 的第 6 次输出:[哈尔滨工业大学:10213]

在例 6.3 的 main() 方法中,首先创建一个 ArrayDeque<String>类型的对象,并将其用作普通队列 queue,此时可对 queue 按照 FIFO 方式存取其中的元素,如 queue 的第 1 和 3 次输出结果所示。对 queue,还可以获取它的逆序迭代器,将其中的元素按照逆序方式打印出来,如 queue 的第 2 次输出结果所示。在第 67～85 行,例 6.3 创建一个 ArrayDeque<University>对象,并将其用作堆栈 stack,此时可对 stack 进行 push、pop 和 peek 等操作,stack 的第 1 次输出结果显示其中的元素确实按照 FILO 方式进行组织和存取。最后在第 88～108 行,例 6.3 又创建了一个 ArrayDeque<String>对象,并将其用作双端队列 deque,此时可对 deque 进行队头插入/队尾取出或队尾插入/队头取出等操作,deque 的第 1～6 次输出结果显示其中元素确实可以在队列双端存取。

6.4　本章小结

本章介绍了队列相关接口和类,主要包括 Queue<E>、LinkedList<E>、PriorityQueue<E>、Deque<E>和 ArrayDeque<E>,其中 Queue<E>表示单端队列,其子接口 Deque<E>表示双端队列,ArrayDeque<E>是 Deque<E>基于数组的实现类,而 LinkedList<E>是 Deque<E>基于链表的实现类,PriorityQueue<E>是 Queue<E>基于优先级的实现类,它根据内比较器或外比较器所确定的比较规则来确定元素的出队顺序。

第 7 章

映 射

本章要点：

(1) Map<K,V>与 Map.Entry<K,V>。

(2) HashMap<K,V>与 LinkedHashMap<K,V>。

(3) IdentityHashMap<K,V>与 WeakHashMap<K,V>。

(4) SortedMap<K,V>、NavigableMap<K,V>与 TreeMap<K,V>。

Map<K,V>接口表示映射容器，其中存放的是"键值对"，"键"的类型为 K，"值"的类型为 V。Map<K,V>实例中不能存放重复键，而且一个键至多只能对应一个值，但一个值可以对应多个键。Map<K,V>接口的直接实现类有普通哈希映射 HashMap<K,V>、同一哈希映射 IdentityHashMap<K,V>和弱引用哈希映射 WeakHashMap<K,V>。HashMap<K,V>有一个子类 LinkedHashMap<K,V>，表示链式哈希映射。Map<K,V>直接子接口是有序哈希映射 SortedMap<K,V>，NavigableMap<K,V>作为 SortedMap<K,V>的子接口表示导航哈希映射，TreeMap<K,V>类实现了 NavigableMap<K,V>接口。

7.1 Map<K,V>与 Map.Entry<K,V>

在 Map<K,V>接口中，"键值对"由 Map.Entry<K,V>接口表示，Map.Entry<K,V>是 Map<K,V>的一个内部接口。Map<K,V>和 Map.Entry<K,V>的常用方法分别如表 7.1 和表 7.2 所示。

表 7.1 Map<K,V>接口的常用方法

方法签名	功能说明
void clear()	清空映射中所有键值对

续表

方法签名	功能说明

default V compute(K key,BiFunction<? super K,? super V,? extends V> remappingFunction)	设当前 Map<K,V>实例为 map,则该方法等价于下列代码:
	`V oldValue = map.get(key);`
	`V newValue = remappingFunction.apply(key, oldValue);`
	`if (oldValue != null ) {`
	`    if (newValue != null)`
	`        map.put(key, newValue);`
	`    else`
	`        map.remove(key);`
	`} else {`
	`    if (newValue != null)`
	`        map.put(key, newValue);`
	`    else`
	`        return null;`
	`}`

default V computeIfAbsent(K key,Function<? super K,? extends V> mappingFunction)	如果 key 对应的值 oldValue 为 null,则利用 mappingFunction 为 key 计算一个新值 newValue,如果 newValue 不为空,则将键值对(key,newValue)插入当前映射
default V computeIfPresent(K key,BiFunction<? super K,? super V,? extends V> remappingFunction)	如果 key 对应的值 oldValue 不是 null,则利用(key,oldValue)作为 remappingFunction 的输入为 key 计算新值 newValue,如果它非 null,则用它替换 oldValue;否则删除(key,oldValue)
boolean containsKey(Object key)	检查当前映射是否有某个键等于 key(在==、equals()或 hashCode()等意义上相等,==意为直接比较内存地址是否相等)
boolean containsValue(Object value)	检查当前映射是否有某个值等于 value(在==、equals()或 hashCode()等意义上相等,==意为直接比较内存地址是否相等)
Set<Map.Entry<K,V>> entrySet()	返回当前映射的所有 Map.Entry<K,V>对象构成的集合 s。注意 s 以当前映射 this 为数据源,修改 s 会影响 this,反之亦然。关于接口 Set<E>详见第 8 章
boolean equals(Object o)	检查当前映射是否与 o 所代表的映射相等
default void forEach(BiConsumer<? super K,? super V> action)	对当前映射中的每个键值对即 Map.Entry<K,V>对象执行 action 操作
V get(Object key)	从当前映射获取键 key 所对应的值,如果没有值与 key 相对应,则返回 null
default V getOrDefault(Object key,V defaultValue)	从当前映射获取键 key 所对应的值,如果没有值与 key 相对应,则返回 defaultValue
int hashCode()	返回当前映射的哈希码
boolean isEmpty()	检查当前映射是否为空
Set<K> keySet()	返回当前映射的所有键构成的集合 s。注意 s 以当前映射 this 中的键为数据源,修改 s 会影响 this,反之亦然
default V merge(K key,V value,BiFunction<? super V,? super V,? extends V> remappingFunction)	如果 key 对应的值 oldValue 不存在或者为 null,则用 value 替代之并返回 value;否则即 oldValue 存在且不为 null,则利用 oldValue 和 value 作为 remappingFunction 的输入为 key 计算新值 newValue。如果 newValue 为 null,则删除(key,oldValue)并返回 null,否则用 newValue 替换 oldValue 并返回 newValue

续表

方法签名	功能说明
V put(K key,V value)	向当前映射插入(key,value)键值对,如果当前映射中已经存在与 key 相对应的值 oldValue,即(key,oldValue)已在映射中,则将 oldValue 替换成 value,并返回 oldValue;否则返回 null
void putAll(Map<? extends K,? extends V> m)	将映射 m 中所有键值对逐个插入当前映射,即复制 m 中内容到本映射
default V putIfAbsent(K key,V value)	如果 key 对应的值 oldValue 不存在或者为 null,则用 value 替换 oldValue 并返回 null;否则返回 oldValue
V remove(Object key)	如果(key,oldValue)存在,则删除,并返回 oldValue;否则直接返回 null
default boolean remove(Object key,Object value)	如果(key,oldValue)存在且 oldValue 等于 value,则删除(key,oldValue)并返回 true;否则直接返回 false
default V replace(K key,V value)	如果(key,oldValue)存在,则将 oldValue 替换成 value 并返回 oldValue;否则直接返回 null
default boolean replace(K key,V oldValue,V newValue)	如果(key,value)存在且 oldValue 等于 value,则用 newValue 替换 oldValue 并返回 true;否则直接返回 false
default void replaceAll(BiFunction<? super K,? super V,? extends V> function)	将当前映射中的每个映射对(key,oldValue)作为 function 的输入为 key 计算新值 newValue,并用 newValue 替换 oldValue
int size()	返回当前映射中键值对即 Map.Entry<K,V>对象的个数
Collection<V> values()	用当前映射中所有值构建一个容器类对象 c 并返回。注意 c 以当前映射 this 中的值为数据源,修改 c 会影响 this,反之亦然

表 7.2　Map.Entry<K,V>接口的常用方法

方法签名	功能说明
static <K extends Comparable<? super K>,V> Comparator<Map.Entry<K,V>> comparingByKey()	返回一个能够比较键值对 Map.Entry<K,V>的外比较器 cmptor,它根据键 K 的自然顺序对键值对进行比较。注意此方法要求 K 实现了 Comparable<? super K>接口
static <K,V> Comparator<Map.Entry<K,V>> comparingByKey(Comparator<? super K> cmp)	返回一个能够比较键值对 Map.Entry<K,V>的外比较器 cmptor,它使用另一个外比较器 cmp 根据键 K 对键值对进行比较
static <K,V extends Comparable<? super V>> Comparator<Map.Entry<K,V>> comparingByValue()	返回一个能够比较键值对 Map.Entry<K,V>的外比较器 cmptor,它根据键 V 的自然顺序对键值对进行比较。注意此方法要求 V 实现了 Comparable<? super V>接口
static <K,V> Comparator<Map.Entry<K,V>> comparingByValue(Comparator<? super V> cmp)	返回一个能够比较键值对 Map.Entry<K,V>的外比较器 cmptor,它使用另一个外比较器 cmp 根据值 V 对键值对进行比较
boolean equals(Object o)	检查当前键值对是否与 o 所代表的键值对相等
K getKey()	返回当前键值对的键
V getValue()	返回当前键值对的值
int hashCode()	返回当前键值对的哈希码
V setValue(V value)	设置当前键值对的值为新值 value,并返回旧值

在表 7.1 中,一些方法如 computeIfAbsent()、computeIfPresent()和 forEach()等的参

数类型涉及 java.util.function 包中的 Function<T,R>接口、BiFunction<T,U,R>接口和 BiConsumer<T,U>接口。其中,Function<T,R>表示一元函数,它接受 T 型参数并返回 R 型结果,其主要方法是 R apply(T);BiFunction<T,U,R>表示二元函数,它接受两个参数,分别是 T 型参数和 U 型参数,并返回 R 型结果,其主要方法是 R apply(T,U); BiConsumer<T,R>表示二元消费者(一元消费者 Consumer<T>相关内容见 2.3 节),它接受 T 型参数和 R 型参数并对它们执行某种无返回值的操作,其主要方法是 void accept (T,U)。它们的简化定义如下:

```
public interface Function<T, R>{
    R apply(T t);
}
public interface BiFunction<T, U, R>{
    R apply(T t, U u);
}
public interface BiConsumer<T, U>{
    void accept(T t, U u);
}
```

而 Map<K,V>中关于 computeIfAbsent()方法的实现如下,其中调用了 Function<T,R> 对象 mappingFunction 的 apply()方法来为键 key 生成新值:

```
default V computeIfAbsent(K key, Function<? super K, ? extends V> mappingFunction) {
    if (mappingFunction == null)
        throw new NullPointerException();
    V v;
    if ((v = get(key)) == null) {
        V newValue;
        if ((newValue = mappingFunction.apply(key)) != null) {
            put(key, newValue);
            return newValue;
        }
    }
    return v;
}
```

在表 7.2 中,静态方法如 comparingByKey()和 comparingByValue()等会返回用于比较键或值的外比较器。Map.Entry<K,V>对 comparingByKey()和 comparingByKey (Comparator<? super K> cmp)的实现如下:

```
public static < K extends Comparable <? super K >, V > Comparator < Map.Entry < K, V >>
comparingByKey() {
    return (c1, c2) -> c1.getKey().compareTo(c2.getKey());
}
public static <K, V> Comparator < Map.Entry <K, V>> comparingByKey(Comparator <? super K>
cmp) {
    if(cmp == null)
        throw new NullPointerException();
    return (c1, c2) -> cmp.compare(c1.getKey(), c2.getKey());
}
```

Map.Entry<K,V>对 comparingByValue()和 comparingByValue(Comparator<? super V> cmp)的实现与对 comparingByKey()和 comparingByKey(Comparator<? super

K > cmp)的实现类似,这里不再赘述。

关于 Map < K,V > 接口和 Map.Entry < K,V > 接口,这里通过给出一个示例程序来展示它们的实现和用法,如例 7.1 所示。在例 7.1 中,定义了一个类 HaphaMap < K,V >,即杂凑映射(Haphazard Map),它实现了大部分 Map < K,V > 接口中规定的方法。HaphaMap < K,V > 定义了一个静态内部类 Node < K,V >,后者是 Map.Entry < K,V > 接口的完整实现类。HaphaMap < K,V > 使用 Node < K,V > 来作为其内部元素即键值对的类型表示。HaphaMap < K,V > 和 Node < K,V > 的实现取自 java.util 包中的 HashMap < K,V >、Map < K,V > 和 AbstractMap < K,V > 的代码,并作了精简、删减和改动以使其功能聚焦于对键值对的组织、存储和管理。

【例 7.1】 演示 Map < K,V > 和 Map.Entry < K,V > 接口实现和用法的程序示例。

```
1     package com.jgcs.chp7.p1;
2
3     import java.util.Map;
4     import java.util.function.BiConsumer;
5     import java.util.function.BiFunction;
6     import java.util.function.Function;
7
8     class HaphaMap< K, V > {                                    //haphazard map,即杂凑映射
9         //静态成员变量、静态成员类和静态成员方法
10        static final int DEFAULT_INITIAL_CAPACITY = 1 << 4;//默认初始容量为 16
11        static final int MAXIMUM_CAPACITY = 1 << 30;        //最大容量为 $2^{30}$ 即 1073741824
12        static final float DEFAULT_LOAD_FACTOR = 0.75f;     //默认负载因子为 0.75
13
14        static class Node< K,V > implements Map.Entry< K,V > {
15            final int hash;
16            final K key;
17            V value;
18            Node< K,V > next;
19
20            Node( int hash, K key, V value, Node< K,V > next) {
21                this.hash = hash;
22                this.key = key;
23                this.value = value;
24                this.next = next;
25            }
26
27            public final K getKey()        { return key; }
28            public final V getValue()      { return value; }
29            public final String toString() { return key + " = " + value; }
30
31            public final int hashCode() {
32                return   hash(key)^ hash(value);
33            }
34
35            public final V setValue(V newValue) {
36                V oldValue = value;
37                value = newValue;
38                return oldValue;
39            }
40
```

```java
41        public final boolean equals(Object o) {
42            if (o == this)
43                return true;
44            if (o instanceof Map.Entry) {
45                Map.Entry<?,?> e = (Map.Entry<?,?>)o;
46                if (isEqual(key, e.getKey()) && isEqual(value, e.getValue()))
47                    return true;
48            }
49            return false;
50        }
51
52        private int hash(Object o) {
53            return o != null ? o.hashCode() : 0;
54        }
55
56        private boolean isEqual(Object a, Object b) {
57            return (a == b) || (a != null && a.equals(b));
58        }
59    }
60
61    static final int hash(Object key) {
62        int h;
63        return (key == null) ? 0 : (h = key.hashCode()) ^ (h >>> 16);
64    }
65
66    //实例成员变量
67    Node<K,V>[] table;              //HaphaMap 的内部数据结构 Node<K, V>数组 table
68    int size;                       //实际元素个数
69    int capacity;                   //容量
70    float loadFactor;               //负载因子
71
72    //实例成员方法
73    //构造方法
74    public HaphaMap() {
75        this.capacity = DEFAULT_INITIAL_CAPACITY;
76        this.loadFactor = DEFAULT_LOAD_FACTOR; //其他成员变量全部取默认值
77    }
78
79    public HaphaMap(int initialCapacity) {
80        this(initialCapacity, DEFAULT_LOAD_FACTOR);
81    }
82
83    public HaphaMap(int initialCapacity, float loadFactor) {
84        if (initialCapacity < 0)
85            throw new IllegalArgumentException("Illegal initial capacity: " +
86                                                initialCapacity);
87        if (initialCapacity > MAXIMUM_CAPACITY)
88            initialCapacity = MAXIMUM_CAPACITY;
89        if (loadFactor <= 0 || Float.isNaN(loadFactor))
90            throw new IllegalArgumentException("Illegal load factor: " +
91                                                loadFactor);
92
93        this.capacity = initialCapacity;
94        this.loadFactor = loadFactor;
```

```java
 95         }
 96
 97     public int size() {
 98             return size;
 99         }
100
101       public boolean isEmpty() {
102             return size == 0;
103         }
104
105       public V get(Object key) { //根据 key 获取与之对应的 value
106             Node<K,V> e;
107             return (e = getNode(hash(key), key)) == null ? null : e.value;
108         }
109
110       //根据 hash 确定桶的位置,然后检查桶中的每个元素 e 的 e.hash 和 e.key 是否能够匹
          //配参数 hash 和 key
111       final Node<K,V> getNode(int hash, Object key) {
112             Node<K,V>[] tab;
113             Node<K,V> first, e;
114             int n;
115             K k;
116
117             //根据 hash 找到桶 tab[(n-1)&hash],first 指向桶中第一个元素
118             if ((tab = table) != null && (n = tab.length) > 0 && (first = tab[(n - 1) & hash]) != null) {
119                 //首先检查 first.hash 和 first.key 是否能够与 hash 和 key 匹配
120                 if (first.hash == hash &&
121                     ((k = first.key) == key || (key != null && key.equals(k))))
122                     return first;
123
124                 //如果 first 不匹配,就遍历以 first 为首的链表中的其他元素(即键值对
                    //Map.Entry<K, V>对象)是否与 hash 和 key 匹配
125                 if ((e = first.next) != null) {
126                     do {
127                         if (e.hash == hash &&
128                             ((k = e.key) == key || (key != null && key.equals(k))))
129                             return e;
130                     } while ((e = e.next) != null);
131                 }
132             }
133             //如果 table 为 null 或 table 为空或遍历完相应桶中所有元素仍找不到匹配的键
                //值对,则返回 null
134             return null;
135         }
136
137       public boolean containsKey(Object key) { //检查当前映射是否有某个键值对的键
                                                    //等于 key
138             return getNode(hash(key), key) != null;
139         }
140
141       public V put(K key, V value) {              //插入键值对(k,v)
142             return putVal(hash(key), key, value, false);
143         }
```

```
144
145         //插入或更新键值对(key, value),onlyIfAbsent 用来控制在当前映射已经包含与 key
            //对应的键值对(key, oldValue)时是否用 value 替换 oldValue
146         final V putVal(int hash, K key, V value, boolean onlyIfAbsent) {
147             Node<K, V>[] tab;
148             Node<K, V> p;
149             int n, i;
150
151             //table 为 null 或 table 为空,则需要调用 resize()分配内存或扩展容量
152             if ((tab = table) == null || (n = tab.length) == 0)
153                 n = (tab = resize()).length;       //将 n 置为当前 table 的长度即容量
154
155             //根据 hash 定位桶的位置即 tab[i=(n-1)&hash],如果桶中第一个元素 p 为
                //null,则直接用 hash、key 和 value 创建一个 Node 或键值对,并将其插入 tab[i]位
                //置处
156             if ((p = tab[i = (n - 1) & hash]) == null)
157                 tab[i] = new Node<>(hash, key, value, null);
158             else { //如果桶中第一个元素 p 不为 null,则遍历以 p 为首的链表中的元素,检查
                    //是否有元素 e 其 e.hash 和 e.key 能够匹配 hash 和 key
159                 Node<K, V> e;
160                 K k;
161
162                 //如果链表表头元素 p 能够匹配 hash 和 key
163                 if (p.hash == hash && ((k = p.key) == key || (key != null && key.equals(k))))
164                     e = p;
165                 else { //遍历以 p 为首的链表中的剩余元素
166                     while(true) {
167                         //如果查找到链表的末尾仍然找不到与 hash 和 key 匹配的元
                            //素,则用 hash、key 和 value 新建一个 Node,插入链表末尾
168                         if ((e = p.next) == null) {
169                             p.next = new Node<>(hash, key, value, null);
170                             break;
171                         }
172
173                         //如果链表中的某个元素 e 与 hash 和 key 匹配
174                         if (e.hash == hash && ((k = e.key) == key || (key != null && key.equals(k))))
175                             break;
176
177                         p = e;   //如果 e 不与 hash 和 key 匹配,则将 p 置为 e,继续下
                                    //一次循环
178                     }
179                 }
180
181                 //如果 e 不为 null,则意味着 e 就是能够匹配 hash 和 key 的元素
182                 if (e != null) {
183                     V oldValue = e.value;
184
185                     //如果 onlyIfAbsent 为 false 或者 oldValue 为 null,则用 value 替换
                        //oldValue
186                     if (!onlyIfAbsent || oldValue == null)
187                         e.value = value;
188
```

```
189                    return oldValue;
190                }
191            }
192
193        //如果执行流到达这里,则意味着在当前映射中找不到与 hash 和 key 匹配的元素,
           //上述代码已经用 hash、key 和 value 新建了一个 Node 且已将其插入当前映射
194
195        int threshold = getThreshold();
196
197        //元素个数增1,并检查是否超过由 capacity 和 loadFactor 共同确定的门限
           //值 threshold
198        if (++size > threshold)
199            resize();                   //如果超过,则调用 resize()扩展容量
200
201        return null;
202    }
203
204    //如果当前映射中存在与 key 对应的键值对(key, oldValue),则删除该键值对,并返回
       //oldValue,否则返回 null
205    public V remove(Object key) {
206        Node<K,V> e;
207        return (e = removeNode(hash(key), key, null, false)) == null ?
208            null : e.value;
209    }
210
211    //删除键值对(key, value),matchValue 用于控制在查找到与 hash 和 key 匹配的元素 e
       //时,是否检查 e.value 与 value 是否匹配
212    final Node<K,V> removeNode(int hash, Object key, Object value, boolean matchValue) {
213        Node<K,V>[] tab;
214        Node<K,V> p;
215        int n, index;
216
217        //如果 table 不为 null 且 table.length > 0 且由 hash 确定的桶 table[index = (n -
           1)&hash]的第一个元素 p 不为 null,则对以 p 为首的链表进行搜索
218        if ((tab = table) != null && (n = tab.length) > 0 && (p = tab[index = (n -
           1) & hash]) != null) {
219            Node<K,V> node = null, e;
220            K k;
221            V v;
222
223            //如果链表表头元素 p 即为所求
224            if (p.hash == hash && ((k = p.key) == key || (key != null && key.
               equals(k))))
225                node = p;
226            else if ((e = p.next) != null) { //如果表头元素 p 不匹配 hash 和 key,则
                                                //遍历链表中的剩余元素
227                do {
228                    if (e.hash == hash && ((k = e.key) == key || (key != null
                       && key.equals(k)))) {
229                        node = e;
230                        break;
231                    }
232
233                    //将 p 置为 e,这样在每次循环中 p 都指向当前元素 e 的前一个
```

```
                                     //元素
234                        p = e;
235                } while ((e = e.next) != null);
236            }
               //如果 node 不为 null,则 node 即为所求,执行链表删除操作
237
               //(这里如果 matchValue 为 false 即不检查值是否匹配,则 && 操作符的第二
238
               //个条件直接为 true,不会再去检查 node.value == value 和(value != null
               //&& value.equals(v)))
239            if (node != null && (!matchValue || (v = node.value) == value ||
                   (value != null && value.equals(v)))) {
                   //如果 node == p,则意味着 node 是表头元素,将表头元素置为 node
240
                   //的下一个元素,即删除 node
241                if (node == p)
242                    tab[index] = node.next;
243                else
244                    p.next = node.next;
245
246                --size;         //元素个数减 1
247                return node;
248            }
249        }
           //否则,直接返回 null
250
251        return null;
252    }
253
254    public void clear() {           //清空当前映射,即删除所有键值对
255        Node<K,V>[] tab;
256
257        if ((tab = table) != null && size > 0) {
258            size = 0;
259
               //通过将 tab[i]桶所对应的链表表头元素置空,使所有在该链表中的元素
260
               //变成不可达元素,垃圾回收器 GC 会在适当时候回收它们占用的内存
261            for (int i = 0; i < tab.length; ++i)
262                tab[i] = null;
263        }
264    }
265
266    public boolean containsValue(Object value) {
267        Node<K,V>[] tab;
268        V v;
269
270        if ((tab = table) != null && size > 0) {        //table 不为 null 且不为空
271            for (int i = 0; i < tab.length; ++i) {      //遍历所有桶
                   //遍历每个桶对应的链表中的所有元素
272
273                for (Node<K,V> e = tab[i]; e != null; e = e.next) {
274                    if ((v = e.value) == value ||
275                        (value != null && value.equals(v)))
276                        return true;
277                }
278            }
279        }
280
281        return false;
```

```java
282         }
283
284     public V getOrDefault(Object key, V defaultValue) {
285         Node<K,V> e;
286         return (e = getNode(hash(key), key)) == null ? defaultValue : e.value;
287     }
288
289     public V putIfAbsent(K key, V value) {
290         //putVal()的 onlyIfAbsent 为 true,则只有在当前映射中找不到与 key 对应的键值
            //对时,才将(key, value)插入
291         return putVal(hash(key), key, value, true);
292     }
293
294     public boolean remove(Object key, Object value) {
295         //removeNode()的 matchValue 为 true,则在当前映射中找到与 key 对应的键值对
            //(key, v)时,还要检查 v 是否与 value 匹配,只有匹配时才删除(key, v)
296         return removeNode(hash(key), key, value, true) != null;
297     }
298
299     public boolean replace(K key, V oldValue, V newValue) {
300         Node<K,V> e;
301         V v;
302
303         if ((e = getNode(hash(key), key)) != null &&
304             ((v = e.value) == oldValue || (v != null && v.equals(oldValue)))) {
                                                        // == 比较内存地址,equals()比较内容
305             e.value = newValue;
306             return true;
307         }
308
309         return false;
310     }
311
312     public V replace(K key, V value) {
313         Node<K,V> e;
314
315         if ((e = getNode(hash(key), key)) != null) {
316             V oldValue = e.value;
317             e.value = value;
318             return oldValue;
319         }
320
321         return null;
322     }
323
324     //如果在当前映射存在与 key 对应的 oldValue(如果不存在与 key 对象的值,即不存在以
        //key 为键的键值对,则 oldValue 取值 null),
325     //则利用键值对 old = (key, oldValue)作为 remappingFunction 为 key 计算新值 newValue
        //并返回 newValue
326     public V compute( K key, BiFunction<? super K, ? super V, ? extends V> remappingFunction) {
327         if (remappingFunction == null)
328             throw new NullPointerException();
329         int hash = hash(key);                           //计算 key 的哈希码
```

```
330         Node<K, V>[] tab;
331         Node<K, V> first;
332         int n, i;
333         Node<K, V> old = null;
334
335         //如果table为null或table为空,则调用resize()分配内存或扩展容量
336         if ((tab = table) == null || (n = tab.length) == 0)
337             n = (tab = resize()).length;
338
339         //根据key的哈希码hash定位桶的位置tab[i=(n-1)&hash],如果桶中第一个元
            //素first不为null
340         if ((first = tab[i = (n - 1) & hash]) != null) {
341             Node<K, V> e = first;
342             K k;
343
344             //则遍历该桶所对应的链表中的所有元素,寻找能够与key匹配的键值对
                //e = (key, value)
345             do {
346                 if (e.hash == hash && ((k = e.key) == key || (key != null &&
                    key.equals(k)))) {
347                     old = e;
348                     break;
349                 }
350             } while ((e = e.next) != null);
351         }
352
353         //old指向与key匹配的键值对e=(key, value).如果old为null,则e不存在,此
            //时令oldValue为null
354         V oldValue = (old == null) ? null : old.value;
355
356         //利用key和oldValue作为remappingFunctiond的输入为key计算新值v
357         V v = remappingFunction.apply(key, oldValue);
358
359
360         if (old != null) {      //如果当前映射中存在与key匹配的键值对(key, value)
361             if (v != null) {    //如果新值v不为null,则用v替换value
362                 old.value = v;
363             } else {            //如果新值v为null,则删除键值对(key, value)
364                 removeNode(hash, key, null, false);
365             }
366         } else if (v != null) { //如果(key, value)不存在且新值v不为null,则用hash、
                                    //key和新值v创建一个Node并插入桶tab[i]对应的
                                    //链表表头处
367             tab[i] = new Node<>(hash, key, v, first);
                                    //该Node的next为first,而first此时为null
368             ++size;             //元素个数增1,但不用检查是否超过门限值,因为该Node
                                    //放置在table中原本为null的桶中,即只是占用一个
                                    //已经存在的内存空间
369         }
370         return v;
371     }
372
373 //如果key对应的值为null,则利用mappingFunction为key计算一个新值newValue,如果
    //newValue不为空,
```

```java
374        //则将键值对(key, newValue)插入当前映射
375        public V computeIfAbsent(K key, Function<? super K, ? extends V> mappingFunction) {
376            if (mappingFunction == null)
377                throw new NullPointerException();
378            V v;
379            if ((v = get(key)) == null) {
380                V newValue;
381                if ((newValue = mappingFunction.apply(key)) != null) {
382                    put(key, newValue);
383                    return newValue;
384                }
385            }
386            return v;
387        }
388
389        //如果 key 对应的值 oldValue 不是 null,则利用(key, oldValue)作为 remappingFunction
           //的输入为 key 计算新值 newValue,
390        //如果它非 null,则用它替换 oldValue;否则删除(key, oldValue)
391        public V computeIfPresent(K key, BiFunction<? super K, ? super V, ? extends V> remappingFunction) {
392            if (remappingFunction == null)
393                throw new NullPointerException();
394
395            V oldValue;
396            if ((oldValue = get(key)) != null) {
397                V newValue = remappingFunction.apply(key, oldValue);
398                if (newValue != null) {
399                    put(key, newValue);
400                    return newValue;
401                } else {
402                    remove(key);
403                    return null;
404                }
405            } else {
406                return null;
407            }
408        }
409
410        //如果 key 对应的值 oldValue 不存在或者为 null,则用 value 替代之并返回 value;否则
           //即 oldValue 存在且不为 null,
411        //则利用 oldvalue 和 value 作为 remappingFunction 的输入为 key 计算新值 newValue
412        //如果 newValue 为 null,则删除(key, oldValue)并返回 null,否则用 newValue 替换
           //oldValue 并返回 newValue
413        public V merge(K key, V value, BiFunction<? super V, ? super V, ? extends V> remappingFunction) {
414            if(remappingFunction == null || value == null)
415                throw new NullPointerException();
416
417            V oldValue = get(key);
418            V newValue = (oldValue == null) ? value :
419                         remappingFunction.apply(oldValue, value);
420            if(newValue == null) {
421                remove(key);
422            } else {
```

```java
423                    put(key, newValue);
424                }
425                return newValue;
426            }
427
428        public void forEach(BiConsumer<? super K, ? super V> action) {
429            Node<K,V>[] tab;
430            if (action == null)
431                throw new NullPointerException();
432            if (size > 0 && (tab = table) != null) {
433                for (int i = 0; i < tab.length; ++i) {
434                    for (Node<K,V> e = tab[i]; e != null; e = e.next)
435                        action.accept(e.key, e.value);
436                }
437            }
438        }
439
440        public void replaceAll(BiFunction<? super K, ? super V, ? extends V> function) {
441            Node<K,V>[] tab;
442            if (function == null)
443                throw new NullPointerException();
444
445            if (size > 0 && (tab = table) != null) {
446                for (int i = 0; i < tab.length; ++i) { //遍历所有桶
447                    //只要桶不空,就为桶所对应的链表中的每个键值对(key, value)计
                        //算新值 v,并用 v 替换 value
448                    for (Node<K,V> e = tab[i]; e != null; e = e.next) {
449                        e.value = function.apply(e.key, e.value);
450                    }
451                }
452            }
453        }
454
455        private int getThreshold() {
456            return (int)(loadFactor * capacity);
457        }
458
459        //为 table 分配内存或扩展容量
460        private Node<K, V>[] resize() {
461            Node<K, V>[] oldTab = table;
462
463            //将 oldCap 置为 0 或者 table 中元素的个数
464            int oldCap = (oldTab == null) ? 0 : oldTab.length;
465
466            int newCap = 0;
467            if (oldCap > 0) {                              //如果 table 不空,则 oldCap 大于 0
468                if(oldCap >= Integer.MAX_VALUE) {
469                    String msg = "The current capacity is larger than or equal to Integer.MAX_VALUE. Further capacity expansion is not allowed!";
470                    throw new Error(msg);
471                } else if(oldCap >= MAXIMUM_CAPACITY) {
472                    newCap = Integer.MAX_VALUE;
473                } else
474                    newCap = oldCap << 1;                  // 将旧容量翻倍作为新容量
```

```
475             }
476         else { //如果 table 为空即 oldCap 为 0,此时 newCap 使用默认值 DEFAULT_INITIAL_
                  //CAPACITY
477             newCap = DEFAULT_INITIAL_CAPACITY;
478         }
479
480         @SuppressWarnings({"unchecked"})
481         //使用新容量 newCap 创建新的 Node<K,V>数组
482         Node<K, V>[] newTab = (Node<K, V>[]) new Node[newCap];
483         table = newTab;         //将当前映射的内部数据结构 table 置为新建的数组
484         capacity = newCap;      //将容量置为新容量
485
486         if (oldTab != null) { //将旧数组中的元素复制到新数组
487             for (int j = 0; j < oldCap; ++j) { //遍历所有旧桶
488                 Node<K, V> e;
489                 if ((e = oldTab[j]) != null) { //如果当前旧桶不空
490                     oldTab[j] = null;
491
492                     //如果当前桶只有一个元素 e,则利用 e.hash 定位 e 在新数组
                        //newTab 中所应放置的桶即 newTab[e.hash&(newCap-1)],并将
                        //e 放置在新数组的相应桶中
493                     if (e.next == null)
494                         newTab[e.hash & (newCap - 1)] = e;
495                     //如果当前旧桶中有多个元素,则将该旧桶所对应的链表分裂成
                        //两个链表:放在新数组 newTab 中位于[0, oldCap-1]范围内的
                        //某个 newTab[i]桶中的链表 lowLink
496                     //和放在新数组 newTab 中位于[oldCap, newCap-1]范围内的某
                        //个 newTab[i]桶中的链表 highLink
497                     else {
498                         Node<K, V> loHead = null, loTail = null;
499                         Node<K, V> hiHead = null, hiTail = null;
500                         Node<K, V> next;
501
502                         //遍历当前旧桶对应的链表中的所有元素,e 指向当前元
                            //素,next 指向 e 的下一个元素
503                         do {
504                             next = e.next;
505
506                             //如果 e.hash&oldCap == 0,则 e 应放在 lowLink 链
                                //表中
507                             if ((e.hash & oldCap) == 0) {
508                                 if (loTail == null) //如果 lowLink 的表尾
                                                      //loTail 为 null
509                                     loHead = e; //则将 lowLink 的表头
                                                  //loHead 置为 e
510                                 else //如果 loTail 不为 null
511                                     loTail.next = e; //则将 e 置为
                                                        //loTail 的下
                                                        //一个元素
512                                 loTail = e; //让 loTail 指向当前元素 e
513                             } else { //否则,e 应放在 highLink 链表中
514                                 if (hiTail == null)
515                                     hiHead = e;
516                                 else
```

```java
                                hiTail.next = e;
                                hiTail = e;
                            }
                    } while ((e = next) != null);

                    //如果 lowLink 不空,即 loTail 不为 null,则将 lowLink 的
                    //表头元素 loHead 放在 newTab[j]桶中
                    if (loTail != null) {
                        loTail.next = null;
                        newTab[j] = loHead;
                    }

                    //如果 highLink 不空,即 hiTail 不为 null,则将 highLink
                    //的表头元素 hiHead 放在 newTab[j + oldCap]桶中
                    if (hiTail != null) {
                        hiTail.next = null;
                        newTab[j + oldCap] = hiHead;
                    }
                }
            }
        }
        return newTab;          //返回新数组
    }

    @Override
    public String toString() {
        if(table == null || table.length == 0) {
            return "{}";
        }
        Node<K, V> node = null;

        StringBuilder sb = new StringBuilder();
        sb.append("{");
        for(int i = 0; i < table.length; i++) {
            if((node = table[i]) != null) {
                do {
                    sb.append(node.getKey() + " = " + node.getValue() + ", ");
                } while((node = node.next) != null);
            }
        }
        sb.replace(sb.length() - ", ".length(), sb.length(), "");
        sb.append("}");
        return sb.toString();
    }
}

public class App7_1 {
  public static void main(String[] args) {
        //中国各省行政代码 Codes for Administrative Divisions
        Integer[] divisionCodes = {110000, 120000, 130000, 140000, 150000,
                    210000, 220000, 230000,
                    310000, 320000, 330000, 340000, 350000, 360000, 370000,
                    410000, 420000, 430000, 440000, 450000, 460000,
```

```java
                          500000, 510000, 520000, 530000, 540000,
                          610000, 620000, 630000, 640000, 650000, 660000,
                          710000, 810000, 820000};

        //中国各省行政名称 Names for Administrative Divisions
        String[] divisionNames = {"北京市","天津市","河北省","山西省","内蒙古自治区",
                          "辽宁省","吉林省","黑龙江省",
                          "上海市","江苏省","浙江省","安徽省","福建省","江西省","山东省",
                          "河南省","湖北省","湖南省","广东省","广西壮族自治区","海南省",
                          "重庆市","四川省","贵州省","云南省","西藏自治区",
                          "陕西省","甘肃省","青海省","宁夏回族自治区","新疆维吾尔自治区","新疆生产建设兵团",
                          "台湾省","香港特别行政区","澳门特别行政区"};

        HaphaMap<Integer, String> code2name = new HaphaMap<>();
        for(int i = 0; i < divisionCodes.length; i++) {
            code2name.put(divisionCodes[i], divisionNames[i]);
        }
        System.out.println("code2name 的第一次输出(共" + code2name.size() + "个元素):");
        System.out.println(code2name + "\n");

        HaphaMap<String, Integer> name2code = new HaphaMap<>(32, 0.8f);
        for(int i = 0; i < divisionCodes.length; i++) {
            name2code.put(divisionNames[i], divisionCodes[i]);
        }
        System.out.println("name2code 的第一次输出(共" + name2code.size() + "个元素):");
        System.out.println(name2code + "\n");

        String province = "黑龙江省";
        Integer oldCode = -1, newCode = -1;
        System.out.println(province + "的行政代码是:" + (oldCode = name2code.get(province)) + "\n");

        newCode = 280000;
        oldCode = name2code.replace(province, newCode);
        System.out.println(province + "的行政代码已从" + oldCode + "改为" + name2code.get(province) + "\n");

        if(name2code.replace(province, newCode, oldCode)) {
            System.out.println(province + "的行政代码已从" + newCode + "改回"
                    + name2code.get(province) + "\n");
        }

        name2code.compute(province, (k, v) -> {return (k.hashCode() + v.hashCode()) & 200000;});
        System.out.println(province + "的行政代码是:" + (oldCode = name2code.get(province)) + "\n");

        name2code.remove(province);
```

```
612                System.out.println(province + "的行政代码是:" + ((oldCode = name2code.
                       get(province)) == null ? "未知" : oldCode) + "\n");
613
614                System.out.println("name2code 的第二次输出(共" + name2code.size() + "个元
                       素):");
615                System.out.println(name2code + "\n");
616
617                oldCode = 230000;
618                name2code.putIfAbsent(province, oldCode);
619                System.out.println(province + "的行政代码是:" + ((oldCode = name2code.
                       get(province)) == null ? "未知" : oldCode) + "\n");
620
621                final int finalCode = newCode; //280000
622                name2code.computeIfAbsent(province, k -> {return finalCode;});
623                System.out.println(province + "的行政代码是:" + ((oldCode = name2code.
                       get(province)) == null ? "未知" : oldCode) + "\n");
624
625                name2code.computeIfPresent(province, (k, v) -> {return finalCode;});
626                System.out.println(province + "的行政代码是:" + ((oldCode = name2code.
                       get(province)) == null ? "未知" : oldCode) + "\n");
627        }
628    }
```

程序运行结果如下:

code2name 的第一次输出(共 35 个元素):
{120000 = 天津市, 320000 = 江苏省, 360000 = 江西省, 440000 = 广东省, 520000 = 贵州省, 640000 = 宁夏回族自治区, 130000 = 河北省, 210000 = 辽宁省, 330000 = 浙江省, 370000 = 山东省, 410000 = 河南省, 450000 = 广西壮族自治区, 530000 = 云南省, 610000 = 陕西省, 650000 = 新疆维吾尔自治区, 810000 = 香港特别行政区, 140000 = 山西省, 220000 = 吉林省, 340000 = 安徽省, 420000 = 湖北省, 460000 = 海南省, 500000 = 重庆市, 540000 = 西藏自治区, 620000 = 甘肃省, 660000 = 新疆生产建设兵团, 820000 = 澳门特别行政区, 110000 = 北京市, 150000 = 内蒙古自治区, 230000 = 黑龙江省, 310000 = 上海市, 350000 = 福建省, 430000 = 湖南省, 510000 = 四川省, 630000 = 青海省, 710000 = 台湾省}

name2code 的第一次输出(共 35 个元素):
{福建省 = 350000, 西藏自治区 = 540000, 贵州省 = 520000, 上海市 = 310000, 湖北省 = 420000, 湖南省 = 430000, 广东省 = 440000, 澳门特别行政区 = 820000, 香港特别行政区 = 810000, 安徽省 = 340000, 四川省 = 510000, 新疆生产建设兵团 = 660000, 新疆维吾尔自治区 = 650000, 江苏省 = 320000, 吉林省 = 220000, 宁夏回族自治区 = 640000, 河北省 = 130000, 河南省 = 410000, 广西壮族自治区 = 450000, 海南省 = 460000, 江西省 = 360000, 重庆市 = 500000, 云南省 = 530000, 北京市 = 110000, 甘肃省 = 620000, 山东省 = 370000, 陕西省 = 610000, 浙江省 = 330000, 内蒙古自治区 = 150000, 青海省 = 630000, 天津市 = 120000, 辽宁省 = 210000, 台湾省 = 710000, 黑龙江省 = 230000, 山西省 = 140000}

黑龙江省的行政代码是:230000

黑龙江省的行政代码已从 230000 改为 280000

黑龙江省的行政代码已从 280000 改回 230000

黑龙江省的行政代码是:67904

黑龙江省的行政代码是:未知

name2code 的第二次输出(共 34 个元素)：
{福建省＝350000，西藏自治区＝540000，贵州省＝520000，上海市＝310000，湖北省＝420000，湖南省＝430000，广东省＝440000，澳门特别行政区＝820000，香港特别行政区＝810000，安徽省＝340000，四川省＝510000，新疆生产建设兵团＝660000，新疆维吾尔自治区＝650000，江苏省＝320000，吉林省＝220000，宁夏回族自治区＝640000，河北省＝130000，河南省＝410000，广西壮族自治区＝450000，海南省＝460000，江西省＝360000，重庆市＝500000，云南省＝530000，北京市＝110000，甘肃省＝620000，山东省＝370000，陕西省＝610000，浙江省＝330000，内蒙古自治区＝150000，青海省＝630000，天津市＝120000，辽宁省＝210000，台湾省＝710000，山西省＝140000}

黑龙江省的行政代码是：230000

黑龙江省的行政代码是：230000

黑龙江省的行政代码是：280000

在例 7.1 中，HaphaMap＜K,V＞有三个成员变量 size、capacity 和 loadFactor，如第 68～70 行所示，它们分别表示杂凑映射的大小、容量和负载因子。负载因子 loadFactor 用来标示映射装满的程度，当映射中的元素个数 size 超过 capacity 与 laodFactor 之积时就需要进行扩容。HaphaMap＜K,V＞的 loadFactor 默认取 0.75，如第 74～81 行的两个构造方法所示，这意味着当 size 大于 capacity 的 0.75 倍时就要扩容。HaphaMap＜K,V＞允许用户指定它的初始容量和负载因子，如第 83～95 行的第三个构造方法所示，不过需要对用户的指定值进行检查。

在第 14～59 行，HaphaMap＜K,V＞定义了静态成员类 Node＜K,V＞用于表示其自身所存储和管理的键值对的类型。HaphaMap.Node＜K,V＞实现了 Map.Entry＜K,V＞接口，定义了四个成员变量即 hash、key、value 和 next，分别用来存储键值对的键的哈希码、键、值和指向下一个 Node＜K,V＞键值对的指针。

HaphaMap＜K,V＞定义了一个 Node＜K,V＞数组 table 来作为存储键值对的内部数据结构，如第 67 行所示。数组的长度(即 HaphaMap＜K,V＞的 capacity)至少为 16 且必须为 2 的整数次幂，如第 466～484 行所示。数组 table 的每个存储单元被称为桶(bin)。对于一个键值对(key,value)，HaphaMap＜K,V＞将根据 key 的哈希码和 table 的长度即 capacity 来决定其在数组 table 中的存放位置，也就是确定应将其存放在哪个桶中。具体来说就是使用 table[hash(key) &（capacity-1）]来确定对应于(key,value)的桶，其中的表达式 hash(key) &（capacity-1）将 key 的哈希码 hash(key)映射到[0,capacity-1]范围内的某一个值上。假如 hash(key)为 1100 1101 1101 0101，而 capacity 为 256，则 capacity-1 的二进制表示为 0000 0000 1111 1111，故位运算表达式 hash(key) &（capacity-1）的结果为 0000 0000 1101 0101，即 213。如果有多个键值对都落在同一个桶中，则 HaphaMap＜K,V＞使用链表来组织和管理它们，先插入该桶中的 Node＜K,V＞键值对放在前面，后插入的 Node＜K,V＞键值对放在后面，前后 Node＜K,V＞使用 next 链接在一起。HaphaMap＜K,V＞的整体存储结构如图 7.1 所示。

当插入键值对(key,value)或根据键 key 查找键值对时，如第 141～143 行的 put(K key,V value)和第 137～139 行的 containsKey(Object key)方法所示，需要先根据 key 的哈希码找到对应的桶，然后遍历桶所对应的 Node＜K,V＞链表，找到放置(key,value)的合适位置并执行插入操作或查找与 key 匹配的键值对并根据查找结果返回 true 或 false。当根

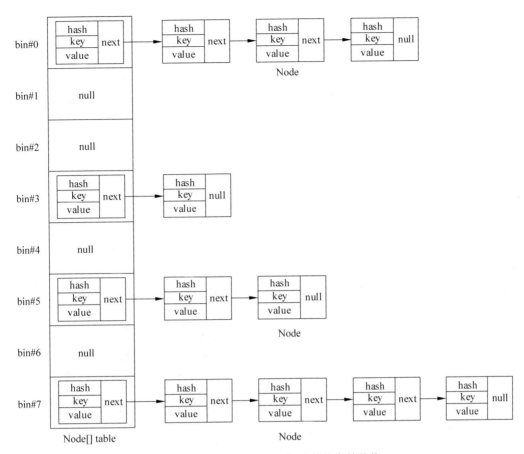

图 7.1 HaphaMap＜K,V＞的整体存储结构

据键 key 删除键值对时,如第 205～209 行的 removeKey(Object key)方法所示,所需进行的操作与上述过程类似。当根据值 value 查找键值对时,如第 266～282 行的 containsValue (Object value)方法所示,需要遍历所有桶中的所有元素来查找与 value 匹配的键值对 (key,value),只要找到一个就返回 true(与 value 匹配的键值对可能有多个)。

注意:当插入键值对(key,value)时,其键 key 的哈希码需要存储到 Node＜K,V＞的 hash 域中,如第 157 行和第 169 行所示。当查找与 key 对应的键值对 Node＜K,V＞时,需要先计算 key 的哈希值 hash,并将其与 Node＜K,V＞的 hash 进行比较,只有两者相等且 key 与 Node＜K,V＞的 key 匹配时,才认为当前 Node＜K,V＞是与 key 对应的键值对,如第 163、174、224 和 228 行所示。

当映射中元素个数已经超过 capacity 与 loadFactor 之积而需要扩容时,如第 460～538 行的 resize()方法(该方法在第 153、199 和 337 行被调用)所示,则要先将旧容量翻倍作为新容量(第 464～478 行),然后根据新容量创建新数组(第 482～484 行),并将旧数组中的元素复制到新数组中(第 486～536 行)。在将元素从旧数组 oldTab 复制到新数组 newTab 中时,由于新数组的长度即新容量 newCap 相对于旧容量 oldCap 已经翻倍,故需要进行 rehash 操作(第 493～533 行),即为键值对(key,value)在新数组中重新选取一个桶来存放它。具体做法如下:①遍历旧数组中的每个桶;②如果当前旧桶 oldTab[j](0≤ j ≤ oldCap-1)中只有一个元素 e 的话,则利用 e.hash 定位 e 在新数组 newTab 中所应放置的桶即 newTab[e.hash & (newCap-1)]，并将 e 放置在该桶中；③如果当前旧桶 oldTab[j]中有多个元素，则将该旧桶所对应的链表分裂成两个链表，放在新数组 newTab 中第 j 个桶即 newTab[j]的链表 lowLink 和放在 newTab 中第 j+oldCap 个桶即 newTab[j+oldCap]的链表 highLink；④按照如下方法构建 lowLink 和 highLink，遍历当前旧桶 oldTab[j]对应的链表中的每个元素 e，如果 e.hash & oldCap == 0，则将 e 放在 lowLink 中，否则将 e 放在 highLink 中。

图 7.2 给出了一个 rehash 例子。假设有一个映射 map 需要扩容，当前旧数组 oldTab 容量为 256，扩容后得到的新数组 newTab 容量为 512。旧数组 oldTab 的第 213 号（从 0 开始计数）桶 bin♯213 中有五个元素，每个元素的 hash 值分别是 1010 0010 1101 0101、0011 1001 1101 0101、0010 1011 1101 0101、1110 1100 1101 0101 和 1110 1100 1101 0101。可以看出这些 hash 值在低八位上是相同的，都是 1101 0101，而在第八位（从右从 0 计数）上有两个 hash 值（第 1 和 5 个）是 0 且有三个 hash 值（第 2~4 个）是 1。按照前述 rehash 算法，第 1 和 5 个元素将被插入 lowLink，而第 2~4 个元素将被插入 highLink，最后 lowLink 被放置在 newTab[213]桶中而 highLink 被放置在 newTab[213+256]即 newTab[469]桶中，如图 7.2 所示。

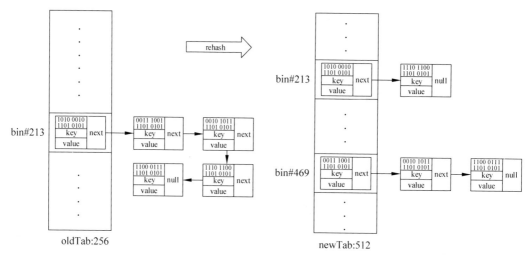

图 7.2 一个进行 rehash 操作的例子

在定义好 HaphaMap<K,V>类后，例 7.1 在 App7_1 类的 main()方法中创建了一个 HaphaMap<Integer,String>实例 code2name（第 582~585 行）和一个 HaphaMap<String,Integer>实例 name2code（第 589~592 行），前者将各省行政代码映射到行政名称，后者将各省行政名称映射到行政代码。映射 code2name 使用默认初始容量和负载因子，即 16 和 0.75，而 name2code 使用定制初始容量和负载因子，分别是 32 和 0.8。打印 code2name 和 name2code 并查看其输出结果（第 586~587 行和第 593~594 行）可以看出，两个映射中的元素的存放顺序是随机的，与元素的插入顺序无关。在 HaphaMap<K,V>映射中存放的元素一般是无序的，因为元素要根据自己的键的哈希码来确定自己落在哪个桶中，而哈希码通常是随机生成的。

位于第 590~626 行的代码调用 HaphaMap<K,V>的各种方法，如 put()、get()、replace()、compute()、remove()和 putIfAbsent()等，以对 name2code 映射进行增加、查询、

修改和删除操作。可以对比程序运行结果来逐项查看这些操作的执行效果。

7.2　HashMap<K,V>与LinkedHashMap<K,V>

　　HashMap<K,V>类又称哈希映射或散列映射,它是Map<K,V>接口的直接实现类,其内部数据结构(如容量和负载因子等)和元素组织管理机制(如扩容机制)与7.1节例7.1中的HaphaMap<K,V>非常类似,这里不再赘述。LinkedHashMap<K,V>是HashMap<K,V>类的直接子类,表示链式哈希映射。HashMap<K,V>对象中的元素是随机存放的,其存放顺序与插入顺序无关,而LinkedHashMap<K,V>对象中的元素默认是按照插入顺序(Insertion-order)存放的,其中元素的存放顺序与插入顺序一致。当然也可以创建按照访问顺序(Access-order)存放元素的链式哈希映射。所谓访问顺序就是按照元素的访问时间从远到近进行排序后得到的顺序,即最冷元素或访问时间离现在最远(Least-recently)的元素放在最前面,而最热元素或访问时间离现在最近(Most-recently)的元素放在最后面。具有访问顺序的链式哈希映射特别适合用于表示需要执行LRU(Least-Recently-Used,最近最少使用)算法的数据结构如缓存或进程调度队列。HashMap<K,V>类和LinkedHashMap<K,V>类的常用方法分别如表7.3和表7.4所示。例7.2给出了一个演示这两个类用法的程序示例。

　　注意:LinkedHashMap<K,V>的内部数据结构和元素管理机制与HashMap<K,V>类似(如容量、负载因子和内部数组等成员变量与扩容机制等),它可以被视为一个HashMap<K,V>。与HashMap<K,V>不同的是,它内部使用双链表机制来记录和实施元素的插入顺序或访问顺序,以使元素按照插入顺序或访问顺序存放。具体可参见java.util.LinkedHashMap<K,V>源码。

　　注意:HashTable<K,V>几乎具有与HashMap<K,V>同样的常用方法,不同之处在于前者是线程安全的类且不允许null键和null值,而后者是线程不安全的类且允许null键和null值。这里不再对其进行介绍。

表7.3　HashMap<K,V>类的常用方法

方法签名	功能说明
HashMap()	创建一个空哈希映射,默认初始容量为16且默认装载因子为0.75
HashMap(int initialCapacity)	创建一个空哈希映射,默认初始容量为initialCapacity且默认装载因子为0.75
HashMap(int initialCapacity, float loadFactor)	创建一个空哈希映射,默认初始容量为initialCapacity且默认装载因子为loadFactor
HashMap(Map<? extends K,? extends V> m)	创建一个空哈希映射,默认初始容量至少为m.size()且装载因子为0.75,然后将m中的键值对插入当前映射
void clear()	清空当前映射,即删除所有键值对
Object clone()	返回当前映射的一个浅拷贝,即只复制键和值的引用,但并不复制键和值
V compute(K key, BiFunction<? super K,? super V,? extends V> remappingFunction)	对Map<K,V>接口中compute()方法的覆盖实现

续表

方 法 签 名	功 能 说 明
V computeIfAbsent（K key，Function<? super K,? extends V> mappingFunction）	对 Map<K,V>接口中 computeIfAbsent()方法的覆盖实现
V computeIfPresent（K key，BiFunction<? super K,? super V,? extends V> remappingFunction）	对 Map<K,V>接口中 computeIfPresent()方法的覆盖实现
boolean containsKey(Object key)	对 Map<K,V>接口中 containsKey()方法的实现,在内部数据结构中确定是否存在与 key 对应的桶,如果没有直接返回 false；如果有,则遍历桶中的每一个 Entry 即(k,v),首先检查 k == key ‖ key.equals(k)是否成立,如果成立返回 true,否则如果检查完桶中所有 Entry 后,仍找不到一个(k,v)使得 k == key ‖ key.equals(k)成立,则返回 false
boolean containsValue（Object value）	对 Map<K,V>接口中 containsValue()方法的实现,遍历当前映射中的每个键值对(k,v),检查(v == value) ‖ (value != null && value.equals(v)),如果成立则返回 true,否则如果检查完所有键值对后,仍找不到一个(k,v)满足上式,则返回 false
Set<Map.Entry<K,V>> entrySet()	对 Map<K,V>接口中 entrySet()方法的实现
void forEach（BiConsumer<? super K,? super V> action）	对 Map<K,V>接口中 forEach()方法的覆盖实现
V get(Object key)	对 Map<K,V>接口中 get()方法的实现
V getOrDefault（Object key，V defaultValue）	对 Map<K,V>接口中 getOrDefault()方法的覆盖实现
boolean isEmpty()	对 Map<K,V>接口中 isEmpty()方法的实现
Set<K> keySet()	对 Map<K,V>接口中 keySet()方法的实现
V merge（K key，V value，BiFunction<? super V,? super V,? extends V> remappingFunction）	对 Map<K,V>接口中 merge()方法的覆盖实现
V put(K key,V value)	对 Map<K,V>接口中 put()方法的实现
void putAll（Map<? extends K,? extends V> m）	对 Map<K,V>接口中 putAll()方法的实现
V putIfAbsent(K key,V value)	对 Map<K,V>接口中 putIfAbsent()方法的覆盖实现
V remove(Object key)	对 Map<K,V>接口中 remove(Object)方法的实现
boolean remove(Object key,Object value)	对 Map<K,V>接口中 remove(Object,Object)方法的覆盖实现
V replace(K key,V value)	对 Map<K,V>接口中 replace(K,V)方法的覆盖实现
boolean replace（K key，V oldValue,V newValue）	对 Map<K,V>接口中 replace(K,V,V)方法的覆盖实现
void replaceAll（BiFunction<? super K,? super V,? extends V> function）	对 Map<K,V>接口中 replaceAll()方法的覆盖实现
int size()	对 Map<K,V>接口中 size()方法的实现
Collection<V> values()	对 Map<K,V>接口中 values()方法的实现

表 7.4　LinkedHashMap＜K,V＞类的常用方法

方 法 签 名	功 能 说 明
LinkedHashMap()	创建一个空的链式哈希映射,元素顺序为插入顺序(Insertion-order),默认初始容量16,默认装载因子0.75
LinkedHashMap(int initialCapacity)	创建一个空的链式哈希映射,元素顺序为插入顺序,默认初始容量initialCapacity,默认装载因子0.75
LinkedHashMap(int initialCapacity, float loadFactor)	创建一个空的链式哈希映射,元素顺序为插入顺序,默认初始容量initialCapacity,默认装载因子loadFactor
LinkedHashMap(int initialCapacity, float loadFactor,boolean accessOrder)	创建一个空的链式哈希映射,元素顺序由accessOrder确定,默认初始容量initialCapacity,默认装载因子loadFactor。若accessOrder为true,则元素顺序为访问顺序(Access-order),否则为插入顺序
LinkedHashMap(Map＜? extends K,? extends V＞ m)	创建一个空的链式哈希映射,默认初始容量至少为m.size()且装载因子为0.75,元素顺序为插入顺序,然后将m中所有键值对逐个插入当前映射
void clear()	清空当前映射,即删除所有键值对
boolean containsValue(Object value)	遍历当前映射中的每个键值对(k,v),检查(v == value) || (value != null && value.equals(v)),如果成立则返回true,否则如果检查完所有键值对后,仍找不到一个(k,v)满足上式,则返回false
Set＜Map.Entry＜K,V＞＞ entrySet()	返回当前映射的所有Map.Entry＜K,V＞对象构成的集合s。注意s以当前映射this为数据源,修改s会影响this,反之亦然
void forEach(BiConsumer＜? super K,? super V＞ action)	对当前映射中的每个键值对即Map.Entry＜K,V＞对象执行action操作
V get(Object key)	从当前映射获取键key所对应的值,如果没有值与key相对应,则返回null
V getOrDefault(Object key, V defaultValue)	从当前映射获取键key所对应的值,如果没有值与key相对应,则返回defaultValue
Set＜K＞ keySet()	返回当前映射的所有键构成的集合s。注意s以当前映射this中的键为数据源,修改s会影响this,反之亦然

protected boolean removeEldestEntry(Map.Entry＜K,V＞ eldest)	返回true如果当前映射m应该删除它的最老元素eldest。默认返回false。
	所谓最老元素即当元素顺序为插入顺序时的最早插入元素(Least-recently-inserted-entry)或当元素顺序为访问顺序时的最少访问元素(Least-recently-accessed-entry)。该方法由put()和putAll()方法在插入新元素后调用,以便有机会删除最老元素,节省空间。该方法的一个示例实现如下:
	private static final int MAX_ENTRIES = 100;
	protected boolean removeEldestEntry(Map.Entry eldest) {
	　　return size() > MAX_ENTRIES;
	}
	即当映射m元素数超过100时,删除最老元素。
	该方法一般不会修改当前映射m,而只是返回是否修改的信号。该方法也可以修改m,即删除其最老元素,但如果它修改了m,就必须返回false,以指示m不应再进行进一步修改

续表

方 法 签 名	功 能 说 明
void replaceAll(BiFunction <? super K,? super V,? extends V > function)	将当前映射中的每个映射对(key,oldValue)作为 function 的输入为 key 计算新值 newValue,并用 newValue 替换 oldValue
Collection< V > values()	用当前映射中所有值构建一个容器类对象c 并返回。注意c 以当前映射 this 中的值为数据源,修改c 会影响 this,反之亦然

【例 7.2】 演示 HashMap< K,V >和 LinkedHashMap< K,V >用法的程序示例。

```
1    package com.jgcs.chp7.p2;
2
3    import java.util.HashMap;
4    import java.util.Iterator;
5    import java.util.LinkedHashMap;
6    import java.util.Map;
7    import java.util.Random;
8    import java.util.Set;
9
10   public class App7_2 {
11     public static void main(String[] args) {
12       //黑龙江省各市车牌代码
13       String[] cityCodes = {"黑 A", "黑 B", "黑 C", "黑 D", "黑 E", "黑 F", "黑 G",
                  "黑 H", "黑 J", "黑 K", "黑 L", "黑 M", "黑 N", "黑 P", "黑 R"};
14
15       //黑龙江省各市名称
16       String[] cityNames = {"哈尔滨市","齐齐哈尔市","牡丹江市","佳木斯市",
                  "大庆市","伊春市","鸡西市","鹤岗市","双鸭山市","七台河市","哈尔滨
                  市","绥化市","黑河市","大兴安岭地区","农垦系统"};
17
18       App7_2 app = new App7_2();
19       app.testOnHashMap(cityCodes, cityNames);
20       System.out.println();
21
22       app.testOnLinkedHashMapWithInsertionOrder(cityCodes, cityNames);
23       System.out.println();
24
25       app.testOnLinkedHashMapWithAccessOrder(cityCodes, cityNames);
26     }
27
28     void testOnHashMap(String[] cityCodes, String[] cityNames) {
29       HashMap< String, String > hm_code2name = new HashMap<>(16, 0.8f);
30       for(int i = 0; i < cityCodes.length; i++) {
31         hm_code2name.put(cityCodes[i], cityNames[i]);
32       }
33       System.out.println("hm_code2name 的第一次输出(共" + hm_code2name.size() +
              "个元素):");
34       System.out.println(hm_code2name);
35
36       String cityCode = "黑 L";
37       String oldCity = "", newCity = "";
38        System.out.println(cityCode + "对应的城市名称是:" + (oldCity = hm_
              code2name.get(cityCode)));
```

```java
39
40          newCity = "松花江地区";
41          oldCity = hm_code2name.replace(cityCode, newCity);
42          System.out.println(cityCode + "对应的城市名称已从 " + oldCity + " 改为 "
                + hm_code2name.get(cityCode));
43
44          final String finalCity = oldCity;
45          if(hm_code2name.merge(cityCode, oldCity, (v1, v2) -> {return finalCity;}) !
                = null) {
46              System.out.println(cityCode + "对应的城市名称已从 " + newCity + " 改
                    回 " + hm_code2name.get(cityCode));
47          }
48
49          System.out.println("hm_code2name 的第二次输出,使用映射的键集 keys 来打印其
                内容:");
50          Set<String> keys = hm_code2name.keySet();
51          Iterator<String> keyItr = keys.iterator();
52          while(keyItr.hasNext()) {
53              cityCode = keyItr.next();
54              System.out.println(cityCode + "对应的城市名称是:" + hm_code2name.get
                    (cityCode));
55          }
56
57          System.out.println("hm_code2name 的第三次输出,使用映射的键值对集 entries
                来打印其内容:");
58          Set<Map.Entry<String, String>> entries = hm_code2name.entrySet();
59          Iterator<Map.Entry<String, String>> entryItr = entries.iterator();
60          while(entryItr.hasNext()) {
61              Map.Entry<String, String> entry = entryItr.next();
62              System.out.println(entry.getKey() + "对应的城市名称是:" + entry.
                    getValue());
63          }
64      }
65
66      void testOnLinkedHashMapWithInsertionOrder(String[] cityCodes, String[] cityNames) {
67          LinkedHashMap<String, String> lm_io_code2name = new LinkedHashMap<>(32,
                0.6f); //创建一个 insertion-order 的 LinkedHashMap
68          for(int i = 0; i < cityCodes.length; i++) {
69              lm_io_code2name.put(cityCodes[i], cityNames[i]);
70          }
71          System.out.println("lm_io_code2name 的第一次输出(共" + lm_io_code2name.
                size() + "个元素):");
72          System.out.println(lm_io_code2name);
73
74          String alphabet = "ABCDEFGHIJKLMNOPQRSTUVWXYZ"; //字母表
75          String cityName = "";
76          for(int i = 0; i < new Random().nextInt(alphabet.length()); i++) { //循环 m
                                                                //次,m 位于[0,25]区间
77              String cityCode = "黑" + alphabet.charAt(new Random().nextInt
                    (alphabet.length()));           //随机产生一个城市代码
78              System.out.println(cityCode + "对应的城市名称是:" + ((cityName = lm_io_
                    code2name.get(cityCode)) == null ? "未知" : cityName));
79          }
80
```

```
81          System.out.println("lm_io_code2name 的第二次输出(共" + lm_io_code2name.
              size() + "个元素):");
82          System.out.println(lm_io_code2name);
83       }
84
85       void testOnLinkedHashMapWithAccessOrder(String[] cityCodes, String[] cityNames) {
86          LinkedHashMap<String, String> lm_ao_code2name = new LinkedHashMap<>(8, 0.9f,
              true); //创建一个 access-order 的 LinkedHashMap
87          for(int i = 0; i < cityCodes.length; i++) {
88              lm_ao_code2name.put(cityCodes[i], cityNames[i]);
89          }
90          System.out.println("lm_ao_code2name 的第一次输出(共" + lm_ao_code2name.
              size() + "个元素):");
91          System.out.println(lm_ao_code2name);
92
93          String alphabet = "ABCDEFGHIJKLMNOPQRSTUVWXYZ"; //字母表
94          String cityName = "";
95          for(int i = 0; i < new Random().nextInt(alphabet.length()); i++) { //循环 m
                                                                    //次,m 位于[0, 25]区间
96              String cityCode = "黑" + alphabet.charAt(new Random().nextInt
                  (alphabet.length()));               //随机产生一个城市代码
97              System.out.println(cityCode + "对应的城市名称是:" + ((cityName = lm_ao_
                  code2name.get(cityCode)) == null ? "未知" : cityName));
98          }
99
100         System.out.println("lm_ao_code2name 的第二次输出(共" + lm_ao_code2name.
              size() + "个元素):");
101         System.out.println(lm_ao_code2name);
102      }
103   }
```

程序运行结果如下:

hm_code2name 的第一次输出(共 15 个元素):
{黑 D=佳木斯市, 黑 C=牡丹江市, 黑 B=齐齐哈尔市, 黑 A=哈尔滨市, 黑 H=鹤岗市, 黑 G=鸡西市, 黑 F=伊春市, 黑 E=大庆市, 黑 L=哈尔滨市, 黑 K=七台河市, 黑 J=双鸭山市, 黑 P=大兴安岭地区, 黑 N=黑河市, 黑 M=绥化市, 黑 R=农垦系统}
黑 L 对应的城市名称是:哈尔滨市
黑 L 对应的城市名称已从 哈尔滨市 改为 松花江地区
黑 L 对应的城市名称已从 松花江地区 改回 哈尔滨市
hm_code2name 的第二次输出,使用映射的键集 keys 来打印其内容:
黑 D 对应的城市名称是:佳木斯市
黑 C 对应的城市名称是:牡丹江市
黑 B 对应的城市名称是:齐齐哈尔市
黑 A 对应的城市名称是:哈尔滨市
黑 H 对应的城市名称是:鹤岗市
黑 G 对应的城市名称是:鸡西市
黑 F 对应的城市名称是:伊春市
黑 E 对应的城市名称是:大庆市
黑 L 对应的城市名称是:哈尔滨市
黑 K 对应的城市名称是:七台河市
黑 J 对应的城市名称是:双鸭山市
黑 P 对应的城市名称是:大兴安岭地区
黑 N 对应的城市名称是:黑河市
黑 M 对应的城市名称是:绥化市
黑 R 对应的城市名称是:农垦系统

hm_code2name 的第三次输出,使用映射的键值对集 entries 来打印其内容:
黑 D 对应的城市名称是:佳木斯市
黑 C 对应的城市名称是:牡丹江市
黑 B 对应的城市名称是:齐齐哈尔市
黑 A 对应的城市名称是:哈尔滨市
黑 H 对应的城市名称是:鹤岗市
黑 G 对应的城市名称是:鸡西市
黑 F 对应的城市名称是:伊春市
黑 E 对应的城市名称是:大庆市
黑 L 对应的城市名称是:哈尔滨市
黑 K 对应的城市名称是:七台河市
黑 J 对应的城市名称是:双鸭山市
黑 P 对应的城市名称是:大兴安岭地区
黑 N 对应的城市名称是:黑河市
黑 M 对应的城市名称是:绥化市
黑 R 对应的城市名称是:农垦系统

lm_io_code2name 的第一次输出(共 15 个元素):
{黑 A=哈尔滨市, 黑 B=齐齐哈尔市, 黑 C=牡丹江市, 黑 D=佳木斯市, 黑 E=大庆市, 黑 F=伊春市, 黑 G=鸡西市, 黑 H=鹤岗市, 黑 J=双鸭山市, 黑 K=七台河市, 黑 L=哈尔滨市, 黑 M=绥化市, 黑 N=黑河市, 黑 P=大兴安岭地区, 黑 R=农垦系统}
黑 O 对应的城市名称是:未知
黑 L 对应的城市名称是:哈尔滨市
黑 G 对应的城市名称是:鸡西市
黑 Y 对应的城市名称是:未知
lm_io_code2name 的第二次输出(共 15 个元素):
{黑 A=哈尔滨市, 黑 B=齐齐哈尔市, 黑 C=牡丹江市, 黑 D=佳木斯市, 黑 E=大庆市, 黑 F=伊春市, 黑 G=鸡西市, 黑 H=鹤岗市, 黑 J=双鸭山市, 黑 K=七台河市, 黑 L=哈尔滨市, 黑 M=绥化市, 黑 N=黑河市, 黑 P=大兴安岭地区, 黑 R=农垦系统}

lm_ao_code2name 的第一次输出(共 15 个元素):
{黑 A=哈尔滨市, 黑 B=齐齐哈尔市, 黑 C=牡丹江市, 黑 D=佳木斯市, 黑 E=大庆市, 黑 F=伊春市, 黑 G=鸡西市, 黑 H=鹤岗市, 黑 J=双鸭山市, 黑 K=七台河市, 黑 L=哈尔滨市, 黑 M=绥化市, 黑 N=黑河市, 黑 P=大兴安岭地区, 黑 R=农垦系统}
黑 K 对应的城市名称是:七台河市
黑 L 对应的城市名称是:哈尔滨市
黑 L 对应的城市名称是:哈尔滨市
黑 A 对应的城市名称是:哈尔滨市
黑 F 对应的城市名称是:伊春市
黑 S 对应的城市名称是:未知
黑 H 对应的城市名称是:鹤岗市
lm_ao_code2name 的第二次输出(共 15 个元素):
{黑 B=齐齐哈尔市, 黑 C=牡丹江市, 黑 D=佳木斯市, 黑 E=大庆市, 黑 G=鸡西市, 黑 J=双鸭山市, 黑 M=绥化市, 黑 N=黑河市, 黑 P=大兴安岭地区, 黑 R=农垦系统, 黑 K=七台河市, 黑 L=哈尔滨市, 黑 A=哈尔滨市, 黑 F=伊春市, 黑 H=鹤岗市}

例 7.2 在 App7_2 中定义了 testOnLinkedHashMapWithInsertionOrder()、testOnHashMap() 和 testOnLinkedHashMapWithAccessOrder() 三个实例方法,它们都利用在 main() 方法中定义的数组 cityCodes 和 cityNames 来创建相应的哈希映射或链式哈希映射。方法 testOnHashMap() 首先创建一个普通哈希映射 hm_code2name,然后向其中插入 15 个由车牌代码和相应城市构成的键值对,接着输出该哈希映射。从输出结果可以看出,存放在 HashMap< K, V >中的元素的顺序是随机的,与元素的插入顺序无关。方法 testOnHashMap() 接着在第 36～47 行对 hm_code2name 调用 get()、replace() 和 merge() 等方法来执行查询和修改操作,可以对照程序输出结果查看执行效果。最后,在第 49～63

行，testOnHashMap()对 hm_code2name 调用 keySet()和 entrySet()方法来获取其键集 keys 与键值对集 entries，并使用它们来打印该哈希映射的内容。这是两种很有用的遍历哈希映射的方法。关于 Set<E>接口详见第 8 章。

在第 66～83 行，方法 testOnLinkedHashMapWithInsertionOrder()首先创建了一个具有插入顺序的链式哈希映射 lm_io_code2name，并向其中插入 15 个键值对，接着对该映射进行第一次输出。从输出结果来看，存放在这种具有插入顺序的 LinkedHashMap<K,V>中的元素的顺序与元素的插入顺序一致。而且在随机访问该映射的若干元素后，其中元素的顺序仍然保持不变，这从其第二次输出的结果可以看出。而在第 85～102 行的 testOnLinkedHashMapWithAccessOrder()方法中创建的链式哈希映射 lm_ao_code2name 具有访问顺序，在对该映射的元素进行若干次随机访问后，其中元素的顺序发生变化，最近被访问的元素被放在映射的最后，而最近未被访问的元素相应移动到前面，如第 100～101 行代码的运行结果所示。每次访问 lm_ao_code2name 中的元素时，它就会将被访问的元素移动到其内部链表的末尾，因此虽然键值对("黑 L"，"哈尔滨市")被访问了两次，但由于这两次访问都发生在对元素("黑 A"，"哈尔滨市")的访问之前，因此("黑 L"，"哈尔滨市")被放在("黑 A"，"哈尔滨市")之前，如 lm_ao_code2name 的第二次输出所示。

对于具有访问顺序的 LinkedHashMap<K,V>来说，能够引起元素访问的方法有且仅有 put()、putIfAbsent()、get()、getOrDefault()、compute()、computeIfAbsent()、computeIfPresent()、merge()、replace()和 putAll()，而通过 entrySet()、keySet()和 valueSet()返回的集合来存取映射中的元素的操作不会被视为能够影响访问顺序的访问，也就是这些存取操作不会导致元素顺序发生变化。

7.3　IdentityHashMap<K,V>与 WeakHashMap<K,V>

IdentityHashMap<K,V>类和 WeakHashMap<K,V>类都是 Map<K,V>的直接实现类。IdentityHashMap<K,V>表示同一哈希映射，它仅根据引用相等性(Reference-equality)而来进行映射中键或值的比较，而不是像 HashMap<K,V>那样还根据对象相等性(Object-equality)来比较键值对的键和值。例如对于 IdentityHashMap<K,V>来说，当用 key 作为键来查找映射中是否存在某个键值对与其对应时，对于某个特定的(key, value)，只有当 key == k，即 key 和 k 的内存地址相等时，才认为该键值对与 key 对应。另外，对 IdentityHashMap<K,V>对象调用 keySet()、entrySet()和 values()方法而返回的键集、键值对集和值集都基于引用相等性来进行元素的相等性比较。

注意：由于 IdentityHashMap<K,V>基于引用相等性来比较键和值，而每个键所指向的对象都具有唯一的内存地址，任何映射包括同一哈希映射都不允许重复键的存在，且所有键都使用同样的哈希算法(或者哈希函数)来计算自己所对应的桶，因此在 IdentityHashMap<K,V>中不会存在多个键值对落在同一个桶的情况。正因如此，IdentityHashMap<K,V>的内部数据结构与 HashMap<K,V>不同，它使用一个 Object 数组即 Object[] table 来直接存储键值对(key,value)的键和值：在 table[i]处存储 key，在 table[i+1]处存储 value，其中 i≥0 且 i%2=0。

WeakHashMap<K,V>表示弱引用哈希映射，该类与 HashMap<K,V>无论在内部数据结构(如容量和负载因子等)还是在元素组织管理机制(如扩容机制)上都很相似,唯一的区别是:HashMap<K,V>中的键 key 是强引用类型的引用变量(即引用变量的类型是普通类类型,如 Student 或 List<String>),它所指向的实际对象在 key 仍指向它时不会被垃圾回收器 GC 回收;而 WeakHashMap<K,V>中的键 key 是弱引用类型的引用变量(即引用变量的类型是 WeakReference<T>),它所指向的实际对象在没有其他强引用变量指向的时候会被 GC 回收,而这会进一步导致 WeakHashMap<K,V>将该 key 对应的键值对删除。对于弱引用哈希映射,即使没有执行任何修改操作,也无法在某个时间点对其大小、特定元素是否存在、是否为空等性质作出判定,因为 GC 可能会在任何时候回收其元素的键,进而导致该元素被删除。

注意:这里给出弱引用引入原因。在 Java 中,当一个对象 o 被创建后,它被放在堆 heap 中。当 GC 运行时,如果发现没有任何(强)引用指向 o,o 占用的内存空间就会被回收以作他用。也就是说,一个对象被回收,必须满足以下两个条件:①没有任何引用指向它;②GC 被运行。在实际写代码时,为避免内存浪费,程序员通常把某个不再使用的对象的所有引用变量置为 null 以便 GC 在下次运行时释放其内存空间,如下列语句:

```
Student s = new Student();
s = null;
```

但是,手动置空对程序员来说是一件烦琐的事,而且这是违背 Java 自动回收理念的。当然大多数情况下,程序员是不需要进行手动置空的,如对于某个方法中生成的局部对象,程序员无须在其无用后手动将其所有引用置空,因为当该方法执行完后会把所有局部引用变量弹出栈帧并释放这些引用变量所指向的对象的内存(如果这些对象没有其他(强)引用变量指向),从而导致前述局部变量被自动释放。但是也有特殊情况,例如程序员用数组 Image[] cache 实现一种图片缓存机制,每次想要使用图片时,先去 cache 查询,如果能查询到就直接使用,如果查询不到就从磁盘读取图片、用图片创建一个 Image 对象并用一个数组元素来引用该对象;随着程序运行,cache 所引用的 Image 对象会越来越多,它们所占用的内存也会越来越大;而其中某些 Image 对象会被频繁使用,其他 Image 对象却很少被使用,这些很少使用的 Image 对象所占用的内存可被释放掉而不影响程序执行,因为如果下次要使用这些 Image 对象所对应的图片,可直接重新从磁盘上读取图片并重建这些对象。那么如何释放较少使用的 Image 对象所占用的内存呢?让程序员检查这些对象的引用并将它们手动置空是不符合 Java 的自动回收理念的。为解决这样的问题,Java 提出了弱引用概念和机制。Java 弱引用相关的类位于 java.lang.ref 包中。

IdentityHashMap<K,V>和 WeakHashMap<K,V>的常用方法分别如表 7.5 和表 7.6 所示。例 7.3 给出了一个演示如何使用这两个类的程序示例。

表 7.5 **IdentityHashMap<K,V>类的常用方法**

方 法 签 名	功 能 说 明
IdentityHashMap()	创建一个空的同一哈希映射,默认预期最大为 21
IdentityHashMap(int expectedMaxSize)	创建一个空的同一哈希映射,默认预期最大为 expectedMaxSize
IdentityHashMap(Map <? extends K,? extends V> m)	创建一个默认预期最大值大于 m.size() 的空的同一哈希映射,然后将 m 中所有映射对逐个插入该同一映射中

续表

方法签名	功能说明
void clear()	清空映射中所有键值对
Object clone()	返回当前映射的一个浅拷贝,即只复制键和值的引用,但并不复制键和值
boolean containsKey(Object key)	遍历当前映射中的每个键值对(k,v),检查 key==k(内存地址相等),如果成立,则返回 true,否则如果检查完所有键值对后,仍找不到一个(k,v)满足上式,则返回 false
boolean containsValue(Object value)	遍历当前映射中的每个键值对(k,v),检查 value==v(内存地址相等),如果成立,则返回 true,否则如果检查完所有键值对后,仍找不到一个(k,v)满足上式,则返回 false
Set<Map.Entry<K,V>> entrySet()	返回当前映射的所有 Map.Entry<K,V>对象构成的集合 s。注意 s 以当前映射 this 为数据源,修改 s 会影响 this,反之亦然。s 中的每个元素即 Map.Entry<K,V>对象都是基于引用来判断相等性的,即一个 Map.Entry<K,V>对象 e 与另一个对象 o 相等当且仅当 o 的类型是 Map.Entry<K,V>且 e.getKey()==o.getKey() && e.getValue()==o.getValue()。为保持引用相等性的特性,s 中的一个元素即 Map.Entry<K,V>对象 e 的 hashCode()如此实现:System.identityHashCode(e.getKey()) ^ System.identityHashCode(e.getValue())
boolean equals(Object o)	如果 o 不是 Map 实例(即 o instanceof Map 为假),则返回 false。否则如果 o 是 IdentityHashMap 实例且其大小与当前映射 this 的大小相等且对于 o 中任一个映射对(k,v)在 this 中都能找到一个映射对(k1,v1)使得 k==k1 && v==v1,则返回 true,否则返回 false。否则如果 o 是 Map 实例但不是 IdentityHashMap 实例并且满足 this.entrySet().equals(o.entrySet())(此 equals()仍然基于引用也即内存地址测试相等性),则返回 true,否则返回 false
void forEach(BiConsumer<? super K,? super V> action)	对当前映射中的每个键值对即 Map.Entry<K,V>对象执行 action 操作
V get(Object key)	从当前映射获取键 key 所对应的值,如果没有值与 key 相对应,则返回 null
int hashCode()	返回当前映射的哈希码。对每一个映射对(k,v),计算 System.identityHashCode(k)+System.identityHashCode(v)之和为 result,然后将所有 result 累加得到 sum 即为所求
boolean isEmpty()	检查当前映射是否为空
Set<K> keySet()	返回当前映射的所有键构成的集合 s。注意 s 以当前映射 this 中的键为数据源,修改 s 会影响 this,反之亦然。s 基于引用相等性来实现 Set<E>接口及其中的方法,如 contains()、remove()和 hashCode()等。例如要使用 s.contains(K k)判断一个键 k 是否属于 s,就要遍历 s 中的每个元素 e 并判断 k==e(基于内存地址进行比较)是否成立,如果有一个元素使得上式成立,则返回 true,否则遍历所有元素仍找不到这样的元素,则返回 false
V put(K key,V value)	向当前映射插入(key,value)键值对,如果当前映射中已存在某个映射对(k,v)使得 key==k 成立,则将 v 替换成 value,并返回 v;否则返回 null

续表

方法签名	功能说明
void putAll(Map<? extends K,? extends V> m)	将映射 m 中所有键值对逐个插入当前映射,即复制 m 中内容到本映射
V remove(Object key)	如果当前映射中存在某个映射对(k,v)使得 key==v 成立,则删除之,并返回 v,否则直接返回 null
void replaceAll(BiFunction<? super K,? super V,? extends V> function)	将当前映射中的每个映射对(k,v)作为 function 的输入为 key 计算新值 value,并用 value 替换 v
int size()	返回当前映射中键值对即 Map.Entry<K,V>对象的个数
Collection<V> values()	用当前映射中所有值构建一个容器类对象 c 并返回。注意 c 以当前映射 this 中的值为数据源,修改 c 会影响 this,反之亦然。c 基于引用相等性来实现 Set<E>接口及其中的方法,如 contains()、remove()和 hashCode()等。例如要使用 c.contains(V v)判断一个键 v 是否属于 c,就要遍历 c 中的每个元素 e 并判断 v==e(基于内存地址进行比较)是否成立,如果有一个元素使得上式成立,则返回 true,否则遍历所有元素仍找不到这样的元素,则返回 false

表 7.6 WeakHashMap<K,V>类的常用方法

方法签名	功能说明
WeakHashMap()	创建一个空的弱引用哈希映射,默认初始容量为 16,默认装载因子为 0.75
WeakHashMap(int initialCapacity)	创建一个空的弱引用哈希映射,默认初始容量为 initialCapacity,默认装载因子为 0.75
WeakHashMap(int initialCapacity,float loadFactor)	创建一个空的弱引用哈希映射,默认初始容量为 initialCapacity,默认装载因子为 loadFactor
WeakHashMap(Map<? extends K,? extends V> m)	创建一个空的弱引用哈希映射,默认初始容量至少为 m.size(),默认装载因子为 0.75,然后将 m 中所有键值对逐个插入当前映射
void clear()	清空当前映射,即删除所有键值对
boolean containsKey(Object key)	在当前映射 this 的内部数据结构中确定是否存在与 key 对应的桶,如果没有直接返回 false;如果有,则遍历桶中的每一个 Entry 即(k,v),首先检查 hash(k)==hash(key) && (k==key ‖ key.equals(k))是否成立(其中 hash(Object obj)方法为参数 obj 生成哈希码即 return obj.hashCode()),如果成立则返回 true,否则如果检查完桶中所有 Entry 后,仍找不到一个(k,v)使得上式成立,则返回 false
boolean containsValue(Object value)	在遍历当前映射中的每个键值对(k,v),检查(v==value) ‖ (value!=null && value.equals(v)),如果成立则返回 true,否则如果检查完所有键值对后,仍找不到一个(k,v)满足上式,则返回 false
Set<Map.Entry<K,V>> entrySet()	返回当前映射的所有 Map.Entry<K,V>对象构成的集合 s。注意 s 以当前映射 this 为数据源,修改 s 会影响 this,反之亦然
void forEach(BiConsumer<? super K,? super V> action)	对当前映射中的每个键值对即 Map.Entry<K,V>对象执行 action 操作

续表

方法签名	功能说明
V get(Object key)	在当前映射 this 的内部数据结构中确定是否存在与 key 对应的桶,如果没有直接返回 null;如果有,则遍历桶中的每一个 Entry 即(k,v),首先检查 hash(k) == hash(key) && (k == key || key.equals(k))是否成立(其中 hash(Object obj)方法为参数 obj 生成哈希码),如果成立返回 v,否则如果检查完桶中所有 Entry 后,仍找不到一个(k,v)使得上式成立,则返回 null
boolean isEmpty()	检查当前映射是否为空
Set<K> keySet()	返回当前映射的所有键构成的集合 s。注意 s 以当前映射 this 中的键为数据源,修改 s 会影响 this,反之亦然
V put(K key,V value)	向当前映射插入(key,value)键值对,如果当前映射中已存在某个映射对(k,v)使得 hash(k) == hash(key) && (k == key || key.equals(k))成立,则将 v 替换成 value,并返回 v;否则返回 null
void putAll(Map<? extends K,? extends V> m)	将映射 m 中所有键值对逐个插入当前映射,即复制 m 中内容到本映射
V remove(Object key)	在当前映射 this 的内部数据结构中确定是否存在与 key 对应的桶,如果没有则直接返回 null;如果有,则遍历桶中的每一个 Entry 即(k,v),首先检查 hash(k) == hash(key) && (k == key || key.equals(k))是否成立(其中 hash(Object obj)方法为参数 obj 生成哈希码),如果成立则删除,否则如果检查完桶中所有 Entry 后,仍找不到一个(k,v)使得上式成立,则返回 null
void replaceAll(BiFunction<? super K,? super V,? extends V> function)	将当前映射中的每个映射对(k,v)作为 function 的输入为 key 计算新值 value,并用 value 替换 v
int size()	返回当前映射中键值对即 Map.Entry<K,V>对象的个数
Collection<V> values()	用当前映射中所有值构建一个容器类对象 c 并返回。注意 c 以当前映射 this 中的值为数据源,修改 c 会影响 this,反之亦然

【例 7.3】 演示 IdentityHashMap<K,V>和 WeakHashMap<K,V>用法的程序示例。

```
1    package com.jgcs.chp7.p3;
2
3    import java.util.HashMap;
4    import java.util.IdentityHashMap;
5    import java.util.Map;
6    import java.util.WeakHashMap;
7
8    class TomcatCache<K, V> {
9      private final int size;
10     private final Map<K, V> hots;  //热集,将新创建的元素和最近使用的元素放在
                                      //hots 中
11     private final Map<K, V> colds;//冷集,当 hots 满了后,将 hots 中的所有对象移动
                                      //到 colds 中
12
13     public TomcatCache(int size) {
14       this.size = size;
15       hots = new HashMap<K, V>(size);
```

```
16            colds = new WeakHashMap< K, V>();  //colds 是一个 WeakHashMap,GC 会及时清理
                                                 //其中的数据
17         }
18
19         public V get(K k) { //最新被使用的元素,必须要放在 hots 中
20             V v = hots.get(k);
21             if (v == null) {
22                 v = colds.get(k);
23                 if (v != null) {
24                     hots.put(k, v); //注意这里的 k 是参数中的 k,与 colds 中与 k 匹
                                        //配的(key, v)中的 key 不同,那里的 key 的类
                                        //型是 WeakReference < Object >
25                     colds.remove(k);//从 colds 中删除与 k 匹配的(key, v)键值对
26                 }
27             }
28             return v;
29         }
30
31         public void put(K k, V v) { //最新创建的元素,必须要放在 hots 中
32             if (hots.size() >= size) {
33                 colds.putAll(hots);
34                 hots.clear();
35             }
36             hots.put(k, v);
37         }
38
39         @Override
40         public String toString() {
41             return "hots: " + hots + ", colds: " + colds;
42         }
43     }
44
45     class Image{
46         int no, width, height;
47         byte[ ] data;
48         public Image(int no) {
49             this.no = no;
50             width = 32;
51             height = 32;
52             data = new byte[1024];
53         }
54
55         @Override
56         public String toString() {
57             return "图片" + no;
58         }
59     }
60
61     public class App7_3 {
62         public static void main(String[ ] args) {
63             HashMap< String, String > hm = new HashMap<>(32, 0.8f); //创建一个普通哈希
                                                                       //映射
64             hm.put("哈尔滨", "南岗区");
65             hm.put("哈尔滨", "香坊区");
```

```java
66          hm.put("哈尔滨","平房区");
67          //哈希映射基于对象相等性即 key1.equals(key2)来比较键,且重复插入具有"相
            //同"键的不同键值对,会导致后插入的键值对覆盖先插入的键值对,因此 hm 中只
            //有一个键值对:{哈尔滨 = 平房区}
68          System.out.println("hm 的第一次输出:" + hm);
69
70          hm.clear();
71          hm.put(new String("哈尔滨"),"南岗区");
72          hm.put(new String("哈尔滨"),"香坊区");
73          hm.put(new String("哈尔滨"),"平房区"); //哈希映射基于对象相等性来比较键
74          System.out.println("hm 的第二次输出:" + hm);
75
76          hm.clear();
77          hm.put("哈尔滨","南岗区");
78          hm.put(new String("哈尔滨"),"香坊区");
79          hm.put(new String("哈尔滨"),"平房区"); //哈希映射基于对象相等性来比较键
80          System.out.println("hm 的第三次输出:" + hm + "\n");
81
82          IdentityHashMap<String, String> ihm = new IdentityHashMap<>(8);
                                                //创建一个同一哈希映射
83          ihm.put("哈尔滨","南岗区");
84          ihm.put("哈尔滨","香坊区");
85          ihm.put("哈尔滨","平房区");
86          //同一哈希映射基于引用相等性即 key1 == key2 来比较键,且重复插入具有"相
            //同"键的不同键值对,会导致后插入的键值对覆盖先插入的键值对
87          //由于"哈尔滨"是常量字符串,它有唯一的内存地址,因此这里 ihm 中只有一个键
            值对:{哈尔滨 = 平房区}
88          System.out.println("ihm 的第一次输出:" + ihm);
89
90          ihm.clear();
91          ihm.put(new String("哈尔滨"),"南岗区");
92          ihm.put(new String("哈尔滨"),"香坊区");
93          ihm.put(new String("哈尔滨"),"平房区");
94          //同一哈希映射基于引用相等性即 key1 == key2 来比较键,由于每次调用 new
            //String("哈尔滨")都会返回一个占据唯一内存地址的 String 对象,
95          //因此这里 ihm 有三个键值对:{哈尔滨 = 香坊区,哈尔滨 = 南岗区,哈尔滨 = 平
            //房区}
96          System.out.println("ihm 的第二次输出:" + ihm);
97
98          ihm.clear();
99          String str1 = null;
100         ihm.put("哈尔滨","南岗区");
101         ihm.put(str1 = new String("哈尔滨"),"香坊区"); //将新建的 String 对象地
                                                          //址保存在 str1 中
102         ihm.put(new String("哈尔滨"),"平房区");
103         ihm.put("哈尔滨","呼兰区");
104         //由于"哈尔滨"是常量字符串,它占据固定且唯一的内存地址,而每次调用 new
            String("哈尔滨")都会返回一个占据唯一内存地址的 String 对象,
105         //且重复插入具有"相同"键的不同键值对,会导致后插入的键值对覆盖先插入的
            //键值对,因此这里 ihm 有三个键值对:{哈尔滨 = 呼兰区,哈尔滨 = 平房区,哈尔
            //滨 = 香坊区}
106         System.out.println("ihm 的第三次输出:" + ihm);
107
108         //同一哈希映射基于引用相等性即 key1 == key2 来比较键
```

```
109         System.out.println("ihm.containsKey(\"哈尔滨\"):" + ihm.containsKey("哈
            尔滨"));
110          System.out.println("ihm.containsKey(new String(\"哈尔滨\"):" + ihm.
            containsKey(new String("哈尔滨")));
111         System.out.println("ihm.containsKey(str1):" + ihm.containsKey(str1));
112
113         //哈希映射基于对象相等性即key1.equals(key2)来比较键
114         System.out.println("hm.containsKey(\"哈尔滨\"):" + hm.containsKey("哈尔
            滨"));
115          System.out.println("hm.containsKey(new String(\"哈尔滨\"):" + hm.
            containsKey(new String("哈尔滨")));
116         System.out.println("hm.containsKey(str1):" + hm.containsKey(str1) + "\n");
117
118         WeakHashMap<String, String> whm = new WeakHashMap<>();
                                                                //创建一个弱引用哈希映射
119         whm.put("哈尔滨","南岗区");
120         whm.put(new String("哈尔滨"),"香坊区");
121         whm.put(new String("哈尔滨"),"平房区");
122         whm.put("哈尔滨","呼兰区");
123         //WeakHashMap<K,V>与HashMap<K,V>一样,都基于对象相等性即key1.equals
            //(key2)来比较键,且重复插入具有"相同"键的不同键值对,
124         //会导致后插入的键值对覆盖先插入的键值对,因此这里whm中只有一个键值对:
            //{哈尔滨=呼兰区}
125         System.out.println("whm的第一次输出:" + whm);
126
127         whm.clear();
128         whm.put("南岗区","哈尔滨");              //用常量字符串"南岗区"作为键
129         whm.put(new String("香坊区"),"哈尔滨");  //这里创建的String对象没有强引
                                                    //用变量指向它,只有弱引用变
                                                    //量key指向它
130         whm.put(new String("平房区"),"哈尔滨");  //这里创建的String对象没有强引
                                                    //用变量指向它,只有弱引用变
                                                    //量key指向它
131         whm.put("呼兰区","哈尔滨");              //用常量字符串"呼兰区"作为键
132         //同一哈希映射基于对象相等性即key1.equals(key2)来比较键,因此这里whm有
            //四个键值对:{香坊区=哈尔滨, 呼兰区=哈尔滨, 平房区=哈尔滨, 南岗区=哈
            //尔滨}
133         System.out.println("whm的第二次输出:" + whm);
134
135         //建议垃圾回收机制进行回收。由于垃圾回收机制并不是强制执行的,这里多调
            //用几次,以此增加其执行概率
136         for(int i = 0; i < 10; i++)
137             System.gc();
138
139         //进行垃圾回收后,没有强引用变量指向的键对象会被回收,进而导致该键所对应的键
            //值对被删除,因此这里whm只有两个键值对:{呼兰区=哈尔滨, 南岗区=哈尔滨}
140         System.out.println("whm的第三次输出(调用System.gc()后):" + whm + "\
            n");
141
142         TomcatCache<String, Image> tcache = new TomcatCache<>(3);
143
144         tcache.put(new String("image1.jpg"), new Image(1));
145         tcache.put(new String("image2.jpg"), new Image(2));
146         tcache.put(new String("image3.jpg"), new Image(3));
```

```
147         //现在所有键值对在 tcache 的 hots 中, colds 为空
148         System.out.println("tcache 的第一次输出:" + tcache);
149
150         //现在 hots 中内容被移动到 colds 中, hots 中新插入一个(image4.jpg, 图片 4)键
            //值对
151         tcache.put(new String("image4.jpg"), new Image(4));
152         System.out.println("tcache 的第二次输出:" + tcache);
153
154         tcache.get(new String("image1.jpg"));
155         //键值对(image1.jpg, 图片 1)被访问,因此将它从 colds 中删除,并向 hots 中插
            //入由新键 k 和旧值 v 构成的键值对(k, v)
156         System.out.println("tcache 的第三次输出:" + tcache);
157
158         for(int i = 0; i < 10; i++)//建议垃圾回收机制进行回收
159             System.gc();
160
161         //进行垃圾回收后, colds 中的所有键值对被删除,因为没有强引用变量指向的键
            //对象会被回收,进而导致该键所对应的键值对被删除
162         System.out.println("tcache 的第四次输出(调用 System.gc()后):" + tcache);
163
164         //如果在 tcache 中查找某个图片找不到,则意味着 hots 和 colds 中都没有与该图
            //片对应的键值对,此时直接重建并插入 tcache 即可
165         if(tcache.get("image2.jpg") == null) {
166             tcache.put(new String("image2.jpg"), new Image(2));
167         }
168         System.out.println("tcache 的第五次输出:" + tcache);
169     }
170 }
```

程序运行结果如下:

hm 的第一次输出:{哈尔滨=平房区}
hm 的第二次输出:{哈尔滨=平房区}
hm 的第三次输出:{哈尔滨=平房区}

ihm 的第一次输出:{哈尔滨=平房区}
ihm 的第二次输出:{哈尔滨=香坊区, 哈尔滨=南岗区, 哈尔滨=平房区}
ihm 的第三次输出:{哈尔滨=呼兰区, 哈尔滨=平房区, 哈尔滨=香坊区}
ihm.containsKey("哈尔滨"):true
ihm.containsKey(new String("哈尔滨"):false
ihm.containsKey(str1):true
hm.containsKey("哈尔滨"):true
hm.containsKey(new String("哈尔滨")):true
hm.containsKey(str1):true

whm 的第一次输出:{哈尔滨=呼兰区}
whm 的第二次输出:{香坊区=哈尔滨, 呼兰区=哈尔滨, 平房区=哈尔滨, 南岗区=哈尔滨}
whm 的第三次输出(调用 System.gc()后):{呼兰区=哈尔滨, 南岗区=哈尔滨}

tcache 的第一次输出:hots: {image1.jpg=图片 1, image2.jpg=图片 2, image3.jpg=图片 3}, colds: {}
tcache 的第二次输出:hots: {image4.jpg=图片 4}, colds: {image1.jpg=图片 1, image2.jpg=图片 2, image3.jpg=图片 3}

tcache 的第三次输出:hots: {image1.jpg = 图片 1, image4.jpg = 图片 4}, colds: {image2.jpg = 图片 2, image3.jpg = 图片 3}
tcache 的第四次输出(调用 System.gc()后):hots: {image1.jpg = 图片 1, image4.jpg = 图片 4}, colds: {}
tcache 的第五次输出:hots: {image1.jpg = 图片 1, image2.jpg = 图片 2, image4.jpg = 图片 4}, colds: {}

该程序在第 63、82 和 118 行分别创建了一个普通哈希映射 hm、一个同一哈希映射 ihm 和一个弱引用哈希映射 whm。普通哈希映射 hm 基于对象相等性来对键(和值)进行比较，因此对 hm 来说,常量字符串"哈尔滨"和匿名对象 new String("哈尔滨")是相同的。对 hm 重复插入具有"相同"键的不同键值对,会导致后插入的键值对覆盖先插入的键值对,因此 hm 无论在哪一次输出中都只有一个键值对:{哈尔滨=平房区},如第 64~80 行。同一哈希映射 ihm 基于引用相等性(也即内存地址)来比较键(和值),因此常量字符串"哈尔滨"和匿名对象 new String("哈尔滨")不等,且任两个由 new String("哈尔滨")创建的匿名 String 对象也不等,但两个常量字符串"哈尔滨"是相等的,因此 ihm 的第一次输出(第 88 行)只有一个键值对,而第二次输出(第 96 行)和第三次输出(第 106 行)有三个键值对。第 108~116 行的代码进一步通过对 hm 和 ihm 调用 containsKey()方法来展示两者的区别: 一个键 key 如果被 ihm 包含,则它必须与 ihm 中的某个键值对(k,v)的 k 满足 key==k,两个引用所指向的对象要占据同一块内存地址,即它们是同一个对象;而一个 key 如果被 hm 包含,则它只需与 hm 中的某个键值对(k,v)的 k 满足 key == k 或者 key.equals(k)。

弱引用哈希映射 whm 与 hm 一样,都基于对象相等性来比较键(和值)。因此 whm 的第一次输出(第 125 行)只有一个键值对,而第二次输出(第 133 行)有四个键值对。此时,whm 的内存布局如图 7.3 所示,其第二和第三个键值对即(香坊区,哈尔滨)和(平房区,哈尔滨)的键是弱引用变量,它们所指向的匿名 String 对象没有其他强引用变量指向。在进行垃圾回收后(第 136~137 行),这两个键所指向的 String 对象会被 GC 回收,进而导致它们所对应的键值对也被删除,因此 whm 第三次输出(第 140 行)只有两个键值对。注意,"南岗区"和"呼兰区"这两个字符串对象虽然也被 whm 的第一个和第四个键值对的键弱引用性地指向,但由于它们是常量字符串,有(Java 虚拟机内部的)其他强引用变量指向它们(图中没有画出),因此在垃圾回收时不会释放这两个字符串所占用的空间,进而 whm 不会删除它们所对应的键值对。

为进一步演示 WeakHashMap<K,V>的使用场景,程序在第 8~43 行定义了 TomcatCache<K,V>类,该类有两个成员变量 hots 和 colds,其中前者是一个哈希映射,用于保存最近访问过的元素,后者是一个弱引用哈希映射,用于保存最近没有访问过的元素。向 TomcatCache<K,V>对象 tcache 添加键值对(k,v)时,如果 hots 中元素个数已经超过 tcache.size,则将 hots 中全部元素复制到 colds 中,并将 hots 清空,然后将新键值对添加到 hots 中,否则直接将(k,v)插入 hots 中,如第 31~37 行 put()方法所示。当用 k 从 tcache 中检索键值对(key,v)时,如第 19~29 行 get()方法所示,先从 hots 中查询,如果查询到就返回 v,如果查询不到就从 colds 中查询;如果在 colds 中查询到,就将该键值对从 colds 中删除,并将键值对(k,v)插入 hots 中,注意 k 与 key 可能引用的不是同一个对象;如果从 hots 和 colds 中都没查询到,则返回 null。由于最近没被使用的元素被 tcache 保存在弱引用哈希映射 colds 中,那么这些元素所占用的内存可以在 GC 运行时被回收,从而减少内存

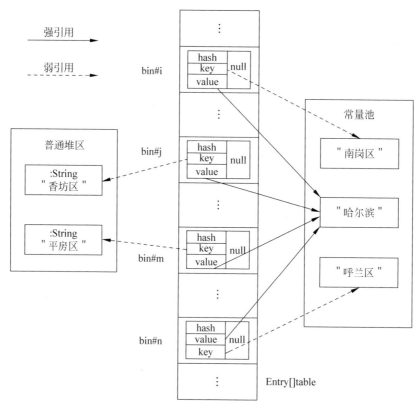

图 7.3　whm 在第二次输出后且垃圾回收器运行之前的内存布局

空间的占用。

在第 142～169 行,例 7.3 使用 TomcatCache<K,V>解决了前述在给出弱引用引入原因时提出的图片缓存问题。具体细节请根据程序代码、注释和运行结果进行理解。

7.4　SortedMap<K,V>、NavigableMap<K,V>与 TreeMap<K,V>

SortedMap<K,V>是 Map<K,V>接口的子接口,表示有序哈希映射。SortedMap<K,V>根据键的自然顺序(此时要求 K 实现 Comparable<? super K>接口)或者指定的外部比较器(其类型为 Comparator<? super K>)所规定的顺序对键值对进行排序。NavigableMap<K,V>是 SortedMap<K,V>的子接口,它提供键或键值对的导航功能,即对于给定的键,它可以返回恰好大(等)于或小(等)于该键的键或返回键恰好大(等)于或小(等)于该键的键值对。TreeMap<K,V>是 NavigableMap<K,V>接口的直接实现类。SortedMap<K,V>接口、NavigableMap<K,V>接口和 TreeMap<K,V>类的常用方法分别如表 7.7、表 7.8 和表 7.9 所示。根据表 7.9,在创建 TreeMap<K,V>对象时使用的构造方法将决定该对象如何对自己的元素进行排序。例 7.4 给出了一个演示如何使用这些接口和类的程序示例。

注意:TreeMap<K,V>使用红黑树(Red Black Tree)这种内部数据结构来存储键值对。

表 7.7　SortedMap＜K,V＞接口的常用方法

方 法 签 名	功 能 说 明
Comparator＜? super K＞ comparator()	返回当前有序映射在键上的外比较器,如果当前映射使用键的自然顺序(Natural Ordering)进行排序,则返回 null
Set＜Map.Entry＜K,V＞＞ entrySet()	返回当前映射的所有 Map.Entry＜K,V＞对象构成的集合 s。注意 s 以当前映射 this 为数据源,修改 s 会影响 this,反之亦然
K firstKey()	返回当前映射的第一个(最小或最低,lowest)键值对的键
SortedMap＜K,V＞ headMap(K toKey)	返回由当前映射中键严格小于 toKey 的键值对构成的有序映射 m。注意 m 以当前映射 this 作为数据源,修改 m 会导致修改 this,同样修改 this 中位于 m 范围内的键值对也会导致修改 m
Set＜K＞ keySet()	返回当前映射的所有键构成的集合 s。注意 s 以当前映射 this 的键为数据源,修改 s 会影响 this,反之亦然
K lastKey()	返回当前映射的最后一个(最大或最高,highest)键值对的键
SortedMap＜K,V＞ subMap(K fromKey,K toKey)	返回由当前映射中键大于或等于 fromKey 且严格小于 toKey 即位于范围[fromKey,toKey)的键值对构成的有序映射 m。注意 m 以当前映射 this 作为数据源,修改 m 会导致修改 this,同样修改 this 中位于 m 范围内的键值对也会导致修改 m
SortedMap＜K,V＞ tailMap(K fromKey)	返回由当前映射中键大于或等于 fromKey 的键值对构成的有序映射 m。注意 m 以当前映射 this 作为数据源,修改 m 会导致修改 this,同样修改 this 中位于 m 范围内的键值对也会导致修改 m
Collection＜V＞ values()	用当前映射中所有值构建一个容器类对象 c 并返回。注意 c 以当前映射 this 中的值为数据源,修改 c 会影响 this,反之亦然

表 7.8　NavigableMap＜K,V＞接口的常用方法

方 法 签 名	功 能 说 明
Map.Entry＜K,V＞ ceilingEntry(K key)	返回大于或等于 key 的最小键对应的键值对(k,v),如果不存在这样的键则返回 null
K ceilingKey(K key)	返回大于或等于 key 的最小键,如果不存在这样的键则返回 null
NavigableSet＜K＞ descendingKeySet()	返回由当前导航映射的所有键以逆序方式构成的导航集合 s。注意 s 以当前映射 this 中的键为数据源,如果修改 s 会导致修改 this,同样修改 this 也会导致修改 s。关于 NavigableSet＜E＞详见第 8 章
NavigableMap＜K,V＞ descendingMap()	返回当前导航映射的逆序映射 m。注意 m 以当前映射 this 中的键为数据源,如果修改 m 会导致修改 this,同样修改 this 也会导致修改 m
Map.Entry＜K,V＞ firstEntry()	返回最小键所对应的键值对,如果当前映射为空则返回 null
Map.Entry＜K,V＞ floorEntry(K key)	返回小于或等于 key 的最大键对应的键值对(k,v),如果不存在这样的键则返回 null
K floorKey(K key)	返回小于或等于 key 的最大键,如果不存在这样的键则返回 null
SortedMap＜K,V＞ headMap(K toKey)	返回由当前映射中键严格小于 toKey 的键值对构成的有序映射 m。注意 m 以当前映射 this 作为数据源,修改 m 会导致修改 this,同样修改 this 中位于 m 范围内的键值对也会导致修改 m

续表

方 法 签 名	功 能 说 明
NavigableMap<K,V> headMap(K toKey,boolean inclusive)	返回由当前映射中键严格小于(或小于或等于,如果 inclusive 为 true)toKey 的键值对构成的有序映射 m。注意 m 以当前映射 this 作为数据源,修改 m 会导致修改 this,同样修改 this 中位于 m 范围内的键值对也会导致修改 m
Map.Entry<K,V> higherEntry(K key)	返回严格大于 key 的最小键对应的键值对(k,v),如果不存在这样的键则返回 null
K higherKey(K key)	返回严格大于 key 的最小键
Map.Entry<K,V> lastEntry()	返回最大键所对应的键值对,如果当前映射为空,则返回 null
Map.Entry<K,V> lowerEntry(K key)	返回严格小于 key 的最大键对应的键值对(k,v),如果不存在这样的键则返回 null
K lowerKey(K key)	返回严格小于 key 的最大键
NavigableSet<K> navigableKeySet()	返回由当前导航映射的所有键以升序方式构成的导航集合 s。注意 s 以当前映射 this 中的键为数据源,如果修改 s 会导致修改 this,同样修改 this 也会导致修改 s
Map.Entry<K,V> pollFirstEntry()	删除并返回最小键所对应的键值对,如果当前映射为空则返回 null
Map.Entry<K,V> pollLastEntry()	删除并返回最大键所对应的键值对,如果当前映射为空则返回 null
NavigableMap<K,V> subMap(K fromKey, boolean fromInclusive, K toKey,boolean toInclusive)	返回由当前映射中严格大于(或大于或等于,如果 fromInclusive 为 true)fromKey 且严格小于(或小于或等于,如果 toInclusive 为 true)toKey 的键值对构成的导航映射 m。注意 m 以当前映射 this 作为数据源,修改 m 会导致修改 this,同样修改 this 中位于 m 范围内的键值对也会导致修改 m
SortedMap<K,V> subMap(K fromKey,K toKey)	返回由当前映射中键大于或等于 fromKey 且严格小于 toKey 即位于范围[fromKey,toKey)的键值对构成的有序映射 m
SortedMap<K,V> tailMap(K fromKey)	返回由当前映射中键大于或等于 fromKey 的键值对构成的有序映射 m
NavigableMap<K,V> tailMap(K fromKey,boolean inclusive)	返回由当前映射中键严格大于(或大于或等于,如果 inclusive 为 true)fromKey 的键值对构成的有序映射 m

表 7.9 TreeMap<K,V>类的常用方法

方 法 签 名	功 能 说 明
TreeMap()	创建一个空的树形映射,使用键上的自然顺序对键值对进行排序(即要求键的类型 K 实现 Comparable<? super K>接口)
TreeMap(Comparator<? super K> comparator)	创建一个空的树形映射,使用 comparator 对键值对的键进行比较并根据比较结果对键值对进行排序
TreeMap(Map<? extends K,? extends V> m)	创建一个包含 m 中所有键值对的树形映射 this,this 中的键值对根据键上的自然顺序进行排序,即要求键的类型 K 实现 Comparable<? super K>接口

续表

方法签名	功能说明
TreeMap(SortedMap < K,? extends V > m)	创建一个包含 m 中所有键值对的树形映射 this,this 根据 m 中键值对的顺序对自己的键值对进行排序,即如果 m 使用外比较器 cmptor 对键值对进行排序,则 this 也将如此,而如果 m 使用键的自然顺序对键值对进行排序,则 this 也将如此
Map.Entry < K,V > ceilingEntry(K key)	对 NavigableMap < K,V > 接口中 ceilingEntry() 方法的实现
K ceilingKey(K key)	对 NavigableMap < K,V > 接口中 ceilingKey() 方法的实现
void clear()	清空当前映射,即删除所有键值对
Object clone()	返回当前映射的一个浅拷贝,即只复制键和值的引用,但并不复制键和值
Comparator <? super K > comparator()	对 SortedMap < K,V > 接口中 comparator() 方法的实现
boolean containsKey(Object key)	根据自然顺序(调用 Comparable < T > 的 compareTo() 方法)或由外比较器(调用 Comparator < T > 的 compare() 方法)确定的顺序来确定当前映射是否包含 key,如果是则返回 true,否则返回 false
boolean containsValue(Object value)	遍历当前树形映射中的每个键值对(k,v),计算 key==null ? v==null : key.equals(v) 的值,如果为 true,则返回 true,否则如果遍历全部键值对仍找不到一个(k,v)使得上式成立,则返回 false
NavigableSet < K > descendingKeySet()	对 NavigableMap < K,V > 接口中 descendingKeySet() 方法的实现
NavigableMap < K,V > descendingMap()	对 NavigableMap < K,V > 接口中 descendingMap() 方法的实现
Set < Map.Entry < K,V >> entrySet()	对 SortedMap < K,V > 接口中 entrySet() 方法的实现
Map.Entry < K,V > firstEntry()	对 NavigableMap < K,V > 接口中 firstEntry() 方法的实现
K firstKey()	对 SortedMap < K,V > 接口中 firstKey() 方法的实现
Map.Entry < K,V > floorEntry(K key)	对 NavigableMap < K,V > 接口中 floorEntry() 方法的实现
K floorKey(K key)	对 NavigableMap < K,V > 接口中 floorKey() 方法的实现
void forEach(BiConsumer <? super K,? super V > action)	对 NavigableMap < K,V > 接口中 forEach() 方法的实现(该方法由 NavigableMap < K,V > 继承自 SortedMap < K,V >,而后者又继承自 Map < K,V >)
V get(Object key)	对 NavigableMap < K,V > 接口中 get() 方法的实现(该方法由 NavigableMap < K,V > 间接继承自 Map < K,V >)
SortedMap < K,V > headMap(K toKey)	对 SortedMap < K,V > 接口中 headMap() 方法的实现
NavigableMap < K,V > headMap(K toKey,boolean inclusive)	对 NavigableMap < K,V > 接口中 headMap() 方法的实现
Map.Entry < K,V > higherEntry(K key)	对 NavigableMap < K,V > 接口中 higherEntry() 方法的实现
K higherKey(K key)	对 NavigableMap < K,V > 接口中 higherKey() 方法的实现
Set < K > keySet()	对 SortedMap < K,V > 接口中 keySet() 方法的实现
Map.Entry < K,V > lastEntry()	对 NavigableMap < K,V > 接口中 lastEntry() 方法的实现
K lastKey()	对 SortedMap < K,V > 接口中 lastKey() 方法的实现
Map.Entry < K,V > lowerEntry(K key)	对 NavigableMap < K,V > 接口中 lowerEntry() 方法的实现
K lowerKey(K key)	对 NavigableMap < K,V > 接口中 lowerKey() 方法的实现

续表

方 法 签 名	功 能 说 明
NavigableSet<K> navigableKeySet()	对 NavigableMap<K,V>接口中 navigableKeySet()方法的实现
Map.Entry<K,V> pollFirstEntry()	对 NavigableMap<K,V>接口中 pollFirstEntry()方法的实现
Map.Entry<K,V> pollLastEntry()	对 NavigableMap<K,V>接口中 pollLastEntry()方法的实现
V put(K key,V value)	对 NavigableMap<K,V>接口中 put()方法的实现(该方法由 NavigableMap<K,V>间接继承自 Map<K,V>)
void putAll(Map<? extends K,? extends V> map)	对 NavigableMap<K,V>接口中 putAll()方法的实现(该方法由 NavigableMap<K,V>间接继承自 Map<K,V>)
V remove(Object key)	对 NavigableMap<K,V>接口中 remove()方法的实现(该方法由 NavigableMap<K,V>间接继承自 Map<K,V>)
V replace(K key,V value)	对 NavigableMap<K,V>接口中 replace(K,V)方法的实现(该方法由 NavigableMap<K,V>间接继承自 Map<K,V>)
boolean replace(K key,V oldValue,V newValue)	对 NavigableMap<K,V>接口中 replace(K,V,V)方法的实现(该方法由 NavigableMap<K,V>间接继承自 Map<K,V>)
void replaceAll(BiFunction<? super K,? super V,? extends V> function)	对 NavigableMap<K,V>接口中 replaceAll()方法的实现(该方法由 NavigableMap<K,V>间接继承自 Map<K,V>)
int size()	对 NavigableMap<K,V>接口中 size()方法的实现(该方法由 NavigableMap<K,V>间接继承自 Map<K,V>)
NavigableMap<K,V> subMap(K fromKey,boolean fromInclusive,K toKey,boolean toInclusive)	对 NavigableMap<K,V>接口中 subMap()方法的实现
SortedMap<K,V> subMap(K fromKey,K toKey)	对 SortedMap<K,V>接口中 subMap()方法的实现
SortedMap<K,V> tailMap(K fromKey)	对 SortedMap<K,V>接口中 tailMap()方法的实现
NavigableMap<K,V> tailMap(K fromKey,boolean inclusive)	对 NavigableMap<K,V>接口中 tailMap()方法的实现
Collection<V> values()	对 SortedMap<K,V>接口中 values()方法的实现

【例 7.4】 演示 SortedMap<K,V>接口、NavigableMap<K,V>接口和 TreeMap<K,V>类用法的程序示例。

```
1    package com.jgcs.chp7.p4;
2
3    import java.util.Comparator;
4    import java.util.HashMap;
5    import java.util.Map;
6    import java.util.NavigableMap;
7    import java.util.SortedMap;
8    import java.util.TreeMap;
9
10   class Student implements Comparable<Student>{
11       String sno;
12       String sname;
13       char ssex;
14       int sage;
15       String sdept;
```

```java
16
17          public Student(String sno, String sname, char ssex, int sage, String sdept) {
18              this.sno = sno;
19              this.sname = sname;
20              this.ssex = ssex;
21              this.sage = sage;
22              this.sdept = sdept;
23          }
24
25          public String getSno() {
26              return sno;
27          }
28
29          public void setSno(String sno) {
30              this.sno = sno;
31          }
32
33          public String getSname() {
34              return sname;
35          }
36
37          public void setSname(String sname) {
38              this.sname = sname;
39          }
40
41          public char getSsex() {
42              return ssex;
43          }
44
45          public void setSsex(char ssex) {
46              this.ssex = ssex;
47          }
48
49          public int getSage() {
50              return sage;
51          }
52
53          public void setSage(int sage) {
54              this.sage = sage;
55          }
56
57          public String getSdept() {
58              return sdept;
59          }
60
61          public void setSdept(String sdept) {
62              this.sdept = sdept;
63          }
64
65          @Override
66          public String toString() {
67              final StringBuilder sb = new StringBuilder("Student(");
68              sb.append("sno = '").append(sno).append('\'');
69              sb.append(", sname = '").append(sname).append('\'');
```

```java
70          sb.append(", ssex = '").append(ssex).append('\'');
71          sb.append(", sage = ").append(sage);
72          sb.append(", sdept = '").append(sdept).append('\'');
73          sb.append(')');
74          return sb.toString();
75      }
76
77      @Override
78      public int hashCode() {
79          return sno.hashCode() >>> 1;
80      }
81
82      @Override
83      public boolean equals(Object obj) { //根据学号进行比较,在返回true时要与
                                            //compareTo()在语义上保持一致
84          if(obj instanceof Student) {
85              Student stu = (Student)obj;
86              return this.sno.equals(stu.getSno()) ? true : false;
87          } else {
88              return false;
89          }
90      }
91
92      @Override
93      public int compareTo(Student stu) { //根据学号进行比较,在返回0时要与equals()
                                            //在语义上保持一致
94          return sno.compareTo(stu.getSno());
95      }
96  }
97
98  //MyComparatorOnName<T extends Student>按照姓名对两个Student对象s1和s2进行比较,
99  //按照字母顺序进行比较,如果s1.name < s2.name,返回-1,如果两者相等,返回0,如果
    //s1.name > s2.name,返回1
100 class MyComparatorOnName<T extends Student> implements Comparator<T> {
101     @Override
102     public int compare(T o1, T o2) {
103         return o1.getSname().compareTo(o2.getSname());
104     }
105 }
106
107 public class App7_4 {
108     public static void main(String[] args) {
109         Student stuJason = new Student("09001", "Jason", 'M', 21, "BD");
                                                            // BD:大数据学院
110         Student stuIsabella = new Student("09002", "Isabella", 'F', 20, "MD");
                                                            // MD:音乐与舞蹈学院
111         Student stuCathy = new Student("09003", "Cathy", 'F', 19, "MATH");
                                                            // MATH:数学学院
112         Student stuAndrew = new Student("09004", "Andrew", 'M', 22, "AI");
                                                            // AI:人工智能学院
113         Student stuSophia = new Student("09005", "Sophia", 'F', 20, "CS");
                                                            // CS:计算机学院
114
115         Student[] students = {stuJason, stuIsabella, stuCathy, stuAndrew, stuSophia};
```

```java
116     String[] universities = {"哈尔滨工业大学","哈尔滨工程大学","东北林业大
        学","黑龙江大学","哈尔滨师范大学"};
117
118     //创建一个普通哈希映射 hmap
119     HashMap<Student, String> hmap = new HashMap<>();
120     for(int i = 0; i<students.length; i++) {
121         hmap.put(students[i], universities[i]);
122     }
123     System.out.println("hmap 的第一次输出:" + hmap + "\n");
124
125     //创建一个树形哈希映射 tmap_natural,使用键上的自然顺序对键值对进行排序,
        //要求键实现 Comparable<T>接口
126     TreeMap<Student, String> tmap_natural = new TreeMap<>();
                                                //natural ordering
127     for(int i = 0; i<students.length; i++) {
128         tmap_natural.put(students[i], universities[i]);
129     }
130     System.out.println("tmap_natural 的第一次输出:" + tmap_natural + "\n");
131
132     //创建一个有序哈希映射 smap_cmptor,使用外比较器 MyComparatorOnName
        //<Student>对象在键上确定的顺序对键值对进行排序
133     SortedMap<Student, String> smap_cmptor = new TreeMap<>(new
        MyComparatorOnName<Student>());
134     for(int i = 0; i<students.length; i++) {
135         smap_cmptor.put(students[i], universities[i]);
136     }
137     System.out.println("smap_cmptor 的第一次输出:" + smap_cmptor + "\n");
138
139     //创建一个导航哈希映射 nmap_with_hmap,使用普通哈希映射 hmap 来构造该导航
        //映射,新建的导航映射将使用键上的自然顺序对从 hmap 复制过来的键值对进
        //行排序
140     NavigableMap<Student, String> nmap_with_hmap = new TreeMap<>(hmap);
141     System.out.println("nmap_with_hmap 的第一次输出:" + nmap_with_hmap + "\n");
142
143     //调用 SortedMap<K, V>中的方法
144     System.out.println("smap_cmptor.firstKey():" + smap_cmptor.firstKey());
145     System.out.println("smap_cmptor.containsKey(stuSophia):" + smap_cmptor.
        containsKey(stuSophia));
146     System.out.println("smap_cmptor.subMap(stuCathy, stuJason):" + smap_cmptor.
        subMap(stuCathy, stuJason));
147     System.out.println("((NavigableMap<Student, String>)smap_cmptor).subMap
        (stuCathy, stuJason):" + ((NavigableMap<Student, String>)smap_cmptor).
        subMap(stuCathy, false, stuJason, true));
148     System.out.println("smap_cmptor.tailMap(stuIsabella):" + smap_cmptor.tailMap
        (stuIsabella) + "\n");
149
150     //调用 NavigableMap<K, V>中的方法
151     NavigableMap<Student, String> nmap = (NavigableMap<Student, String>)
        smap_cmptor;
152     Map.Entry<Student, String> entry = nmap.ceilingEntry(stuCathy);
153     System.out.println("nmap.ceilingEntry(stuCathy):" + entry);
154     System.out.println("nmap.higherEntry(stuCathy):" + nmap.higherEntry(stuCathy));
155     System.out.println("nmap.floorEntry(stuCathy):" + nmap.floorEntry(stuCathy));
156     System.out.println("nmap.lowerEntry(stuCathy):" + nmap.lowerEntry(stuCathy));
```

```
157
158            Student stu = nmap.ceilingKey(stuIsabella);
159            System.out.println("nmap.ceilingKey(stuIsabella):" + stu);
160            System.out.println("nmap.higherKey(stuIsabella):" + nmap.higherKey(stuIsabella));
161            System.out.println("nmap.floorKey(stuIsabella):" + nmap.floorKey(stuIsabella));
162            System.out.println("nmap.lowerKey(stuIsabella):" + nmap.lowerKey(stuIsabella) + "\n");
163
164            //调用TreeMap<K,V>中的方法,实际上这些方法也是NavigableMap<K,V>和
               //Map<K,V>中的方法
165            System.out.println("tmap_natural.descendingMap():" + tmap_natural.descendingMap());
166            System.out.println("tmap_natural.descendingKey():" + tmap_natural.descendingKeySet());
167            System.out.println("tmap_natural.pollFirstEntry():" + tmap_natural.pollFirstEntry());
168            System.out.println("tmap_natural.pollLastEntry():" + tmap_natural.pollLastEntry());
169            System.out.println("tmap_natural.remove(stuCathy):" + tmap_natural.remove(stuCathy));
170        }
171    }
```

程序运行结果如下:

hmap 的第一次输出:{Student(sno = '09005', sname = 'Sophia', ssex = 'F', sage = 20, sdept = 'CS') = 哈尔滨师范大学, Student(sno = '09003', sname = 'Cathy', ssex = 'F', sage = 19, sdept = 'MATH') = 东北林业大学, Student(sno = '09004', sname = 'Andrew', ssex = 'M', sage = 22, sdept = 'AI') = 黑龙江大学, Student(sno = '09001', sname = 'Jason', ssex = 'M', sage = 21, sdept = 'BD') = 哈尔滨工业大学, Student(sno = '09002', sname = 'Isabella', ssex = 'F', sage = 20, sdept = 'MD') = 哈尔滨工程大学}

tmap_natural 的第一次输出:{Student(sno = '09001', sname = 'Jason', ssex = 'M', sage = 21, sdept = 'BD') = 哈尔滨工业大学, Student(sno = '09002', sname = 'Isabella', ssex = 'F', sage = 20, sdept = 'MD') = 哈尔滨工程大学, Student(sno = '09003', sname = 'Cathy', ssex = 'F', sage = 19, sdept = 'MATH') = 东北林业大学, Student(sno = '09004', sname = 'Andrew', ssex = 'M', sage = 22, sdept = 'AI') = 黑龙江大学, Student(sno = '09005', sname = 'Sophia', ssex = 'F', sage = 20, sdept = 'CS') = 哈尔滨师范大学}

smap_cmptor 的第一次输出:{Student(sno = '09004', sname = 'Andrew', ssex = 'M', sage = 22, sdept = 'AI') = 黑龙江大学, Student(sno = '09003', sname = 'Cathy', ssex = 'F', sage = 19, sdept = 'MATH') = 东北林业大学, Student(sno = '09002', sname = 'Isabella', ssex = 'F', sage = 20, sdept = 'MD') = 哈尔滨工程大学, Student(sno = '09001', sname = 'Jason', ssex = 'M', sage = 21, sdept = 'BD') = 哈尔滨工业大学, Student(sno = '09005', sname = 'Sophia', ssex = 'F', sage = 20, sdept = 'CS') = 哈尔滨师范大学}

nmap_with_hmap 的第一次输出:{Student(sno = '09001', sname = 'Jason', ssex = 'M', sage = 21, sdept = 'BD') = 哈尔滨工业大学, Student(sno = '09002', sname = 'Isabella', ssex = 'F', sage = 20, sdept = 'MD') = 哈尔滨工程大学, Student(sno = '09003', sname = 'Cathy', ssex = 'F', sage = 19, sdept = 'MATH') = 东北林业大学, Student(sno = '09004', sname = 'Andrew', ssex = 'M', sage = 22, sdept = 'AI') = 黑龙江大学, Student(sno = '09005', sname = 'Sophia', ssex = 'F', sage = 20, sdept = 'CS') = 哈尔滨师范大学}

smap_cmptor.firstKey():Student(sno = '09004', sname = 'Andrew', ssex = 'M', sage = 22, sdept = 'AI')
smap_cmptor.containsKey(stuSophia):true
smap_cmptor.subMap(stuCathy, stuJason):{Student(sno = '09003', sname = 'Cathy', ssex = 'F', sage = 19,

sdept = 'MATH') = 东北林业大学, Student(sno = '09002', sname = 'Isabella', ssex = 'F', sage = 20, sdept = 'MD') = 哈尔滨工程大学}

((NavigableMap < Student, String >) smap_cmptor).subMap(stuCathy, stuJason):{Student(sno = '09002', sname = 'Isabella', ssex = 'F', sage = 20, sdept = 'MD') = 哈尔滨工程大学, Student(sno = '09001', sname = 'Jason', ssex = 'M', sage = 21, sdept = 'BD') = 哈尔滨工业大学}

smap_cmptor.tailMap(stuIsabella):{Student(sno = '09002', sname = 'Isabella', ssex = 'F', sage = 20, sdept = 'MD') = 哈尔滨工程大学, Student(sno = '09001', sname = 'Jason', ssex = 'M', sage = 21, sdept = 'BD') = 哈尔滨工业大学, Student(sno = '09005', sname = 'Sophia', ssex = 'F', sage = 20, sdept = 'CS') = 哈尔滨师范大学}

nmap.ceilingEntry(stuCathy):Student(sno = '09003', sname = 'Cathy', ssex = 'F', sage = 19, sdept = 'MATH') = 东北林业大学

nmap.higherEntry(stuCathy):Student(sno = '09002', sname = 'Isabella', ssex = 'F', sage = 20, sdept = 'MD') = 哈尔滨工程大学

nmap.floorEntry(stuCathy):Student(sno = '09003', sname = 'Cathy', ssex = 'F', sage = 19, sdept = 'MATH') = 东北林业大学

nmap.lowerEntry(stuCathy):Student(sno = '09004', sname = 'Andrew', ssex = 'M', sage = 22, sdept = 'AI') = 黑龙江大学

nmap.ceilingKey(stuIsabella):Student(sno = '09002', sname = 'Isabella', ssex = 'F', sage = 20, sdept = 'MD')

nmap.higherKey(stuIsabella):Student(sno = '09001', sname = 'Jason', ssex = 'M', sage = 21, sdept = 'BD')

nmap.floorKey(stuIsabella):Student(sno = '09002', sname = 'Isabella', ssex = 'F', sage = 20, sdept = 'MD')

nmap.lowerKey(stuIsabella):Student(sno = '09003', sname = 'Cathy', ssex = 'F', sage = 19, sdept = 'MATH')

tmap_natural.descendingMap():{Student(sno = '09005', sname = 'Sophia', ssex = 'F', sage = 20, sdept = 'CS') = 哈尔滨师范大学, Student(sno = '09004', sname = 'Andrew', ssex = 'M', sage = 22, sdept = 'AI') = 黑龙江大学, Student(sno = '09003', sname = 'Cathy', ssex = 'F', sage = 19, sdept = 'MATH') = 东北林业大学, Student(sno = '09002', sname = 'Isabella', ssex = 'F', sage = 20, sdept = 'MD') = 哈尔滨工程大学, Student(sno = '09001', sname = 'Jason', ssex = 'M', sage = 21, sdept = 'BD') = 哈尔滨工业大学}

tmap_natural.descendingKey():[Student(sno = '09005', sname = 'Sophia', ssex = 'F', sage = 20, sdept = 'CS'), Student(sno = '09004', sname = 'Andrew', ssex = 'M', sage = 22, sdept = 'AI'), Student(sno = '09003', sname = 'Cathy', ssex = 'F', sage = 19, sdept = 'MATH'), Student(sno = '09002', sname = 'Isabella', ssex = 'F', sage = 20, sdept = 'MD'), Student(sno = '09001', sname = 'Jason', ssex = 'M', sage = 21, sdept = 'BD')]

tmap_natural.pollFirstEntry():Student(sno = '09001', sname = 'Jason', ssex = 'M', sage = 21, sdept = 'BD') = 哈尔滨工业大学

tmap_natural.pollLastEntry():Student(sno = '09005', sname = 'Sophia', ssex = 'F', sage = 20, sdept = 'CS') = 哈尔滨师范大学

tmap_natural.remove(stuCathy):东北林业大学

例 7.4 首先在第 10～96 行定义了 Student 类,该类实现了 Comparable < Student > 接口,即覆盖实现了其 compareTo() 方法,如第 93～95 行所示。该方法根据学号对两个 Student 对象进行比较。Student 类还覆盖实现了 Object 类中的 equals() 方法,该方法也基于学号对 Student 对象进行比较,从而 compareTo() 方法和 equals() 方法在语义上是一致的,即如果 compareTo() 返回 0,则 equals() 必定返回 true,反之亦然。接着,该程序在第 100～105 行定义了 MyComparatorOnName < T extends Student > 类,它实现了 Comparator < T > 接口。该类的 compare() 方法基于姓名对两个 Student 对象进行

比较。

注意：所有实现 Comparable<T>接口的类 SomeClass 都应保证其 compareTo()方法与 equals()方法在语义上是一致的,即对于 SomeClass 的两个对象 s1 和 s2,表达式 s1.compareTo(s2) == 0 应与 s1.equals(s2)具有相同的布尔值。这个语义一致性要求对于使用键 K 上的自然顺序进行排序的 SortedMap<K,V>尤其重要(这时要求 K 实现 Comparable<T>接口)。因为这种类型的 SortedMap<K,V>在查询元素(增加、修改和删除元素都需要先查询元素)时是根据键 K 上定义的 compareTo()方法来确定两个键值对的键是否相等的,但 SortedMap<K,V>又是 Map<K,V>的子接口,而 Map<K,V>在语义规范上是要求使用 equals()方法来确定两个键是否相等的。因此,K 的 compareTo()与 equals()在语义上一致能够确保 SortedMap<K,V>遵循 Map<K,V>规范,否则可能会发生无法插入本可以插入的新键值对的情况。假设向某个上述 SortedMap<K,V>对象 smap 连续插入两个键值对(k1,v1)和(k2,v2),且 k1.equals(k2)为 false 而 k1.compareTo(k2) == 0 为 true,则 smap 将会允许两个键值对都插入,且后插入的键值对将覆盖先插入的键值对,即 smap 中的元素为{(k1,v2)},而根据 Map<K,V>的语义,两个键值对的键不等(因为 k1.equals(k2)为 false),它们应该都被插入且不存在覆盖情形,最后 smap 中的元素应为{(k1,v1),(k2,v2)}。

例 7.4 在第 119、126、133、140 行分别创建了以 Student 为键且以 String 为值的四个哈希映射:一个普通哈希映射 hmap、一个树形哈希映射 tmap_natural、一个有序哈希映射 smap_cmptor 和一个导航哈希映射 nmap_with_hmap,其中 tmap_natural 使用键上的自然顺序对键值对进行排序,而 smap_cmptor 使用外比较器 MyComparatorOnName<Student>对象在键上确定的顺序对键值对进行排序,nmap_with_hmap 使用 hmap 来构造自己,并对 hmap 复制过来的键值对根据键上的自然顺序进行排序。该程序用在第 109~116 行创建的 Student 对象和 String 对象来填充上述四个映射,并分别输出它们,如第 120~123 行、第 127~130 行、第 134~137 行和第 140~141 行所示。从输出结果来看,hmap 中的元素是无序的,tmap_natural 和 nmap_with_hmap 中的元素按照学号顺序进行排序,而 tmap_cmptor 中的元素按照姓名顺序进行排序。

例 7.4 在第 144~169 行对 smap_cmptor 和 tmap_natural 分别调用 SortedMap<K,V>、Navigable<K,V>和 TreeMap<K,V>中的有关方法并输出方法调用结果,相关细节请根据程序代码、注释和运行结果进行理解。

7.5 本章小结

本章首先介绍了映射 Map<K,V>接口和键值对 Map.Entry<K,V>接口,并通过定义 Hapha<K,V>类和 Hapha.Node<K,V>类来详细演示如何实现映射和键值对接口;然后介绍了 HashMap<K,V>和 LinkedHashMap<K,V>类,它们分别表示无序哈希映射和链式哈希映射,LinkedHashMap<K,V>既可以按插入顺序也可以按访问顺序存储和组织元素;接着介绍了两个特殊哈希映射即 IdentityHashMap<K,V>和 WeakHashMap<K,V>,它们分别表示同一哈希映射和弱引用哈希映射;最后介绍了有序映射相关的接口和类,即 SortedMap<K,V>、NavigableMap<K,V>和 TreeMap<K,V>。

第 8 章

集　合

本章要点：

(1) Set＜E＞、HashSet＜E＞与 LinkedHashSet＜E＞。

(2) SortedSet＜E＞、NavigableSet＜E＞与 TreeSet＜E＞。

在 Java 中，与集合相关的接口和类有 Set＜E＞、HashSet＜E＞、LinkedHashSet＜E＞、SortedSet＜E＞、NavigableSet＜E＞与 TreeSet＜E＞。其中 Set＜E＞接口表示集合容器，对应数学上的"集合"概念，不允许有重复的元素出现。Set＜E＞允许 null 作为元素。HashSet＜E＞是 Set＜E＞的实现类，其中的元素是随机存放的，其存放顺序与插入顺序无关。LinkedHashSet＜E＞是 HashSet＜E＞的直接子类，表示链式哈希集合，其中的元素按照插入顺序存放。Set＜E＞的直接子接口是 SortedSet＜E＞，它表示有序集合。NavigableSet＜E＞作为 SortedSet＜E＞的子接口表示导航哈希集合，TreeSet＜E＞实现了 NavigableSet＜E＞接口。

注意：HashSet＜E＞、LinkedHashSet＜E＞和 TreeSet＜E＞分别是基于 HashMap＜K，V＞、LinkedHashMap＜K，V＞和 TreeMap＜K，V＞实现的，如下列取自 HashSet＜E＞、LinkedHashSet＜E＞和 TreeSet＜E＞的源码所示。

```java
public class HashSet<E> extends AbstractSet<E> implements Set<E> {
    ......
    private HashMap<E, Object> map;
    private static final Object PRESENT = new Object();      //用于填充键值对中的"值"
    public HashSet() {
        map = new HashMap<>();
    }
    public HashSet(int initialCapacity, float loadFactor) {
        map = new HashMap<>(initialCapacity, loadFactor);
    }
    HashSet(int initialCapacity, float loadFactor, boolean dummy) {
        map = new LinkedHashMap<>(initialCapacity, loadFactor);
    }
    public boolean add(E e) {
        return map.put(e, PRESENT) == null;              //用 PRESENT 作为每个键值对的值
    }
```

```java
        ......
    }

    public class LinkedHashSet<E> extends HashSet<E> implements Set<E> {
        ......
        public LinkedHashSet(int initialCapacity, float loadFactor) {
            super(initialCapacity, loadFactor, true);        //调用 HashSet<E>的 dummy 构造方
//法:HashSet(int initialCapacity, float loadFactor, boolean dummy)
        }
        public LinkedHashSet() {
            super(16, .75f, true);                           //调用 HashSet<E>的 dummy 构造方
//法:HashSet(int initialCapacity, float loadFactor, boolean dummy)
        }
        ......
    }

    public class TreeSet<E> extends AbstractSet<E> implements NavigableSet<E> {
        ......
        private NavigableMap<E, Object> m;
        private static final Object PRESENT = new Object();   //用于填充键值对中的"值"
        TreeSet(NavigableMap<E,Object> m) {
            this.m = m;
        }
        public TreeSet() {
            this(new TreeMap<E, Object>());
        }
        public TreeSet(Comparator<? super E> comparator) {
            this(new TreeMap<>(comparator));
        }
        public boolean add(E e) {
            return m.put(e, PRESENT) == null;                 //用 PRESENT 作为每个键值对的值
        }
        ......
    }
```

如上述代码所示,HashSet<E>在底层使用 HashMap<K,V>存储元素,前者中的元素在后者中只是作为键存储,而值由固定的匿名 Object 对象 PRESENT 来充当。LinkedHashSet<E>和 TreeSet<E>也相应类似地基于 LinkedHashMap<K,V>和 TreeMap<K,V>实现。

8.1 Set<E>、HashSet<E>与 LinkedHashSet<E>

Set<E>接口、HashSet<E>类和 LinkedHashSet<E>类分别表示集合、哈希集合和链式集合,它们的常用方法分别如表 8.1、表 8.2 和表 8.3 所示。LinkedHashSet<E>对存放在其中的元素按插入顺序(Insertion-order)管理,它并没有所谓的访问顺序(Access-order)的元素管理机制(关于访问顺序见 7.2 节)。例 8.1 给出了一个演示如何使用这些接口和类的程序示例。

表 8.1　Set＜E＞接口的常用方法

方 法 签 名	功 能 说 明
boolean add(E e)	如果当前集合 this 中不存在这样的元素 e1 使得(e==null ? e1==null : e.equals(e1))为 true,则插入 e 到 this 中并返回 true,否则返回 false
boolean addAll(Collection＜? extends E＞c)	将容器 c 中不在当前集合 this 的元素插入 this 中。如果有任何新元素添加进 this,则返回 true,否则返回 false。如果 c 也是一个 Set＜E＞,则此方法表示两个集合的并操作
void clear()	清空当前集合 this,即删除 this 中的所有元素
boolean contains(Object o)	如果当前集合 this 中存在这样的元素 o1 使得(o==null ? o1==null : o.equals(o1))为 true,则返回 true,否则返回 false
boolean containsAll(Collection＜?＞c)	如果当前集合 this 包含容器 c 中的所有元素,则返回 true,否则返回 false
boolean equals(Object o)	如果 o 是 Set＜E＞对象且与当前对象 this 的元素个数相等且 this 包含 o 中的所有元素,则返回 true,否则返回 false
int hashCode()	返回当前集合 this 的哈希码
boolean isEmpty()	检查当前集合是否为空
Iterator＜E＞iterator()	返回当前集合的正向迭代器
boolean remove(Object o)	如果当前集合存在一个这样的元素 e 使得(o==null ? e==null : o.equals(e))为 true,则删除 e 并返回 true,否则返回 false
boolean removeAll(Collection＜?＞c)	从当前集合中删除容器 c 中的元素,如果 c 也是一个 Set＜E＞,则此方法表示两个集合的差操作。如果当前集合有任何改变,则返回 true,否则返回 false
boolean retainAll(Collection＜?＞c)	从当前集合中删除所有不在容器 c 中的元素,如果 c 也是一个 Set＜E＞,则此方法表示两个集合的交操作
int size()	返回当前集合的元素个数
default Spliterator＜E＞spliterator()	返回当前集合的可分割迭代器
Object[] toArray()	将当前集合中的元素集转换成一个新建的 Object 数组,该数组持有原集合中所有元素的引用
＜T＞T[] toArray(T[] a)	将当前集合中的元素集转换成 T 数组。如果 a 足以容纳当前集合中的元素,则返回 a,否则新建一个 T[] t 以容纳当前集合中的元素,并返回 t

表 8.2　HashSet＜E＞类的常用方法

方 法 签 名	功 能 说 明
HashSet()	创建一个空的哈希集合,其所依赖的底层哈希映射的默认初始容量为 16 且负载因子为 0.75
HashSet(Collection＜? extends E＞c)	创建一个包含 c 中所有元素的哈希集合,其所依赖的底层哈希映射的默认负载因子为 0.75 且初始容量大于或等于 c.size()
HashSet(int initialCapacity)	创建一个空的哈希映射,其所依赖的底层哈希映射的初始容量为 initialCapacity,默认负载因子为 0.75
HashSet(int initialCapacity, float loadFactor)	创建一个空的哈希映射,其所依赖的底层哈希映射的初始容量为 initialCapacity 且负载因子为 loadFactor
boolean add(E e)	对 Set＜E＞接口中 add()方法的实现
void clear()	对 Set＜E＞接口中 clear()方法的实现

续表

方法签名	功能说明
Object clone()	返回当前集合的一个浅拷贝，即只复制元素的引用，但并不复制元素本身
boolean contains(Object o)	对 Set<E>接口中 contains()方法的实现
boolean isEmpty()	对 Set<E>接口中 isEmpty()方法的实现
Iterator<E> iterator()	对 Set<E>接口中 iterator()方法的实现
boolean remove(Object o)	对 Set<E>接口中 remove()方法的实现
int size()	对 Set<E>接口中 size()方法的实现
Spliterator<E> spliterator()	对 Set<E>接口中 spliterator()方法的覆盖实现

表 8.3 LinkedHashSet<E>类的常用方法

方法签名	功能说明
LinkedHashSet()	创建一个空的链式哈希集合，其所依赖的底层链式哈希映射的默认初始容量为 16 且负载因子为 0.75
LinkedHashSet(Collection<? extends E> c)	创建一个包含 c 中所有元素的链式哈希集合，其所依赖的底层链式哈希映射的默认负载因子为 0.75 且初始容量大于或等于 c.size()
LinkedHashSet(int initialCapacity)	创建一个空的链式哈希集合，其所依赖的底层链式哈希映射的初始容量为 initialCapacity，默认负载因子为 0.75
LinkedHashSet(int initialCapacity, float loadFactor)	创建一个空的链式哈希集合，其所依赖的底层链式哈希映射的初始容量为 initialCapacity 且负载因子为 loadFactor
Spliterator<E> spliterator()	返回当前链式哈希集合的可分割迭代器

【例 8.1】 演示 Set<E>接口、HashSet<E>类和 LinkedHashSet<E>类用法的程序示例。

```
1    package com.jgcs.chp8.p1;
2
3    import java.util.HashSet;
4    import java.util.Iterator;
5    import java.util.LinkedHashSet;
6    import java.util.Spliterator;
7
8    public class App8_1 {
9        public static void main(String[] args) {
10           String[] rivers = {"黑龙江", "松花江", "嫩江", "呼兰河", "穆棱河", "倭肯河", "汤旺河", "讷漠尔河", "乌裕尔河", "阿穆尔河", "乌苏里江", "拉林河", "通肯河", "挠力河", "牡丹江", "五大连池", "兴凯湖"};
11
12           HashSet<String> hset = new HashSet<>(8);
13           LinkedHashSet<String> lkset = new LinkedHashSet<>(32, 0.8f);
14
15           for(int i = 0; i< rivers.length; i++) {
16               hset.add(rivers[i]);
17               lkset.add(rivers[i]);
18           }
19           System.out.println("hset 的第一次输出(共" + hset.size() + "个元素):" + hset);
20           System.out.println("lkset 的第一次输出(共" + lkset.size() + "个元素):"
```

```
21                      + lkset + "\n");
22              System.out.println("hset.containsAll(lkset):" + hset.containsAll(lkset)
                        + "\n");
23              if(hset.contains("黑龙江") && hset.contains("黑龙江")) {
24                      String strAmur = "阿穆尔河";
25                      hset.remove(strAmur);
26                      lkset.remove(strAmur);
27              }
28              System.out.println("hset 的第二次输出(共" + hset.size() + "个元素):" +
                        hset);
29              System.out.println("lkset 的第二次输出(共" + lkset.size() + "个元素):"
                        + lkset + "\n");
30
31              Iterator<String> itr = hset.iterator();
32              System.out.print("hset 的第三次输出(使用迭代器):[");
33              while(itr.hasNext()) {
34                      System.out.print(itr.next());
35                      System.out.print(itr.hasNext() ? ", " : "");
36              }
37              System.out.println("]");
38
39              itr = lkset.iterator();
40              System.out.print("lkset 的第三次输出(使用迭代器):[");
41              while(itr.hasNext()) {
42                      System.out.print(itr.next());
43                      System.out.print(itr.hasNext() ? ", " : "");
44              }
45              System.out.println("]\n");
46
47              Spliterator<String> spitr = hset.spliterator();
48              Spliterator<String> left_sp = spitr.trySplit();
49
50              System.out.print("hset 的 left_sp:");
51              left_sp.forEachRemaining(e -> {System.out.print(e + " ");});
52              System.out.println();
53              System.out.print("hset 的 spitr:");
54              spitr.forEachRemaining(e -> {System.out.print(e + " ");});
55              System.out.println();
56
57      //      lkset = new LinkedHashSet<>();
58      //      for(int i = 0; i < 1030; i++) {
59      //              lkset.add("" + i);
60      //      }
61              spitr = lkset.spliterator();
62              left_sp = spitr.trySplit();
63              System.out.print("lkset 的 left_sp:");
64              left_sp.forEachRemaining(e -> {System.out.print(e + " ");});
65              System.out.println();
66              System.out.print("lkset 的 spitr:");
67              spitr.forEachRemaining(e -> {System.out.print(e + " ");});
68              System.out.println();
69      }
70 }
```

程序运行结果如下：

```
hset 的第一次输出(共 17 个元素):[乌苏里江, 阿穆尔河, 挠力河, 讷漠尔河, 兴凯湖, 乌裕尔河,
倭肯河, 五大连池, 黑龙江, 穆棱河, 牡丹江, 通肯河, 松花江, 呼兰河, 拉林河, 嫩江, 汤旺河]
lkset 的第一次输出(共 17 个元素):[黑龙江, 松花江, 嫩江, 呼兰河, 穆棱河, 倭肯河, 汤旺河, 讷
漠尔河, 乌裕尔河, 阿穆尔河, 乌苏里江, 拉林河, 通肯河, 挠力河, 牡丹江, 五大连池, 兴凯湖]

hset.containsAll(lkset):true

hset 的第二次输出(共 16 个元素):[乌苏里江, 挠力河, 讷漠尔河, 兴凯湖, 乌裕尔河, 倭肯河, 五
大连池, 黑龙江, 穆棱河, 牡丹江, 通肯河, 松花江, 呼兰河, 拉林河, 嫩江, 汤旺河]
lkset 的第二次输出(共 16 个元素):[黑龙江, 松花江, 嫩江, 呼兰河, 穆棱河, 倭肯河, 汤旺河, 讷
漠尔河, 乌裕尔河, 乌苏里江, 拉林河, 通肯河, 挠力河, 牡丹江, 五大连池, 兴凯湖]

hset 的第三次输出(使用迭代器):[乌苏里江, 挠力河, 讷漠尔河, 兴凯湖, 乌裕尔河, 倭肯河, 五大
连池, 黑龙江, 穆棱河, 牡丹江, 通肯河, 松花江, 呼兰河, 拉林河, 嫩江, 汤旺河]
lkset 的第三次输出(使用迭代器):[黑龙江, 松花江, 嫩江, 呼兰河, 穆棱河, 倭肯河, 汤旺河, 讷
漠尔河, 乌裕尔河, 乌苏里江, 拉林河, 通肯河, 挠力河, 牡丹江, 五大连池, 兴凯湖]

hset 的 left_sp:乌苏里江 挠力河 讷漠尔河 兴凯湖 乌裕尔河 倭肯河 五大连池
hset 的 spitr:黑龙江 穆棱河 牡丹江 通肯河 松花江 呼兰河 拉林河 嫩江 汤旺河
lkset 的 left_sp:黑龙江 松花江 嫩江 呼兰河 穆棱河 倭肯河 汤旺河 讷漠尔河 乌裕尔河 乌苏里江
拉林河 通肯河 挠力河 牡丹江 五大连池 兴凯湖
lkset 的 spitr:
```

例 8.1 首先在第 12～13 行创建一个普通哈希集合 hset 和一个链式哈希集合 lkset，然后用数组 rivers 中的字符串填充 hset 和 lkset，如第 15～18 行所示。该程序接着在第 19～20 行进行 hset 和 lkset 的第一次输出，从输出结果来看，hset 中的元素是随机存放的，而 lkset 中的元素是按照插入顺序存放的。例 8.1 在第 22～27 行调用 hset 和 lkset 的相关方法进行元素测试和删除操作，并在第 28～29 行进行这两个集合的第二次输出以展示执行效果。在第 31～45 行，程序使用正向迭代器来输出 hset 和 lkset 中的内容；在第 47～69 行，程序使用可分割迭代器来输出两个集合中的内容。需要注意的是，lkset 的可分割迭代器 spitr 在分割时会用自身所管理元素的前 1024 个元素构建新可分割迭代器 left_sp，而将剩余元素留在自身中。由于当前 spitr 中只有 16 个元素，所以在分割时，它将所有元素分给 left_sp，自身保留的元素为空，这可以从第 61～68 行代码的执行结果看出。如果将第 57～60 行代码反注释掉并再次运行程序，就可以看到 left_sp 中有 1024 个元素，而 spitr 有 6 个元素。

注意：HashSet＜E＞的可分割迭代器在每次分割时将自己的前半部分元素分给新可分割迭代器，而 LinkedHashSet＜E＞的可分割迭代器是 spliterator() 方法在内部通过调用 Spliterators.spliterator() 方法构造并返回的，其返回的可分割迭代器在分割时通常将前 1024 个元素分给新的可分割迭代器。关于 Spliterators 请见 9.2 节。

8.2 SortedSet＜E＞、NavigableSet＜E＞与 TreeSet＜E＞

SortedSet＜E＞是 Set＜E＞接口的子接口，表示有序哈希集合。SortedSet＜E＞根据元素的自然顺序(此时要求 E 实现 Comparable＜? super E＞接口)或者指定的外部比较器(其类型为 Comparator＜? super E＞)所规定的顺序对元素进行排序。NavigableSet＜E＞是 SortedSet＜E＞的子接口，它提供元素导航功能，即对于给定的元素，它可以返回恰好大

(等)于或小(等)于该元素的元素。TreeSet<E>是 NavigableSet<E>接口的直接实现类。SortedSet<E>接口、NavigableSet<E>接口和 TreeSet<E>类的常用方法分别如表 8.4、表 8.5 和表 8.6 所示。例 8.2 给出了一个演示如何使用这些接口和类的程序示例。

表 8.4 SortedSet<E>接口的常用方法

方 法 签 名	功 能 说 明
Comparator<? super E> comparator()	返回当前有序集合 this 的外比较器,如果 this 使用自然顺序(natural ordering)对元素进行比较,则返回 null
E first()	返回当前有序集合的第一个(最小或最低,lowest)元素
SortedSet<E> headSet(E toElement)	返回由当前有序集合 this 中严格小于 toElement 的所有元素构成的有序集合 s。注意 s 以当前集合 this 为数据源,修改 s 会影响 this,反之亦然
E last()	返回当前有序集合的最后一个(最大或最高,highest)元素
default Spliterator<E> spliterator()	返回当前有序集合的可分割迭代器
SortedSet<E> subSet(E fromElement,E toElement)	返回由当前有序集合 this 中大于或等于 fromElement 且严格小于 toElement 即位于范围[fromElement,toElement)的元素构成的有序集合 s。注意 s 以当前集合 this 为数据源,修改 s 会导致修改 this,同样修改 this 中位于 s 范围内的元素也会影响 s
SortedSet<E> tailSet(E fromElement)	返回由当前有序集合 this 中大于或等于 fromElement 的元素构成的有序集合 s。注意 s 以当前集合 this 为数据源,修改 s 会导致修改 this,同样修改 this 中位于 s 范围内的元素也会影响 s

表 8.5 NavigableSet<E>接口的常用方法

方 法 签 名	功 能 说 明
E ceiling(E e)	返回大于或等于 e 的最小元素,如果不存在这样的元素则返回 null
Iterator<E> descendingIterator()	返回当前导航集合的逆向迭代器
NavigableSet<E> descendingSet()	返回当前导航集合 this 中的所有元素以逆序方式构成的导航集合 s。注意 s 以当前集合 this 为数据源,修改 s 会影响 this,反之亦然
E floor(E e)	返回小于或等于 e 的最大元素,如果不存在这样的元素则返回 null
SortedSet<E> headSet(E toElement)	返回由当前导航集合 this 中严格小于 toElement 的所有元素构成的有序集合 s。注意 s 以当前集合 this 为数据源,修改 s 会影响 this,反之亦然
NavigableSet<E> headSet(E toElement, boolean inclusive)	返回由当前导航集合 this 中严格小于(或小于或等于,如果 inclusive 为 true) toElement 的所有元素构成的有序集合 s。注意 s 以当前集合 this 为数据源,修改 s 会影响 this,反之亦然
E higher(E e)	返回当前导航集合中严格大于 e 的最小元素
Iterator<E> iterator()	返回当前导航集合的正向迭代器
E lower(E e)	返回当前导航集合中严格小于 e 的最大元素
E pollFirst()	删除并返回第一个(或最低)元素,如果当前集合为空则返回 null
E pollLast()	删除并返回最后一个(或最高)元素,如果当前集合为空则返回 null
NavigableSet<E> subSet(E fromElement, boolean fromInclusive,E toElement, boolean toInclusive)	返回由当前有序集合 this 中严格大于(或大于或等于,如果 fromInclusive 为 true)fromElement 且严格小于(或小于或等于,如果 toInclusive 为 true) toElement 的元素构成的导航集合 s。注意 s 以当前集合 this 为数据源,修改 s 会导致修改 this,同样修改 this 中位于 s 范围内的元素也会影响 s

续表

方 法 签 名	功 能 说 明
SortedSet<E> subSet(E fromElement,E toElement)	返回由当前有序集合 this 中大于或等于 fromElement 且严格小于 toElement 即位于范围[fromElement,toElement)的元素构成的有序集合 s。注意 s 以当前集合 this 为数据源,修改 s 会导致修改 this,同样修改 this 中位于 s 范围内的元素也会影响 s
SortedSet<E> tailSet(E fromElement)	返回由当前有序集合 this 中大于或等于 fromElement 的元素构成的有序集合 s。注意 s 以当前集合 this 为数据源,修改 s 会导致修改 this,同样修改 this 中位于 s 范围内的元素也会影响 s
NavigableSet<E> tailSet(E fromElement, boolean inclusive)	返回由当前有序集合 this 中严格大于(或大于或等于,如果 inclusive 为 true)fromElement 的元素构成的导航集合 s。注意 s 以当前集合 this 为数据源,修改 s 会导致修改 this,同样修改 this 中位于 s 范围内的元素也会影响 s

表 8.6　TreeSet<E>类的常用方法

方 法 签 名	功 能 说 明
TreeSet()	创建一个空的树形集合,使用自然顺序对其中的元素进行排序,即要求元素类型 E 实现 Comparable<? super E>接口
TreeSet(Collection<? extends E> c)	创建一个包含 c 中所有元素的树形集合,使用自然顺序对其中的元素进行排序,即要求元素类型 E 实现 Comparable<? super E>接口
TreeSet(Comparator<? super E> comparator)	创建一个空的树形集合,使用 comparator 对其中的元素进行排序
TreeSet(SortedSet<E> s)	创建一个包含 s 中所有元素的树形集合 this,this 根据 s 中元素的顺序对自己的元素进行排序,即如果 s 使用自然顺序或外比较器对元素进行排序,则 this 也将如此
boolean add(E e)	对 Set<E>中 add()方法的实现
boolean addAll(Collection<? extends E> c)	对 Set<E>中 addAll()方法的实现
E ceiling(E e)	对 SortedSet<E>中 ceiling()方法的实现
void clear()	对 Set<E>中 clear()方法的实现
Object clone()	返回当前树形集合的一个浅拷贝,即只复制元素的引用,但并不复制元素本身
Comparator<? super E> comparator()	对 SortedSet<E>中 comparator()方法的实现
boolean contains(Object o)	对 Set<E>中 contains()方法的实现
Iterator<E> descendingIterator()	对 NavigableSet<E>接口中 descendingIterator()方法的实现
NavigableSet<E> descendingSet()	对 NavigableSet<E>接口中 descendingSet()方法的实现
E first()	对 SortedSet<E>中 first()方法的实现
E floor(E e)	对 NavigableSet<E>中 floor()方法的实现
SortedSet<E> headSet(E toElement)	对 NavigableSet<E>中 headset(E)方法的实现
NavigableSet<E> headSet(E toElement,boolean inclusive)	对 NavigableSet<E>中 headset(E,boolean)方法的实现
E higher(E e)	对 NavigableSet<E>中 higher()方法的实现
boolean isEmpty()	对 Set<E>中 isEmpty()方法的实现
Iterator<E> iterator()	对 NavigableSet<E>中 iterator()方法的实现
E last()	对 SortedSet<E>中 last()方法的实现
E lower(E e)	对 NavigableSet<E>中 lower()方法的实现

续表

方法签名	功能说明
E pollFirst()	对 NavigableSet<E>中 pollFirst()方法的实现
E pollLast()	对 NavigableSet<E>中 pollLast()方法的实现
boolean remove(Object o)	对 Set<E>中 remove()方法的实现
int size()	对 Set<E>中 size()方法的实现
Spliterator<E> spliterator()	对 SortedSet<E>中 spliterator()方法的覆盖实现
NavigableSet<E> subSet(E fromElement, boolean fromInclusive, E toElement, boolean toInclusive)	对 NavigableSet<E>中 subSet(E,boolean,E,boolean)方法的实现
SortedSet<E> subSet(E fromElement, E toElement)	对 NavigableSet<E>中 subSet(E,E)方法的实现
SortedSet<E> tailSet(E fromElement)	对 NavigableSet<E>中 tailSet(E)方法的实现
NavigableSet<E> tailSet(E fromElement, boolean inclusive)	对 NavigableSet<E>中 tailSet(E,boolean)方法的实现

【例8.2】 演示 SortedSet<E>接口、NavigableSet<E>接口和 TreeSet<E>类用法的程序示例。

```
1    package com.jgcs.chp8.p2;
2
3    import java.util.Comparator;
4    import java.util.HashSet;
5    import java.util.NavigableSet;
6    import java.util.SortedSet;
7    import java.util.TreeSet;
8
9    class Student implements Comparable<Student>{
10       String sno;
11       String sname;
12       char ssex;
13       int sage;
14       String sdept;
15
16       public Student(String sno, String sname, char ssex, int sage, String sdept) {
17           this.sno = sno;
18           this.sname = sname;
19           this.ssex = ssex;
20           this.sage = sage;
21           this.sdept = sdept;
22       }
23
24       public String getSno() {
25           return sno;
26       }
27
28       public void setSno(String sno) {
29           this.sno = sno;
30       }
31
32       public String getSname() {
```

```java
33              return sname;
34          }
35
36          public void setSname(String sname) {
37              this.sname = sname;
38          }
39
40          public char getSsex() {
41              return ssex;
42          }
43
44          public void setSsex(char ssex) {
45              this.ssex = ssex;
46          }
47
48          public int getSage() {
49              return sage;
50          }
51
52          public void setSage(int sage) {
53              this.sage = sage;
54          }
55
56          public String getSdept() {
57              return sdept;
58          }
59
60          public void setSdept(String sdept) {
61              this.sdept = sdept;
62          }
63
64          @Override
65          public String toString() {
66              final StringBuilder sb = new StringBuilder("Student(");
67              sb.append("sno = '").append(sno).append('\'');
68              sb.append(", sname = '").append(sname).append('\'');
69              sb.append(", ssex = '").append(ssex).append('\'');
70              sb.append(", sage = ").append(sage);
71              sb.append(", sdept = '").append(sdept).append('\'');
72              sb.append(')');
73              return sb.toString();
74          }
75
76          @Override
77          public int hashCode() {
78              return sno.hashCode() >>> 1;
79          }
80
81          @Override
82          public boolean equals(Object obj) { //根据学号进行比较,在返回 true 时要与
                                                //compareTo()在语义上保持一致
83              if(obj instanceof Student) {
84                  Student stu = (Student)obj;
85                  return this.sno.equals(stu.getSno()) ? true : false;
```

```java
86              } else {
87                  return false;
88              }
89          }
90
91          @Override
92          public int compareTo(Student stu) { //根据学号进行比较,在返回 0 时要与 equals()
                                               //在语义上保持一致
93              return sno.compareTo(stu.getSno());
94          }
95      }
96
97      //MyComparatorOnName<T extends Student>按照姓名对两个 Student 对象 s1 和 s2 进行比较,
98      //按照字母顺序进行比较,如果 s1.name < s2.name,返回 -1,如果两者相等,返回 0,如果
        //s1.name > s2.name,返回 1
99      class MyComparatorOnName<T extends Student> implements Comparator<T> {
100         @Override
101         public int compare(T o1, T o2) {
102             return o1.getSname().compareTo(o2.getSname());
103         }
104     }
105
106     public class App8_2 {
107         public static void main(String[] args) {
108             Student stuJason = new Student("09001", "Jason", 'M', 21, "BD");
                                                                            // BD:大数据学院
109             Student stuIsabella = new Student("09002", "Isabella", 'F', 20, "MD");
                                                                            // MD:音乐与舞蹈学院
110             Student stuCathy = new Student("09003", "Cathy", 'F', 19, "MATH");
                                                                            // MATH:数学学院
111             Student stuAndrew = new Student("09004", "Andrew", 'M', 22, "AI");
                                                                            // AI:人工智能学院
112             Student stuSophia = new Student("09005", "Sophia", 'F', 20, "CS");
                                                                            // CS:计算机学院
113
114             Student[] students = {stuJason, stuIsabella, stuCathy, stuAndrew, stuSophia};
115
116             //创建一个普通哈希集合 hset
117             HashSet<Student> hset = new HashSet<>();
118             for(int i = 0; i < students.length; i++) {
119                 hset.add(students[i]);
120             }
121             System.out.println("hset 的第一次输出:" + hset + "\n");
122
123             //创建一个树形哈希集合 tset_natural,使用自然顺序对元素进行排序,要求元素
                //类型 E 实现 Comparable<T>接口
124             TreeSet<Student> tset_natural = new TreeSet<>();
125             for(int i = 0; i < students.length; i++) {
126                 tset_natural.add(students[i]);
127             }
128             System.out.println("tset_natural 的第一次输出:" + hset + "\n");
129
130             //创建一个有序哈希集合 sset_cmptor,使用外比较器 MyComparatorOnName
                //<Student>对象确定的顺序对元素进行排序
```

```java
131             SortedSet<Student> sset_cmptor = new TreeSet<>(new MyComparatorOnName
                <Student>());
132             for(int i = 0; i < students.length; i++) {
133                 sset_cmptor.add(students[i]);
134             }
135             System.out.println("sset_cmptor 的第一次输出:" + sset_cmptor + "\n");
136
137             //创建一个导航哈希集合 nset_with_hset,使用普通哈希集合 hset 来构造该导航
                //集合,新建的导航集合将使用自然顺序对从 hset 复制过来的元素进行排序
138             NavigableSet<Student> nset_with_hset = new TreeSet<>(hset);
139             System.out.println("nset_with_hset 的第一次输出:" + nset_with_hset + "\
                n");
140
141             //调用 SortedSet<E>中的方法
142             System.out.println("sset_cmptor.first():" + sset_cmptor.first());
143             System.out.println("sset_cmptor.contains(stuSophia):" + sset_cmptor.contains
                (stuSophia));
144             System.out.println("sset_cmptor.subSet(stuCathy, stuJason):" + sset_cmptor.
                subSet(stuCathy, stuJason));
145             System.out.println("((NavigableSet<Student>)sset_cmptor).subSet(stuCathy,
                stuJason):" + ((NavigableSet<Student>)sset_cmptor).subSet(stuCathy, false,
                stuJason, true));
146             System.out.println("sset_cmptor.tailSet(stuIsabella):" + sset_cmptor.
                tailSet(stuIsabella) + "\n");
147
148             //调用 NavigableSet<E>中的方法
149             NavigableSet<Student> nset = (NavigableSet<Student>)sset_cmptor;
150             Student student = nset.ceiling(stuCathy);
151             System.out.println("nset.ceiling(stuCathy):" + student);
152             System.out.println("nset.higher(stuCathy):" + nset.higher(stuCathy));
153             System.out.println("nset.floor(stuCathy):" + nset.floor(stuCathy));
154             System.out.println("nset.lower(stuCathy):" + nset.lower(stuCathy));
155
156             //调用 TreeSet<E>中的方法,实际上这些方法也是 NavigableMap<E>和 Map<E>
                //中的方法
157             System.out.println("tset_natural.descendingSet():" + tset_natural.
                descendingSet());
158
159             System.out.print("tset_natural.descendingIterator():");
160             tset_natural.descendingIterator().forEachRemaining(e -> {System.out.print
                (e + " ");});
161             System.out.println();
162
163             System.out.println("tset_natural.pollFirst():" + tset_natural.pollFirst());
164             System.out.println("tset_natural.pollLast():" + tset_natural.pollLast());
165             System.out.println("tset_natural.remove(stuCathy):" + tset_natural.remove
                (stuCathy));
166         }
167     }
```

程序运行结果如下:

hset 的第一次输出:[Student(sno = '09005', sname = 'Sophia', ssex = 'F', sage = 20, sdept = 'CS'), Student(sno = '09003', sname = 'Cathy', ssex = 'F', sage = 19, sdept = 'MATH'), Student(sno = '09004', sname = 'Andrew', ssex = 'M', sage = 22, sdept = 'AI'), Student(sno = '09001', sname = 'Jason', ssex =

'M', sage = 21, sdept = 'BD'), Student(sno = '09002', sname = 'Isabella', ssex = 'F', sage = 20, sdept = 'MD')]

tset_natural 的第一次输出:[Student(sno = '09005', sname = 'Sophia', ssex = 'F', sage = 20, sdept = 'CS'), Student(sno = '09003', sname = 'Cathy', ssex = 'F', sage = 19, sdept = 'MATH'), Student(sno = '09004', sname = 'Andrew', ssex = 'M', sage = 22, sdept = 'AI'), Student(sno = '09001', sname = 'Jason', ssex = 'M', sage = 21, sdept = 'BD'), Student(sno = '09002', sname = 'Isabella', ssex = 'F', sage = 20, sdept = 'MD')]

sset_cmptor 的第一次输出:[Student(sno = '09004', sname = 'Andrew', ssex = 'M', sage = 22, sdept = 'AI'), Student(sno = '09003', sname = 'Cathy', ssex = 'F', sage = 19, sdept = 'MATH'), Student(sno = '09002', sname = 'Isabella', ssex = 'F', sage = 20, sdept = 'MD'), Student(sno = '09001', sname = 'Jason', ssex = 'M', sage = 21, sdept = 'BD'), Student(sno = '09005', sname = 'Sophia', ssex = 'F', sage = 20, sdept = 'CS')]

nset_with_hset 的第一次输出:[Student(sno = '09001', sname = 'Jason', ssex = 'M', sage = 21, sdept = 'BD'), Student(sno = '09002', sname = 'Isabella', ssex = 'F', sage = 20, sdept = 'MD'), Student(sno = '09003', sname = 'Cathy', ssex = 'F', sage = 19, sdept = 'MATH'), Student(sno = '09004', sname = 'Andrew', ssex = 'M', sage = 22, sdept = 'AI'), Student(sno = '09005', sname = 'Sophia', ssex = 'F', sage = 20, sdept = 'CS')]

sset_cmptor.first():Student(sno = '09004', sname = 'Andrew', ssex = 'M', sage = 22, sdept = 'AI')
sset_cmptor.contains(stuSophia):true
sset_cmptor.subSet(stuCathy, stuJason):[Student(sno = '09003', sname = 'Cathy', ssex = 'F', sage = 19, sdept = 'MATH'), Student(sno = '09002', sname = 'Isabella', ssex = 'F', sage = 20, sdept = 'MD')]
((NavigableSet<Student>)sset_cmptor).subSet(stuCathy, stuJason):[Student(sno = '09002', sname = 'Isabella', ssex = 'F', sage = 20, sdept = 'MD'), Student(sno = '09001', sname = 'Jason', ssex = 'M', sage = 21, sdept = 'BD')]
sset_cmptor.tailSet(stuIsabella):[Student(sno = '09002', sname = 'Isabella', ssex = 'F', sage = 20, sdept = 'MD'), Student(sno = '09001', sname = 'Jason', ssex = 'M', sage = 21, sdept = 'BD'), Student(sno = '09005', sname = 'Sophia', ssex = 'F', sage = 20, sdept = 'CS')]
nset.ceiling(stuCathy):Student(sno = '09003', sname = 'Cathy', ssex = 'F', sage = 19, sdept = 'MATH')
nset.higher(stuCathy):Student(sno = '09002', sname = 'Isabella', ssex = 'F', sage = 20, sdept = 'MD')
nset.floor(stuCathy):Student(sno = '09003', sname = 'Cathy', ssex = 'F', sage = 19, sdept = 'MATH')
nset.lower(stuCathy):Student(sno = '09004', sname = 'Andrew', ssex = 'M', sage = 22, sdept = 'AI')
tset_natural.descendingSet():[Student(sno = '09005', sname = 'Sophia', ssex = 'F', sage = 20, sdept = 'CS'), Student(sno = '09004', sname = 'Andrew', ssex = 'M', sage = 22, sdept = 'AI'), Student(sno = '09003', sname = 'Cathy', ssex = 'F', sage = 19, sdept = 'MATH'), Student(sno = '09002', sname = 'Isabella', ssex = 'F', sage = 20, sdept = 'MD'), Student(sno = '09001', sname = 'Jason', ssex = 'M', sage = 21, sdept = 'BD')]
tset_natural.descendingIterator():Student(sno = '09005', sname = 'Sophia', ssex = 'F', sage = 20, sdept = 'CS') Student(sno = '09004', sname = 'Andrew', ssex = 'M', sage = 22, sdept = 'AI') Student(sno = '09003', sname = 'Cathy', ssex = 'F', sage = 19, sdept = 'MATH') Student(sno = '09002', sname = 'Isabella', ssex = 'F', sage = 20, sdept = 'MD') Student(sno = '09001', sname = 'Jason', ssex = 'M', sage = 21, sdept = 'BD')
tset_natural.pollFirst():Student(sno = '09001', sname = 'Jason', ssex = 'M', sage = 21, sdept = 'BD')
tset_natural.pollLast():Student(sno = '09005', sname = 'Sophia', ssex = 'F', sage = 20, sdept = 'CS')
tset_natural.remove(stuCathy):true

例 8.2 复用了在例 7.4 中定义的 Student 类和外比较器 MyComparatorOnName < T extends Student >类,如第 9～95 行和第 99～104 行所示。例 8.2 在第 117、124、131 和 138

行分别创建了以 Student 为元素类型的四个哈希集合：一个普通哈希集合 tset、一个树形哈希集合 tset_natural、一个有序哈希集合 sset_cmptor 和一个导航哈希集合 nset_with_hset，其中 tset_natual 使用 Student 上的自然顺序对元素进行排序，而 sset_cmptor 使用外比较器 MyComparatorOnName < Student >对象所确定的顺序对元素进行排序，nset_with_hset 使用 hset 来构造自己，并对 hset 复制过来的元素根据自然顺序进行排序。该程序用在第 108～114 行创建的 Student 对象来填充上述四个集合，并分别输出它们，如第 118～121 行、第 125～128 行、第 132～135 行和第 138～139 行所示。从输出结果来看，hset 中的元素是无序的，tset_natural 和 nset_with_hset 中的元素按照学号顺序进行排序，而 tset_cmptor 按照姓名顺序进行排序。

例 8.2 在第 142～165 行对 sset_cmptor 和 sset_natural 分别调用 SortedMap < E >、Navigable < E >和 TreeSet < E >中的有关方法并输出方法调用结果，具体细节请根据程序代码、注释和运行结果进行理解。

8.3 本章小结

本章介绍了 Java 的集合接口和类，主要包括 Set < E >、HashSet < E >、LinkedHashSet < E >、SortedSet < E >、NavigableSet < E >与 TreeSet < E >，并指出 HashSet < E >和 TreeSet < E >分别基于 HashMap < K,V >和 TreeMap < K,V >实现。

第 9 章

容器工具类

本章要点：
（1） Objects 类。
（2） Spliterators 类。
（3） Arrays 类。
（4） Collections 类。

Objects 类、Spliterators 类、Arrays 类和 Collections 类分别是对象（任意 java.lang.Object 对象或其子类对象）、可分割迭代器（各种基本类型或引用类型的 java.util.Spliterator<T>对象）、数组（各种基本类型或引用类型的一维或多维数组对象）、容器（各种 java.util.Collection<E>对象或 java.util.Map<K,V>对象）的工具类或辅助类，它们中的所有方法都是公开静态方法，以便通过类名直接调用。下面将分别详细介绍这四个类。

9.1 Objects 类

Objects 类提供对对象的 null 检查、字符串转换、相等比较、大小比较和哈希码生成功能，其常用方法如表 9.1 所示。例 9.1 给出了一个演示如何使用 Objects 类的程序示例。

表 9.1 Objects 类的常用方法

方 法 签 名	功 能 说 明
static < T > int compare（T a，T b，Comparator<? super T> c）	如果 a 和 b 完全相同即 a==b，则返回 0，否则返回 c.compare(a,b)
static boolean deepEquals（Object a，Object b）	如果 a 和 b 深度相等则返回 true，否则返回 false。如果 a==b，则它们深度相等；如果 a 和 b 都是数组，则调用 Arrays.deepEquals(a,b)来判断它们是否深度相等；如果以上都不满足，则使用 a.equals(b)来判断它们的深度相等性
static boolean equals（Object a，Object b）	如果(a == b) || (a != null && a.equals(b))成立，则返回 true，否则返回 false
static int hash(Object… values)	为不定参数或数组 values 计算哈希码，其计算过程像将 values 当成数组并调用 Arrays.hashCode(values)来完成计算一样

续表

方法签名	功能说明
static int hashCode(Object o)	如果 o 是 null，则返回 0，否则返回 o.hashCode()
static boolean isNull(Object obj)	如果 obj 是 null，则返回 true，否则返回 false
static boolean nonNull(Object obj)	如果 obj 不是 null，则返回 true，否则返回 false
static <T> T requireNonNull(T obj)	检查 obj 是否为 null，如果 obj 为 null 则抛出 NullPointerException 异常，否则直接返回 obj
static <T> T requireNonNull(T obj, String message)	检查 obj 是否为 null，如果 obj 为 null 则抛出带有 message 信息的 NullPointerException 异常，否则直接返回 obj
static <T> T requireNonNull(T obj, Supplier<String> messageSupplier)	检查 obj 是否为 null，如果 obj 为 null 则抛出带有 messageSupplier.get() 信息的 NullPointerException 异常，否则直接返回 obj。此方法允许只有在对 obj 进行 null 检查后且发现 obj 确实为 null 时才将异常字符串信息构建出来，这样当 obj 不是 null 时，就不用构建字符串
static String toString(Object o)	如果 o 是 null，则返回 null，否则返回 o.toString()
static String toString(Object o, String nullDefault)	如果 o 是 null，则返回 nullDefault，否则返回 o.toString()

【例 9.1】 演示 Objects 类用法的程序示例。

```java
1    package com.jgcs.chp9.p1;
2    
3    import java.util.Comparator;
4    import java.util.Objects;
5    import java.util.Random;
6    
7    class People{
8        String pname;
9        char psex;
10       int page;
11   
12       public People(String pname, char psex, int page) {
13           this.pname = pname;
14           this.psex = psex;
15           this.page = page;
16       }
17   
18       public String getPname() {
19           return pname;
20       }
21   
22       public void setPname(String pname) {
23           this.pname = pname;
24       }
25   
26       public char getPsex() {
27           return psex;
28       }
29   
30       public void setPsex(char psex) {
31           this.psex = psex;
```

```
32              }
33
34              public int getPage() {
35                  return page;
36              }
37
38              public void setPage(int page) {
39                  this.page = page;
40              }
41          }
42
43          ends People{







                        ring sno, String sname, char ssex, int sage, String sdept) {
                             ssex, sage);
                           no;
                             sdept;



                        () {




                        ring sno) {




                        ) {




                        ng sdept) {








                                  = new StringBuilder("Student(");
                               end(sno).append('\'');
                                append(getPname()).append('\'');
                                ppend(getPsex()).append('\'');
                              pend(getPage());
                                 ppend(sdept).append('\'');




8
81          @Override
82          public int hashCode() {
83              return sno.hashCode() >>> 1;
84          }
85
```

```java
86          @Override
87          public boolean equals(Object obj) {  //根据学号进行相等比较
88              if(obj instanceof Student) {
89                  Student stu = (Student)obj;
90                  return this.sno.equals(stu.getSno()) ? true : false;
91              } else {
92                  return false;
93              }
94          }
95      }
96
97      public class App9_1 {
98          public static void main(String[] args) {
99              Student stuJason = new Student("09001", "Jason", 'M', 21, "BD");
                                                                            // BD:大数据学院
100             Student stuIsabella = new Student("09002", "Isabella", 'F', 20, "MD");
                                                                            // MD:音乐与舞蹈学院
101             Student stuCathy = new Student("09003", "Cathy", 'F', 19, "MATH");
                                                                            // MATH:数学学院
102             Student stuAndrew = new Student("09004", "Andrew", 'M', 22, "AI");
                                                                            // AI:人工智能学院
103             Student stuSophia = new Student("09005", "Sophia", 'F', 20, "CS");
                                                                            // CS:计算机学院
104
105             App9_1 app = new App9_1();
106
107             int result = app.compareStudentOnAge(stuJason, stuCathy);
108             System.out.println("stuJason.age is " + (result > 0 ?  "greater than " :
                    result == 0 ? "equal to " : "less than ") + "stuCathy");
109             System.out.println();
110
111             try{
112                 app.compareStudentOnAge(null, stuAndrew);
113             }catch(Exception ex) {
114                 ex.printStackTrace();
115             }
116             System.out.println();
117
118             try{
119                 app.compareStudentOnAge(stuIsabella, null);
120             }catch(Exception ex) {
121                 ex.printStackTrace();
122             }
123             System.out.println();
124
125             try{
126                 app.compareStudentOnName(null, stuSophia);
127             }catch(Exception ex) {
128                 ex.printStackTrace();
129             }
130             System.out.println();
131
132             Student[] students = new Student[10];
133             for(int i = 0; i < students.length; i++) {
```

```java
134            switch(new Random().nextInt(10) % 4) {
135            case 0:
136                    students[i] = null;
137                    break;
138            case 1:
139                    students[i] = stuCathy;
140                    break;
141            case 2:
142                    students[i] = stuSophia;
143                    break;
144            case 3:
145                    students[i] = stuIsabella;
146                    break;
147            }
148        }
149
150        for(int i = 0; i < students.length; i++) {
151            boolean isNull = Objects.isNull(students[i]);
152            boolean nonNull = Objects.nonNull(students[i]);
153
154            if(isNull) {
155                    System.out.println("students[" + i + "] is " + Objects.toString(students[i], "Student(null, null, null, null)"));
156            }
157            if(nonNull) {
158                    System.out.println("students[" + i + "] is " + Objects.toString(students[i]));
159            }
160        }
161        System.out.println();
162
163        System.out.println("stuJason.hashCode() is" + stuJason.hashCode());
164        System.out.println("Objects.hashCode(stuJason) is " + Objects.hashCode(stuJason));
165        System.out.println("Objects.hashCode(null) is " + Objects.hashCode(null));
166        System.out.println("Objects.hash(stuJason, stuAndrew, stuIsabella) is " + Objects.hash(stuJason, stuAndrew, stuIsabella));
167        System.out.println();
168
169        Student[][] stuArr1 = { {stuCathy, stuJason, stuAndrew}, {stuIsabella, stuSophia, stuJason} };
170        Student[][] stuArr2 = { {stuCathy, stuJason, stuAndrew}, {stuIsabella, stuSophia, stuJason} };
171        Student[][] stuArr3 = { {stuIsabella, stuSophia, stuJason}, {stuCathy, stuJason, stuAndrew} };
172        Student[][] stuArr4 = { {stuIsabella, stuSophia}, {stuJason, stuCathy}, {stuJason, stuAndrew} };
173        Student[] stuArr5 = {stuJason, stuIsabella, stuCathy, stuAndrew, stuSophia};
174        System.out.println("stuArr1 " + (Objects.deepEquals(stuArr1, stuArr1) ? "is ": "is not ") + "deeply equals to stuArr1");
175        System.out.println("stuArr1 " + (Objects.deepEquals(stuArr1, stuArr2) ? "is ": "is not ") + "deeply equals to stuArr2");
176        System.out.println("stuArr1 " + (Objects.deepEquals(stuArr1, stuArr3) ?
```

```
177                System.out.println("stuArr1 " + (Objects.deepEquals(stuArr1, stuArr4) ?
                       "is " : "is not ") + "deeply equals to stuArr4");
178                System.out.println("stuArr1 " + (Objects.deepEquals(stuArr1, stuArr5) ?
                       "is " : "is not ") + "deeply equals to stuArr5");
179                System.out.println();
180
181                System.out.println("stuArr1 " + (Objects.equals(stuArr1, stuArr1) ? "is " :
                       "is not ") + "equals to stuArr1");
182                System.out.println("stuArr1 " + (Objects.equals(stuArr1, stuArr2) ? "is " :
                       "is not ") + "equals to stuArr2");
183                System.out.println("stuArr1 " + (Objects.equals(stuArr1, stuArr3) ? "is " :
                       "is not ") + "equals to stuArr3");
184                System.out.println("stuArr1 " + (Objects.equals(stuArr1, stuArr4) ? "is " :
                       "is not ") + "equals to stuArr4");
185                System.out.println("stuArr1 " + (Objects.equals(stuArr1, stuArr5) ? "is " :
                       "is not ") + "equals to stuArr5");
186                System.out.println();
187
188                stuAndrew.setSno("09001");
189                System.out.println("stuJason " + (Objects.deepEquals(stuJason, stuAndrew)
                       ? "is " : "is not ") + "deeply equals to stuAndrew");
190                System.out.println("stuJason " + (Objects.equals(stuJason, stuAndrew) ?
                       "is ": "is not ") + "equals to stuAndrew");
191            }
192
193            int compareStudentOnAge(Student s1, Student s2) {
194                Objects.requireNonNull(s1);
195                Objects.requireNonNull(s2, "s2 shouldn't be null!");
196                return Objects.compare(s1, s2, new Comparator<People>() {
197                    public int compare(People p1, People p2) {
198                        return p1.getPage() - p2.getPage();
199                    }
200                });
201            }
202
203            int compareStudentOnName(Student s1, Student s2) {
204                Objects.requireNonNull(s1, () -> "s1 shouldn't be null!");
205                Objects.requireNonNull(s2, "s2 shouldn't be null!");
206                return Objects.compare(s1, s2, new Comparator<People>() {
207                    public int compare(People p1, People p2) {
208                        return p1.getPname().compareTo(p2.getPname());
209                    }
210                });
211        }
212    }
```

程序运行结果如下：

stuJason.age is greater than stuCathy

java.lang.NullPointerException
    at java.util.Objects.requireNonNull(Objects.java:203)
    at com.jgcs.chp9.p1.App9_1.compareStudentOnAge(App9_1.java:194)
    at com.jgcs.chp9.p1.App9_1.main(App9_1.java:112)

```
java.lang.NullPointerException: s2 shouldn't be null!
    at java.util.Objects.requireNonNull(Objects.java:228)
    at com.jgcs.chp9.p1.App9_1.compareStudentOnAge(App9_1.java:195)
    at com.jgcs.chp9.p1.App9_1.main(App9_1.java:119)

java.lang.NullPointerException: s1 shouldn't be null!
    at java.util.Objects.requireNonNull(Objects.java:290)
    at com.jgcs.chp9.p1.App9_1.compareStudentOnName(App9_1.java:204)
    at com.jgcs.chp9.p1.App9_1.main(App9_1.java:126)

students[0] is Student(null, null, null, null, null)
students[1] is Student(no = '09003', name = 'Cathy', sex = 'F', age = 19, dept = 'MATH')
students[2] is Student(no = '09005', name = 'Sophia', sex = 'F', age = 20, dept = 'CS')
students[3] is Student(no = '09005', name = 'Sophia', sex = 'F', age = 20, dept = 'CS')
students[4] is Student(null, null, null, null, null)
students[5] is Student(null, null, null, null, null)
students[6] is Student(no = '09005', name = 'Sophia', sex = 'F', age = 20, dept = 'CS')
students[7] is Student(no = '09002', name = 'Isabella', sex = 'F', age = 20, dept = 'MD')
students[8] is Student(null, null, null, null, null)
students[9] is Student(no = '09005', name = 'Sophia', sex = 'F', age = 20, dept = 'CS')

stuJason.hashCode() is23037380
Objects.hashCode(stuJason) is 23037380
Objects.hashCode(null) is 0
Objects.hash(stuJason, stuAndrew, stuIsabella) is 1401311682

stuArr1 is deeply equals to stuArr1
stuArr1 is deeply equals to stuArr2
stuArr1 is not deeply equals to stuArr3
stuArr1 is not deeply equals to stuArr4
stuArr1 is not deeply equals to stuArr5

stuArr1 is equals to stuArr1
stuArr1 is not equals to stuArr2
stuArr1 is not equals to stuArr3
stuArr1 is not equals to stuArr4
stuArr1 is not equals to stuArr5

stuJason is deeply equals to stuAndrew
stuJason is equals to stuAndrew
```

例 9.1 首先定义了两个类 People 和 Student，分别如第 7～41 行和第 43～95 行所示，其中 Student 是 People 的子类。Student 类重新定义了从 Object 类继承而来的 hashCode() 和 equals() 方法，以根据学号来进行学生对象的哈希码生成和大小比较，如第 81～93 行所示。主类 App9_1 在第 193～201 行和第 203～211 行分别定义了 compareStudentOnAge() 和 compareStudentOnName() 方法来根据年龄或姓名比较两个学生对象。方法 compareStudentOnAge() 调用 Objects 的 requireNonNull() 来对其参数 s1 和 s2 进行非空检查，如果 s1 或 s2 为空，则抛出 NullPointerException 异常，其中第 195 行的 requireNonNull() 方法允许定制被抛出异常携带的消息字符串。方法 compareStudentOnName() 也以同样方式对参数进行非空检查，其中第 204 行的

requireNonNull()方法通过一个匿名Supplier<T>对象来产生被抛出异常携带的消息字符串。这两个方法都调用Objects.compare()方法来比较学生对象,如第196~200行和第206~210行所示,而Objects.compare()又将比较逻辑委托给匿名Comparator<T>对象实现,注意这里的外比较器对象的类型是Comparator<People>而不是Comparator<Student>,根据Objects的compare()方法的第三个参数的类型要求(如表9.1所示),这里使用Comparator<People>是适当的。

主类App9_1在main()方法中,先创建了五个学生对象stuJason、stuIsabella、stuCathy、stuAndrew和stuSophia,如第99~103行所示,然后以它们或null参数调用compareStudentOnAge()或compareStudentOnName()方法,如第107~130行所示,可以对比这些代码和它们的运行结果来理解Objects类相关方法的使用。在第132~148行,mian()方法创建了一个长度为10的学生数组students,然后用null、stuCathy、stuSophia或stuIsabella随机填充该数组。在第150~160行,程序调用Objects的isNull()和nonNull()方法检查每个数组元素是否为null,并调用Objects的toString()方法将数组元素转换为字符串,其中第155行的toString()允许在其第一个参数为null时指定代替"null"的定制字符串。在第163~166行,程序调用Objects的hashCode()和hash()方法来生成stuJason、null或多个学生对象的哈希码,根据运行结果可以看出,Objects.hashCode(stuJason)的结果与stuJason.hashCode()相同。实际上Objects.hashCode(obj)就是通过调用obj.hashCode()来实现的,当然如果obj为null,则Objects.hashCode(null)会直接返回0。

在第169~173行,main()方法使用前述五个学生对象的各种组合创建了五个数组stuArr1、stuArr2、stuArr3、stuArr4和stuArr5,其中前三个是2*3型二维数组,第四个是3*2型二维数组,而第五个是长度为5的一维数组。程序在第174~178行和第181~185行分别调用Objects的deepEquals()和equals()方法对这五个数组进行深度相等比较和一般相等比较。对于一般相等比较equals(obj1,obj2),如果obj1和obj2都不是null,则直接返回obj1.equals(obj2)(如果obj1和obj2都是数组,obj1.equals(obj2)的比较逻辑就是直接比较obj1和obj2的内存地址是否相等);而对于深度相等比较deepEquals(obj1,obj2),如果obj1和obj2都不是null也不是数组,则直接返回obj1.equals(obj2),但如果obj1和obj2都是数组,则会调用Arrays.deepEquals(obj1,obj2)对两个数组进行深度相等比较:只有obj1和obj2的维数相同且每个维度上的元素深度也相等,两个数组才深度相等(关于Arrays类和其deepEquals()方法的介绍详见9.3节和表9.3)。因此stuArr1与stuArr2深度相等但并不一般相等,第175行和第182行代码的运行结果证实了这一点。据前所述,如果obj1和obj2都不是null,则Objects的equals(obj1,obj2)和deepEquals(obj1,obj2)都将直接返回obj1.equals(obj2),第189~190行代码的运行结果对此进行了验证。当然如果obj1和obj2都是null或其中之一为null,则equals()和deepEquals()都将分别返回true或false。

9.2 Spliterators类

Spliterators类提供对可分割迭代器即java.util.Spliterator<T>对象的各种操纵和创建功能,其常用成员和方法如表9.2所示。例9.2通过给出一个定制类MySpliterators来示例性地说明 Spliterators 类的成员和方法的实现细节。例 9.3 给出了一个演示 Spliterators 类用法的程序示例。

表 9.2 Spliterators 类的常用成员与方法

成员/方法签名	功 能 说 明
static class Spliterators. AbstractDoubleSpliterator	一个专用于 double 型数据的可分割迭代器抽象类,该类实现了 Spliterator.OfDouble 接口,重写了其 trySplit()方法以允许有限的并行数据处理。对一个 AbstractDoubleSpliterator 对象 ads 第 n 次(n 大于或等于 1)调用 trySplit()方法会返回一个 Spliterator.OfDouble 对象 sod,sod 将包含当前 ads 的前 1024 * n 个元素,而剩余元素留在 ads 中。如果 ads 中的元素个数小于或等于 1024 * n,则它的全部元素将被分割到 sod 中,而 ads 将变为空。这种情况下即使在两个线程中同时利用 ads 和 sod 处理数据,也不会提高数据的并行处理程度,因此这种类型的可分割迭代器仅提供有限的并行处理能力。sod 实际上是一个不对外公开类型 Spliterators.DoubleArraySpliterator 的对象,其 trySplit()方法执行二分划分逻辑
static class Spliterators. AbstractIntSpliterator	一个专用于 int 型数据的可分割迭代器抽象类,该类实现了 Spliterator.OfInt 接口,重写了其 trySplit()方法以允许有限的并行数据处理。对一个 AbstractIntSpliterator 对象 ais 第 n 次(n 大于或等于 1)调用它的 trySplit()方法就会得到一个包含当前 ais 前 1024 * n 个元素的 Spliterator.OfInt 对象 soi。如果 ais 中的元素个数小于或等于 1024 * n,则它的全部元素将被分割到 soi 中,而 ais 将变为空。这种情况下即使在两个线程中同时利用 ais 和 soi 处理数据,也不会提高数据的并行处理程度,因此这种类型的可分割迭代器仅提供有限的并行处理能力。soi 实际上是一个不对外公开类型 Spliterators.IntArraySpliterator 的对象,其 trySplit()方法执行二分划分逻辑
static class Spliterators. AbstractLongSpliterator	一个专用于 long 型数据的可分割迭代器抽象类,该类实现了 Spliterator.OfLong 接口,重写了其 trySplit()方法以允许有限的并行数据处理。对一个 AbstractLongSpliterator 对象 als 第 n 次(n 大于或等于 1)调用它的 trySplit()方法就会得到一个包含当前 als 前 1024 * n 个元素的 Spliterator.OfLong 对象 sol,剩余元素留在 als 中。如果 als 中的元素个数小于或等于 1024 * n,则它的全部元素将被分割到 sol 中,而 als 将变为空。这种情况下即使在两个线程中同时利用 als 和 sol 处理数据,也不会提高数据的并行处理程度,因此这种类型的可分割迭代器仅提供有限的并行处理能力。sol 实际上是一个不对外公开类型 Spliterators.LongArraySpliterator 的对象,其 trySplit()方法执行二分划分逻辑
static class Spliterators. AbstractSpliterator<T>	一个用于 T 型数据的可分割迭代器抽象类,该类实现了 Spliterator<T>接口,重写了其 trySplit()方法以允许有限的并行数据处理。对一个 AbstractSpliterator<T>对象 as 第 n 次(n 大于或等于 1)调用它的 trySplit()方法就会得到一个包含当前 as 前 1024 * n 个元素的 Spliterator<T>对象 sp,剩余元素留在 as 中。如果 as 中的元素个数小于或等于 1024 * n,则它的全部元素将被分割到 sp 中,而 as 将变为空。这种情况下即使在两个线程中同时利用 as 和 sp 处理数据,也不会提高数据的并行处理程度,因此这种类型的可分割迭代器仅提供有限的并行处理能力。sp 实际上是一个不对外公开类型 Spliterators.ArraySpliterator 的对象,其 trySplit()方法执行二分划分逻辑
static Spliterator.OfDouble emptyDoubleSpliterator()	创建一个实现 Spliterator.OfDouble 接口的可分割迭代器类的空对象并返回它,即创建并返回一个空 Spliterator.OfDouble 对象,对该空对象调用 trySplit()总是返回 null,该对象具有 SIZED 和 SUBSIZED 特性

续表

成员/方法签名	功 能 说 明
static Spliterator.OfInt emptyIntSpliterator()	创建一个实现 Spliterator.OfInt 接口的可分割迭代器类的空对象并返回它,即创建并返回一个空 Spliterator.OfInt 对象,对该空对象调用 trySplit() 总是返回 null,该对象具有 SIZED 和 SUBSIZED 特性
static Spliterator.OfLong emptyLongSpliterator()	创建一个实现 Spliterator.OfLong 接口的可分割迭代器类的空对象并返回它,即创建并返回一个空 Spliterator.OfLong 对象,对该空对象调用 trySplit() 总是返回 null,该对象具有 SIZED 和 SUBSIZED 特性
static <T> Spliterator<T> emptySpliterator()	创建一个实现 Spliterator<T>接口的可分割迭代器类的空对象并返回它,即创建并返回一个空 Spliterator<T>对象,对该空对象调用 trySplit() 总是返回 null,该对象具有 SIZED 和 SUBSIZED 特性
static PrimitiveIterator.OfDouble iterator(Spliterator.OfDouble spliterator)	将 Spliterator.OfDouble 类型的可分割迭代器 spliterator 转换为 PrimitiveIterator.OfDouble 类型的普通迭代器。在该方法调用后,不应再对 spliterator 进行任何操作
static PrimitiveIterator.OfInt iterator(Spliterator.OfInt spliterator)	将 Spliterator.OfInt 类型的可分割迭代器 spliterator 转换为 PrimitiveIterator.OfInt 类型的普通迭代器。在该方法调用后,不应再对 spliterator 进行任何操作
static PrimitiveIterator.OfLong iterator(Spliterator.OfLong spliterator)	将 Spliterator.OfLong 类型的可分割迭代器 spliterator 转换为 PrimitiveIterator.OfLong 类型的普通迭代器。在该方法调用后,不应再对 spliterator 进行任何操作
static <T> Iterator<T> iterator(Spliterator<? extends T> spliterator)	将 Spliterator<? extends T>类型的可分割迭代器 spliterator 转换为 Iterator<T>类型的普通迭代器。在该方法调用后,不应再对 spliterator 进行任何操作
static <T> Spliterator<T> spliterator(Collection<? extends T> c, int characteristics)	根据容器 c 和指定的可分割迭代器特性 characteristics 创建并返回可分割迭代器 sp。sp 以 c.iterator() 返回的迭代器作为自己的数据源,sp 的初始大小为 c.size()。对 sp 第 n 次(n 大于或等于 1)调用它的 trySplit() 方法就会得到一个包含当前 sp 前 1024*n 个元素的 Spliterator<T>对象 left,剩余元素留在 sp 中。如果 sp 中的元素个数小于或等于 1024*n,则它的全部元素将被分割到 left 中,而 sp 将变为空。这种情况下即使在两个线程中同时利用 sp 和 left 处理数据,也不会提高数据的并行处理程度,因此这种类型的可分割迭代器仅提供有限的并行处理能力。left 实际上是一个不对外公开类型 Spliterators.ArraySpliterator 的对象,其 trySplit() 方法执行二分划分逻辑。被返回的可分割迭代器 sp 具有晚绑定(Late-binding)和快失败(Fail-fast)特点
static Spliterator.OfDouble spliterator(double[] array, int additionalCharacteristics)	根据 double 型数组 array 和指定的可分割迭代器特性 additionalCharacteristics 创建并返回 Spliterator.OfDouble 类型的可分割迭代器 sp。在该方法调用后,不应再对 array 进行任何修改操作。该方法所返回的可分割迭代器的特性总会包含 SIZED 和 SUBSIZED,如果想要指定其他特性可在 additionalCharacteristics 中设置。增设的特性一般是 IMMUTABLE 和 ORDERED。对 sp 每次调用它的 trySplit() 方法就会得到一个包含 sp 约前一半元素的 Spliterator<T>对象 left,剩余元素留在 sp 中。sp 和 left 实际上都是一个不对外公开类型 Spliterators.DoubleArraySpliterator 的对象

续表

成员/方法签名	功 能 说 明
static Spliterator.OfDouble spliterator(double[] array, int fromIndex, int toIndex, int additionalCharacteristics)	利用 double 型数组 array 在[fromIndex,toIndex)范围的元素和指定的可分割迭代器特性 additionalCharacteristics 创建并返回 Spliterator.OfDouble 类型的可分割迭代器 sp。在该方法调用后,不应再对 array 进行任何修改操作。该方法所返回的可分割迭代器的特性总会包含 SIZED 和 SUBSIZED,如果想要指定其他特性可在 additionalCharacteristics 中设置。增设的特性一般是 IMMUTABLE 和 ORDERED。对 sp 每次调用它的 trySplit()方法就会得到一个包含 sp 约前一半元素的 Spliterator<T>对象 left,剩余元素留在 sp 中。sp 和 left 实际上都是一个不对外公开类型 Spliterators. DoubleArraySpliterator 的对象
static Spliterator.OfInt spliterator(int[] array, int additionalCharacteristics)	根据 int 型数组 array 和指定的可分割迭代器特性 additionalCharacteristics 创建并返回 Spliterator.OfInt 类型的可分割迭代器 sp。在该方法调用后,不应再对 array 进行任何修改操作。该方法所返回的可分割迭代器的特性总会包含 SIZED 和 SUBSIZED,如果想要指定其他特性可在 additionalCharacteristics 中设置。增设的特性一般是 IMMUTABLE 和 ORDERED。对 sp 每次调用它的 trySplit()方法就会得到一个包含 sp 约前一半元素的 Spliterator<T>对象 left,剩余元素留在 sp 中。sp 和 left 实际上都是一个不对外公开类型 Spliterators. IntArraySpliterator 的对象
static Spliterator.OfInt spliterator(int[] array, int fromIndex, int toIndex, int additionalCharacteristics)	利用 int 型数组 array 在[fromIndex,toIndex)范围的元素和指定的可分割迭代器特性 additionalCharacteristics 创建并返回 Spliterator.OfInt 类型的可分割迭代器 sp。在该方法调用后,不应再对 array 进行任何修改操作。该方法所返回的可分割迭代器的特性总会包含 SIZED 和 SUBSIZED,如果想要指定其他特性可在 additionalCharacteristics 中设置。增设的特性一般是 IMMUTABLE 和 ORDERED。对 sp 每次调用它的 trySplit()方法就会得到一个包含 sp 约前一半元素的 Spliterator<T>对象 left,剩余元素留在 sp 中。sp 和 left 实际上都是一个不对外公开类型 Spliterators. IntArraySpliterator 的对象
static Spliterator.OfLong spliterator(long[] array, int additionalCharacteristics)	根据 long 型数组 array 和指定的可分割迭代器特性 additionalCharacteristics 创建并返回 Spliterator.OfLong 类型的可分割迭代器 sp。在该方法调用后,不应再对 array 进行任何修改操作。该方法所返回的可分割迭代器的特性总会包含 SIZED 和 SUBSIZED,如果想要指定其他特性可在 additionalCharacteristics 中设置。增设的特性一般是 IMMUTABLE 和 ORDERED。对 sp 每次调用它的 trySplit()方法就会得到一个包含 sp 约前一半元素的 Spliterator<T>对象 left,剩余元素留在 sp 中。sp 和 left 实际上都是一个不对外公开类型 Spliterators. LongArraySpliterator 的对象
static Spliterator.OfLong spliterator(long[] array, int fromIndex, int toIndex, int additionalCharacteristics)	利用 long 型数组 array 在[fromIndex,toIndex)范围的元素和指定的可分割迭代器特性 additionalCharacteristics 创建并返回 Spliterator.OfInt 类型的可分割迭代器 sp。在该方法调用后,不应再对 array 进行任何修改操作。该方法所返回的可分割迭代器的特性总会包含 SIZED 和 SUBSIZED,如果想要指定其他特性可在 additionalCharacteristics 中设置。增设的特性一般是 IMMUTABLE 和 ORDERED。对 sp 每次调用它的 trySplit()方法就会得到一个包含 sp 约前一半元素的 Spliterator<T>对象 left,剩余元素留在 sp 中。sp 和 left 实际上都是一个不对外公开类型 Spliterators. LongArraySpliterator 的对象

续表

成员/方法签名	功能说明
static <T> Spliterator<T> spliterator(Object[] array, int additionalCharacteristics)	根据 Object 型数组 array 和指定的可分割迭代器特性 additionalCharacteristics 创建并返回 Spliterator<T>类型的可分割迭代器 sp。在该方法调用后,不应再对 array 进行任何修改操作。该方法所返回的可分割迭代器的特性总会包含 SIZED 和 SUBSIZED,如果想要指定其他特性可在 additionalCharacteristics 中设置。增设的特性一般是 IMMUTABLE 和 ORDERED。对 sp 每次调用它的 trySplit()方法就会得到一个包含 sp 约前一半元素的 Spliterator<T>对象 left,剩余元素留在 sp 中。sp 和 left 实际上都是一个不对外公开类型 Spliterators.ArraySpliterator 的对象
static <T> Spliterator<T> spliterator(Object[] array, int fromIndex, int toIndex, int additionalCharacteristics)	利用 Object 型数组 array 在[fromIndex,toIndex)范围的元素和指定的可分割迭代器特性 additionalCharacteristics 创建并返回 Spliterator<T>类型的可分割迭代器 sp。在该方法调用后,不应再对 array 进行任何修改操作。该方法所返回的可分割迭代器的特性总会包含 SIZED 和 SUBSIZED,如果想要指定其他特性可在 additionalCharacteristics 中设置。增设的特性一般是 IMMUTABLE 和 ORDERED。对 sp 每次调用它的 trySplit()方法就会得到一个包含 sp 约前一半元素的 Spliterator<T>对象 left,剩余元素留在 sp 中。sp 和 left 实际上都是一个不对外公开类型 Spliterators.ArraySpliterator 的对象
static Spliterator.OfDouble spliterator(PrimitiveIterator.OfDouble iterator, long size, int characteristics)	利用 PrimitiveIterator.OfDouble 类型的迭代器 iterator 和指定的可分割迭代器特性 characteristics 创建 Spliterator.OfDouble 类型的可分割迭代器 sp,sp 的初始长度为 size。在该方法调用后,不应再对 iterator 进行任何操作。对 sp 第 n 次(n 大于或等于 1)调用它的 trySplit()方法就会得到一个包含当前 sp 前 1024 * n 个元素的 Spliterator.OfDouble 对象 left,剩余元素留在 sp 中。如果 sp 中的元素个数小于或等于 1024 * n,则它的全部元素将被分割到 left 中,而 sp 将变为空。这种情况下,即使在两个线程中同时利用 sp 和 left 处理数据,也不会提高数据的并行处理程度,因此这种类型的可分割迭代器仅提供有限的并行处理能力。left 实际上是一个不对外公开类型 Spliterators.DoubleArraySpliterator 的对象,其 trySplit()方法执行二分划分逻辑。被返回的可分割迭代器 sp 继承了 iterator 的快失败特点,但不具有晚绑定特点
static Spliterator.OfInt spliterator(PrimitiveIterator.OfInt iterator, long size, int characteristics)	利用 PrimitiveIterator.OfInt 类型的迭代器 iterator 和指定的可分割迭代器特性 characteristics 创建 Spliterator.OfInt 类型的可分割迭代器 sp,sp 的初始长度为 size。在该方法调用后,不应再对 iterator 进行任何操作。对 sp 第 n 次(n 大于或等于 1)调用它的 trySplit()方法就会得到一个包含当前 sp 前 1024 * n 个元素的 Spliterator.OfInt 对象 left,剩余元素留在 sp 中。如果 sp 中的元素个数小于或等于 1024 * n,则它的全部元素将被分割到 left 中,而 sp 将变为空。这种情况下,即使在两个线程中同时利用 sp 和 left 处理数据,也不会提高数据的并行处理程度,因此这种类型的可分割迭代器仅提供有限的并行处理能力。left 实际上是一个不对外公开类型 Spliterators.IntArraySpliterator 的对象,其 trySplit()方法执行二分划分逻辑。被返回的可分割迭代器 sp 继承了 iterator 的快失败特点,但不具有晚绑定特点

续表

成员/方法签名	功 能 说 明
static Spliterator.OfLong spliterator(PrimitiveIterator.OfLong iterator, long size,int characteristics)	利用 PrimitiveIterator.OfLong 类型的迭代器 iterator 和指定的可分割迭代器特性 characteristics 创建 Spliterator.OfLong 类型的可分割迭代器 sp,sp 的初始长度为 size。在该方法调用后,不应再对 iterator 进行任何操作。对 sp 第 n 次(n 大于或等于 1)调用它的 trySplit()方法就会得到一个包含当前 sp 前 1024*n 个元素的 Spliterator.OfLong 对象 left,剩余元素留在 sp 中。如果 sp 中的元素个数小于或等于 1024*n,则它的全部元素将被分割到 left 中,而 sp 将变为空。这种情况下,即使在两个线程中同时利用 sp 和 left 处理数据,也不会提高数据的并行处理程度,因此这种类型的可分割迭代器仅提供有限的并行处理能力。left 实际上是一个不对外公开类型 Spliterators.LongArraySpliterator 的对象,其 trySplit()方法执行二分划分逻辑。被返回的可分割迭代器 sp 继承了 iterator 的快失败特点,但不具有晚绑定特点
static <T> Spliterator <T> spliterator(Iterator <? extends T> iterator, long size,int characteristics)	利用 Iterator<? extends T>类型的迭代器 iterator 和指定的可分割迭代器特性 characteristics 创建 Spliterator<T>类型的可分割迭代器 sp,sp 的初始长度为 size。在该方法调用后,不应再对 iterator 进行任何操作。对 sp 第 n 次(n 大于或等于 1)调用它的 trySplit()方法就会得到一个包含当前 sp 前 1024*n 个元素的 Spliterator<T>对象 left,剩余元素留在 sp 中。如果 sp 中的元素个数小于或等于 1024*n,则它的全部元素将被分割到 left 中,而 sp 将变为空。这种情况下,即使在两个线程中同时利用 sp 和 left 处理数据,也不会提高数据的并行处理程度,因此这种类型的可分割迭代器仅提供有限的并行处理能力。left 实际上是一个不对外公开类型 Spliterators.ArraySpliterator 的对象,其 trySplit()方法执行二分划分逻辑。被返回的可分割迭代器 sp 继承了 iterator 的快失败特点,但不具有晚绑定特点
static Spliterator.OfDouble spliteratorUnknownSize (PrimitiveIterator.OfDouble iterator,int characteristics)	利用 PrimitiveIterator.OfDouble 类型的迭代器 iterator 和指定的可分割迭代器特性 characteristics 创建 Spliterator.OfDouble 类型的可分割迭代器 sp,sp 的初始长度未知或为无限大。在该方法调用后,不应再对 iterator 进行任何操作。对 sp 第 n 次(n 大于或等于 1)调用它的 trySplit()方法就会得到一个包含当前 sp 前 1024*n 个元素的 Spliterator.OfDouble 对象 left,剩余元素留在 sp 中。如果 sp 中的元素个数小于或等于 1024*n,则它的全部元素将被分割到 left 中,而 sp 将变为空。这种情况下,即使在两个线程中同时利用 sp 和 left 处理数据,也不会提高数据的并行处理程度,因此这种类型的可分割迭代器仅提供有限的并行处理能力。left 实际上是一个不对外公开类型 Spliterators.DoubleArraySpliterator 的对象,其 trySplit()方法执行二分划分逻辑。被返回的可分割迭代器 sp 继承了 iterator 的快失败特点,但不具有晚绑定特点
static Spliterator.OfInt spliteratorUnknownSize (PrimitiveIterator.OfInt iterator,int characteristics)	利用 PrimitiveIterator.OfInt 类型的迭代器 iterator 和指定的可分割迭代器特性 characteristics 创建 Spliterator.OfInt 类型的可分割迭代器 sp,sp 的初始长度未知或为无限大。在该方法调用后,不应再对 iterator 进行任何操作。对 sp 第 n 次(n 大于或等于 1)调用它的 trySplit()方法就会得到一个包含当前 sp 前 1024*n 个元素的 Spliterator.OfInt 对象 left,剩余元素留在 sp 中。如果 sp 中的元素个数小于或等于 1024*n,则它的全部元素将被分割到 left 中,而 sp 将变为空。这种情况下,即使在两个线程中同时利用 sp 和 left 处理数据,也不会提高数据的并行处理程度,因此这种类型的可分割迭代器仅提供有限的并行处理能力。left 实际上是一个不对外公开类型 Spliterators.IntArraySpliterator 的对象,其 trySplit()方法执行二分划分逻辑。被返回的可分割迭代器 sp 继承了 iterator 的快失败特点,但不具有晚绑定特点

续表

成员/方法签名	功 能 说 明
static Spliterator.OfLong spliteratorUnknownSize (PrimitiveIterator.OfLong iterator,int characteristics)	利用 PrimitiveIterator.OfLong 类型的迭代器 iterator 和指定的可分割迭代器特性 characteristics 创建 Spliterator.OfLong 类型的可分割迭代器 sp，sp 的初始长度未知或为无限大。在该方法调用后，不应再对 iterator 进行任何操作。对 sp 第 n 次(n 大于或等于1)调用它的 trySplit()方法就会得到一个包含当前 sp 前 1024 * n 个元素的 Spliterator.OfLong 对象 left，剩余元素留在 sp 中。如果 sp 中的元素个数小于或等于 1024 * n，则它的全部元素将被分割到 left 中，而 sp 将变为空。这种情况下，即使在两个线程中同时利用 sp 和 left 处理数据，也不会提高数据的并行处理程度，因此这种类型的可分割迭代器仅提供有限的并行处理能力。left 实际上是一个不对外公开类型 Spliterators.LongArraySpliterator 的对象，其 trySplit()方法执行二分划分逻辑。被返回的可分割迭代器 sp 继承了 iterator 的快失败特点，但不具有晚绑定特点
static <T> Spliterator<T> spliteratorUnknownSize (Iterator<? extends T> iterator,int characteristics)	利用 Iterator<? extends T>类型的迭代器 iterator 和指定的可分割迭代器特性 characteristics 创建 Spliterator<T>类型的可分割迭代器 sp，sp 的初始长度未知或为无限大。在该方法调用后，不应再对 iterator 进行任何操作。对 sp 第 n 次(n 大于或等于1)调用它的 trySplit()方法就会得到一个包含当前 sp 前 1024 * n 个元素的 Spliterator<T>对象 left，剩余元素留在 sp 中。如果 sp 中的元素个数小于或等于 1024 * n，则它的全部元素将被分割到 left 中，而 sp 将变为空。这种情况下，即使在两个线程中同时利用 sp 和 left 处理数据，也不会提高数据的并行处理程度，因此这种类型的可分割迭代器仅提供有限的并行处理能力。left 实际上是一个不对外公开类型 Spliterators.ArraySpliterator 的对象，其 trySplit()方法执行二分划分逻辑。被返回的可分割迭代器 sp 继承了 iterator 的快失败特点，但不具有晚绑定特点

【例 9.2】 使用定制类 MySpliterators 示例性地说明 Spliterators 类的成员和方法的实现细节。

```
1    package com.jgcs.chp9.p2;
2
3    import java.util.Collection;
4    import java.util.Comparator;
5    import java.util.Iterator;
6    import java.util.Objects;
7    import java.util.PrimitiveIterator;
8    import java.util.Random;
9    import java.util.Spliterator;
10   import java.util.function.Consumer;
11   import java.util.function.DoubleConsumer;
12   import java.util.function.IntConsumer;
13   import java.util.function.LongConsumer;
14   import java.util.function.Supplier;
15
16   public class App9_2 {
17       public static void main(String[] args) {
18           MySpliterators.AbstractSpliterator<String> SplitStrs = new MySpliterators.
                 AbstractSpliterator<String>(3072, Spliterator.SIZED){
19               public boolean tryAdvance(Consumer<? super String> action) {
20                   String str = strSupplier.get();
```

```java
21                    action.accept(str);
22                    if(str.equals("WHOAMI"))
23                        return false;
24                    else
25                        return true;
26                }
27
28                private Supplier<String> strSupplier = () -> {
29                    String alphabet = "abcdefghijklmnopqrstuvwxyzABCDEFGHIJKLMNOPQRSTUVWXYZ"; //字母表
30                    StringBuffer sb = new StringBuffer();
31                    for(int i = 0; i < 6; i++){
32                        int index = new Random().nextInt(alphabet.length());
33                        sb.append(alphabet.charAt(index));
34                    }
35
36                    return sb.toString();
37                };
38            };
39
40            Spliterator<String> left1 = SplitStrs.trySplit();
41            System.out.println("The spliterator left1's size is: " + left1.getExactSizeIfKnown());
42            Spliterator<String> left2 = SplitStrs.trySplit();
43            System.out.println("The spliterator left2's size is: " + left2.getExactSizeIfKnown());
44            try {
45                Spliterator<String> left3 = SplitStrs.trySplit();
46                System.out.println("The spliterator left2's size is: " + left3.getExactSizeIfKnown());
47            }catch(Exception ex) {
48                ex.printStackTrace(System.out); //将异常堆栈输出到System.out而不是
                                                  //System.err(System.err 为默认目标)
49            }
50            System.out.println();
51
52            Spliterator<String> left1_left = left1.trySplit();
53            System.out.println("The spliterator left1_left's size is: " + left1_left.getExactSizeIfKnown());
54            System.out.println("The spliterator left1's size is: " + left1.getExactSizeIfKnown());
55
56    //      System.out.println("The spliterator left1_left's content is: ");
57    //      left1_left.forEachRemaining((e) -> System.out.println(e));
58        }
59    }
60
61    class MySpliterators {
62        //AbstractSpliterator,抽象可分割迭代器类
63        public static abstract class AbstractSpliterator<T> implements Spliterator<T> {
64            static final int BATCH_UNIT = 1 << 10; //batch array size increment,批量数组
                                                     //(即 trySplit()中的 Object 数组 a)大
                                                     //小的增量
65            static final int MAX_BATCH = 1 << 25; //max batch array size,批量数组的最大
```

```java
                                                                        //大小
66          private final int characteristics;
67          private long est; //size estimate,当前可分割迭代器的预估大小
68          private int batch;//batch size for splits,上次调用 trySplit()被分割出去的元
                              //素的数量,初始为 0
69
            //如果 additionalCharacteristics 包含 SIZED 特性,则将 SUBSIZED 特性也添加到
70          //其中
71          protected AbstractSpliterator(long est, int additionalCharacteristics) {
72              this.est = est;
73              this.characteristics = ((additionalCharacteristics & Spliterator.SIZED) != 0)
74                                      ? additionalCharacteristics |
                                          Spliterator.SUBSIZED
75                                      : additionalCharacteristics;
76          }
77
78          static final class HoldingConsumer<T> implements Consumer<T> {
79              Object value;
80
81              @Override
82              public void accept(T value) {
83                  this.value = value;
84              }
85          }
86
            //第 n 次(n 大于或等于 1)调用 trySplit()时,它首先检查 1024 * n 是否小于或等
87          //于 est,如果是就返回一个长度为 1024 * n 的 ArraySpliterator,
            //否则返回一个长度为 est 的 ArraySpliterator;同时 est 也被修改为 est-1024
88          // * n 或 0(如果 tryAdvance(holder)始终为 true)
89          @Override
90          public Spliterator<T> trySplit() {
91              HoldingConsumer<T> holder = new HoldingConsumer<>();
92              long s = est;
93              if (s > 1 && tryAdvance(holder)) {
94                  int n = batch + BATCH_UNIT;
95                  if (n > s)
96                      n = (int) s;
97                  if (n > MAX_BATCH)
98                      n = MAX_BATCH;
99                  Object[] a = new Object[n];
100                 int j = 0;
101                 do { a[j] = holder.value; } while (++j < n && tryAdvance
                                                                (holder));
102                 batch = j;         //修改 batch 为 j
103                 if (est != Long.MAX_VALUE) //如果 est 不是无限大,Long.MAX_
                                               //VALUE 用来表示无限大
104                     est -= j;      //将 est 置为 est-j
105                 return new ArraySpliterator<>(a, 0, j, characteristics());
106             }
107             return null;
108         }
109
110         @Override
111         public long estimateSize() {
```

```java
112                return est;
113            }
114
115            @Override
116            public int characteristics() {
117                return characteristics;
118            }
119        }
120
121    //AbstractDoubleSpliterator,专用于 double 基本类型的抽象可分割迭代器类
122        public static abstract class AbstractDoubleSpliterator implements Spliterator.OfDouble {
123            static final int MAX_BATCH = AbstractSpliterator.MAX_BATCH;    //批量数组(即
                                                                              //trySplit()中
                                                                              //的 double 数
                                                                              //组 a)大小的
                                                                              //增量
124            static final int BATCH_UNIT = AbstractSpliterator.BATCH_UNIT; //批量数组的
                                                                              //最大大小
125            private final int characteristics;
126            private long est; //当前可分割迭代器的预估大小
127            private int batch;//上次调用 trySplit()被分割出去的元素的数量,初始为 0
128
129            //如果 additionalCharacteristics 包含 SIZED 特性,则将 SUBSIZED 特性也添加到
               //其中
130            protected AbstractDoubleSpliterator(long est, int additionalCharacteristics) {
131                this.est = est;
132                this.characteristics = ((additionalCharacteristics & Spliterator.SIZED) != 0)
133                                        ? additionalCharacteristics | Spliterator.SUBSIZED
134                                        : additionalCharacteristics;
135            }
136
137            static final class HoldingDoubleConsumer implements DoubleConsumer {
138                double value;
139
140                @Override
141                public void accept(double value) {
142                    this.value = value;
143                }
144            }
145
146            //第 n 次(n 大于或等于 1)调用 trySplit()时,它首先检查 1024 * n 是否小于或
               //等于 est,如果是就返回一个长度为 1024 * n 的 DoubleArraySpliterator,
147            //否则返回一个长度为 est 的 DoubleArraySpliterator;同时 est 也被修改为
               //est - 1024 * n 或 0(如果 tryAdvance(holder)始终为 true)
148            @Override
149            public Spliterator.OfDouble trySplit() {
150                HoldingDoubleConsumer holder = new HoldingDoubleConsumer();
151                long s = est;
152                if (s > 1 && tryAdvance(holder)) {
153                    int n = batch + BATCH_UNIT;
154                    if (n > s)
```

```java
155                            n = (int) s;
156                        if (n > MAX_BATCH)
157                            n = MAX_BATCH;
158                        double[] a = new double[n];
159                        int j = 0;
160                        do { a[j] = holder.value; } while (++j < n && tryAdvance(holder));
161                        batch = j;
162                        if (est != Long.MAX_VALUE)
163                            est -= j;
164                        return new DoubleArraySpliterator(a, 0, j, characteristics());
165                    }
166                    return null;
167                }
168
169                @Override
170                public long estimateSize() {
171                    return est;
172                }
173
174                @Override
175                public int characteristics() {
176                    return characteristics;
177                }
178            }
179
180    //利用EmptySpliterator<T, S extends Spliterator<T>, C>实现相关方法
181        public static <T> Spliterator<T> emptySpliterator() {
182            return new EmptySpliterator.OfRef<>();
183        }
184
185        public static Spliterator.OfDouble emptyDoubleSpliterator() {
186            return new EmptySpliterator.OfDouble();
187        }
188
189    //EmptySpliterator,空可分割迭代器类
190        private static abstract class EmptySpliterator<T, S extends Spliterator<T>, C> {
191            EmptySpliterator() { }
192
193            public S trySplit() {
194                return null;
195            }
196
197            public boolean tryAdvance(C consumer) {
198                Objects.requireNonNull(consumer);
199                return false;
200            }
201
202            public void forEachRemaining(C consumer) {
203                Objects.requireNonNull(consumer);
204            }
205
206            public long estimateSize() {
207                return 0;
208            }
```

```java
209
210            public int characteristics() {
211                return Spliterator.SIZED | Spliterator.SUBSIZED;
212            }
213
214            private static final class OfRef<T>
215                    extends EmptySpliterator<T, Spliterator<T>, Consumer<? super T>>
216                    implements Spliterator<T> {
217                OfRef() { }
218            }
219
220            private static final class OfInt
221                    extends EmptySpliterator<Integer, Spliterator.OfInt, IntConsumer>
222                    implements Spliterator.OfInt {
223                OfInt() { }
224            }
225
226            private static final class OfLong
227                    extends EmptySpliterator<Long, Spliterator.OfLong, LongConsumer>
228                    implements Spliterator.OfLong {
229                OfLong() { }
230            }
231
232            private static final class OfDouble
233                    extends EmptySpliterator<Double, Spliterator.OfDouble,
                            DoubleConsumer>
234                    implements Spliterator.OfDouble {
235                OfDouble() { }
236            }
237        }
238
239    //利用 IteratorSpliterator<T>和 DoubleIteratorSpliterator 实现相关方法
240    public static <T> Spliterator<T> spliterator(Collection<? extends T> c, int
            characteristics) {
241            return new IteratorSpliterator<>(Objects.requireNonNull(c), characteristics);
242    }
243
244    public static Spliterator.OfDouble spliterator(PrimitiveIterator.OfDouble iterator, long
            size, int characteristics) {
245            return new DoubleIteratorSpliterator(Objects.requireNonNull(iterator), size,
                    characteristics);
246    }
247
248    //IteratorSpliterator,基于正向迭代器的可分割迭代器类
249    static class IteratorSpliterator<T> implements Spliterator<T> {
250        static final int BATCH_UNIT = 1 << 10; //batch array size increment,批量数组
                                                 //(即 trySplit()中的 Object 数组 a)
                                                 //大小的增量
251        static final int MAX_BATCH = 1 << 25; //max batch array size,批量数组的最大
                                                 //大小
252        private final Collection<? extends T> collection;
253        private Iterator<? extends T> it;
254        private final int characteristics;
255        private long est; //size estimate,当前可分割迭代器的预估大小
```

```java
256         private int batch;//batch size for splits,上次调用 trySplit()被分割出去的元
                              //素的数量,初始为 0
257
258         //如果 characteristics 不包含 CONCURRENT 特性,则将 SIZED 和 SUBSIZED 也添加
                //到 characteristics 中,
259         //用于表示当前可分割迭代器及其子可分割迭代器都是有固定大小的,因为没有
                //其他线程并发地修改这些迭代器所引用的数据源
260         public IteratorSpliterator( Collection <? extends T > collection, int
                characteristics) {
261             this.collection = collection;
262             this.it = null;
263             this.characteristics = (characteristics & Spliterator.CONCURRENT) == 0
264                                     ? characteristics | Spliterator.SIZED |
                                        Spliterator.SUBSIZED
265                                     : characteristics;
266         }
267
268         public IteratorSpliterator( Iterator <? extends T > iterator, long size, int
                characteristics) {
269             this.collection = null;
270             this.it = iterator;
271             this.est = size;
272             this.characteristics = (characteristics & Spliterator.CONCURRENT) == 0
273                                     ? characteristics | Spliterator.SIZED |
                                        Spliterator.SUBSIZED
274                                     : characteristics;
275         }
276
277         //由于当前可分割迭代器没有明确大小,故将其大小置为无限大,用 Long.MAX_
                //VALUE 来表示无限大。此时,当前可分割迭代器不具有有限且精确的大小,
278         //故其特性集中不能包含 SIZED 和 SUBSIZED 特性
279         public IteratorSpliterator( Iterator <? extends T > iterator, int
                characteristics) {
280             this.collection = null;
281             this.it = iterator;
282             this.est = Long.MAX_VALUE; //设置当前可分割迭代器的大小为无限大
283             this.characteristics = characteristics & ~(Spliterator.SIZED |
                Spliterator.SUBSIZED);
284         }
285
286         //第 n 次(n 大于或等于 1)调用 trySplit()时,它首先检查 1024 * n 是否小于或
                //等于 est,如果是就返回一个长度为 1024 * n 的 ArraySpliterator,
287         //否则返回一个长度为 est 的 ArraySpliterator;同时 est 也被修改为 est -
                //1024 * n 或 0(如果 hasNext()始终为 true)
288         @Override
289         public Spliterator<T> trySplit() {
290             Iterator <? extends T > i;
291             long s;
292             if ((i = it) == null) {
293                 i = it = collection.iterator();
294                 s = est = (long) collection.size();
295             }
296             else
297                 s = est;
```

```java
                if (s > 1 && i.hasNext()) {
                    int n = batch + BATCH_UNIT;
                    if (n > s)
                        n = (int) s;
                    if (n > MAX_BATCH)
                        n = MAX_BATCH;
                    Object[] a = new Object[n];
                    int j = 0;
                    do { a[j] = i.next(); } while (++j < n && i.hasNext());
                    batch = j;
                    if (est != Long.MAX_VALUE)
                        est -= j;
                    return new ArraySpliterator<>(a, 0, j, characteristics);
                }
                return null;
            }

            @Override
            public void forEachRemaining(Consumer<? super T> action) {
                if (action == null) throw new NullPointerException();
                Iterator<? extends T> i;
                if ((i = it) == null) {
                    i = it = collection.iterator();
                    est = (long)collection.size();
                }
                i.forEachRemaining(action);
            }

            @Override
            public boolean tryAdvance(Consumer<? super T> action) {
                if (action == null) throw new NullPointerException();
                if (it == null) {
                    it = collection.iterator();
                    est = (long) collection.size();
                }
                if (it.hasNext()) {
                    action.accept(it.next());
                    return true;
                }
                return false;
            }

            @Override
            public long estimateSize() {
                if (it == null) {
                    it = collection.iterator();
                    return est = (long)collection.size();
                }
                return est;
            }

            @Override
            public int characteristics() { return characteristics; }
```

```java
352             @Override
353             public Comparator<? super T> getComparator() {
354                 if (hasCharacteristics(Spliterator.SORTED))
355                     return null;
356                 throw new IllegalStateException();
357             }
358         }
359
360         //DoubleIteratorSpliterator,基于double基本类型正向迭代器的可分割迭代器类,这
             //里的正向迭代器类型是 PrimitiveIterator.OfDouble
361         static final class DoubleIteratorSpliterator implements Spliterator.OfDouble {
362             static final int BATCH_UNIT = IteratorSpliterator.BATCH_UNIT; //batch array size
                         //increment,批量数组(即trySplit()中的double数组a)大小的增量
363             static final int MAX_BATCH = IteratorSpliterator.MAX_BATCH; //max batch array
                         //size,批量数组的最大大小
364             private PrimitiveIterator.OfDouble it;
365             private final int characteristics;
366             private long est; //size estimate,当前可分割迭代器的预估大小
367             private int batch;//batch size for splits,上次调用 trySplit()被分割出去的元
                         //素的数量,初始为0
368
369             //如果 characteristics 不包含 CONCURRENT 特性,则将 SIZED 和 SUBSIZED 也添加
                //到 characteristics 中,
370             //用于表示当前可分割迭代器及其子可分割迭代器都是有固定大小的,因为没有
                //其他线程并发地修改这些迭代器所引用的数据源
371             public DoubleIteratorSpliterator(PrimitiveIterator.OfDouble iterator, long size, int characteristics) {
372                 this.it = iterator;
373                 this.est = size;
374                 this.characteristics = (characteristics & Spliterator.CONCURRENT) == 0
375                                     ? characteristics | Spliterator.SIZED | Spliterator.SUBSIZED
376                                     : characteristics;
377             }
378
379             //由于当前可分割迭代器没有明确大小,故将其大小置为无限大,用 Long.MAX_
                //VALUE 来表示无限大。此时,当前可分割迭代器不具有有限且精确的大小,
380             //故其特性集中不能包含 SIZED 和 SUBSIZED 特性
381             public DoubleIteratorSpliterator(PrimitiveIterator.OfDouble iterator, int characteristics) {
382                 this.it = iterator;
383                 this.est = Long.MAX_VALUE;
384                 this.characteristics = characteristics & ~(Spliterator.SIZED | Spliterator.SUBSIZED);
385             }
386
387             //第n次(n大于或等于1)调用 trySplit()时,它首先检查1024*n是否小于或
                //等于est,如果是就返回一个长度为1024*n 的 DoubleArraySpliterator,
388             //否则返回一个长度为est的 DoubleArraySpliterator;同时est也被修改为est
                //-1024*n 或0(如果 hasNext()始终为 true)
389             @Override
390             public OfDouble trySplit() {
391                 PrimitiveIterator.OfDouble i = it;
392                 long s = est;
```

```java
                    if (s > 1 && i.hasNext()) {
                        int n = batch + BATCH_UNIT;
                        if (n > s)
                            n = (int) s;
                        if (n > MAX_BATCH)
                            n = MAX_BATCH;
                        double[] a = new double[n];
                        int j = 0;
                        do { a[j] = i.nextDouble(); } while (++j < n && i.hasNext());
                        batch = j;
                        if (est != Long.MAX_VALUE)
                            est -= j;
                        return new DoubleArraySpliterator(a, 0, j, characteristics);
                    }
                    return null;
                }

                @Override
                public void forEachRemaining(DoubleConsumer action) {
                    if (action == null) throw new NullPointerException();
                    it.forEachRemaining(action);
                }

                @Override
                public boolean tryAdvance(DoubleConsumer action) {
                    if (action == null) throw new NullPointerException();
                    if (it.hasNext()) {
                        action.accept(it.nextDouble());
                        return true;
                    }
                    return false;
                }

                @Override
                public long estimateSize() {
                    return est;
                }

                @Override
                public int characteristics() { return characteristics; }

                @Override
                public Comparator<? super Double> getComparator() {
                    if (hasCharacteristics(Spliterator.SORTED))
                        return null;
                    throw new IllegalStateException();
                }
            }

            //利用ArraySpliterator<T>和DoubleArraySpliterator实现相关方法
            public static <T> Spliterator<T> spliterator(Object[] array, int additionalCharacteristics) {
                return new ArraySpliterator<>(Objects.requireNonNull(array), additionalCharacteristics);
            }
```

```java
445         }
446
447     public static Spliterator.OfDouble spliterator(double[] array, int additionalCharacteristics) {
448             return new DoubleArraySpliterator(Objects.requireNonNull(array), additionalCharacteristics);
449     }
450
451     //ArraySpliterator,基于数组的可分割迭代器类
452     static final class ArraySpliterator<T> implements Spliterator<T> {
453         private final Object[] array;
454         private int index;//当前索引,每次调用 tryAdvance()或 trySplit()方法时对它
                             //进行修改
455         private final int fence;    //栅栏索引,比最大索引大 1
456         private final int characteristics;
457
458         public ArraySpliterator(Object[] array, int additionalCharacteristics) {
459             this(array, 0, array.length, additionalCharacteristics);
460         }
461
462         //由于 double 数组 array 大小是有限且固定的(不会变小或变大),故当前可分割
            //迭代器应具有 SIZED 和 SUBSIZED 特性
463         public ArraySpliterator(Object[] array, int origin, int fence, int additionalCharacteristics) {
464             this.array = array;
465             this.index = origin;
466             this.fence = fence;
467             this.characteristics = additionalCharacteristics | Spliterator.SIZED | Spliterator.SUBSIZED;
468         }
469
470         //每次调用 trySplit(),就将当前可分割迭代器的左半部分元素分割出去,构成一
            //个新的 ArraySpliterator 对象
471         @Override
472         public Spliterator<T> trySplit() {
473             int lo = index, mid = (lo + fence) >>> 1;
474             return (lo >= mid)
475                     ? null
476                     : new ArraySpliterator<>(array, lo, index = mid, characteristics);
477         }
478
479         @SuppressWarnings("unchecked")
480         @Override
481         public void forEachRemaining(Consumer<? super T> action) {
482             Object[] a; int i, hi;
483             if (action == null)
484                 throw new NullPointerException();
485             if ((a = array).length >= (hi = fence) &&
486                 (i = index) >= 0 && i < (index = hi)) { //将 i 置为当前索引 index
                    //所指向的位置,并置 index 为 hi
487                 do { action.accept((T)a[i]); } while (++i < hi);
488             }
489         }
```

```java
490
491            @Override
492            public boolean tryAdvance(Consumer<? super T> action) {
493                if (action == null)
494                    throw new NullPointerException();
495                if (index >= 0 && index < fence) {
496                    @SuppressWarnings("unchecked") T e = (T) array[index++];
497                    action.accept(e);
498                    return true;
499                }
500                return false;
501            }
502
503            @Override
504            public long estimateSize() { return (long)(fence - index); }
505
506            @Override
507            public int characteristics() {
508                return characteristics;
509            }
510
511            @Override
512            public Comparator<? super T> getComparator() {
513                if (hasCharacteristics(Spliterator.SORTED))
514                    return null;
515                throw new IllegalStateException();
516            }
517        }
518
519        //DoubleArraySpliterator,基于double数组的可分割迭代器类
520        static final class DoubleArraySpliterator implements Spliterator.OfDouble {
521            private final double[] array;
522            private int index;//当前索引,每次调用tryAdvance()或trySplit()方法时对它
523                              //进行修改
524            private final int fence;    //栅栏索引,比最大索引大1
525            private final int characteristics;
526
527            public DoubleArraySpliterator(double[] array, int additionalCharacteristics) {
528                this(array, 0, array.length, additionalCharacteristics);
529            }
530
531            //由于double数组array大小是有限且固定的(不会变小或变大),故当前可分割
532            //迭代器应具有SIZED和SUBSIZED特性
533            public DoubleArraySpliterator(double[] array, int origin, int fence, int
534                    additionalCharacteristics) {
535                this.array = array;
536                this.index = origin;
537                this.fence = fence;
538                this.characteristics = additionalCharacteristics | Spliterator.SIZED |
                        Spliterator.SUBSIZED;
            }

            //每次调用trySplit(),就将当前可分割迭代器的左半部分元素分割出去,构成一
            //个新的DoubleArraySpliterator对象
```

```
539                    @Override
540                    public OfDouble trySplit() {
541                        int lo = index, mid = (lo + fence) >>> 1;
542                        return (lo >= mid)
543                                    ? null
544                                    : new DoubleArraySpliterator(array, lo, index = mid,
                                            characteristics);
545                    }
546
547                    @Override
548                    public void forEachRemaining(DoubleConsumer action) {
549                        double[] a; int i, hi; // hoist accesses and checks from loop
550                        if (action == null)
551                            throw new NullPointerException();
552                        if ((a = array).length >= (hi = fence) &&
553                            (i = index) >= 0 && i < (index = hi)) { //将 i 置为当前索引 index
                                                                     //所指向的位置,并置 index 为 hi
554                            do { action.accept(a[i]); } while (++i < hi);
555                        }
556                    }
557
558                    @Override
559                    public boolean tryAdvance(DoubleConsumer action) {
560                        if (action == null)
561                            throw new NullPointerException();
562                        if (index >= 0 && index < fence) {
563                            action.accept(array[index++]);
564                            return true;
565                        }
566                        return false;
567                    }
568
569                    @Override
570                    public long estimateSize() { return (long)(fence - index); }
571
572                    @Override
573                    public int characteristics() {
574                        return characteristics;
575                    }
576
577                    @Override
578                    public Comparator<? super Double> getComparator() {
579                        if (hasCharacteristics(Spliterator.SORTED))
580                            return null;
581                        throw new IllegalStateException();
582                    }
583                }
584            }
```

程序运行结果如下：

```
The spliterator left1's size is: 1024
The spliterator left2's size is: 2048
java.lang.NullPointerException
    at com.jgcs.chp9.p2.App9_2.main(App9_2.java:46)
```

```
The spliterator left1_left's size is: 512
The spliterator left1's size is: 512
```

例 9.2 在第 61～584 行定义了 MySpliterators 类,其中的代码摘自 java.uitl.Spliterators.java 文件。MySpliterators 定义了各种 Spliterator<T>的实现类,如抽象类 AbstractSpliterator<T>(第 63～119 行)和 AbstractDoubleSpliterator(第 122～178 行)、空的可分割迭代器类 EmptySpliterator<T,S extends Spliterator<T>,C>(第 190～237 行)、基于正向迭代器的可分割迭代器类 IteratorSpliterator<T>(第 249～358 行)和 DoubleIteratorSpliterator(第 361～440 行)以及基于数组的可分割迭代器类 ArraySpliterator<T>(第 452～517 行)和 DoubleArraySpliterator(第 520～583 行)。其中 AbstractSpliterator<T>、AbstractDoubleSpliterator、IteratorSpliterator<T>和 DoubleIteratorSpliterator 对 trySplit()方法具有相似的实现,即当第 n 次(n 大于或等于 1)调用 trySplit()时(假设在此调用期间 tryAdvance()或 hasNext()始终为 true),它首先检查 1024 * n 是否小于或等于当前可分割迭代器的预估大小 est,如果是就返回一个长度为 1024 * n 的 ArraySpliterator<T>或 DoubleArraySpliterator,否则就返回一个长度为 est 的 ArraySpliterator<T>或 DoubleArraySpliterator,然后它将 est 修改为 est－1024 * n 或者 0;如果在此次 trySplit()调用期间,tryAdvance()(如第 101、160 行)或 hasNext()(如第 306、401 行)不是始终为 true,则最终返回的基于数组的可分割迭代器的长度为 batch＋j,其中 batch 表示上次调用 trySplit()时所返回的可分割迭代器的长度,而 j 为当 tryAdvance()或 hasNext()为 false 时批量数组 a 中的最后一个有效元素的索引加 1。EmptySpliterator<T,S extends Spliterator<T>,C>是对 Spliterator<T>的空实现(虽然前者并没有显式使用 implements 实现后者,如第 190 行所示),它的 trySplit()直接返回 null、tryAdvance()直接返回 false 而 estimateSize()直接返回 0。基于数组的可分割迭代器类 ArraySpliterator<T>和 DoubleArraySpliterator 对 trySplit()方法的实现是类似的,即每次调用 trySplit(),就将当前可分割迭代器的左半部分元素分割出去,构成一个新的 ArraySpliterator<T>对象。

对于 IteratorSpliterator<T>和 DoubleIteratorSpliterator,例 9.2 在第 240～242 行和第 244～246 行分别定义了两个重载方法 spliterator(Collection<? extends T>,int)和 spliterator(PrimitiveIterator.OfDouble,long,int)来创建和返回这两个类型的具体对象;对于 EmptySpliterator,MySpliterators 在第 181～183 行和第 185～187 行分别定义了 emptySpliterator()和 emptyDoubleSpliterator()来创建和返回一般类型或专用于 double 基本类型的空的可分割迭代器;对于 ArraySpliterator<T>和 DoubleArraySpliterator,程序利用它们在第 443～445 行和第 447～449 行实现了两个重载方法 spliterator(Object[],int)和 spliterator(double[],int),这两个方法分别创建和返回基于 Object 数组或 double 数组的可分割迭代器。

对于 AbstractSpliterator<T>,程序在第 18～38 行创建了一个继承 AbstractSpliterator<String>的匿名局部内部类,该内部类实现了 tryAdvance(Consumer<? super String>)方法,如第 19～26 行所示,它首先调用 strSupplier.get()获取一个长度为 6 的随机字符串,然后对该字符串执行 action 所规定的动作,最后检查该字符串是否与"WHOAMI"相等,如果相等则返回 false，否则返回 true。例 9.2 在第 18 行创建匿名类的同时也创建了一个 AbstractSpliterator＜String＞类型的对象 SplitStrs，其预估大小为 3072，初始属性为 SIZED。在第 40～43 行，程序对 SplitStrs 连续调用 trySplit()方法分别得到 Spliterator ＜String＞类型的可分割迭代器对象 left1 和 left2，从输出可以看出 left1 和 left2 分别具有 1024 和 2048 个元素。这时 SplitStrs 的 est 已经为 0。因此当在第 45 行继续对 SplitStrs 调用 trySplit()时，trySplit()会根据第 92、93 和 107 行的逻辑而返回 null，从而 left3 的值是 null，接着在第 46 行对 left3 调用方法会触发 NullPointerException 异常。虽然 SplitStrs 是一个 AbstractSpliterator＜String＞对象，但从它分割出来的 left1 和 left2 都是 ArraySpliterator＜String＞对象，而对一个 ArraySpliterator＜String＞对象如 left1 调用 trySplit()方法，将得到一个包含该对象左半部分元素的新的 ArraySpliterator＜String＞对象如 left1_left，其大小为 512，第 52～54 行的代码和执行结果验证了这一点。如果将第 56～57 行代码反注释，则可以查看 left1_left 中的具体内容。

MySpliterators 是 Java.util.Spliterators 的一个简化版本，后者提供了更全面完整的功能，如创建和返回专用于 long 或 int 类型的各种（如基于正向迭代器或基于数组）可分割迭代器的方法等。例 9.3 给出了一个演示如何使用 Spliterators 类的程序示例。

【例 9.3】 演示如何使用 Spliterators 类的程序示例。

```
1     package com.jgcs.chp9.p3;
2
3     import java.util.ArrayList;
4     import java.util.List;
5     import java.util.PrimitiveIterator;
6     import java.util.Random;
7     import java.util.Spliterator;
8     import java.util.Spliterators;
9     import java.util.function.Consumer;
10    import java.util.function.DoubleConsumer;
11    import java.util.function.IntConsumer;
12    import java.util.function.IntSupplier;
13    import java.util.function.LongConsumer;
14
15    public class App9_3 {
16      public static void main(String[] args) {
17            //关于 Spliterators.AbstractIntSpliterator 的使用演示
18            Spliterators.AbstractIntSpliterator intSpliter = new Spliterators.
              AbstractIntSpliterator(3072, Spliterator.SIZED){
19                int counter = 0;
20                public boolean tryAdvance(IntConsumer action) {
21                    int num = intSupplier.getAsInt();
22                    action.accept(num);
23                    if(counter++ < 3072)
24                        return true;
25                    else
26                        return false;
27                }
28
29                private IntSupplier intSupplier = () -> {
30                    return new Random().nextInt(new Random().nextInt(1000000) + 1);
```

```
                                //nextInt(0)会导致异常,所以要让外层 nextInt()的参数大于 0 就
                                //要对内层 nextInt()的返回结果加 1
31                          };
32
33        //              public boolean tryAdvance(IntConsumer action) {
34        //                  int num = intSupplier.getAsInt();
35        //                  action.accept(num);
36        //                  if(num == 999999)
37        //                      return false;
38        //                  else
39        //                      return true;
40        //              }
41        //
42        //              public void forEachRemaining(IntConsumer action) {
43        //                  long size = getExactSizeIfKnown();
44        //                  if(size <= 0) return;
45        //                  for(int i = 0; i < size; i++) {
46        //                      tryAdvance(action);
47        //                  }
48        //              }
49        //          };
50
51        //      intSpliter.forEachRemaining((int e) -> {System.out.println(e);});
52
53                System.out.println("The spliterator intSpliter's size is: " + intSpliter.
                  getExactSizeIfKnown());
54                Spliterator.OfInt intSpliter_left1 = intSpliter.trySplit();
55                System.out.println("The spliterator intSpliter_left1's size is: " +
                  intSpliter_left1.getExactSizeIfKnown());
56                Spliterator.OfInt intSpliter_left2 = intSpliter.trySplit();
57                System.out.println("The spliterator intSpliter_left2's size is: " +
                  intSpliter_left2.getExactSizeIfKnown());
58                System.out.print("The spliterator intSpliter_left1's content is: ");
59                intSpliter_left1.forEachRemaining(new IntConsumer() {
60                    int counter = 0;
61                    public void accept(int value) {
62                        counter++;
63                        if(counter == 11)
64                            System.out.println();
65                        else if(counter > 11)
66                            return;
67                        else
68                            System.out.print(value + " ");
69                    }
70                });
71                System.out.println();
72
73                //关于 Spliterators.emptyIntSpliterator()的使用演示
74                Spliterator.OfInt emptyIntSpliter = Spliterators.emptyIntSpliterator();
75                System.out.println("emptyIntSpliter.estimateSize() returns: " +
                  emptyIntSpliter.estimateSize());
76                System.out.println("emptyIntSpliter.trySplit() returns: " +
                  emptyIntSpliter.trySplit());
77                System.out.println("emptyIntSpliter.tryAdvance() returns: " +
```

```java
78              emptyIntSpliter.tryAdvance((int e) -> System.out.println(e)));
                System.out.println();
79
80              //关于Spliterators.spliterator(Collection<? extends T> c, int characteristics)
                //的使用演示
81              List<String> strList = new ArrayList<String>();
82              String alphabet = "abcdefghijklmnopqrstuvwxyzABCDEFGHIJKLMNOPQRSTUVWXYZ";
                            //字母表
83              for(int i = 0; i < 3072; i++) {
84                  StringBuffer sb = new StringBuffer();
85                  for(int j = 0; j < 6; j++){
86                      int index = new Random().nextInt(alphabet.length());
87                      sb.append(alphabet.charAt(index));
88                  }
89                  strList.add(sb.toString());
90              }
91
92              Spliterator<String> strSpliter = Spliterators.spliterator(strList,
                Spliterator.SIZED|Spliterator.NONNULL|Spliterator.IMMUTABLE);
93      //          System.out.print("The spliterator strSpliter's content is: ");
94      //          strSpliter.forEachRemaining(new Consumer<String>() {
95      //              int counter = 0;
96      //              public void accept(String t) {
97      //                  counter++;
98      //                  if(counter == 11)
99      //                      System.out.println();
100     //                  else if(counter > 11)
101     //                      return;
102     //                  else
103     //                      System.out.print(t + " ");
104     //              }
105     //          });
106
107             System.out.println("The spliterator strSpliter's size is: " + strSpliter.
                getExactSizeIfKnown());
108             Spliterator<String> strSpliter_left1 = strSpliter.trySplit();
109             System.out.println("The spliterator strSpliter_left1's size is: " + strSpliter_
                left1.getExactSizeIfKnown());
110             Spliterator<String> strSpliter_left2 = strSpliter.trySplit();
111             System.out.println("The spliterator strSpliter_left2's size is: " + strSpliter_
                left2.getExactSizeIfKnown());
112             System.out.print("The spliterator strSpliter_left1's content is: ");
113             strSpliter_left1.forEachRemaining(new Consumer<String>() {
114                 int counter = 0;
115                 public void accept(String t) {
116                     counter++;
117                     if(counter == 11)
118                         System.out.println();
119                     else if(counter > 11)
120                         return;
121                     else
122                         System.out.print(t + " ");
123                 }
124             });
```

```java
125            System.out.println();
126
127            //关于Spliterators.spliterator(Iterator <? extends T> iterator, long size,
               //int characteristics)的使用演示
128            Spliterator < String > strItrSpliter = Spliterators.spliterator(strList.iterator
               (), strList.size(), Spliterator.SIZED);
129
130            System.out.println("The spliterator strItrSpliter's size is: " + strItrSpliter.
               getExactSizeIfKnown());
131            Spliterator < String > strItrSpliter_left1 = strItrSpliter.trySplit();
132            System.out.println("The spliterator strItrSpliter_left1's size is: " + strItrSpliter_
               left1.getExactSizeIfKnown());
133            Spliterator < String > strItrSpliter_left2 = strItrSpliter.trySplit();
134             System.out.println("The spliterator strItrSpliter_left2's size is: " +
                strItrSpliter_left2.getExactSizeIfKnown());
135            System.out.print("The spliterator strItrSpliter_left1's content is: ");
136            strItrSpliter_left1.forEachRemaining(new Consumer < String >() {
137                    int counter = 0;
138                    public void accept(String t) {
139                            counter++;
140                            if(counter == 11)
141                                System.out.println();
142                            else if(counter > 11)
143                                return;
144                            else
145                                System.out.print(t + " ");
146                    }
147            });
148            System.out.println();
149
150            //关于Spliterators.spliterator(long[] array, int additionalCharacteristics)
               //的使用演示
151            int longArrLength = 3072;
152            long[] longArr = new long[longArrLength];
153            for(int i = 0; i < longArrLength; i++) {
154                    longArr [ i ] = new Random ( ). nextInt ( new Random ( ). nextInt
                    (longArrLength) + 1);
155            }
156            Spliterator.OfLong longArrSpliter = Spliterators.spliterator(longArr,
               Spliterator.SIZED|Spliterator.IMMUTABLE|Spliterator.NONNULL);
157
158            System.out.println("The spliterator longArrSpliter's size is: " +
               longArrSpliter.getExactSizeIfKnown());
159            Spliterator.OfLong longArrSpliter_left1 = longArrSpliter.trySplit();
160             System.out.println("The spliterator longArrSpliter_left1's size is: " +
                longArrSpliter_left1.getExactSizeIfKnown());
161            Spliterator.OfLong longArrSpliter_left2 = longArrSpliter.trySplit();
162             System.out.println("The spliterator longArrSpliter_left2's size is: " +
                longArrSpliter_left2.getExactSizeIfKnown());
163            System.out.print("The spliterator longArrSpliter_left1's content is: ");
164            longArrSpliter_left1.forEachRemaining(new LongConsumer() {
165                    int counter = 0;
166                    public void accept(long value) {
167                            counter++;
```

```java
168             if(counter == 11)
169                 System.out.println();
170             else if(counter > 11)
171                 return;
172             else
173                 System.out.print(value + " ");
174         }
175     });
176     System.out.println();
177 
178     //关于 Spliterators.spliterator(PrimitiveIterator.OfLong iterator,
        //long size, int characteristics)的使用演示
179     PrimitiveIterator.OfLong longItr = new PrimitiveIterator.OfLong() {
180         int counter = 0;
181         public boolean hasNext() {
182             if(counter++< 3072) return true;
183             else return false;
184         }
185 
186         public long nextLong() {
187             return new Random().nextInt(1000000);
188         }
189     };
190     Spliterator.OfLong longItrSpliter = Spliterators.spliterator(longItr,
        3072, Spliterator.SIZED);
191 
192     System.out.println("The spliterator longItrSpliter's size is: " + longItrSpliter.
        getExactSizeIfKnown());
193     Spliterator.OfLong longItrSpliter_left1 = longItrSpliter.trySplit();
194      System.out.println("The spliterator longItrSpliter_left1's size is: " +
        longItrSpliter_left1.getExactSizeIfKnown());
195     Spliterator.OfLong longItrSpliter_left2 = longItrSpliter.trySplit();
196      System.out.println("The spliterator longItrSpliter_left2's size is: " +
        longItrSpliter_left2.getExactSizeIfKnown());
197     System.out.print("The spliterator longItrSpliter_left1's content is: ");
198     longItrSpliter_left1.forEachRemaining(new LongConsumer() {
199         int counter = 0;
200         public void accept(long value) {
201             counter++;
202             if(counter == 11)
203                 System.out.println();
204             else if(counter > 11)
205                 return;
206             else
207                 System.out.print(value + " ");
208         }
209     });
210     System.out.println();
211 
212     //关于 Spliterators.spliteratorUnknownSize(PrimitiveIterator.OfDouble
        //iterator, int characteristics)的使用演示
213     PrimitiveIterator.OfDouble doubleItr = new PrimitiveIterator.OfDouble() {
214         public boolean hasNext() {
215             return true;
```

```
216                }
217
218            public double nextDouble() {
219                return new Random().nextDouble() * 1000000;
220            }
221        };
222        Spliterator.OfDouble doubleItrSpliter = Spliterators.spliteratorUnknownSize
                (doubleItr, 0);
223
224        System.out.println("The spliterator doubleItrSpliter's size is: " +
                doubleItrSpliter.getExactSizeIfKnown());
225        Spliterator.OfDouble doubleItrSpliter_left1 = doubleItrSpliter.trySplit();
226        System.out.println("The spliterator doubleItrSpliter_left1's size is: " +
                doubleItrSpliter_left1.getExactSizeIfKnown());
227        Spliterator.OfDouble doubleItrSpliter_left2 = doubleItrSpliter.trySplit();
228        System.out.println("The spliterator doubleItrSpliter_left2's size is: " +
                doubleItrSpliter_left2.getExactSizeIfKnown());
229        System.out.print("The spliterator doubleItrSpliter_left1's content is: ");
230        doubleItrSpliter_left1.forEachRemaining(new DoubleConsumer() {
231            int counter = 0;
232            public void accept(double value) {
233                counter++;
234                if(counter == 6)
235                    System.out.println();
236                else if(counter > 6)
237                    return;
238                else
239                    System.out.print(value + " ");
240            }
241        });
242        System.out.println();
243
244        //关于Spliterator.iterator(Spliterator.OfDouble spliterator)的使用演示
245        PrimitiveIterator.OfDouble doubleSpliterItr = Spliterators.iterator
                (doubleItrSpliter);
246        System.out.print("The iterator doubleSpliterItr's first five elements are: ");
247        int counter = 0;
248        while(doubleSpliterItr.hasNext() && counter++< 5) {
249            System.out.print(doubleSpliterItr.nextDouble() + " ");
250        }
251    }
252 }
```

程序运行结果如下：

The spliterator intSpliter's size is: 3072
The spliterator intSpliter_left1's size is: 1024
The spliterator intSpliter_left2's size is: 2048
The spliterator intSpliter_left1's content is: 77121 752680 152193 295253 126231 784299 360381 372641 27082 223679

emptyIntSpliter.estimateSize() returns: 0
emptyIntSpliter.trySplit() returns: null
emptyIntSpliter.tryAdvance() returns: false

The spliterator strSpliter's size is: 3072
The spliterator strSpliter_left1's size is: 1024
The spliterator strSpliter_left2's size is: 2048
The spliterator strSpliter_left1's content is: dsofbj HszurF uHNsSu phynlJ bDoJkt XDhXFm FqgaSs neKEBD iKcWYv WIxkBJ

The spliterator strItrSpliter's size is: 3072
The spliterator strItrSpliter_left1's size is: 1024
The spliterator strItrSpliter_left2's size is: 2048
The spliterator strItrSpliter_left1's content is: dsofbj HszurF uHNsSu phynlJ bDoJkt XDhXFm FqgaSs neKEBD iKcWYv WIxkBJ

The spliterator longArrSpliter's size is: 3072
The spliterator longArrSpliter_left1's size is: 1536
The spliterator longArrSpliter_left2's size is: 768
The spliterator longArrSpliter_left1's content is: 1587 1471 559 426 1183 108 147 278 65 5

The spliterator longItrSpliter's size is: 3072
The spliterator longItrSpliter_left1's size is: 1024
The spliterator longItrSpliter_left2's size is: 2048
The spliterator longItrSpliter_left1's content is: 428390 859088 609887 240357 701289 790570 904752 392610 570324 249385

The spliterator doubleItrSpliter's size is: -1
The spliterator doubleItrSpliter_left1's size is: 1024
The spliterator doubleItrSpliter_left2's size is: 2048
The spliterator doubleItrSpliter_left1's content is: 300692.95602381317 434952.9316911631 17828.11263275341 875331.8719968154 790750.866755748

The iterator doubleSpliterItr's first five elements are: 129351.66626889394 151448.23389894003 921806.9336385916 572110.9879766366 144482.18191255134

在第 18～71 行，例 9.3 展示了如何使用 Spliterators 的 AbstractIntSpliterator 抽象类。程序首先在第 18～49 行定义了 AbstractIntSpliterator 的匿名实现类并创建了该实现类的对象 intSpliter，该匿名实现类有一个计数器成员变量 counter，其初始值为 0。它对 AbstractIntSpliterator 的抽象方法 tryAdvance(IntConsumer action)的实现如下：tryAdvance(IntConsumer action)在每次被调用时就利用一个整数生成器 intSupplier 生成一个小于 1000000 的随机正整数，并对该整数执行 action 所规定的动作，接着检查计数器 counter 当前值是否小于 intSpliter 的原始大小 3072 并令 counter 自增 1，如果小于则返回 true，否则返回 false。然后程序在第 53～57 行通过对 intSpliter 调用 trySplit()方法创建了它的两个子可分割迭代器 intSpliter_left1 和 intSpliter_left2，并分别输出了它们（包括 intSpliter）的大小信息，即 intSpliter（在调用 trySplit()前）大小为 3072、intSpliter_left1 大小为 1024 而 intSpliter_left2 大小为 2048。最后程序在第 58～70 行打印了 intSpliter_left1 的前 10 个元素，注意用于执行输出逻辑的 IntConsumer 对象是如何定义的。如果将第 19～27 行注释掉，而将第 33～40 行和第 51 行反注释掉，则程序在运行到第 51 行时将可能陷入死循环。这是因为 AbstractIntSpliterator 对 forEachRemaining()的默认实现(继承自

Spliterator.OfInt)是不断调用 tryAdvance()直到后者返回 false,而第 33~40 行的 tryAdvance()只有在随机数 num 是 999999(概率为百万分之一)时才会返回 false。为避免可能的死循环,AbstractIntSpliterator 的匿名实现类可以覆盖其父类对 forEachRemaining()的实现,如第 42~48 行所示。

在第 80~125 行,例 9.3 展示了如何调用 Spliterators.spliterator(Collection<? extends T>, int)方法和如何使用其返回的可分割迭代器。程序首先创建一个 List<String>对象 strList,如第 81 行所示,接着生成 3072 个长度为 6 的随机字符串并逐个添加到 strList 中,如第 82~90 行所示。然后程序在第 92 行利用 strList 创建了一个 Spliterator<String>对象 strSpliter,它实际上是例 9.2 中 MySpliterators.IteratorSpliterator<T>的实例。strSpliter 表面上以 strList 为数据源,但它其实以 strList.iterator()返回的正向迭代器 it 为数据源,而正向迭代器(详见 4.2 节)只能遍历一次,其游标位置无法被直接修改或重置。这就导致如果将第 93~105 行注释掉,则第 108 行的 strSpliter.trySplit()会返回 null(从而 strSpliter_left 是 null)进而导致第 109 行中对 strSpliter_left1 的方法调用抛出 NullPointerException 异常。这是因为在第 94 行对 strSpliter 的调用 forEachRemaining(IntConsumer action)会转换为对 it 的 forEachRemaining(action)调用,如例 9.2 第 316~324 行所示,而后者会遍历 it 所管理的每个元素并对其执行 action 操作,直到 it.hasNext()返回 false 为止;因此在第 94~105 行代码执行完毕后,it 的游标已经指向最后一个元素之后的位置,即 it.hasNext()为 false,这时如果对 strSpliter 调用 trySplit(),则该 trySplit()会执行例 9.2 第 289~313 行代码所确定的逻辑并因为 it.hasNext()为 false 而返回 null。对于基于正向迭代器的可分割迭代器类对象,如 strSpliter(第 92 行)、strItrSpliter(第 128 行)、longItrSpliter(第 190 行)和 doubleItrSpliter(第 222 行)等,不应在对它们调用 trySplit()之前调用 forEachRemaining(),但是对于非基于正向迭代器的可分割迭代器类对象如第 18 行的 intSpliter 和第 156 行的 longArrSpliter 则不一定存在该约束。

在第 73~78 行,例 9.3 调用 Spliterators.emptyIntSpliterator()方法创建了一个空可分割迭代器对象 emptyIntSpliter,对其调用 estimateSize()、trySplit()和 tryAdvance()分别返回 0、null 和 false,如第 75~77 行代码及其运行结果所示。在第 244~250 行,程序演示了如何通过调用 Spliterators.iterator(Spliterator.OfDouble spliterator)方法将一个可分割迭代器转换为正向迭代器,在得到可分割迭代器的正向迭代器后,可通过后者对前者的内容进行遍历,如第 248~250 行所示。关于 Spliterators 类中其他方法的使用可参考例 9.3 中对相关方法的使用进行。关于该程序中的其他细节,请通过对比代码和相应运行结果进行理解,这里不再赘述。

9.3 Arrays 类

Arrays 类提供对数组的复制、填充、设置、搜索、排序、字符串或深度字符串表示生成、哈希码或深度哈希码生成、相等或深度相等比较、可分割迭代器生成和流生成等功能,其常用方法如表 9.3 所示。例 9.4 给出了一个演示如何使用 Arrays 类的程序示例。

表 9.3　Arrays 类的常用方法

方 法 签 名	功 能 说 明
static < T > List < T > asList(T... a)	将数组 a(不定参数是数组的一种特殊形式)转换成长度固定的列表 list,对 list 的修改操作将"写穿"(Write Through)到 a 上,由于 a 是一个定长数组,故不能对 list 进行添加删除如 add 或 remove 等操作,但可以对 list 中现有元素进行更新如 set 等操作
static int binarySearch (PT[ ] a,PT key)	这里 PT 可以是 byte、char、double、float、int、long 或 short,注意不包括 boolean。前后两个 PT 取值必须相同。使用二分查找法在数组 a 中查找 key。在调用该方法时,数组 a 必须是升序排序的。如果 a 中有多个元素与 key 匹配,则无法保证哪一个元素将被找到。如果 a 包含 key,则返回第一个与 key 匹配的元素的下标(数组下标,从 0 计数);否则就返回(-(insertion point)-1)。所谓插入点(insertion point)就是如果将 key 插入 a,它所占据的位置索引,实际上是 a 中刚好大于 key 的元素的索引。如果 key 大于 a 中最大元素,则插入点就是 a.length。注意,该方法的返回值在当且仅当 a 包含 key 时才大于或等于 0
static int binarySearch (PT[ ] a,int fromIndex, int toIndex,PT key)	这里 PT 同上。前后两个 PT 取值必须相同。使用二分查找法在数组 a 的 [fromIndex,toIndex)范围内查找 key。在调用该方法时,数组 a 在 [fromIndex,toIndex)范围内的元素必须是升序排序的。如果该范围内有多个与 key 匹配的元素,则无法保证哪一个元素将被找到。如果该范围内包含 key,则返回第一个与 key 匹配的元素的下标;否则就返回(-(insertion point)-1)。如果 key 大于 a 在[fromIndex,toIndex)范围内的最大元素,则插入点就是 toIndex。注意,该方法的返回值在当且仅当 a 在[fromIndex, toIndex)范围内包含 key 时才大于或等于 0
static int binarySearch (Object[ ] a,Object key)	使用二分查找法在数组 a 中查找 key。在调用该方法时,数组 a 必须是按照其中元素的自然顺序(Natural Ordering,即要求 a 中元素的类型实现了 Comparable<T>接口)升序排序的。如果 a 中有多个元素与 key 匹配,则无法保证哪一个元素将被找到。如果 a 包含 key,则返回第一个与 key 匹配的元素的下标;否则就返回(-(insertion point)-1)。如果 key 大于 a 中最大元素,则插入点就是 a.length。注意,该方法的返回值在当且仅当 a 包含 key 时才大于或等于 0
static int binarySearch (Object[ ] a,int fromIndex, int toIndex,Object key)	使用二分查找法在数组 a 的[fromIndex,toIndex)范围内查找 key。在调用该方法时,数组 a 在[fromIndex,toIndex)范围内的元素必须是按照自然顺序升序排序的。如果该范围内有多个与 key 匹配的元素,则无法保证哪一个元素将被找到。如果该范围内包含 key,则返回第一个与 key 匹配的元素的下标;否则就返回(-(insertion point)-1)。如果 key 大于 a 在 [fromIndex,toIndex)范围内的最大元素,则插入点就是 toIndex。注意,该方法的返回值在当且仅当 a 在[fromIndex,toIndex)范围内包含 key 时才大于或等于 0
static < T > int binarySearch(T[ ] a,T key,Comparator<? super T> c)	使用二分查找法在数组 a 中查找 key。在调用该方法时,数组 a 必须已经使用外比较器 c 进行了升序排序。如果 c 为 null,则 a 应是按照元素自然顺序升序排序的。如果 a 中有多个元素与 key 匹配,则无法保证哪一个元素将被找到。如果 a 包含 key,则返回第一个与 key 匹配的元素的下标;否则就返回(-(insertion point)-1)。如果 key 大于 a 中最大元素,则插入点就是 a.length。注意,该方法的返回值在当且仅当 a 包含 key 时才大于或等于 0

续表

方 法 签 名	功 能 说 明
static <T> int binarySearch(T[] a, int fromIndex, int toIndex, T key, Comparator <? super T> c)	使用二分查找法在数组 a 的[fromIndex, toIndex)范围内查找 key。在调用该方法时，数组 a 在[fromIndex, toIndex)范围内的元素必须已经按照外比较器 c 进行了升序排序。如果 c 为 null，则 a 应是按照元素自然顺序升序排序的。如果该范围内有多个与 key 匹配的元素，则无法保证哪一个元素将被找到。如果该范围内包含 key，则返回第一个与 key 匹配的元素的下标；否则就返回(-(insertion point)-1)。如果 key 大于 a 在[fromIndex, toIndex)范围内的最大元素，则插入点就是 toIndex。注意，该方法的返回值在当且仅当 a 在[fromIndex, toIndex)范围内包含 key 时才大于或等于 0
static PT[] copyOf(PT[] original, int newLength)	这里 PT 可以是 boolean、byte、char、double、float、int、long 或 short。前后两个 PT 取值必须相同。复制类型为 PT[]且长度为 oldLength 的原数组 original 到具有同样类型且长度为 newLength 的新数组 destination。如果 newLength > oldLength，则 destination 在[oldLength, newLength)部分的元素为 false(如果 PT 是 boolean)、'\0'(如果 PT 是 char)或 0(如果 PT 是 byte、double、float、int、long 或 short)。对于[0, min(oldLength, newLength))范围内的下标，original 和 destination 具有完全相同的元素。此方法返回 destination
static <T> T[] copyOf(T[] original, int newLength)	复制类型为 T[]且长度为 oldLength 的原数组 original 到具有同样类型且长度为 newLength 的新数组 destination。如果 newLength > oldLength，则 destination 在[oldLength, newLength)部分的元素为 null。对于[0, min(oldLength, newLength))范围内的下标，original 和 destination 具有完全相同的元素。此方法返回 destination
static <T, U> T[] copyOf(U[] original, int newLength, Class <? extends T[]> newType)	复制类型为 U[]且长度为 oldLength 的原数组 original 到类型为 T[]且长度为 newLength 的新数组 destination。如果 newLength > oldLength，则 destination 在[oldLength, newLength)部分的元素为 null。对于[0, min(oldLength, newLength))范围内的下标，original 和 destination 具有完全相同的元素。T 应是 U 的父类或父接口。此方法返回 destination，其元素的类型为 T，而它本身的实际或具体类型为 newType
static PT[] copyOfRange(PT[] original, int from, int to)	这里 PT 可以是 boolean、byte、char、double、float、int、long 或 short。前后两个 PT 取值必须相同。复制类型为 PT[]且长度为 oldLength 的原数组 original 到具有同样类型且长度为 to-from 的新数组 destination。参数 from 必须在[0, oldLenth]范围内取值，而 to 必须大于或等于 from。如果 to > oldLength，则 destination 在[oldLength, to)部分的元素为 false(如果 PT 是 boolean)、'\0'(如果 PT 是 char)或 0(如果 PT 是 byte、double、float、int、long 或 short)。数组 original 在[from, min(oldLength, to))范围内与 destination 在[0, min(oldLength, to)-from)范围内具有完全相同的元素。此方法返回 destination
static <T> T[] copyOfRange(T[] original, int from, int to)	复制类型为 T[]且长度为 oldLength 的原数组 original 到具有同样类型且长度为 to-from 的新数组 destination。参数 from 必须在[0, oldLenth]范围内取值，而 to 必须大于或等于 from。如果 to > oldLength，则 destination 在[oldLength, to)部分的元素为 null。数组 original 在[from, min(oldLength, to))范围内与 destination 在[0, min(oldLength, to)-from)范围内具有完全相同的元素。此方法返回 destination

续表

方 法 签 名	功 能 说 明
static < T, U > T[] copyOfRange(U[] original, int from, int to, Class <? extends T[]> newType)	复制类型为 U[]且长度为 oldLength 的原数组 original 到类型为 T[]且长度为 to-from 的新数组 destination。参数 from 必须在[0,oldLenth]范围内取值,而 to 必须大于或等于 from。如果 to > oldLength,则 destination 在[oldLength,to)部分的元素为 null。数组 original 在[from,min(oldLength,to))范围内与 destination 在[0,min(oldLength,to)-from)范围内具有完全相同的元素。T 应是 U 的父类或父接口。此方法返回 destination,其元素的类型为 T,而它本身的实际或具体类型为 newType
static boolean deepEquals(Object[] a1, Object[] a2)	比较两个数组 a1 和 a2 是否深度相等(Deeply Equal)。对于数组 a1 和 a2,顺序检查下列两个条件:①a1==a2;②a1 和 a2 长度相等且相应的每对元素 e1(来自 a1)和 e2(来自 a2)都深度相等。如果有一个条件成立,则两个数组深度相等。两个元素 e1 和 e2 深度相等等价于下列四个条件之一成立(按序检查):① e1==e2;② 如果 e1 和 e2 是对象数组,则 Arrays.deepEquals(e1,e2)为 true;③ 如果 e1 和 e2 都是同一种原始数据类型的数组,则 Arrays.equal(e1,e2)为 true;④e1.equals(e2)为 true
static int deepHashCode(Object[] a)	返回数组 a 的深度哈希码。如果数组 a 包含其他数组作为自己的元素,则 a 的深度哈希码计算要考虑该子数组的内容;如果该子数组包含孙数组作为自己的元素,则 a 的深度哈希码计算也要考虑该孙数组的内容,以此类推。因此 a 不能包含它自身作为它的元素,无论是直接包含还是间接包含;对于 a 包含自身作为它的元素的情况,该方法的行为不确定。对于两个数组 a1 和 a2,如果 Arrays.deepEquals(a1,a2)为 true,则必定有 Arrays.deepHashCode(a1)==Arrays.deepHashCode(a2)成立
static String deepToString(Object[] a)	返回数组 a 的深度字符串表示。如果数组 a 包含其他数组作为自己的元素,则 a 的深度字符串表示将包括该子数组的内容,以此类推。该方法设计目的是用来打印多维数组。内容为[$e_1,e_2,\cdots,e_n$]的数组 a 的深度字符串表示的形式为"[$s_1,s_2,\cdots,s_n$]",注意各元素的字符串之间用","(一个逗号加一个空格)间隔。对于 1≤i≤n,如果 e_i 不是数组,则 s_i 为对 e_i 调用 String.valueOf(e_i)而生成的字符串;如果 e_i 是基本类型如 int、double 等类型的数组,则 s_i 为对 e_i 调用 Arrays.toString(e_i)生成的字符串;如果 e_i 是引用类型的数组,则 s_i 为对 e_i 调用 Arrays.deepToString(e_i)生成的字符串;如果 e_i 是数组 a 自身或 e_i 是与 a 不同的数组且其元素或子元素是 a 自身,则为避免无限循环,e_i 或其子元素或其孙元素的深度字符串就用"[…]"表示。如果 a 是 null 则该方法返回"null"
static boolean equals(PT[] a, PT[] a2)	这里 PT 可以是 boolean、byte、char、double、float、int、long 或 short。前后两个 PT 取值必须相同。检查两个基本数据类型数组 a 和 a2 是否相等。如果下列条件之一成立(按序检查):①a==a2;②a 和 a2 长度相等且对应同一下标的每对元素相等,则返回 true
static boolean equals(Object[] a, Object[] a2)	检查两个对象类型或引用类型数组 a 和 a2 是否相等。如果下列条件之一成立(按序检查):①a==a2;②a 和 a2 长度相等且对应同一下标的每对元素 e1 和 e2(分别来自 a 和 a2)满足条件(e1==null ? e2==null : e1.equals(e2)),则返回 true
static void fill(PT[] a, PT val)	这里 PT 可以是 boolean、byte、char、double、float、int、long 或 short。前后两个 PT 取值必须相同。将数组 a 中的每个元素置为 val

续表

方法签名	功能说明
static void fill(PT[] a, int fromIndex, int toIndex, PT val)	这里 PT 同上。前后两个 PT 取值必须相同。将数组 a 中在[fromIndex, toIndex)范围内的元素置为 val。fromIndex 必须在[0, a.length]范围内取值,toIndex 必须大于或等于 fromIndex 且小于或等于 a.length
static void fill(Object[] a, Object val)	将数组 a 中的每个元素置为 val
static void fill(Object[] a, int fromIndex, int toIndex, Object val)	将数组 a 中在[fromIndex, toIndex)范围内的元素置为 val。fromIndex 必须在[0, a.length]范围内取值,toIndex 必须大于或等于 fromIndex 且小于或等于 a.length
static int hashCode(PT[] a)	这里 PT 可以是 boolean、byte、char、double、float、int、long 或 short。返回数组 a 的哈希码,该哈希码基于数组 a 中内容生成。对于两个具有相同基本数据类型的数组 a1 和 a2,如果 Arrays.equals(a1,a2)为 true,则必须有 Arrays.hashCode(a1)==Arrays.hashCode(a2)成立。如果 a 是 null,则该方法返回 0
static int hashCode(Object[] a)	返回对象类型或引用类型数组 a 的哈希码。如果 a 包含其他数组(包括它自己,无论是直接包含还是通过多层子数组间接包含)作为自己的元素,则 a 的哈希码将考虑该子数组的唯一标识符(即内存地址)而不是其内容来计算。对于两个引用类型数组数组 a1 和 a2,如果 Arrays.equals(a1,a2)为 true,则必须有 Arrays.hashCode(a1)==Arrays.hashCode(a2)成立。如果 a 是 null,则该方法返回 0
static void parallelPrefix(double[] array, DoubleBinaryOperator op)	基于 array 当前的内容,并行地使用函数 op 为 array 计算新内容。例如如果 op 代表累加运算且初始时 array 中内容为[2.0,1.0,0.0,3.0],则该方法调用结束后 array 为[2.0,3.0,3.0,6.0]。DoubleBinaryOperator 表示一个 double 类型上的二元函数,接受两个 double 值返回一个 double 值。对于大型 double 数组,并行计算一般要比顺序计算效率更高
static void parallelPrefix(double[] array, int fromIndex, int toIndex, DoubleBinaryOperator op)	对 double 型数组 array 位于[fromIndex, toIndex)范围内的元素执行 parallelPrefix(double[], DoubleBinaryOperator)调用。fromIndex 必须在[0, array.length]范围内取值,toIndex 必须大于或等于 fromIndex 且小于或等于 array.length
static void parallelPrefix(int[] array, IntBinaryOperator op)	基于 array 当前的内容,并行地使用函数 op 为 array 计算新内容。例如如果 op 代表累加运算且初始时 array 中内容为[2,1,0,3],则该方法调用结束后 array 为[2,3,3,6]。IntBinaryOperator 表示一个 int 类型上的二元函数,接受两个 int 值返回一个 int 值。对于大型 int 数组,并行计算一般要比顺序计算效率更高
static void parallelPrefix(int[] array, int fromIndex, int toIndex, IntBinaryOperator op)	对 int 型数组 array 位于[fromIndex, toIndex)范围内的元素执行 parallelPrefix(int[], IntBinaryOperator)调用。fromIndex 必须在[0, array.length]范围内取值,toIndex 必须大于或等于 fromIndex 且小于或等于 array.length
static void parallelPrefix(long[] array, LongBinaryOperator op)	基于 array 当前的内容,并行地使用函数 op 为 array 计算新内容。例如如果 op 代表累加运算且初始时 array 中内容为[2,1,0,3],则该方法调用结束后 array 为[2,3,3,6]。LongBinaryOperator 表示一个 long 类型上的二元函数,接受两个 long 值返回一个 long 值。对于大型 long 数组,并行计算一般要比顺序计算效率更高

续表

方 法 签 名	功 能 说 明
static void parallelPrefix(long [ ] array, int fromIndex, int toIndex, LongBinaryOperator op)	对 long 型数组 array 位于[fromIndex,toIndex)范围内的元素执行 parallelPrefix(long[],LongBinaryOperator)调用。fromIndex 必须在[0, array.length]范围内取值,toIndex 必须大于或等于 fromIndex 且小于或等于 array.length
static < T > void parallelPrefix(T[] array, BinaryOperator < T > op)	基于 array 当前的内容,并行地使用函数 op 为 array 计算新内容。例如果 op 代表累加运算且初始时 array 中内容为[2,1,0,3],则该方法调用结束后 array 为[2,3,3,6]。BinaryOperator<T>表示一个 T 类型上的二元函数, 接受两个 T 值返回一个 T 值。对于大型 T 类型数组,并行计算一般要比顺序计算效率更高
static < T > void parallelPrefix(T[] array,int fromIndex, int toIndex, BinaryOperator<T> op)	对 T 型数组 array 位于[fromIndex,toIndex)范围内的元素执行 parallelPrefix(T[],BinaryOperator < T >)调用。fromIndex 必须在[0, array.length]范围内取值,toIndex 必须大于或等于 fromIndex 且小于或等于 array.length
static void parallelSetAll (double [ ] array, IntToDoubleFunction generator)	使用 generator 并行地为 array 中所有元素设置值。IntToDoubleFunction 对象 generator 表示一个从 int 到 double 的转换函数,其第一个参数即 int 型参数表示数组 array 的下标,该参数的实参由本方法即 parallelSetAll (double[],IntToDoubleFunction)负责传递过去。generator 接受 array 的一个下标,然后为该下标对应的位置产生一个合适的值
static void parallelSetAll (int [ ] array, IntUnaryOperator generator)	使用 generator 并行地为 array 中所有元素设置值。IntUnaryOperator 对象 generator 表示一个 int 类型上的一元函数,接受一个 int 值返回一个 int 值, 其第一个参数表示数组 array 的下标,该参数的实参由本方法即 parallelSetAll(int[],IntUnaryOperator)负责传递过去。generator 接受 array 的一个下标,然后为该下标对应的位置产生一个合适的值
static void parallelSetAll (long [ ] array, IntToLongFunction generator)	使用 generator 并行地为 array 中所有元素设置值。IntToLongFunction 对象 generator 表示一个从 int 到 long 的转换函数,其第一个参数即 int 型参数表示数组 array 的下标,该参数的实参由本方法即 parallelSetAll(long[], IntToLongFunction)负责传递过去。generator 接受 array 的一个下标,然后为该下标对应的位置产生一个合适的值
static < T > void parallelSetAll(T[] array, IntFunction<? extends T> generator)	使用 generator 并行地为 array 中所有元素设置值。IntFunction <? extends T>对象 generator 表示一个从 int 到 T 的转换函数,接受一个 int 值返回一个 T 值,其第一个参数即 int 型参数表示数组 array 的下标,该参数的实参由本方法即 parallelSetAll(T[],IntFunction<? extends T>)负责传递过去。 generator 接受 array 的一个下标,然后为该下标对应的位置产生一个合适的值
static void parallelSort (PT[] a)	这里 PT 可以是 byte、char、double、float、int、long 或 short,注意不包括 boolean。对基本类型数组 a 进行并行升序排序
static void parallelSort (PT[] a,int fromIndex, int toIndex)	这里 PT 同上。对基本类型数组 a 在[fromIndex,toIndex)范围内的元素进行并行升序排序。fromIndex 必须在[0,a.length]范围内取值,toIndex 必须大于或等于 fromIndex 且小于或等于 a.length
static < T extends Comparable<? super T>> void parallelSort(T[] a)	对 T 型数组 a 中元素按照自然顺序进行并行升序排序,要求 T 必须实现 Comparable<? super T>接口。该方法所采用的排序算法是稳定的,意味着两个相等的元素在排序前后的相对位置不会发生变化

续表

方法签名	功能说明
static <T> void parallelSort(T[] a,Comparator<? super T> cmp)	对 T 型数组 a 中元素按照外比较器 cmp 所确定的顺序（如果 cmp 为 null，则使用元素自然顺序）进行并行排序。该方法所采用的排序算法是稳定的，意味着两个相等的元素在排序前后的相对位置不会发生变化
static <T extends Comparable<? super T>> void parallelSort(T[] a,int fromIndex,int toIndex)	对 T 型数组 a 位于[fromIndex,toIndex)范围内的元素按照自然顺序进行并行升序排序,要求 T 实现了 Comparable<? super T>接口。fromIndex 必须在[0,a.length]范围内取值,toIndex 必须大于或等于 fromIndex 且小于或等于 a.length。该方法所采用的排序算法是稳定的,意味着两个相等的元素在排序前后的相对位置不会发生变化
static <T> void parallelSort(T[] a,int fromIndex,int toIndex,Comparator<? super T> cmp)	对 T 型数组 a 位于[fromIndex,toIndex)范围内的元素按照外比较器 cmp 所确定的顺序（如果 cmp 为 null,则使用元素自然顺序）进行并行升序排序。fromIndex 必须在[0,a.length]范围内取值,toIndex 必须大于或等于 fromIndex 且小于或等于 a.length。该方法所采用的排序算法是稳定的,意味着两个相等的元素在排序前后的相对位置不会发生变化
static void setAll(double[] array,IntToDoubleFunction generator)	使用 generator 为 array 中所有元素设置值。IntToDoubleFunction 对象 generator 表示一个从 int 到 double 的转换函数,其第一个参数即 int 型参数表示数组 array 的下标,该参数的实参由本方法即 setAll(double[],IntToDoubleFunction)负责传递过去。generator 接受 array 的一个下标,然后为该下标对应的位置产生一个合适的值
static void setAll(int[] array, IntUnaryOperator generator)	使用 generator 为 array 中所有元素设置值。IntUnaryOperator 对象 generator 表示一个 int 类型上的一元函数,接受一个 int 值返回一个 int 值,其第一个参数表示数组 array 的下标,该参数的实参由本方法即 setAll(int[],IntUnaryOperator)负责传递过去。generator 接受 array 的一个下标,然后为该下标对应的位置产生一个合适的值
static void setAll(long[] array,IntToLongFunction generator)	使用 generator 为 array 中所有元素设置值。IntToLongFunction 对象 generator 表示一个从 int 到 long 的转换函数,其第一个参数即 int 型参数表示数组 array 的下标,该参数的实参由本方法即 setAll(long[],IntToLongFunction)负责传递过去。generator 接受 array 的一个下标,然后为该下标对应的位置产生一个合适的值
static <T> void setAll(T[] array,IntFunction<? extends T> generator)	使用 generator 为 array 中所有元素设置值。IntFunction<? extends T>对象 generator 表示一个从 int 到 T 的转换函数,接受一个 int 值返回一个 T 值,其第一个参数即 int 型参数表示数组 array 的下标,该参数的实参由本方法即 setAll(T[],IntFunction<? extends T>)负责传递过去。generator 接受 array 的一个下标,然后为该下标对应的位置产生一个合适的值
static void sort(PT[] a)	这里 PT 可以是 byte、char、double、float、int、long 或 short,注意不包括 boolean。对基本类型数组 a 进行升序排序
static void sort(PT[] a, int fromIndex, int toIndex)	这里 PT 同上。对基本类型数组 a 在[fromIndex,toIndex)范围内的元素进行升序排序。fromIndex 必须在[0,a.length]范围内取值,toIndex 必须大于或等于 fromIndex 且小于或等于 a.length
static void sort(Object[] a)	对对象类型或引用类型数组 a 中的元素按照自然顺序进行升序排序,要求元素类型 E 实现接口 Comparable<T>
static void sort(Object[] a, int fromIndex, int toIndex)	对对象类型或引用类型数组 a 在[fromIndex,toIndex)范围内的元素按照自然顺序进行升序排序,要求元素类型 E 实现接口 Comparable<T>。fromIndex 必须在[0,a.length]范围内取值,toIndex 必须大于或等于 fromIndex 且小于或等于 a.length

续表

方法签名	功能说明
static <T> void sort(T[] a, Comparator<? super T> c)	使用外比较器 c(如果 c 为 null,则使用元素自然顺序)对 T 型数组 a 进行升序排序
static <T> void sort(T[] a, int fromIndex, int toIndex, Comparator<? super T> c)	使用外比较器 c(如果 c 为 null,则使用元素自然顺序)对 T 型数组 a 在 [fromIndex,toIndex)范围内的元素进行升序排序。fromIndex 必须在[0,a.length]范围内取值,toIndex 必须大于或等于 fromIndex 且小于或等于 a.length
static Spliterator.OfDouble spliterator(double[] array)	使用 double 型数组 array 构造一个专用于 double 这种基本类型的可分割迭代器并返回它。关于 Spliterator.OfDouble 可参考 4.4 节
static Spliterator.OfDouble spliterator(double[] array, int startInclusive, int endExclusive)	使用 double 型数组 array 在[startInclusive,endExclusive)范围内的元素构造一个 double 型可分割迭代器并返回它。startInclusive 必须在[0,array.length]范围内取值,endExclusive 必须大于或等于 startInclusive 且小于或等于 array.length
static Spliterator.OfInt spliterator(int[] array)	使用 int 型数组 array 构造一个专用于 int 这种基本类型的可分割迭代器并返回它。关于 Spliterator.OfInt,可参考 4.4 节
static Spliterator.OfInt spliterator(int[] array, int startInclusive, int endExclusive)	使用 int 型数组 array 在[startInclusive,endExclusive)范围内的元素构造一个 int 型可分割迭代器并返回它。startInclusive 必须在[0,array.length]范围内取值,endExclusive 必须大于或等于 startInclusive 且小于或等于 array.length
static Spliterator.OfLong spliterator(long[] array)	使用 long 型数组 array 构造一个专用于 long 这种基本类型的可分割迭代器并返回它。关于 Spliterator.OfLong,可参考 4.4 节
static Spliterator.OfLong spliterator(long[] array, int startInclusive, int endExclusive)	使用 long 型数组 array 在[startInclusive,endExclusive)范围内的元素构造一个 long 型可分割迭代器并返回它。startInclusive 必须在[0,array.length]范围内取值,endExclusive 必须大于或等于 startInclusive 且小于或等于 array.length
static <T> Spliterator<T> spliterator(T[] array)	使用 T 型数组 array 构造一个关于 T 型的可分割迭代器并返回它
static <T> Spliterator<T> spliterator(T[] array, int startInclusive, int endExclusive)	使用 T 型数组 array 在[startInclusive,endExclusive)范围内的元素构造一个 T 型可分割迭代器并返回它。startInclusive 必须在[0,array.length]范围内取值,endExclusive 必须大于或等于 startInclusive 且小于或等于 array.length
static DoubleStream stream(double[] array)	使用 double 型数组 array 构造一个 double 型流容器并返回它。DoubleStream 是专门为基本数据类型 double 构造的一个流类型。关于 DoubleStream 详见 10.3 节
static DoubleStream stream(double[] array,int startInclusive,int endExclusive)	使用 double 型数组 array 在[startInclusive,endExclusive)范围内的元素构造一个 double 型流容器并返回它。startInclusive 必须在[0,array.length]范围内取值,endExclusive 必须大于或等于 startInclusive 且小于或等于 array.length
static IntStream stream(int[] array)	使用 int 型数组 array 构造一个 int 型流容器并返回它。IntStream 是专门为基本数据类型 int 构造的一个流类型。关于 IntStream 详见 10.3 节
static IntStream stream(int[] array, int startInclusive, int endExclusive)	使用 int 型数组 array 在[startInclusive,endExclusive)范围内的元素构造一个 int 型流容器并返回它。startInclusive 必须在[0,array.length]范围内取值,endExclusive 必须大于或等于 startInclusive 且小于或等于 array.length

续表

方法签名	功能说明
static LongStream stream(long[] array)	使用 long 型数组 array 构造一个 long 型流容器并返回它。LongStream 是专门为基本数据类型 long 构造的一个流类型。关于 LongStream 详见 10.3 节
static LongStream stream(long[] array, int startInclusive, int endExclusive)	使用 long 型数组 array 在[startInclusive, endExclusive)范围内的元素构造一个 long 型流容器并返回它。startInclusive 必须在[0, array.length]范围内取值，endExclusive 必须大于或等于 startInclusive 且小于或等于 array.length
static <T> Stream<T> stream(T[] array)	使用 T 型数组 array 构造一个 T 型流容器并返回它。关于 Stream<T>详见 10.3 节
static <T> Stream<T> stream(T[] array, int startInclusive, int endExclusive)	使用 T 型数组 array 在[startInclusive, endExclusive)范围内的元素构造一个 T 型流容器并返回。startInclusive 必须在[0, array.length]范围内取值，endExclusive 必须大于或等于 startInclusive 且小于或等于 array.length
static String toString(PT[] a)	这里 PT 可以是 boolean、byte、char、double、float、int、long 或 short。返回基本类型数组 a 的字符串表示。内容为[$e_1, e_2, \cdots, e_n$]的数组 a 的字符串表示的形式为"[$s_1, s_2, \cdots, s_n$]"，注意各元素的字符串之间用"," (一个逗号加一个空格)间隔。对于 $e_i (1 \leq i \leq n)$, s_i 为对 e_i 调用 String.valueOf(e_i)而生成的字符串。如果 a 是 null 则该方法返回"null"
static String toString(Object[] a)	返回对象类型或引用类型数组 a 的字符串表示。如果 a 包含其他数组作为自己的元素，则 a 的字符串表示将包含该子数组的唯一标识符(即内存地址)而不是由其内容构成。内容为[$e_1, e_2, \cdots, e_n$]的数组 a 的字符串表示的形式为"[$s_1, s_2, \cdots, s_n$]"，注意各元素的字符串之间用"," (一个逗号加一个空格)间隔。对于 $e_i (1 \leq i \leq n)$, s_i 为调用 e_i 的 toString()方法即 e_i.toString()而生成的字符串。如果 a 是 null 则该方法返回"null"

【例 9.4】 演示如何使用 Arrays 类的程序示例。

```
1    package com.jgcs.chp9.p4;
2
3    import java.util.Arrays;
4    import java.util.List;
5    import java.util.Random;
6    import java.util.Spliterator;
7    import java.util.function.BinaryOperator;
8    import java.util.function.IntBinaryOperator;
9    import java.util.function.IntFunction;
10   import java.util.function.IntUnaryOperator;
11   import java.util.stream.IntStream;
12   import java.util.stream.Stream;
13
14   class MyString implements Comparable<MyString>{
15       //字符串的内部存储表示
16       private final char value[];
17
18       //字符串的哈希表示,默认为 0
19       private int hash;
20
```

```java
21      public MyString() { //以空字符串创建一个空 MyString 对象
22          this.value = "".toCharArray();
23      }
24
25      public MyString(MyString original) { //以另一个 MyString 对象创建当前 MyString
                                             //对象
26          this.value = original.value;
27          this.hash = original.hash;
28      }
29
30      public MyString(String original) { //以一个 String 对象创建当前 MyString 对象
31          this.value = original.toCharArray();
32          this.hash = original.hashCode();
33      }
34
35      public MyString(char value[]) { //以一个 char 数组创建当前 MyString 对象
36          this.value = Arrays.copyOf(value, value.length); //对数组 value 执行深拷贝
37      }
38
39      public int length() {
40          return value.length;
41      }
42
43      public boolean isEmpty() {
44          return value.length == 0;
45      }
46
47      @Override
48      public int hashCode() { //以字符数组中的内容生成当前 MyString 对象的哈希码
49          int h = hash;
50          if (h == 0 && value.length > 0) {
51              char val[] = value;
52
53              for (int i = 0; i < value.length; i++) {
54                  h = 31 * h + val[i];
55              }
56              hash = h;
57          }
58          return h;
59      }
60
61      //将当前 MyString 对象与另一个 MyString 对象进行相等比较
62      @Override
63      public boolean equals(Object anObject) { //equals()在实现时应遵守这样的规则,
                                                 //即两个相等的 MyString 对象,其 hashCode()返回的结果也应相等
64          if (this == anObject) {
65              return true;
66          }
67          if (anObject instanceof MyString) {
68              MyString anotherString = (MyString)anObject;
69              int n = value.length;
70              if (n == anotherString.value.length) { //如果两个字符数组长度相
                                                       //同,则比较其内容
71                  char v1[] = value;
```

```java
72                     char v2[] = anotherString.value;
73                     int i = 0;
74                     while (n-- != 0) {
75                         if (v1[i] != v2[i])  //如果两个数组在相同下标处有任何一对
                                                //字符不等,则返回 false
76                             return false;
77                         i++;
78                     }
79                     return true;    //两个数组有完全相等的元素,则返回 true
80                 }
81             }
82             return false;  //两个数组长度不等,返回 false
83         }
84
85         //将当前 MyString 对象与另一个 MyString 对象进行大小比较
86         @Override
87         public int compareTo(MyString anotherString) {  //MyString 实现了 Comparable
                                                            //<MyString>接口的 compareTo()
                                                            //方法
88             int len1 = value.length;
89             int len2 = anotherString.value.length;
90             int lim = Math.min(len1, len2);
91             char v1[] = value;
92             char v2[] = anotherString.value;
93
94             int k = 0;
95             while (k < lim) {        //以长度较短的字符串的长度为上限比较两个字符串
96                 char c1 = v1[k];
97                 char c2 = v2[k];
98                 if (c1 != c2) {     //找到第一个不相等的字符对
99                     return c1 - c2;  //返回第一个字符减去第二个字符的差值
100                 }
101                 k++;
102             }
103             return len1 - len2;    //如果两个字符串在前 lim 个字符上都相等,则返回
                                        //第一个字符串的长度减去第二个字符串长度的差值
104         }
105
106         @Override
107         public String toString() { //返回当前 MyString 对象的 String 对象表示
108             return new String(value);
109         }
110     }
111
112     public class App9_4 {
113         public static void main(String[] args) {
114             //关于 Arrays.asList()的使用演示
115             MyString[] strCities = {new MyString("Harbin"), new MyString("Qiqihar"),
                    new MyString("Jagdaqi"), new MyString("Kiamusze")};
116             List<MyString> strList = Arrays.asList(strCities);
117             System.out.println("修改前 strCities 的内容是:" + Arrays.toString
                    (strCities));
118
119             //不能对 strList 进行添加或删除操作,但可修改其现有元素
```

```java
120            //strList.add(new MyString("Jiamusi")); //strList.add(...)会触发
               //UnsupportedOperationException 异常
121            //System.out.println(Arrays.toString(strCities));
122            strList.set(3, new MyString("Jiamusi")); //strList.set(4, "Jiamusi")会触发
                                                       //ArrayIndexOutOfBoundsException
                                                       //异常
123             System.out.println("修改后 strCities 的内容是:" + Arrays.toString
               (strCities));
124
125            //关于 Arrays.sort()、Arrays.parallelSort()、Arrays.binarySearch()的使用演示
126            int totalNum = 1 << 16;                     //1024 * 64,即 65536
127            int[] randInts = new int[totalNum];         //随机 int 值的数组
128            MyString[] randStrs = new MyString[totalNum];  //随机 MyString 对象数组
129            String alphabet = "abcdefghijklmnopqrstuvwxyzABCDEFGHIJKLMNOPQRSTUVWXYZ";
                                                            //字母表
130            StringBuffer sb = new StringBuffer();
131            int randInt = 0;
132            MyString randStr = null;
133
134            for(int i = 0; i < totalNum; i++) {
135                //首先生成一个[0, totalNum * 4)范围内随机整数 randInt,然后检查
                   //randInt 是否已在 randInts 中,
136                //如果是,则重新生成新的随机整数 randInt,直到该整数不在 randInts 中
137                do {
138                    randInt = new Random().nextInt(totalNum << 2);
                                                    //totalNum << 2 等价于 totalNum * 4
139                } while(Arrays.binarySearch(randInts, 0, i, randInt) >= 0);
140
141                randInts[i] = randInt; //将与 randInts 中所有当前元素不同的 randInt
                                          //添加到 randInts 中
142                Arrays.sort(randInts, 0, i + 1); //对当前 randInts 中的元素进行排序
143
144                //首先生成一个长度为 6 的随机字符串 randStr,然后检查 randStr 是否已
                   //在 randStrs 中,
145                //如果是,则重新生成新的随机字符串 randStr,直到该字符串不在 randStrs 中
146                do {
147                    for (int j = 0; j < 6; j++) { //生成长度为 6 的随机字符串
148                        int index = new Random().nextInt(alphabet.length());
149                        sb.append(alphabet.charAt(index));
150                    }
151                    randStr = new MyString(sb.toString());
152                    sb.replace(0, sb.length(), "");        //清空 sb
153                }while(Arrays.binarySearch(randStrs, 0, i, randStr) >= 0); //使用
                   //MyString 中的 compareTo()方法所确定的逻辑来比较两个 MyString 对象的大小
154
155                randStrs[i] = randStr; //将与 randStrs 中所有当前元素不同的 randStr
                                          //添加到 randStrs 中
156                Arrays.parallelSort(randStrs, 0, i + 1); //对当前 randStrs 中的元素进
                                                           //行并行排序。Arrays.
                                                           //binarySearch()要求进行二
                                                           //分查找的数组是升序的有
                                                           //序数组
157            }
158
```

```java
159         //输出 randInts
160         //System.out.println("randInts is: " + Arrays.toString(randInts));
161
162         //关于 Arrays.copyOf()和 Arrays.copyOfRange()的使用演示
163         int[] randInts2 = Arrays.copyOf(randInts, totalNum >> 11); //totalNum >> 11
            //等价于 totalNum/2048
164         int[] randInts3 = Arrays.copyOfRange(randInts, 0, totalNum >> 11);
165         Object[] randStrs2 = Arrays.copyOf(randStrs, totalNum >> 11, Object[].
            class);
166
167         //将 String[].class 作为实参传递过去会触发 ArrayStoreException 异常,String
            //不是 MyString 的父类
168         //String[] randStrs3 = Arrays.copyOf(randStrs, totalNum >> 11, String[].
            //class);
169         //System.out.println(randStrs3);
170
171         //关于 Arrays.toString()和 Arrays.equals()的使用演示
172         System.out.println("randInts2 的内容是:" + Arrays.toString(randInts2));
173         System.out.println("randInts3 的内容是:" + Arrays.toString(randInts3));
174         System.out.println("randInts2 与 randInts3 是否相等?:" + Arrays.equals
            (randInts2, randInts3));
175         System.out.println("randStrs2 的内容是:" + Arrays.toString(randStrs2));
176
177         //关于 Arrays.parallelPrefix()的使用演示
178         //匿名 IntBinaryOperator 对象也可以用"(int left, int right) -> (right-
            //left)"这种 lambda 表达式来代替
179         Arrays.parallelPrefix(randInts2, new IntBinaryOperator() {
180             @Override
181             public int applyAsInt(int left, int right) {
182                 return right - left;
183             }
184         });
185         //Arrays.parallelPrefix(randInts3, (int left, int right) -> (right-left));
186         System.out.println("在对 randInts2 执行 parallelPrefix()后,其内容是:" +
            Arrays.toString(randInts2));
187
188         //匿名 BinaryOperator<Object>对象也可以用相应的 lambda 表达式来代替
189         Arrays.parallelPrefix(randStrs2, new BinaryOperator<Object>() {
190             @Override
191             public Object apply(Object left, Object right) {
192                 //利用 left 和 right 的内容构建一个 MyString 对象
193                 int leftLen = left.toString().length(), rightLen = right.toString().
                    length();
194                 sb.replace(0, sb.length(), "");          //清空 sb
195                 for(int i = 0; i < 6; i++) { //构造一个 6 字符的字符串
196                     if(new Random().nextInt(leftLen + rightLen) % 2 == 0) {
                        //如果随机数是偶数,则从 left 中选一个字符
197                         sb.append(left.toString().charAt(new Random().
                            nextInt(leftLen)));
198                     } else { //否则,就从 right 中选一个字符
199                         sb.append(right.toString().charAt(new Random().
                            nextInt(rightLen)));
200                     }
201                 }
```

```java
202                    return new MyString(sb.toString());
203                    //return randStrs[new Random().nextInt(randStrs.length)];
                       //从 randStrs 中随机取一个元素作为结果返回
204            }
205        });
206        sb.replace(0, sb.length(), "");                    //清空 sb
207        System.out.println("在对 randStrs2 执行 parallelPrefix()后,其内容是:"
           + Arrays.toString(randStrs2));
208
209        //关于 Arrays.fill()、Arrays.setAll()和 Arrays.parallelSetAll()的使用演示
210        Arrays.fill(randInts2, new Random().nextInt(randInts2.length));
211        Arrays.setAll(randInts3, new IntUnaryOperator() {
212            @Override
213            public int applyAsInt(int arrIdx) {
214                return arrIdx;
215            }
216        });
217        System.out.println("在对 randInts3 执行 setAll()后,其内容是:" + Arrays.
           toString(randInts3));
218
219        int[] shuffledInts = new int[randInts.length];
220        MyString[] shuffledStrs = new MyString[randStrs.length];
221
222        //从 randInts 中随机选一个元素,将其作为 shuffledInts 在 arrIdx 处即 shuffledInts
           //[arrIdx]的元素
223        Arrays.parallelSetAll(shuffledInts, arrIdx -> {return randInts[new Random().
           nextInt(randInts.length)];});
224
225        //从 randStrs 中随机选一个元素,将其作为 shuffledStrs 在 arrIdx 处即 shuffledStrs
           //[arrIdx]的元素
226        Arrays.parallelSetAll(shuffledStrs, new IntFunction<MyString>() {
227            @Override
228            public MyString apply(int arrIdx) {
229                return (MyString)randStrs[new Random().nextInt(randStrs.length)];
230            }
231        });
232
233        //关于 Arrays.deepHashCode()、Arrays.deepToString()和 Arrays.deepEquals()的
           //使用演示
234        //shuffledStrs 中每个元素都不是数组,故对其调用 Arrays.hashCode()和
           //Arrays.deepHashCode()的结果相同
235        System.out.println("数组 shuffledStrs 的哈希码是:" + Arrays.hashCode
           (shuffledStrs));
236          System.out.println("数组 shuffledStrs 的深度哈希码是:" + Arrays.
           deepHashCode(shuffledStrs));
237
238        int[][] randInts4 = new int[4][8];
239        for(int i = 0; i < randInts4.length; i++) {
240            for(int j = 0; j < randInts4[0].length; j++) {
241                randInts4[i][j] = new Random().nextInt(randInts4.length *
                   randInts4[0].length * randInts4[0].length);
242            }
243        }
244        //randInts4 中每个元素都是数组,故对其调用 Arrays.hashCode()和 Arrays.
```

```java
245        //deepHashCode()的结果不同
           System.out.println("数组 randInts4 的哈希码是:" + Arrays.hashCode
           (randInts4));
246    System.out.println("数组 randInts4 的深度哈希码是:" + Arrays.deepHashCode
       (randInts4));
247
248        int objNum = 10;
249        Object[] objArr = new Object[objNum];
250        for(int i = 0; i < objNum; i++) {
251            if(new Random().nextInt(objNum) % 2 == 0) { //随机将 objArr 中某个元
                                                          //素置为它自身,即 objArr
252                objArr[i] = objArr;
253            } else { //将从 randStrs 中随机选取的一个元素作为 objArr 的某个元素
254                objArr[i] = randStrs[new Random().nextInt(randStrs.length)];
255            }
256        }
257         System.out.println("数组 objArr 的字符串表示是:" + Arrays.toString
            (objArr));
258          System.out.println("数组 objArr 的深度字符串表示是:" + Arrays.
             deepToString(objArr));
259
260    System.out.println("数组 objArr 的哈希码是:" + Arrays.hashCode(objArr));
261    //对 objArr 这种包含指向自身的元素的数组调用 deepHashCode()会触发
       //StackOverflowError 异常
262    //System.out.println("数组 objArr 的深度哈希码是:" + Arrays.deepHashCode
       //(objArr));
263
264    Object[] objGrp = new Object[objArr.length]; //新建一个与 objArr 等长的数
                                                    //组 objGrp(object group)
265    Object[] objChk = new Object[objArr.length]; //新建一个与 objArr 等长的数
                                                    //组 objChk(object chunk)
266        for(int i = 0; i < objArr.length; i++) {
267            if(objArr[i] == objArr) { //如果 objArr[i]是 objArr 本身,则将 objGrp
                                         //[i]置为 objGrp,而将 objChk[i]置为 objArr
268                objGrp[i] = objGrp;
269                objChk[i] = objArr;
270            } else {
271                objGrp[i] = objChk[i] = new MyString(objArr[i].toString());
                   //否则就用 objArr[i]构造一个新的 MyString 对象并将其分别赋值给
                   //objGrp[i]和 objChk[i]
272            }
273        }
274         System.out.println("数组 objArr 是否与 objGrp 相等:" + Arrays.equals
            (objArr, objGrp));
275    //对 objArr 和 objGrp 这种在相同位置处元素都各自包含指向自身的元素的数组
       //调用 deepEquals()会触发 StackOverflowError 异常
276    //System.out.println("数组 objArr 是否与 objGrp 深度相等:" + Arrays.
       //deepEquals(objArr, objGrp));
277
278    //objChk 与 objArr 在相同位置处的元素 e1 和 e2 要么在 == 意义上等同要么在
       //e1.equals(e2)意义上相等,所以对两个数组调用 Arrays.equals()和 Arrays.
       deepEquals()都返回 true
279         System.out.println("数组 objArr 是否与 objChk 相等:" + Arrays.equals
            (objArr, objChk));
```

```
280             System.out.println("数组 objArr 是否与 objChk 深度相等:" + Arrays.
                    deepEquals(objArr, objChk));
281             //对 objChk 这种包含指向自身的元素(objChk 的某个元素是数组 objArr,该数组
                //包含指向自身的元素)的数组调用 deepHashCode()会触发 StackOverflowError
                //异常
282             //System.out.println("数组 objChk 的深度哈希码是:" + Arrays.deepHashCode
                //(objChk));
283
284             //关于 Arrays.spliterator()的使用演示
285             Spliterator.OfInt intArrSpliter = Arrays.spliterator(randInts);
286             System.out.println("在分割前,intArrSpliter 的大小是: " + intArrSpliter.
                    estimateSize());
287             Spliterator.OfInt intArrLefter = intArrSpliter.trySplit(); //intArrLefter
                //表示 intArrSpliter 分裂出去的左半部分
288             System.out.println("在分割后,intArrSpliter 的大小是: " + intArrSpliter.
                    estimateSize() + "且 intArrLefter 的大小是:" + intArrLefter.estimateSize
                    ());
289
290             //关于 Arrays.stream()的使用演示
291             IntStream intStm = Arrays.stream(shuffledInts);
292             System.out.println("数组 shuffledInts 中元素的平均值是:" + intStm.average
                    ().getAsDouble());
293             Stream<MyString> strStm = Arrays.stream(shuffledStrs);
294             System.out.println("数组 shuffledStrs 中元素的个数是:" + strStm.count());
295         }
296     }
```

程序运行结果如下:

修改前 strCities 的内容是:[Harbin, Qiqihar, Jagdaqi, Kiamusze]
修改后 strCities 的内容是:[Harbin, Qiqihar, Jagdaqi, Jiamusi]
randInts2 的内容是:[9, 16, 19, 20, 25, 27, 29, 32, 38, 43, 44, 45, 48, 55, 61, 62, 74, 75, 81, 83, 101, 106, 108, 109, 114, 116, 119, 120, 124, 125, 132, 133]
randInts3 的内容是:[9, 16, 19, 20, 25, 27, 29, 32, 38, 43, 44, 45, 48, 55, 61, 62, 74, 75, 81, 83, 101, 106, 108, 109, 114, 116, 119, 120, 124, 125, 132, 133]
randInts2 与 randInts3 是否相等?:true
randStrs2 的内容是:[AAAgEl, AAAoXd, AABogD, AACIQY, AAGDiO, AAJkrn, AAKAux, AAPooy, AAUNWM, AAYRax, AAZVLp, AAagcD, AAdmIM, AAiGYs, AAmKOc, AAnMvh, AArPlk, AAtkuW, AAvqfw, AAwLSa, AAwvsP, ABAfhe, ABBOln, ABDMFZ, ABGlPu, ABHHUF, ABIyNy, ABKnlo, ABOYSk, ABQfrM, ABRmZn, ABWiaH]
在对 randInts2 执行 parallelPrefix()后,其内容是:[9, 7, 12, 8, 17, 10, 19, 13, 25, 18, 26, 19, 29, 26, 35, 27, 47, 28, 53, 30, 71, 35, 73, 36, 78, 38, 81, 39, 85, 40, 92, 41]
在对 randStrs2 执行 parallelPrefix()后,其内容是:[AAAgEl, AEAAAd, DAgdAB, IDCAAY, GDACDO, rAnAAJ, AAnAuJ, AAAAnA, AnAAAW, nAWAAA, WVLAZA, ZWcAZg, IWMZMd, MWAiYW, AMmcAW, MMAAhn, kMAMPA, AAkWtW, tAfttq, fAqqSt, tSfAfq, qffASB, BqAOAn, OADDMO, AulGMl, ABuAFH, IyuHAB, loyloo, SByoOO, MSBOBM, RABnZR, BHBARB]
在对 randInts3 执行 setAll()后,其内容是:[0, 1, 2, 3, 4, 5, 6, 7, 8, 9, 10, 11, 12, 13, 14, 15, 16, 17, 18, 19, 20, 21, 22, 23, 24, 25, 26, 27, 28, 29, 30, 31]
数组 shuffledStrs 的哈希码是:-869429403
数组 shuffledStrs 的深度哈希码是:-869429403
数组 randInts4 的哈希码是:-349267156
数组 randInts4 的深度哈希码是:483317773
数组 objArr 的字符串表示是:[[Ljava.lang.Object;@3d075dc0, [Ljava.lang.Object;@3d075dc0, rPEzgX, [Ljava.lang.Object;@3d075dc0, [Ljava.lang.Object;@3d075dc0, [Ljava.lang.Object;@3d075dc0, [Ljava.lang.Object;@3d075dc0, [Ljava.lang.Object;@3d075dc0, OceVaM, mYneMR]

数组 objArr 的深度字符串表示是:[[...], [...], rPEzgX, [...], [...], [...], [...], [...], OceVaM, mYneMR]
数组 objArr 的哈希码是:1744729972
数组 objArr 是否与 objGrp 相等:false
数组 objArr 是否与 objChk 相等:true
数组 objArr 是否与 objChk 深度相等:true
在分割前,intArrSpliter 的大小是: 65536
在分割后,intArrSpliter 的大小是: 32768 且 intArrLefter 的大小是:32768
数组 shuffledInts 中元素的平均值是:130722.70674133301
数组 shuffledStrs 中元素的个数是:65536

例 9.4 首先在第 14～110 行定义了 MyString 类,其实现了 Comparable < MyString > 接口,即实现了该接口的 compareTo() 方法,如第 87～104 行所示。MyString 类是 Java 标准类库中 java.lang.String 类的简化类,它使用字符数组 value 来作为字符串的内部表示,并用 hash 来存储字符串的哈希码。与 java.lang.String 类似,MyString 也覆盖实现了从 java.lang.Object 类继承而来的 hashCode()、equals() 和 toString() 方法,分别如第 48～59 行、63～83 行和 107～109 行所示。关于这些方法的实现逻辑,请见源码和注释。

主类 App9_4 在 main() 方法中,先创建了一个包含四个元素的 MyString 数组 strCities,然后调用 Arrays.asList() 将其转换为一个 MyString 列表对象 strList。该列表是以 strCities 为数据源的,故不能对其进行添加或删除操作,但可修改现有元素,如第 120～123 行所示。例 9.4 在第 126～160 行给出了 Arrays.sort()、Arrays.parallelSort() 和 Arrays.binarySearch() 等方法的使用演示。程序先在第 127～128 行创建了两个数组:int 型数组 randInts 和 MyString 数组 randStrs,两者长度都为 totalNum;然后在第 134～157 行用一个 for 循环为两个数组生成和填充随机 int 值 randInt 和随机字符串 MyString 对象 randStr,在将随机值 randInt 或对象 randStr 填充到相应数组之前,调用 Arrays.binarySearch() 来检查该值或对象在相应数组中到目前为止是唯一的,如果它们在相应数组已经存在,则重新生成新的随机值或对象,直到它们在相应数组中是未曾出现过的,分别如第 137～139 行和第 146～153 行所示。注意,对 randStrs 调用 Arrays.binarySearch() 来查找 randStr 时,该方法使用 MyString 中的 compareTo() 方法所确定的逻辑来比较两个 MyString 对象的大小。另外,在对 randInts 和 randStrs 调用 Arrays.binarySearch() 进行二分查找前,还应确保它们是升序有序的;为此,对这些数组添加新元素后,要调用 Arrays.sort() 或 Arrays.parallelSort() 对它们进行升序排序,分别如第 141～142 行和第 155～156 行所示。注意,无论是查找还是排序都是针对数组到目前为止的有效元素进行的,而不是对整个数组进行的。

程序在第 163～169 行通过对 randInts 和 randStrs 调用 Arrays.copy() 和 Arrays.copyOfRange() 等方法得到了数组 randInts2、randInts3 和 randStrs2。注意,在第 165 行对 randStrs 调用 Arrays.copyOf() 得到 randStrs2 时,传递给该方法的第三个参数必须是 randStrs 数组类型(这里为 MyString[] 类型)的父类 F(这里 F 可以是 Object[] 类型或 Comparable < MyString >[] 类型)的 java.lang.Class < F > 对象,这里传递过去的实参 Object[].class 满足要求。如果传递过去的实参不是 MyString[] 的父类型,如在第 168 行将 String[].class 作为实参传递过去,则 Arrays.copy() 在执行复制时将会触发 ArrayStoreException 异常,原因是 Arrays.copy() 内部在复制前会首先创建一个 String[]

类型对象 copy，然后从 randStrs 复制元素到 copy，但是在复制时发现两个数组的元素的类型不兼容，从而抛出 ArrayStoreException 异常。

在第 172～175 行，程序调用 Arrays.toString() 方法对 randInts2、randInts3 和 randStrs2 进行打印输出，并调用 Arrays.equals() 方法对 randInts2 和 randInts3 进行相等比较。Arrays.equals() 对 randInts2 和 randInts3 按照其所有对应元素是否相等来确定两个数组是否相等。在第 179～207 行，程序调用 Arrays.parallelPrefix() 分别对 randInts2 和 randStrs2 进行更新，该方法利用数组的原有元素来生成新元素，并将新元素放回原数组指定位置，例如对于第 179～184 行的 Arrays.parallelPrefix() 调用，其第二个参数接受一个匿名 IntBinaryOperator 对象，该对象的 applyAsInt() 方法接受对应于数组 randInts2 位于下标 i 和 i+1 处的元素 left 和 right（$0 \leqslant i <$ randInts2.length-1），利用这两个元素计算出一个新值 right－left，并将该新值存储到 randInts2[i+1] 位置处。程序在第 189～205 行调用 Arrays.parallelPrefix() 对 randStrs2 的更新与 randInts2 的更新过程类似，这里不再赘述，具体逻辑参见相应代码和注释。

在第 210～231 行，例 9.4 演示了对 Arrays.fill()、Arrays.setAll() 和 Arrays.parallelSetAll() 的使用。在第 210 行，程序首先生成一个随机非负整数，然后对 randInts2 调用 Arrays.fill() 将其所有元素修改为该整数。在第 211～216 行，程序调用 Arrays.setAll() 更新 randInts3 中每个元素，该方法的第二个参数接受一个匿名 IntUnaryOperator 对象，该对象的 applyAsInt() 方法接受数组 randInts3 的下标 arrIdx（$0 \leqslant$ arrIdx $<$ randInts3.length），然后返回一个 int 值，该值将被存储到 randInts3[arrIdx] 处。接着，程序在第 219～220 行先创建两个数组 shuffledInts 和 shuffledStrs，然后在第 223～231 行对它们调用 parallelSetAll() 进行并行更新，其逻辑与对 randInts 的更新类似，请见相应代码和注释。

在第 234～282 行，例 9.4 演示了对 Arrays.deepHashCode()、Arrays.deepToString() 和 Arrays.deepEquals() 的使用。在第 235～236 行，程序对 shuffledStrs 分别调用 Arrays.hashCode() 和 Arrays.deepHashCode() 为其计算哈希码和深度哈希码，由于 shuffledStrs 中每个元素都不是数组，故其深度哈希码与哈希码相同。在第 238～246 行，程序首先创建了一个元素类型为 int 的二维数组 randInts4，然后生成随机非负整数填充该数组，最后对它分别调用 Arrays.hashCode() 和 Arrays.deepHashCode() 为其计算哈希码和深度哈希码，由于二维数组 randInts4 的每个元素都是一维数组，故其深度哈希码与哈希码不同。Arrays.deepHashCode() 为数组计算深度哈希码，即如果数组的元素仍是数组，则此方法将考虑子数组中的元素而不是该子数组的唯一标识符（如内存地址）来计算整个数组的哈希码。但是如果某数组的子数组或孙数组是该数组本身，Arrays.deepHashCode() 会陷入无限循环，因此传递给该方法的数组不能包含指向自身的元素或子元素（如果元素是数组）。由于这种限制，在第 262 和 282 行对 objArr 和 objChk 调用该方法都会触发 StackOverflowError 异常，导致程序异常终止，因为它们都包含了指向自身的元素。

在第 248～258 行，程序先创建一个 Object 数组 objArr，然后随机用数组自身或 randStrs 中某个元素填充该数组，接着对它分别调用 Arrays.toString() 和 Arrays.deepToString() 为其计算字符串表示和深度字符串表示。由于 objArr 包含指向自身的元素,故这些元素在转换为深度字符串时被表示成"[…]",而在转换为普通字符串表示时被表示成元素的唯一标识符(即该元素所指向对象的内存地址),如程序执行结果所示。

在第264~280行,程序首先创建两个与objArr等长的Object数组objGrp和objChk,然后对于下标i(0≤i<randInts3.length-1),如果objArr[i]指向objArr,则置objGrp[i]为objGrp,而置objChk[i]为objArr,否则就用objArr[i]构造一个新的MyString对象并将其分别赋值给objGrp[i]和objChk[i]。填充完成后,可对objArr和objGrp调用Arrays.equals()通过逐对元素比较来确定它们是否相等,但不能对它们调用Arrays.deepEquals()进行深度相等比较。因为该方法在对两个数组如objArr和objGrp进行深度比较时,如果发现两个数组的对应元素如objArr[i]和objGrp[i]都是数组,则会对objArr[i]和objGrp[i]继续调用Arrays.deepEquals()方法进行深度相等比较,如果这时objArr[i]指向objArr,而objGrp[i]指向objGrp,就会导致Arrays.deepEquals()方法陷入无限循环。但是对objArr和objChk则既可调用Arrays.equals()也可调用Arrays.deepEquals()方法,而且比较结果都是true,原因是两个数组的元素e1和e2要么在==意义上相等(如objArr[i]为objArr时相应的objChk[i]也为objArr)要么在e1.equals(e2)意义上相等(对于非指向数组的元素),故两个数组相等。

注意:Arrays.deepEquals()在比较两个数组a1和a2是否深度相等时,首先检查a1和a2是否都为null,如果都为null,则返回true;如果有一个为null而另一个不为null,则返回false;如果两个都不为null,则从它们中取出一对对应元素e1和e2,首先检查它们是否在==意义上相等,如果不等,则检查它们是否都是数组,如果是则对它们继续调用Arrays.deepEquals()进行深度相等比较,如果它们是普通对象而非数组对象,则通过调用e1.equals(e2)来进行相等比较。Arrays.deepEquals()的比较规则解释了为什么objArr和objChk这种即使包含指向自身的元素是深度相等的。

在第285~288行,程序对randInts调用Arrays.spliterator()为其生成了以它为数据源的int基本类型可分割迭代器intArrSpliter,该可分割迭代器的trySplit()方法可将原可分割迭代器所管辖的元素的左半部分分割出去并用一个新的可分割迭代器intArrLefter来管理它们。在第291~294行,程序对shuffledInts和shuffledStrs分别调用Arrays.stream()生成了以它们为数据源的int基本类型流容器intStm和MyString类型流容器strStm,从而可以流的方式对这两个数组进行操作。

9.4 Collections 类

Collections类提供对java.util.Collection<E>或java.util.Map<K,V>容器的生成创建(如各种空容器或不可修改容器(Unmodifiable Collections)或线程安全容器(Thread-safe Collections)或动态类型安全容器(Dynamically Typesafe Collections)的创建)、复制、搜索、排序、修改(如添加、重洗、旋转、反转、交换等)、类型转换(将Deque<T>转换成LIFO的Queue<T>)和相交检查等功能,其常用成员和方法如表9.4所示。例9.5给出了一个演示如何使用Collections类的程序示例。

表 9.4 Collections 类的常用成员与方法

成员/方法签名	功 能 说 明
static List EMPTY_LIST	Collections 的静态成员变量,类型为 List(注意这里是原始类型 raw types),表示一个不可修改的空列表
static Map EMPTY_MAP	Collections 的静态成员变量,类型为 Map(注意这里是原始类型 raw types),表示一个不可修改的空映射
static Set EMPTY_SET	Collections 的静态成员变量,类型为 Set(注意这里是原始类型 raw types),表示一个不可修改的空集合
static < T > boolean addAll (Collection<? super T > c,T… elements)	将可变参数 elements 代表的多个元素添加到容器 c 中,如果 c 因该调用发生了改变就返回 true,否则返回 false
static < T > Queue < T > asLifoQueue（Deque < T > deque)	将双端队列 duque 转换为后进先出(LIFO)的特殊队列
static < T > int binarySearch (List<? extends Comparable<? super T >> list,T key)	使用二分查找法在列表 list 中查找 key。在调用该方法时,list 中的元素必须是按照元素的自然顺序(即要求 a 中元素的类型 T 实现了 Comparable<? super T>接口)升序排序的。如果 a 中有多个元素与 key 匹配,则无法保证哪一个元素将被找到。如果 list 包含 key,则返回第一个与 key 匹配的元素的索引(列表索引,从 0 计数);否则就返回(—(insertion point)—1)。所谓插入点(insertion point)就是如果将 key 插入 list,它所占据的位置索引,实际上即 list 中刚好大于 key 的元素的索引。如果 key 大于 list 中最大元素,则插入点就是 list.size()。注意,该方法的返回值在当且仅当 list 包含 key 时才大于或等于 0
static < T > int binarySearch (List<? extends T > list,T key, Comparator<? super T > c)	使用二分查找法在列表 list 中查找 key。在调用该方法时,list 中的元素必须是按照外比较器 c 所规定的顺序或所确定的比较规则升序排序的。如果 c 为 null,则 list 应是按照元素自然顺序升序排序的。如果 a 中有多个元素与 key 匹配,则无法保证哪一个元素将被找到。如果 list 包含 key,则返回第一个与 key 匹配的元素的索引;否则就返回(—(insertion point)—1)。所谓插入点(insertion point)就是如果将 key 插入 list,它所占据的位置索引,实际上即 list 中刚好大于 key 的元素的索引。如果 key 大于 list 中最大元素,则插入点就是 list.size()。注意,该方法的返回值在当且仅当 list 包含 key 时才大于或等于 0
static < E > Collection < E > checkedCollection(Collection < E > c,Class < E > type)	根据容器 c 和类型 type 生成一个执行类型检查的动态类型安全的(Dynamically Typesafe)新容器 newC 并返回。newC 具有与 c 同样的内容。当向 newC 插入或修改 newC 中元素为类型不为 E 的元素时,newC 会立即抛出 ClassCastException 异常。对 newC 的 equals()和 hashCode()操作不会被传递给 c,而是直接调用从 java.lang.Object 继承而来的 equals()和 hashCode()。主要使用场景如下:使用原始类型引用指向并修改该泛型容器对象时,如下列代码 List ls = checkedList(new List < String >(),String.class); ls.add(16);在执行时会在向 ls 添加整数 16 时立即报告 ClassCastException 异常
static < E > List < E > checkedList (List < E > list, Class < E > type)	根据列表 list 和类型 type 生成一个执行类型检查的动态类型安全的(Dynamically Typesafe)新列表 newList 并返回。newList 具有与 list 同样的内容。当向 newList 插入或将 newList 中的元素修改为类型不为 E 的元素时,newList 会立即抛出 ClassCastException 异常

续表

成员/方法签名	功 能 说 明
static < K, V > Map < K, V > checkedMap(Map < K, V > m, Class < K > keyType, Class < V > valueType)	根据映射 m、键类型 keyType 和值类型 valueType 生成一个执行类型检查的动态类型安全的(Dynamically Typesafe)新映射 newMap 并返回。newMap 具有与 m 同样的内容。当向 newMap 插入的键值对的键的类型不为 keyType 或值的类型不为 valueType 时，或将 newMap 中原键值对的键修改为类型不为 keyType 的新键或值修改为类型不为 valueType 的新值时，newMap 会立即抛出 ClassCastException 异常
static < K, V > NavigableMap < K, V > checkedNavigableMap (NavigableMap< K, V > m, Class < K > keyType, Class < V > valueType)	根据导航映射 m、键类型 keyType 和值类型 valueType 生成一个执行类型检查的动态类型安全的(Dynamically Typesafe)新导航映射 newMap 并返回。newMap 具有与 m 同样的内容。当向 newMap 插入的键值对的键的类型不为 keyType 或值的类型不为 valueType 时，或将 newMap 中原键值对的键修改为类型不为 keyType 的新键或值修改为类型不为 valueType 的新值时，newMap 会立即抛出 ClassCastException 异常
static < E > NavigableSet < E > checkedNavigableSet（NavigableSet < E > s, Class < E > type）	根据导航集合 s 和类型 type 生成一个执行类型检查的动态类型安全的(Dynamically Typesafe)新导航集合 newSet 并返回。newSet 具有与 s 同样的内容。当向 newSet 插入或将 newSet 中的元素修改为类型不为 E 的元素时，newSet 会立即抛出 ClassCastException 异常
static < E > Queue < E > checkedQueue（Queue < E > queue, Class < E > type）	根据队列 queue 和类型 type 生成一个执行类型检查的动态类型安全的（Dynamically Typesafe）新导航集合 newQueue 并返回。newQueue 具有与 queue 同样的内容。当向 newQueue 插入或将 newQueue 中的元素修改为类型不为 E 的元素时，newQueue 会立即抛出 ClassCastException 异常
static < E > Set < E > checkedSet(Set < E > s, Class < E > type)	根据集合 s 和类型 type 生成一个执行类型检查的动态类型安全的(Dynamically Typesafe)新集合 newSet 并返回。newSet 具有与 s 同样的内容。当向 newSet 插入或将 newSet 中的元素修改为类型不为 E 的元素时，newSet 会立即抛出 ClassCastException 异常
static < K, V > SortedMap < K, V > checkedSortedMap(SortedMap < K, V > m, Class < K > keyType, Class < V > valueType)	根据有序映射 m、键类型 keyType 和值类型 valueType 生成一个执行类型检查的动态类型安全的(Dynamically Typesafe)新有序映射 newMap 并返回。newMap 具有与 m 同样的内容。当向 newMap 插入的键值对的键的类型不为 keyType 或值的类型不为 valueType 时，或将 newMap 中原键值对的键修改为类型不为 keyType 的新键或值修改为类型不为 valueType 的新值时，newMap 会立即抛出 ClassCastException 异常
static < E > SortedSet < E > checkedSortedSet(SortedSet < E > s, Class < E > type)	根据有序集合 s 和类型 type 生成一个执行类型检查的动态类型安全的(Dynamically Typesafe)新有序集合 newSet 并返回。newSet 具有与 s 同样的内容。当向 newSet 插入或将 newSet 中的元素修改为类型不为 E 的元素时，newSet 会立即抛出 ClassCastException 异常
static < T > void copy(List <? super T > dest, List <? extends T > src)	将列表 src 中的内容复制到 dest 中。dest 所含元素个数应不少于 src。将 src 中[0, src.size()]范围内的元素逐个复制到 dest 的[0, src.size()]范围内。每个被复制的元素在 dest 中的下标将与其在 src 中的下标相同。dest 在[src.size(), dest.size()]范围内的元素不受影响

续表

成员/方法签名	功 能 说 明
static boolean disjoint(Collection<?> c1,Collection<?> c2)	检查两个容器 c1 和 c2 是否包含共同元素即没有交集，如果没有则返回 true
static < T > Enumeration < T > emptyEnumeration()	返回一个类型安全的空枚举器(Enumeration 已过时，应首选使用 Iterator)
static < T > Iterator < T > emptyIterator()	返回一个类型安全的空迭代器
static < T > List < T > emptyList()	返回一个类型安全的空列表 list，list 不可修改。与 EMPTY_LIST 不同的是，返回的空集合 list 是类型安全的
static < T > ListIterator < T > emptyListIterator()	返回一个类型安全的空线性迭代器
static < K,V > Map < K,V > emptyMap()	返回一个类型安全的空映射 map，map 不可修改。与 EMPTY_MAP 不同的是，返回的空集合 map 是类型安全的
static < K,V > NavigableMap < K,V > emptyNavigableMap()	返回一个类型安全的空导航映射 map，map 不可修改
static < E > NavigableSet < E > emptyNavigableSet()	返回一个类型安全的空导航集合 set，set 不可修改
static < T > Set < T > emptySet()	返回一个类型安全的空集合 set，set 不可修改。与 EMPTY_SET 不同的是，返回的空集合 set 是类型安全的
static < K,V > SortedMap < K,V > emptySortedMap()	返回一个类型安全的空有序映射 map，map 不可修改
static < E > SortedSet < E > emptySortedSet()	返回一个类型安全的空有序集合 set，set 不可修改
static < T > Enumeration < T > enumeration(Collection < T > c)	根据容器 c 生成一个可以在 c 上迭代的类型安全的枚举器 enum 并将其返回(Enumeration 已过时，应首选使用 Iterator)
static < T > void fill (List <? super T > list,T obj)	将 list 中所有元素替换成 obj
static int frequency (Collection<?> c,Object o)	统计 o 在 c 中出现次数即统计 c 中与 o 匹配的元素个数。如果 o 与 c 中一个元素 e 匹配，只需(o==null ? e==null : o.equals(e))成立
static int indexOfSubList (List<?> source,List<?> target)	在列表 source 中正向查找 target，将找到的第一个子列表的第一个元素的索引返回，即返回最小的这样的一个 i，它使得 source.subList(i,i+target.size()).equals(target)成立。如果在 source 中找不到与 target 匹配的子列表，则返回－1
static int lastIndexOfSubList (List <?> source, List <?> target)	在列表 source 中逆向查找 target，将找到的第一个子列表的第一个元素的索引返回，即返回最大的这样一个 i，它使得 source.subList(i,i+target.size()).equals(target)成立。如果在 source 中找不到与 target 匹配的子列表，则返回－1
static < T > ArrayList < T > list (Enumeration < T > e)	根据枚举 e 创建一个包含 e 所返回元素的数组列表 list，其中元素顺序为 e 返回元素的顺序
static < T extends Object & Comparable <? super T >> T max (Collection<? extends T> coll)	返回容器 coll 中的最大元素，根据自然顺序来比较元素大小即要求元素类型 E 实现 Comparable<? super E>接口

续表

成员/方法签名	功 能 说 明
static < T > T max (Collection <? extends T > coll, Comparator <? super T > comp)	返回容器 coll 中的最大元素,根据外比较器 comp 来比较元素大小
static < T extends Object & Comparable <? super T >> T min (Collection <? extends T > coll)	返回容器 coll 中的最小元素,根据自然顺序来比较元素大小即要求元素类型 E 实现 Comparable <? super E>接口
static < T > T min(Collection <? extends T > coll, Comparator <? super T > comp)	返回容器 coll 中的最小元素,根据外比较器 comp 来比较元素大小
static < T > List < T > nCopies (int n, T o)	返回一个不可修改列表 list,其中包含 n 个元素,每个元素都指向 o
static < E > Set < E > newSetFromMap (Map < E, Boolean > map)	根据映射 map 生成集合 set 并返回。在调用该方法时,map 必须是空映射;在该方法返回后,不应再直接对 map 进行任何操作,所有操作应通过 set 进行。对 set 的任何操作会被传递到它的数据源 map
static < T > boolean replaceAll (List < T > list, T oldVal, T newVal)	将集合 list 中任何匹配 oldVal 的元素替换成 newVal。对于 list 中一个元素 e,如果 oldVal 与它匹配,则需要(oldVal == null ? e == null : oldVal. equals(e))成立
static void reverse (List <? > list)	将 list 中的元素逆序排列
static < T > Comparator < T > reverseOrder()	根据 T 上的自然顺序生成一个比较逻辑与自然顺序相反的外比较器 cmptor 并返回它。要求 T 实现了 Comparable <? super T>接口
static < T > Comparator < T > reverseOrder(Comparator < T > cmp)	根据外比较器 cmp 生成一个比较逻辑与之相反的外比较器 newCmp 并返回 newCmp。如果 cmp 为 null,则该方法执行效果与 static < T > Comparator < T > reverseOrder()相同,即生成一个比较逻辑与自然顺序相反的外比较器 newCmp 并将其返回,这时要求 T 实现了 Comparable <? super T>接口
static void rotate(List <? > list, int distance)	将列表 list 循环移动 distance 个单位。首先复制 list 为 b,然后将 list[i]位置处的元素置为 b[(i+distance)/list. size()]。如果 distance 为正,则将 list 循环右移 distance 个单位;如果 distance 为负,则将 list 循环左移 distance 个单位。假如 list 为[a,b,c,d],则 Collections. rotate(list,1)的结果为[d,a,b,c],Collections. rotate(list,−1)的结果为[b,c,d,a]
static void shuffle(List <? > list)	使用默认随机源将 list 中的元素随机排列,即重洗 list
static void shuffle(List <? > list, Random rnd)	使用指定随机源 rnd 将 list 中的元素随机排列
static < T > Set < T > singleton (T o)	返回一个不可修改集合 set,它只包含一个元素 o
static < T > List < T > singletonList(T o)	返回一个不可修改列表 list,它只包含一个元素 o
static < K, V > Map < K, V > singletonMap(K key, V value)	返回一个不可修改列表 list,它只包含一个元素即键值对(key,value)

续表

成员/方法签名	功 能 说 明
static < T extends Comparable <? super T >> void sort(List < T > list)	对列表 list 中的元素按照自然顺序进行升序排序,要求元素类型 T 实现 Comparable <? super T>接口。该方法所采用的排序算法是稳定的,意味着两个相等的元素在排序前后的相对位置不会发生变化
static < T > void sort(List< T > list,Comparator <? super T > c)	对列表 list 中的元素按照外比较器 c 所确定的顺序或者比较规则进行排序。该方法所采用的排序算法是稳定的,意味着两个相等的元素在排序前后的相对位置不会发生变化
static void swap(List <? > list,int i,int j)	互换 list 位于索引 i 和 j 处的两个元素

static < T > Collection < T > synchronizedCollection (Collection< T > c)	根据容器 c 创建并返回其同步(或线程安全)版本的容器 syncC。在对 c 调用该方法后,不应再对 c 进行任何访问,所有访问都应通过 syncC 进行。对 syncC 的访问无须在锁的保护下进行。但是对从 syncC 返回的 Iterator、Spliterator 或 Stream 对象的访问需要在锁 syncC 的保护下进行,如下列代码所示(原因在于与 syncC 关联的锁 lock 只能为对 c 的单次方法调用提供保护,即 syncC 为 c 提供的同步功能仅以方法为单位(其实这个 lock 就是 syncC 自身)。在一个线程 t1 对 c 进行两次方法调用之间,另一个线程 t2 仍然可能修改 c。例如 t1 对 syncC 使用迭代器 itr(该迭代器不是线程安全的,没有锁保护它)进行迭代访问,先调用 itr.hasNext()(转换为对 syncC 所关联的 c 的方法调用)检查是否有下一个元素,再调用 itr.next()(转换为对 syncC 所关联的 c 的又一个方法调用)获取下一个元素。但是在这之间,t2 可能调用 syncC.remove()(转换为对 c 的另一个方法调用)删除元素,从而导致 t1 在调用 itr.next()时获取不到正确的元素。因此如果 t1 想要使用 itr 原子性地修改 c,则应将使用 itr 对 c 的多个访问置于 syncC 的保护之下;而 t2 想要调用 syncC.remove() 方法时,也需要先获取 syncC 上的锁,因此 t1 和 t2 不会再有冲突):
	Collection syncC = null;
	syncC = Collections.synchronizedCollection(c);
	...
	synchronized (syncC) {
	    Iterator i = syncC.iterator(); //Must be in the
	                                                //synchronized block
	    while (i.hasNext())
	        foo(i.next());
	}
	对 syncC 的 iterator()的调用必须在锁 syncC 的保护下进行,因为它将直接调用 syncC 所依赖的底层数据源 c 的 iterator()方法。在这个过程中,syncC.iterator()没有请求锁 syncC 的保护,其示意代码如下所示:
	iterator< E> iterator(){ //该代码位于对象 syncC 所属的类中
	    return c.iterator();
	}
	如果有两个线程,其中一个线程在调用 syncC 的 iterator()方法(该方法需要读取 syncC 的长度信息),而另一个线程在对 syncC 进行元素添加或删除等操作(这些操作需要修改 syncC 的长度信息),则可能导致两个线程在 syncC 的长度信息上发生数据竞争甚至原子性违背。因此为避免产生这些问题,对 syncC 的 iterator()的调用应在 syncC 的保护下进行

续表

成员/方法签名	功 能 说 明

static < T > List < T > synchronizedList(List < T > list)	根据列表 list 创建并返回其同步(或线程安全)版本的列表 syncList。在对 list 调用该方法后,不应再对它进行任何访问,所有访问都应通过 syncList 进行。对 syncList 的访问无须在锁的保护下进行。但是对从 syncList 返回的 Iterator、Spliterator 或 Stream 对象的访问需要在锁 syncList 的保护下进行,如下列代码所示:
	List syncList = Collections.synchronizedList(new ArrayList());
	...
	synchronized (syncList) {
	    Iterator i = syncList.iterator(); //Must be in the
	//synchronized block
	    while (i.hasNext())
	        foo(i.next());
	}
	对 syncList 的 iterator() 的调用必须在锁 syncList 的保护下进行

static < K, V > Map < K, V > synchronizedMap(Map < K, V > m)	根据映射 m 创建并返回其同步(或线程安全)版本的映射 syncMap。在对 m 调用该方法后,不应再对它进行任何访问,所有访问都应通过 syncMap 进行。对 syncMap 的访问无须在锁的保护下进行。但是对从 syncMap 返回的键集、值集或键值对集的迭代访问(使用 Iterator 或 Stream 等)需要在锁 syncMap 的保护下进行,如下列代码所示(由于 syncMap 是一个线程安全的映射,所以可对其直接调用单个方法如 keySet() 方法。方法调用 syncMap.keySet() 返回的集合 s 也是线程安全的。对 s 的方法调用将会转换为对 syncMap 的键的相关方法的调用,而对 syncMap 的多个方法的调用应在 syncMap 的保护下进行):
	Map syncMap = Collections.synchronizedMap(new HashMap());
	...
	Set s = syncMap.keySet(); //Needn't be in synchronized block
	... //s 是一个同步集合
	synchronized (syncMap) { //Synchronizing on syncMap, not s!
	    Iterator i = s.iterator(); //Must be in synchronized block
	    while (i.hasNext())
	        foo(i.next());
	}
	对 s 的 iterator() 的调用必须在锁 syncMap 的保护下进行,因为这个方法在实现时将直接调用 s 所依赖的底层数据源即 syncMap.keySet() 所返回集合对象的 iterator() 方法。在这个过程中,s.iterator() 没有请求锁 s 或锁 syncMap 的保护,其代码如下所示:
	iterator < E > iterator(){ //该代码位于对象 s 所属的类中
	    return syncMap.keySet().iterator();
	}

续表

成员/方法签名	功 能 说 明

static < K,V > NavigableMap < K,V > synchronizedNavigableMap (NavigableMap < K,V > m)	根据导航映射 m 创建并返回其同步（或线程安全）版本的导航映射 syncMap。在对 m 调用该方法后，不应再对它进行任何访问，所有访问都应通过 syncMap 进行。对 syncMap 的访问无须在锁的保护下进行。但是对从 syncMap（或其 subMap( )、headMap( ) 或 tailMap( ) 所返回的同步导航映射 syncSubMap）返回的键集、值集或键值对集的迭代访问（使用 Iterator、Spliterator 或 Stream 等）需要在锁 syncMap 的保护下进行，如下列代码所示：
	`NavigableMap syncMap = null;`
	`syncMap = Collections.synchronizedNavigableMap(new TreeMap());`
	`NavigableMap m2 = syncMap.subMap(foo, true, bar, false);`
	`... //syncMap.subMap()返回的映射 m2 仍然是一个同步映射`
	`Set s2 = m2.keySet();   //Needn't be in synchronized block`
	`...//s2 是一个同步集合`
	`synchronized (syncMap) { //Synchronizing on syncMap, not m2`
	`//or s2!`
	`    Iterator i = s2.iterator(); //Must be in synchronized block`
	`    while (i.hasNext())`
	`        foo(i.next());`
	`}`
	对 s2 的 iterator( ) 的调用必须在锁 syncMap 的保护下进行

static < T > NavigableSet < T > synchronizedNavigableSet (NavigableSet < T > s)	根据导航集合 s 创建并返回其同步（或线程安全）版本的导航集合 syncSet。在对 s 调用该方法后，不应再对它进行任何访问，所有访问都应通过 syncSet 进行。对 syncSet 的访问无须在锁的保护下进行。但是对 syncSet（或其 subSet( )、headSet( ) 或 tailSet( ) 所返回的同步导航集合 syncSubSet）进行的迭代访问（使用 Iterator、Spliterator 或 Stream 等）需要在锁 syncSet 的保护下进行，如下列代码所示：
	`NavigableSet syncSet = null;`
	`syncSet = Collections.synchronizedNavigableSet(new TreeSet());`
	`NavigableSet s2 = syncSet.headSet(foo, true);`
	`... //syncSet.headSet()返回的集合 s2 仍然是一个同步集合`
	`synchronized (syncSet) { //Synchronizing on syncSet, not s2!`
	`    Iterator i = s2.iterator();   //Must be in`
	`//synchronized block`
	`    while (i.hasNext())`
	`        foo(i.next());`
	`}`
	对 s2 的 iterator( ) 的调用必须在锁 syncSet 的保护下进行

续表

成员/方法签名	功 能 说 明

static < T > Set < T > synchronizedSet(Set < T > s)	根据集合 s 创建并返回其同步(或线程安全)版本的集合 syncSet。在对 s 调用该方法后,不应再对它进行任何访问,所有访问都应通过 syncSet 进行。对 syncSet 的访问无须在锁的保护下进行。但是对 syncSet 进行的迭代访问(使用 Iterator、Spliterator 或 Stream 等)仍然需要在锁 syncSet 的保护下进行,如下列代码所示:
	`Set syncSet = Collections.synchronizedSet(new HashSet());`
	`… //syncSet 是一个同步集合`
	`synchronized (syncSet) { //Synchronizing on syncSet`
	`    Iterator i = syncSet.iterator();    //Must be in`
	`//synchronized block`
	`    while (i.hasNext())`
	`        foo(i.next());`
	`}`
	对 syncSet 的 iterator() 的调用必须在锁 syncSet 的保护下进行

static < K, V > SortedMap < K, V > synchronizedSortedMap (SortedMap < K, V > m)	根据有序映射 m 创建并返回其同步(或线程安全)版本的有序映射 syncMap。在对 m 调用该方法后,不应再对它进行任何访问,所有访问都应通过 syncMap 进行。对 syncMap 的访问无须在锁的保护下进行。但是对从 syncMap(或其 subMap()、headMap() 或 tailMap() 所返回的同步有序映射 syncSubMap)返回的键集、值集或键值对集的迭代访问(使用 Iterator、Spliterator 或 Stream 等)仍然需要在锁 syncMap 的保护下进行,如下列代码所示:
	`SortedMap syncMap = null;`
	`syncMap = Collections.synchronizedSortedMap(new TreeMap());`
	`SortedMap m2 = syncMap.subMap(foo, bar);`
	`… //syncMap.subMap()返回的映射 m2 仍然是一个同步映射`
	`Set s2 = m2.keySet(); //Needn't be in synchronized block`
	`…//s2 是一个同步集合`
	`synchronized (syncMap) { //Synchronizing on syncMap, not m2`
	`//or s2!`
	`    Iterator i = s2.iterator(); //Must be in synchronized block`
	`    while (i.hasNext())`
	`        foo(i.next());`
	`}`
	对 s2 的 iterator() 的调用必须在锁 syncMap 的保护下进行

续表

成员/方法签名	功 能 说 明

static < T > SortedSet < T > synchronizedSortedSet (SortedSet < T > s)	根据有序集合 s 创建并返回其同步（或线程安全）版本的有序集合 syncSet。在对 s 调用该方法后，不应再对它进行任何访问，所有访问都应通过 syncSet 进行。对 syncSet 的访问无须在锁的保护下进行。但是对 syncSet（或其 subSet()、headSet() 或 tailSet()）所返回的同步有序集合 syncSubSet）进行的迭代访问（使用 Iterator、Spliterator 或 Stream 等）仍然需要在锁 syncSet 的保护下进行，如下列代码所示：
	SortedSet syncSet = null;
	syncSet = Collections.synchronizedSortedSet(new TreeSet());
	SortedSet s2 = syncSet.headSet(foo);
	... //syncSet.headSet()返回的集合 s2 仍然是一个同步集合
	synchronized (syncSet) { //Synchronizing on syncSet, not s2!
	    Iterator i = s2.iterator(); //Must be in
	//synchronized block
	    while (i.hasNext())
	        foo(i.next());
	}
	对 s2 的 iterator() 的调用必须在锁 syncSet 的保护下进行

static < T > Collection < T > unmodifiableCollection（Collection <? extends T > c）	为容器 c 创建一个只读版本 readOnlyC 并将其返回。对 readOnlyC 的读访问将转换为对 c 的访问，而对它的写访问（无论是直接访问或通过迭代器等的间接访问）都将导致 UnSupportedOperationException 异常。对 readOnlyC 的 equals() 和 hashCode() 操作不会被传递给 c，而是直接调用从 java.lang.Object 继承而来的 equals() 和 hashCode()
static < T > List < T > unmodifiableList（List <? extends T > list）	为列表 list 创建一个只读版本 readOnlyList 并将其返回。对 readOnlyList 的读访问将转换为对 list 的访问，而对它的写访问（无论是直接访问或通过迭代器等的间接访问）都将导致 UnSupportedOperationException 异常
static < K , V > Map < K , V > unmodifiableMap （ Map <? extends K,? extends V > m）	为映射 m 创建一个只读版本 readOnlyMap 并将其返回。对 readOnlyMap 的读访问将转换为对 m 的访问，而对它的写访问（无论是直接访问或通过其键集、值集或键值对集等的间接访问）都将导致 UnSupportedOperationException 异常
static < K , V > SortedMap < K , V > unmodifiableSortedMap （SortedMap < K ,? extends V > m）	为有序映射 m 创建一个只读版本 readOnlyMap 并将其返回。对 readOnlyMap 的读访问将转换为对 m 的访问，而对它的写访问（无论是直接访问或通过其键集、值集或键值对集等的间接访问或通过其 subMap()、headMap() 或 tailMap() 等所返回的只读有序映射 subReadOnlyMap 的间接访问）都将导致 UnSupportedOperationException 异常

续表

成员/方法签名	功 能 说 明
static <K,V> NavigableMap<K,V> unmodifiableNavigableMap(NavigableMap<K,? extends V> m)	为导航映射 m 创建一个只读版本 readOnlyMap 并将其返回。对 readOnlyMap 的读访问将转换为对 m 的访问,而对它的写访问(无论是直接访问或通过其键集、值集或键值对集等的间接访问或通过其 subMap()、headMap() 或 tailMap() 等所返回的只读导航映射 subReadOnlyMap 的间接访问)都将导致 UnSupportedOperationException 异常
static <T> Set<T> unmodifiableSet(Set<? extends T> s)	为集合 s 创建一个只读版本 readOnlySet 并将其返回。对 readOnlySet 的读访问将转换为对 s 的访问,而对它的写访问(无论是直接访问或通过迭代器等的间接访问)都将导致 UnSupportedOperationException 异常
static <T> SortedSet<T> unmodifiableSortedSet(SortedSet<T> s)	为有序集合 s 创建一个只读版本 readOnlySet 并将其返回。对 readOnlySet 的读访问将转换为对 s 的访问,而对它的写访问(无论是直接访问或通过其迭代器等的间接访问或通过其 subSet()、headSet() 或 tailSet() 等所返回的只读有序集合 subReadOnlySet 的间接访问)都将导致 UnSupportedOperationException 异常
static <T> NavigableSet<T> unmodifiableNavigableSet(NavigableSet<T> s)	为导航集合 s 创建一个只读版本 readOnlySet 并将其返回。对 readOnlySet 的读访问将转换为对 s 的访问,而对它的写访问(无论是直接访问或通过其迭代器等的间接访问或通过其 subSet()、headSet() 或 tailSet() 等所返回的只读导航集合 subReadOnlySet 的间接访问)都将导致 UnSupportedOperationException 异常

【例 9.5】 演示 Collections 类用法的程序示例。

```
1     package com.jgcs.chp9.p5;
2
3     import java.util.ArrayList;
4     import java.util.Collections;
5     import java.util.Deque;
6     import java.util.HashMap;
7     import java.util.Iterator;
8     import java.util.LinkedList;
9     import java.util.List;
10    import java.util.ListIterator;
11    import java.util.Queue;
12    import java.util.Random;
13    import java.util.Set;
14
15    class Student implements Comparable<Student>{
16        String sno;
17        String sname;
18        char ssex;
19        int sage;
20        String sdept;
21
22        public Student(String sno, String sname, char ssex, int sage, String sdept) {
23            this.sno = sno;
24            this.sname = sname;
```

```java
25            this.ssex = ssex;
26            this.sage = sage;
27            this.sdept = sdept;
28        }
29
30        public String getSno() {
31            return sno;
32        }
33
34        public void setSno(String sno) {
35            this.sno = sno;
36        }
37
38        public String getSname() {
39            return sname;
40        }
41
42        public void setSname(String sname) {
43            this.sname = sname;
44        }
45
46        public char getSsex() {
47            return ssex;
48        }
49
50        public void setSsex(char ssex) {
51            this.ssex = ssex;
52        }
53
54        public int getSage() {
55            return sage;
56        }
57
58        public void setSage(int sage) {
59            this.sage = sage;
60        }
61
62        public String getSdept() {
63            return sdept;
64        }
65
66        public void setSdept(String sdept) {
67            this.sdept = sdept;
68        }
69
70        @Override
71        public String toString() {
72            final StringBuilder sb = new StringBuilder("Student(");
73            sb.append("sno = '").append(sno).append('\'');
74            sb.append(", sname = '").append(sname).append('\'');
75            sb.append(", ssex = '").append(ssex).append('\'');
76            sb.append(", sage = ").append(sage);
77            sb.append(", sdept = '").append(sdept).append('\'');
78            sb.append(')');
```

```java
79              return sb.toString();
80          }
81
82          @Override
83          public int hashCode() {
84              return sno.hashCode() >>> 1;
85          }
86
87          @Override
88          public boolean equals(Object obj) { //根据学号进行比较,在返回 true 时要与
                                                //compareTo()在语义上保持一致
89              if(obj instanceof Student) {
90                  Student stu = (Student)obj;
91                  return this.sno.equals(stu.getSno()) ? true : false;
92              } else {
93                  return false;
94              }
95          }
96
97          @Override
98          public int compareTo(Student stu) { //根据学号进行比较,在返回 0 时要与 equals()
                                                //在语义上保持一致
99              return sno.compareTo(stu.getSno());
100         }
101     }
102
103     class ListRemover implements Runnable{ //列表删除线程对应的可执行体类
104         List<Student> stuLs = null;
105
106         public ListRemover(List<Student> stuLs) {
107             this.stuLs = stuLs;
108         }
109
110         @Override
111         public void run() {
112             for(int i = 0; i < stuLs.size();) {
113                 System.out.println("被删除的元素是:" + stuLs.remove(i));
114
115                 try {
116                     Thread.sleep(new Random().nextInt(100)); //随机休眠
117                 } catch (InterruptedException e) {
118                     e.printStackTrace();
119                 }
120             }
121         }
122     }
123
124     class ListTraverser implements Runnable{ //列表遍历线程对应的可执行体类
125         List<Student> stuLs = null;
126
127         public ListTraverser(List<Student> stuLs) {
128             this.stuLs = stuLs;
129         }
130
```

```java
131         @Override
132         public void run() {
133             synchronized(stuLs) {
134                 Iterator<Student> stuItr = stuLs.iterator(); //对 stuLs 的 iterator()的
                                                                //调用必须在 stuLs 锁的
                                                                //保护下进行
135                 while(stuItr.hasNext()) {
136                     try {
137                         Thread.sleep(new Random().nextInt(1000)); //随机休眠
138                     } catch (InterruptedException e) {
139                         e.printStackTrace();
140                     }
141
142                     System.out.println(stuItr.next());
143                 }
144             }
145         }
146     }
147
148     public class App9_5 {
149         public static void main(String[] args) {
150             Student stuJason = new Student("09001", "Jason", 'M', 21, "BD");
                                                                            //BD:大数据学院
151             Student stuIsabella = new Student("09002", "Isabella", 'F', 20, "MD");
                                                                            //MD:音乐与舞蹈学院
152             Student stuCathy = new Student("09003", "Cathy", 'F', 19, "MATH");
                                                                            //MATH:数学学院
153             Student stuAndrew = new Student("09004", "Andrew", 'M', 22, "AI");
                                                                            //AI:人工智能学院
154             Student stuSophia = new Student("09005", "Sophia", 'F', 20, "CS");
                                                                            //CS:计算机学院
155             Student stuKevin = new Student("09006", "Kevin", 'M', 21, "PD");
                                                                            //PD:物理学院
156
157             Student[] students = {stuIsabella, stuCathy, stuSophia, stuJason, stuAndrew};
                                    //顺序为 09002 -> 09003 -> 09005 -> 09001 -> 09004
158
159             //关于 Collections.addAll()、Collections.sort()和 Collections.binarySearch()
                //的使用演示
160             List<Student> stuLs = new ArrayList<Student>();
161             Collections.addAll(stuLs, students);                    //填充 stuLs
162             System.out.println("进行升序排序前的 stuLs 是:" + stuLs.toString());
163             Collections.sort(stuLs); //对 stuLs 调用 Collections.binarySearch()进行二
                                         //分查找前必须要进行升序排序
164             System.out.println("进行升序排序后的 stuLs 是:" + stuLs.toString());
165             int elmIdx = Collections.binarySearch(stuLs, stuAndrew);
166             if(elmIdx >= 0) {
167                 System.out.println("stuAndrew 在 stuLs 中的下标是:" + elmIdx);
168             }
169
170             //关于 Collections.max()、Collections.frequency()的使用演示
171             Student stuMaxOnNo = Collections.max(stuLs);
172             Student stuMaxOnAge = Collections.max(stuLs, (stu1, stu2) -> {return stu1.
                    getSage() - stu2.getSage();});                    //按年龄进行比较
```

```java
173         System.out.println("stuLs 中学号最大的学生是:" + stuMaxOnNo);
174         System.out.println("stuLs 中年龄最大的学生是:" + stuMaxOnAge);
175         System.out.println("stuMaxOnAge 对应的学生在 stuLs 中的出现次数是:"
                    + Collections.frequency(stuLs, stuMaxOnAge));
176
177         //关于 Collections.fill()、Collections.copy()、Collections.rotate()、
            //Collections.reverse()、Collections.shuffle()、
178         //Collections.reverseOrder()和 Collections.swap()的使用演示
179         List<Student> stuLsCopy = new ArrayList<Student>(stuLs.size());
180         stuLsCopy.addAll(stuLs); //如果注释掉该行,则 Collections.copy()会触发
                            //IndexOutOfBoundsException 异常,因为 stuLsCopy
                            //实际元素个数为 0
181         Collections.fill(stuLsCopy, null);
182         System.out.println("进行填充后的 stuLsCopy 是:" + stuLsCopy);
183         Collections.copy(stuLsCopy, stuLs);
184         System.out.println("进行复制后的 stuLsCopy 是:" + stuLsCopy);
185         Collections.rotate(stuLsCopy, 3);
186         System.out.println("进行 3 次右移后的 stuLsCopy 是:" + stuLsCopy);
187         Collections.reverse(stuLsCopy);
188         System.out.println("进行反序后的 stuLsCopy 是:" + stuLsCopy);
189         Collections.shuffle(stuLsCopy, new Random(123456789));
190         System.out.println("进行重洗后的 stuLsCopy 是:" + stuLsCopy);
191         Collections.sort(stuLsCopy, Collections.reverseOrder());
192         System.out.println("按照学号反序排序后的 stuLsCopy 是:" + stuLsCopy);
193          Collections.sort(stuLsCopy, Collections.reverseOrder( (stu1, stu2) ->
                    {return stu1.getSage() - stu2.getSage();} ));
194         System.out.println("按照年龄反序排序后的 stuLsCopy 是:" + stuLsCopy);
195         Collections.swap(stuLsCopy, 0, stuLsCopy.size()-1);
196         System.out.println("将首尾元素对换后的 stuLsCopy 是:" + stuLsCopy);
197
198         //关于 Collections.repalceAll()、Collections.singletonList()、Collections.
            //indexOfSubList()、
199         //Collections.lastIndexOfSubList()、Collections.nCopies()、Collections.
            //disjoint()的使用演示
200         Collections.sort(stuLsCopy); //对 stuLsCopy 按照学号大小升序排序
201         Collections.replaceAll(stuLsCopy, stuIsabella, stuCathy);
202         Collections.replaceAll(stuLsCopy, stuAndrew, stuCathy);
203         System.out.println("经过 2 次替换后的 stuLsCopy 是:" + stuLsCopy);
204
205         List<Student> singletonLsOfCathy = Collections.singletonList(stuCathy);
206         List<Student> stuLsOfCathy = Collections.nCopies(2, stuCathy);
207         //stuLsOfCathy.set(stuLsOfCathy.size()-1, stuAndrew);
            //触发 UnsupportedOperationException 异常,stuLsOfCathy 不支持 set 操作
208         //stuLsOfCathy.add(stuJason); //触发 UnsupportedOperationException 异常,
                            //stuLsOfCathy 不支持 add 操作
209         int subLsIdx = Collections.indexOfSubList(stuLsCopy, singletonLsOfCathy);
210         System.out.println("列表 singletonLsOfCathy 在 stuLsCopy 中第一次出现的
                    位置是:" + subLsIdx);
211         subLsIdx = Collections.lastIndexOfSubList(stuLsCopy, stuLsOfCathy);
212         System.out.println("列表 stuLsOfCathy 在 stuLsCopy 中最后一次出现时的位
                    置是:" + subLsIdx);
213         System.out.println("列表 stuLsCopy 与 stuLs 是否相交(即是否包含共同元素):"
                    + !Collections.disjoint(stuLsCopy, stuLs));
214
```

```java
215     //关于Collections.emptyList()、Collections.emptyIterator()、Collections.
        //emptyListIterator()、
216     //Collections.newSetFromMap()、Collections.unmodifiableList()和Collections.
        //checkedList()的使用演示
217     List<Student> empLs = Collections.emptyList();
218     Iterator<Student> empItr = Collections.emptyIterator();
219     ListIterator<Student> empLsItr = Collections.emptyListIterator();
220     System.out.println("empLs 中元素个数是:" + empLs.size());
221
222     System.out.print("使用 empItr 遍历到的元素是:[");
223     empItr.forEachRemaining(e -> System.out.print(e));
224     System.out.println("]");
225
226     System.out.print("使用 empLsItr 遍历到的元素是:[");
227     empLsItr.forEachRemaining(e -> System.out.print(e));
228     System.out.println("]");
229
230     //Collections.newSetFromMap()的参数必须是空的 Map<E, Boolean>对象
231      Set<Student> stuSet = Collections.newSetFromMap(new HashMap<Student,
        Boolean>());
232     stuSet.add(stuJason);
233     stuSet.add(stuSophia);
234     stuSet.add(stuKevin);
235     System.out.println("stuSet 是:" + stuSet);
236
237     //下面这段代码会触发 IllegalArgumentException 异常!因为传递给 Collections.
        //newSetFromMap()的参数不是一个空 Map<E, Boolean>对象
238     //Map<Student, Boolean> stuHITMap = new HashMap<>(); //HIT 大学的学生
239     //for(int i = 0; i < students.length; i++) {
240     //    stuHITMap.put(students[i], new Random().nextBoolean());
241     //}
242     //Set<Student> stuHITSet = Collections.newSetFromMap(stuHITMap);
243     //System.out.println("stuHITSet 是:" + stuHITSet);
244
245     List<Student> unmodStuLs = Collections.unmodifiableList(stuLs);
246     try { unmodStuLs.add(stuKevin);
247     } catch(UnsupportedOperationException ex) {
248         System.out.println("无法对 unmodStuLs 进行 add 操作");
249     }
250
251     List<Student> chkdStuLs = Collections.checkedList(stuLs, Student.class);
252     List rawLs = chkdStuLs; //将 chkdStuLs 赋值给原始类型引用变量 rawLs
253     try {
254         rawLs.add("Michael"); //向 rawLs 中添加一个 String 对象"Michael"
255     } catch(ClassCastException ex) {
256         System.out.println("无法向元素类型为 Student 的列表 chkdStuLs 中插入
            String 类型的对象");
257     }
258
259     //关于 Collections.asLifoQueue()的使用演示
260     Deque<Student> stuDeque = new LinkedList<>();
261     Collections.addAll(stuDeque, students);
262     //Collections.sort((List<Student>)stuDeque);
263     System.out.println("进行填充后的 stuDeque 是:" + stuDeque);
```

```
264         Queue < Student > stuQue = Collections.asLifoQueue(stuDeque); //将双端队列
            //stuDeque 转换为单端队列 stuQue,实际上变为一个后进先出的栈结构
265         stuQue.remove(); //在队头进行删除,对 stuQue 的操作将会写透(write through)
            //到 stuDeque 上
266         stuQue.add(stuKevin); //在队头进行添加,对 stuQue 的操作将会写透到 stuDeque 上
267         System.out.println("进行修改后的 stuDeque 是:" + stuDeque);
268
269
270         //下列两行代码对 stuLs 的并发操作会触发 ConcurrentModificationException 异
            //常,因为 stuLs 不是线程安全的
271         //new Thread(new ListTraverser(stuLs)).start();
272         //new Thread(new ListRemover(stuLs)).start();
273
274         //关于 Collections.synchronizedList()的使用演示
275         List < Student > syncStuLs = Collections.synchronizedList(stuLs);
276         Thread t1, t2;
277         (t1 = new Thread(new ListTraverser(syncStuLs))).start();
278         (t2 = new Thread(new ListRemover(syncStuLs))).start();
279
280         try {
281             t1.join();
282             t2.join();
283         } catch (InterruptedException e1) {
284             e1.printStackTrace();
285         }
286         System.out.println("程序结束!");
287     }
288 }
```

程序运行结果如下:

进行升序排序前的 stuLs 是:[Student(sno = '09002', sname = 'Isabella', ssex = 'F', sage = 20, sdept = 'MD'), Student(sno = '09003', sname = 'Cathy', ssex = 'F', sage = 19, sdept = 'MATH'), Student(sno = '09005', sname = 'Sophia', ssex = 'F', sage = 20, sdept = 'CS'), Student(sno = '09001', sname = 'Jason', ssex = 'M', sage = 21, sdept = 'BD'), Student(sno = '09004', sname = 'Andrew', ssex = 'M', sage = 22, sdept = 'AI')]
进行升序排序后的 stuLs 是:[Student(sno = '09001', sname = 'Jason', ssex = 'M', sage = 21, sdept = 'BD'), Student(sno = '09002', sname = 'Isabella', ssex = 'F', sage = 20, sdept = 'MD'), Student(sno = '09003', sname = 'Cathy', ssex = 'F', sage = 19, sdept = 'MATH'), Student(sno = '09004', sname = 'Andrew', ssex = 'M', sage = 22, sdept = 'AI'), Student(sno = '09005', sname = 'Sophia', ssex = 'F', sage = 20, sdept = 'CS')]
stuAndrew 在 stuLs 中的下标是:3
stuLs 中学号最大的学生是:Student(sno = '09005', sname = 'Sophia', ssex = 'F', sage = 20, sdept = 'CS')
stuLs 中年龄最大的学生是:Student(sno = '09004', sname = 'Andrew', ssex = 'M', sage = 22, sdept = 'AI')
stuMaxOnNo 对应的学生在 stuLs 中的出现次数是:1
进行填充后的 stuLsCopy 是:[null, null, null, null, null]
进行复制后的 stuLsCopy 是:[Student(sno = '09001', sname = 'Jason', ssex = 'M', sage = 21, sdept = 'BD'), Student(sno = '09002', sname = 'Isabella', ssex = 'F', sage = 20, sdept = 'MD'), Student(sno = '09003', sname = 'Cathy', ssex = 'F', sage = 19, sdept = 'MATH'), Student(sno = '09004', sname = 'Andrew', ssex = 'M', sage = 22, sdept = 'AI'), Student(sno = '09005', sname = 'Sophia', ssex = 'F', sage = 20, sdept = 'CS')]
进行 3 次右移后的 stuLsCopy 是:[Student(sno = '09003', sname = 'Cathy', ssex = 'F', sage = 19, sdept = 'MATH'), Student(sno = '09004', sname = 'Andrew', ssex = 'M', sage = 22, sdept = 'AI'), Student(sno = '09005', sname = 'Sophia', ssex = 'F', sage = 20, sdept = 'CS'), Student(sno = '09001',

sname = 'Jason', ssex = 'M', sage = 21, sdept = 'BD'), Student(sno = '09002', sname = 'Isabella', ssex = 'F', sage = 20, sdept = 'MD')]
进行反序后的 stuLsCopy 是:[Student(sno = '09002', sname = 'Isabella', ssex = 'F', sage = 20, sdept = 'MD'), Student(sno = '09001', sname = 'Jason', ssex = 'M', sage = 21, sdept = 'BD'), Student(sno = '09005', sname = 'Sophia', ssex = 'F', sage = 20, sdept = 'CS'), Student(sno = '09004', sname = 'Andrew', ssex = 'M', sage = 22, sdept = 'AI'), Student(sno = '09003', sname = 'Cathy', ssex = 'F', sage = 19, sdept = 'MATH')]
进行重洗后的 stuLsCopy 是:[Student(sno = '09001', sname = 'Jason', ssex = 'M', sage = 21, sdept = 'BD'), Student(sno = '09003', sname = 'Cathy', ssex = 'F', sage = 19, sdept = 'MATH'), Student(sno = '09005', sname = 'Sophia', ssex = 'F', sage = 20, sdept = 'CS'), Student(sno = '09004', sname = 'Andrew', ssex = 'M', sage = 22, sdept = 'AI'), Student(sno = '09002', sname = 'Isabella', ssex = 'F', sage = 20, sdept = 'MD')]
按照学号反序排序后的 stuLsCopy 是:[Student(sno = '09005', sname = 'Sophia', ssex = 'F', sage = 20, sdept = 'CS'), Student(sno = '09004', sname = 'Andrew', ssex = 'M', sage = 22, sdept = 'AI'), Student(sno = '09003', sname = 'Cathy', ssex = 'F', sage = 19, sdept = 'MATH'), Student(sno = '09002', sname = 'Isabella', ssex = 'F', sage = 20, sdept = 'MD'), Student(sno = '09001', sname = 'Jason', ssex = 'M', sage = 21, sdept = 'BD')]
按照年龄反序排序后的 stuLsCopy 是:[Student(sno = '09004', sname = 'Andrew', ssex = 'M', sage = 22, sdept = 'AI'), Student(sno = '09001', sname = 'Jason', ssex = 'M', sage = 21, sdept = 'BD'), Student(sno = '09005', sname = 'Sophia', ssex = 'F', sage = 20, sdept = 'CS'), Student(sno = '09002', sname = 'Isabella', ssex = 'F', sage = 20, sdept = 'MD'), Student(sno = '09003', sname = 'Cathy', ssex = 'F', sage = 19, sdept = 'MATH')]
将首尾元素对换后的 stuLsCopy 是:[Student(sno = '09003', sname = 'Cathy', ssex = 'F', sage = 19, sdept = 'MATH'), Student(sno = '09001', sname = 'Jason', ssex = 'M', sage = 21, sdept = 'BD'), Student(sno = '09005', sname = 'Sophia', ssex = 'F', sage = 20, sdept = 'CS'), Student(sno = '09002', sname = 'Isabella', ssex = 'F', sage = 20, sdept = 'MD'), Student(sno = '09004', sname = 'Andrew', ssex = 'M', sage = 22, sdept = 'AI')]
经过2次替换后的 stuLsCopy 是:[Student(sno = '09001', sname = 'Jason', ssex = 'M', sage = 21, sdept = 'BD'), Student(sno = '09003', sname = 'Cathy', ssex = 'F', sage = 19, sdept = 'MATH'), Student(sno = '09003', sname = 'Cathy', ssex = 'F', sage = 19, sdept = 'MATH'), Student(sno = '09003', sname = 'Cathy', ssex = 'F', sage = 19, sdept = 'MATH'), Student(sno = '09005', sname = 'Sophia', ssex = 'F', sage = 20, sdept = 'CS')]
列表 singletonLsOfCathy 在 stuLsCopy 中第一次出现时的位置是:1
列表 stuLsOfCathy 在 stuLsCopy 中最后一次出现时的位置是:2
列表 stuLsCopy 与 stuLs 是否相交(即是否包含共同元素):true
empLs 中元素个数是:0
使用 empItr 遍历到的元素是:[]
使用 empLsItr 遍历到的元素是:[]
stuSet 是:[Student(sno = '09005', sname = 'Sophia', ssex = 'F', sage = 20, sdept = 'CS'), Student(sno = '09006', sname = 'Kevin', ssex = 'M', sage = 21, sdept = 'PD'), Student(sno = '09001', sname = 'Jason', ssex = 'M', sage = 21, sdept = 'BD')]
无法对 unmodStuLs 进行 add 操作
无法向元素类型为 Student 的列表 chkdStuLs 中插入 String 类型的对象
进行填充后的 stuDeque 是:[Student(sno = '09002', sname = 'Isabella', ssex = 'F', sage = 20, sdept = 'MD'), Student(sno = '09003', sname = 'Cathy', ssex = 'F', sage = 19, sdept = 'MATH'), Student(sno = '09005', sname = 'Sophia', ssex = 'F', sage = 20, sdept = 'CS'), Student(sno = '09001', sname = 'Jason', ssex = 'M', sage = 21, sdept = 'BD'), Student(sno = '09004', sname = 'Andrew', ssex = 'M', sage = 22, sdept = 'AI')]
进行修改后的 stuDeque 是:[Student(sno = '09006', sname = 'Kevin', ssex = 'M', sage = 21, sdept = 'PD'), Student(sno = '09003', sname = 'Cathy', ssex = 'F', sage = 19, sdept = 'MATH'), Student(sno = '09005', sname = 'Sophia', ssex = 'F', sage = 20, sdept = 'CS'), Student(sno = '09001', sname = 'Jason', ssex = 'M', sage = 21, sdept = 'BD'), Student(sno = '09004', sname = 'Andrew', ssex = 'M', sage = 22, sdept = 'AI')]
Student(sno = '09001', sname = 'Jason', ssex = 'M', sage = 21, sdept = 'BD')
Student(sno = '09002', sname = 'Isabella', ssex = 'F', sage = 20, sdept = 'MD')
Student(sno = '09003', sname = 'Cathy', ssex = 'F', sage = 19, sdept = 'MATH')
Student(sno = '09004', sname = 'Andrew', ssex = 'M', sage = 22, sdept = 'AI')

```
Student(sno = '09005', sname = 'Sophia', ssex = 'F', sage = 20, sdept = 'CS')
被删除的元素是:Student(sno = '09001', sname = 'Jason', ssex = 'M', sage = 21, sdept = 'BD')
被删除的元素是:Student(sno = '09002', sname = 'Isabella', ssex = 'F', sage = 20, sdept = 'MD')
被删除的元素是:Student(sno = '09003', sname = 'Cathy', ssex = 'F', sage = 19, sdept = 'MATH')
被删除的元素是:Student(sno = '09004', sname = 'Andrew', ssex = 'M', sage = 22, sdept = 'AI')
被删除的元素是:Student(sno = '09005', sname = 'Sophia', ssex = 'F', sage = 20, sdept = 'CS')
程序结束!
```

例 9.5 在第 15～101 行复用了在例 7.4 中定义的 Student 类。Student 类实现了 Comparable<Student>接口,即实现了该接口的 compareTo()方法,如第 98～100 行所示,该方法根据学号对两个 Student 对象进行比较。Student 类还覆盖实现了 Object 类的 equals()和 hashCode()方法,这两个方法都基于学号对 Student 对象进行相等比较或者哈希码生成。这样,equals()、hashCode()和 compareTo()方法在语义上是一致的,即两个学号相同的 Student 对象是相等的且其哈希码也是相同的。该程序接着在第 103～122 行和第 124～146 行分别定义了两个 Runnable 的实现类即 ListRemover 和 ListTraverser,前者在其 run()方法中对从构造方法传递过来的 List<Student>对象进行元素的逐个删除工作,后者在其 run()方法中对从构造方法传递过来的 List<Student>对象进行元素的迭代遍历工作。需要注意的是,ListTraverser 在对 List<Student>对象 stuLs 进行遍历时,要先获取 stuLs 上的锁,然后再获取 stuLs 上的迭代器,并用迭代器对 stuLs 中的元素进行遍历,最后再释放 stuLs 上的锁,而 ListRemover 在进行删除元素时,直接进行删除工作,没有在 stuLs 锁的保护下进行。ListTraverser 和 ListRemover 在对列表元素进行遍历或删除时,都会进行随机休眠,以便增大对同一列表对象进行连续两次操作之间的时间间隔。

程序在第 148～288 行定义了主类 App9_5。在 main()方法中,App9_5 先创建了六个学生对象 stuJason、stuIsabella、stuCathy、stuAndrew、stuSophia 和 stuKevin,然后用前五个 Student 对象创建了一个 Student 数组 students,其中 Student 对象按照学号排列的顺序为 09002->09003->09005->09001->09004。

在第 160～168 行,例 9.5 给出了关于 Collections.addAll()、Collections.sort()、Collections.binarySearch()的使用演示。先创建一个空的 List<Student>列表对象 stuLs,然后调用 Collections.addAll()将 students 数组中的 Student 对象填充到 stuLs 中,接着调用 Collections.sort()对 stuLs 中 Student 对象按照学号大小进行升序排序,最后调用 Collections.binarySearch()对已经排好序的 stuLs 进行二分查找。

在第 171～175 行,程序首先调用 Collections.max()方法在 stuLs 中查找学号最大的 Student 对象,在查找过程中使用自然顺序也即 Student 的 compareTo()方法所规定的顺序来比较两个 Student 对象是否相等。接着,程序在第 172 行再次调用 Collections.max()方法在 stuLs 中查找年龄最大的 Student 对象,在查找过程中使用第二个参数即一个匿名 Comparator<Student>对象所规定的比较规则来确定两个对象是否相等。最后,程序在第 175 行调用 Collections.frequency()来统计一个特定 Student 对象在 stuLs 中的出现次数,在统计过程中使用自然顺序来确定两个 Student 对象是否相等。

在第 179～196 行,程序演示了 Collections 的 fill()、copy()、rotate()、reverse()、shuffle()、reverseOrder()和 swap()等方法的使用。在第 183 行调用 Collections.copy()将 stuLs 中元素复制到 stuLsCopy 中时,要确保 stuLsCopy 中实际元素个数不小于 stuLs 中元素的个数,否则会触发 IndexOutOfBoundsException 异常。第 191 行的 Collections.reverseOrder()会返回一个比

较逻辑与 Student 上定义的自然顺序相反的 Comparator＜Student＞对象，而第 192 行的 Collections.reverseOrder()则会返回一个具有与其参数（即一个匿名 Comparator＜Student＞对象）所规定的顺序相反的比较逻辑的 Comparator＜Student＞对象。因此，在第 191 行和第 192 行的 Collections.sort()分别按照学号反序和年龄反序的顺序对 stuLsCopy 中的 Student 对象进行排序，如运行结果所示。

在第 200～213 行，程序给出了对 Collections 的 repalceAll()、singletonList()、indexOfSubList()、lastIndexOfSubList()、nCopies()和 disjoint()等方法的使用演示。注意，Collections 的很多方法如 nCopies()（其他方法还有 emptySet()、unmodifiableMap()等）返回的集合对象是不可改变的，对它们进行 set、remove、put 或 add 等修改操作将会触发 UnsupportedOperationException 异常，如第 207～208 行所示。

在第 217～257 行，程序演示了 Collections 的 emptyList()、emptyIterator()、emptyListIterator()、newSetFromMap()、unmodifiableList()和 checkedList()等方法的使用。在第 231 行，传递给 Collections.newSetFromMap()方法调用的参数必须是一个空的 Map＜E,Boolean＞对象，否则就会触发 IllegalArgumentException 异常，如第 238～243 行代码所示。在第 251 行，程序调用 Collections.checkedList()方法为 stuLs 创建了一个带有动态类型检查功能的版本 chkdStuLs，后者明确要求元素类型必须为 Student 且会在插入与 Student 类型不匹配类型的元素时立即报错；在第 252 行，程序将 chkdStuLs 赋值给一个 List 的原始类型引用变量 rawLs；然后程序在 254 行向 rawLs 添加一个 String 类型对象，这将会立即触发 ClassCastException 异常。

在第 260～267 行，程序调用 Collections.asLifoQueue 将一个双端队列对象 stuDeque 转换为一个后进先出的单端队列对象 stuQue，实际上后者就是一个栈结构，对它的添加或删除操作都在原双端队列的队头进行。在第 275～278 行，程序对 stuLs 调用 Collections.synchronizedList()为其生成一个线程安全版本 syncStuLs，并开辟两个线程 t1 和 t2，它们分别执行 ListTraverser 和 ListRemover 中定义的 run()方法，并发地对 syncStuLs 进行删除和遍历操作。通过程序运行结果可以看到，对 syncStuLs 的操作是线程安全的。如果直接对非线程安全的 stuLs 进行并发删除和遍历操作，则会导致并发错误并触发 ConcurrentModificationException 异常，如第 271～272 行代码所示。

例 9.5 主要以 List＜E＞对象为例来示例性说明 Collections 类中相关方法的用法，而对于以 Set＜E＞、Map＜K,V＞对象为参数或返回值的 Collections 类的方法的使用则与该例中给出的方法类似，这里不再赘述。

9.5 本章小结

本章主要介绍了四个容器工具类 Objects、Spliterators、Arrays 和 Collections，分别提供多种创建和操纵 Object 对象、Spliterator＜T＞对象、数组对象、Collection＜E＞对象和 Map＜K,V＞对象的功能。

第 10 章

流

本章要点:

(1) 流概述。

(2) Optional＜T＞、OptionalInt、OptionalLong 与 OptionalDouble。

(3) BaseStream＜T,S extends BaseStream＜T,S＞＞、Stream＜T＞、IntStream、LongStream 与 DoubleStream。

(4) StreamSupport、Collector＜T,A,R＞与 Collectors。

10.1 流概述

10.1.1 流概念、流类、流获取与关闭

流表示一个元素序列,支持对其中的元素进行顺序(串行)或并行聚合操作。下列示例展示了在 Stream＜Widget＞流和 IntStream 流上进行的聚合操作,其中 Widget 是表示部件或零件的类:

```
int sum = widgets.stream()
                .filter(b -> b.getColor() == RED)
                .mapToInt(b -> b.getWeight())
                .sum();
```

在这个例子中,widgets 是一个关于 Widget 的容器 Collection＜Widget＞。对该容器调用 Collection.stream()得到了一个关于 Widget 对象的流 Stream＜Widget＞,对它进行过滤以产生仅包含红色 Widget 的流,然后将其转换为表示每个红色部件重量的 int 值的 IntStream 流,最后对此流求和以计算所有红色部件的总重量。

从上例可以看出,Stream 将待处理的元素集合看作类似水流的事物,将对元素的操作集合看作计算管道(A Pipeline of Computational Operations),而元素在管道中流动时要接受操作的处理。待处理的元素集合就是 Stream 的源(The Source to A Stream),如数组、容器(各种 Collection＜E＞的实例)、生成器函数(A Generator Function)或 I/O 通道(An I/O Channel)等,而计算管道就是 Stream 的流管道(A Stream Pipeline)。常见的流操作有过滤

(Filtering)、映射(Mapping)或归约(Reducing)等，上例中的求和函数 sum()就是一种归约操作。流操作分为中间操作(Intermediate Operations)和终结操作(Terminal Operations)两大类。过滤和映射操作(如 filter(Predicate)或 map(Function)等)是中间操作，而归约操作(如 count()或 forEach(Consumer)等)则是终结操作。

不同于容器只能管理有限个元素，Stream 流能够对无限个元素进行操作，即 Stream 流可以是一个无限流。但当仅对有限个元素进行操作时，Stream 流就是一个有限流。容器主要关注如何高效地管理和访问元素，而 Stream 流不提供直接访问或操作元素的手段，而是关注如何声明性地描述其数据源和将在该源上执行的计算操作。但是通过对容器 Collection<E>调用 stream()或 parallelStream()方法可以获得以容器为源的流。流与容器有以下不同之处。

(1) 没有存储。流不是存储元素的数据结构；相反，它利用一个计算管道从诸如容器、数组、生成器函数或 I/O 通道等源中传递元素。

(2) 本质上是函数式的。对流的操作会产生结果，但不会修改其源。例如，对从容器获得的流进行过滤会产生一个新流，其中不包含被过滤掉的元素，而不是从作为源的容器中删除元素。

(3) 惰性求值。许多流操作(例如过滤、映射或重复项删除)可以惰性地实现，以便有机会优化。例如，"查找第一个具有三个连续元音字母的字符串"不需要检查所有输入字符串。流操作分为中间(流生成)操作和终结(结果或副作用生成)操作。中间操作总是惰性的。

(4) 大小无限制。虽然容器必须是有限的，但流可以是无限的。短路操作(如 limit(n)或 findFirst())能够使得对无限流的计算在有限时间内完成。

(5) 可消耗的。流的元素在流的生命周期内只能被访问一次。与迭代器 Iterator 或可分割迭代器 Spliterator 类似，如果要再次访问源中的元素，必须重新从数据源获取新的流。

所有与 Stream 流相关的接口或者类位于 java.util.stream 包中。Stream<T>、IntStream、LongStream 和 DoubleStream 分别表示对象类型和基本类型 int、long 与 double 的流。可以通过以下方式获得流。

(1) 通过 stream()和 parallelStream()方法从容器中获取流。

(2) 通过 Arrays.stream(Object[])从数组中获取流。

(3) 从流类的静态工厂方法中获取流，例如 Stream.of(Object[])、IntStream.range(int,int)或 Stream.iterate(Object,UnaryOperator)。

(4) 通过调用 StreamSupport 类的相关方法来产生基于可分割迭代器 Spliterator<T>的流。

(5) 可以从 BufferedReader.lines()获取关于文件的行的流。

(6) 可以从 Files 中的方法如 Files.lines(Path)、Files.walk(Path,FileVisitOption…)等获取文件路径的流。

(7) 可以从 Random.ints()获取随机数的流。

(8) JDK 中还有许多其他能够产生流的方法，包括 BitSet.stream()、Pattern.splitAsStream(java.lang.CharSequence)和 JarFile.stream()。

(9) 第三方库也可以产生和提供流。

Stream 流在使用完后是否需要关闭？答案是几乎所有的流在使用后都不需要关闭。

一般来说,只有以 I/O 通道为源的流(例如通过 Files.lines(Path,Charset)返回的流)才需要关闭。大多数流都是由集合、数组或生成函数支持的,它们不需要特殊的资源管理。Stream 流具有 BaseStream.close()方法并实现了 AutoCloseable 接口。如果要关闭流,一种办法是显式调用其 close()方法,另一种更好的办法是将其包裹在 try-with-resources 语句中并声明其为资源,这样流在使用完后会自动关闭。

10.1.2 流管道和流操作

为在流上执行计算,流上的操作被组合成流管道,它由源、零个或多个中间操作和一个终结操作构成,如上述计算 Stream<Widget>流中所有红色部件的总重量的例子所示。中间操作对当前流执行操作以返回一个新流。中间操作总是惰性的(Lazy),这意味着对它的调用不会立即执行,而是要等到终结操作启动时才执行。对一个流执行诸如 filter(Predicate)之类的中间操作实际上不会直接对原流进行任何过滤操作,而是创建并返回一个新流,其中包含原流中与过滤操作的指定谓词匹配的元素。

终结操作对当前流中元素进行遍历以产生最终结果或者副作用。对流执行终结操作后,就认为该流已被消耗掉,不能再使用。如果想要再次以流的方式遍历源中的元素,则必须重新从数据源获取新的流。在几乎所有情况下,终结操作都是急切的(Eager),即对它的调用将立即执行并导致当前流管道中的所有中间操作开始执行,从而完成对流的数据源的遍历、转换和计算。只有两个终结操作即 iterator()和 spliterator()不是急切的,它们会返回关于当前流的迭代器或者可分割迭代器,以便调用者可以按照自己定制的方式对流进行遍历和计算。这两个操作被称为急切流终结操作的"逃生口"或者特例,适用于以现有流终结操作如 sum()、forEach(Consumer)或 count()等无法完成对流的特定遍历和计算任务的情景。

惰性地处理流能够显著提高效率。在前述关于 Widget 流的例子中,过滤、映射和求和操作构成了一个流管道,惰性求值可以使得在对数据源的一次遍历过程中一次性地执行这三个操作,从而最大程度地避免中间状态的产生和存在。惰性求值也能够避免在非必要时遍历所有数据。例如,"查找第一个长度超过 1000 个字符的字符串"只需要检查足够数量的字符串以找出所求字符串而不需要检查所有字符串。

中间操作可以进一步分为无状态(Stateless)和有状态(Stateful)操作。无状态操作,例如 filter(Predicate)和 map(Function),在处理元素时不会记忆关于元素的任何信息,每个元素都可以独立于其他元素进行处理。有状态操作,例如 distinct()和 sorted(),在处理元素时会记忆关于元素的有关信息,并在处理新元素时要利用先前看到的元素的信息。有状态操作可能需要处理完全部输入才能生成结果。例如,排序操作只有遍历完一个流中的所有元素,才能为该流生成排序后的新流。因此,在对流进行并行计算时,如果流管道包含有状态的中间操作(Stateful Intermediate Operations),那么在对该管道进行求解时,可能需要对数据源进行多次遍历或者需要缓存大量中间结果。而只包含无状态中间操作(Stateless Intermediate Operations)的流管道在求解时,无论是在顺序还是并行执行环境下,都只需对数据源进行一次遍历就可以完成。

一些流操作被称为短路操作(Short-circuiting Operations)。如果中间操作可以将无限流转换为有限流,或终结操作在处理无限流时能在有限时间内终止,就称它们为短路操作,例如中间操作 limit(long) 和终结操作 findFirst() 都是短路操作。

10.1.3 顺序流与并行流

Stream 流根据其中流操作是否会并行执行而分为顺序流（或串行流）与并行流。Java 中生成流的 API 除非经显式请求创建并行流（Parallel Streams），否则默认创建顺序流（Sequential Streams）。例如容器 Collection<E>的 stream() 和 parallelStream() 方法分别创建并返回以该容器为源的顺序流和并行流。对于生成顺序流的方法，例如 IntStream.range(int,int)，可以通过对其返回结果调用 BaseStream.parallel() 来将顺序流转换为并行流。当然，对于一个并行流，也可以通过调用其 BaseStream.sequential() 方法将其转换为顺序流。对于前述"计算红色部件重量总和"的任务，如要将其执行并行化，只需要将在 widgest 容器对象中获取的流从顺序流改为并行流即可，如下列代码所示：

```
int sum = widgets.parallelStream()
                .filter(b -> b.getColor() == RED)
                .mapToInt(b -> b.getWeight())
                .sum();
```

顺序流中的流操作顺序执行，并行流中的流操作并行执行。除非包含具有非确定性的操作（例如 findAny()），否则流按顺序或者并行方式执行的执行结果应该相同。

10.1.4 非干扰的行为参数

大多数流操作需要接受用来描述用户指定行为的参数。为保持正确性，这些行为参数必须是非干扰的（Non-interfering Behaviors），而且在绝大多数情况下还必须是无状态的（Stateless Behaviors）。为满足上述要求，这些参数应该都是函数式接口（例如 Function）的实例，并且通常以 lambda 表达式或者方法引用形式出现。

流能够在各种数据源包括非线程安全的容器例如 ArayList<E>上并行执行多个流操作。这种并行执行只有在流操作的行为参数不会对数据源进行任何修改时才可能是正确的。因此所谓无干扰性（Non-interference）是指流操作的行为参数不会修改数据源。不过无干扰性也有例外。如果流的数据源是并发容器，即本身支持并发修改，则称这些流为并发流（Concurrent Streams）。并发流的流操作的行为参数可以对数据源进行修改。如果流的数据源不支持并发修改，则不论该流是顺序流还是并发流，都要求该流的流操作的行为参数具有无干扰性。

如果流的数据源是非并发的即顺序的，则在该流的流管道执行期间，流操作的行为参数不应修改数据源。但是数据源在流管道执行前可以被修改，且修改结果会体现在对数据源的遍历、转换和计算中。例如，在下列代码中对数据源的修改将体现在对流管道的求解过程中：

```
List<String> ls = new ArrayList(Arrays.asList("one", "two"));
Stream<String> sl = ls.stream();
ls.add("three");
String s = sl.collect(joining(" "));
```

上述代码首先创建一个由两个字符串"one"和"two"构成的列表 ls，然后创建一个以 ls 为数据源的流 sl。接下来，先向 ls 添加一个新字符串"three"，再启动对流 sl 的流管道的求解。由于在流管道求解或者流终结操作 collect(Collector) 执行之前修改了数据源 ls，因此新添加的字符串将体现在计算过程和计算结果中，最终得到的字符串为 "one two three"。

10.1.5 无状态的行为参数

如果流管道中的流操作具有有状态的行为参数，即该行为参数可能记录当前元素和使用先前元素的任何信息，则该管道的计算结果可能是不确定的或者不正确的。例如，下例中映射操作 map(Function) 的行为参数就是一个有状态的 lambda 表达式：

```
Set<Integer> seen = Collections.synchronizedSet(new HashSet<>());
stream.parallel().map(e -> { if (seen.add(e)) return 1; else return 0; }).toArray();
```

在这个例子中，如果 map(Function) 是并行执行的，则针对同样的输入，流管道可能因线程调度差异而在不同运行中得到不同的计算结果。可以看出，这样得到的最终数组的元素顺序是不确定的。另外，如果流操作的行为参数要修改可变结构（如上例中的集合 seen），则必须要对该结构进行同步保护，否则会导致各种并发错误如数据竞争和原子性违背等，但是使用同步保护将会降低并行流的执行效率。因此，为维持并行执行效率和保持正确性，不应在流管道包含带有有状态行为参数的流操作。下列代码给出了一个使用无状态形式参数 "e-> 1" 的例子：

```
stream.parallel().distinct().mapToInt(e -> 1).sum();
```

注意：有状态行为参数与有状态流操作并不相同。首先，具有有状态行为参数的流操作一定是有状态流操作，因为行为参数是流操作的参数，行为参数有状态，则该流操作一定有状态。其次，有状态流操作并一定具有有状态行为参数，例如 distinct() 和 sorted() 操作虽然是有状态流操作但并没有有状态行为参数。

10.1.6 行为参数的副作用

流操作的行为参数虽然必须是非干扰和无状态的（即不可对流的源进行任何修改，在对流元素进行处理时也不能记录当前和使用以前元素的任何信息），但可能具有副作用（Side-effects）。行为参数的副作用是指该参数在执行过程中导致的外部环境（流的源是内部环境）的变化，包括修改变量值、发送网络消息、打印输出（如使用 System.out.println() 输出信息）或将 UI 界面中按钮状态从启用改为禁用等。一般来说，行为参数最好不要具有副作用，因为它们经常会导致无意识地违反行为参数必须是无状态的要求或造成其他线程安全隐患。但是少数流操作，例如 forEach(Consumer) 和 peek(Consumer)，只有通过副作用才能起作用，即它们应该接受带有副作用的行为参数。因此，应该谨慎使用这些流操作。

如果行为参数具有副作用，除非明确说明，否则不能保证这些副作用的线程间可见性，也不能保证在同一流管道中对"相同"元素进行处理的不同操作一定在同一线程中执行。此外，副作用的生成顺序也可能出人意料。即使对一个流管道施加限制使其生成的计算结果中元素的顺序与数据源中元素的相遇顺序一致，例如 IntStream.range(0,5).parallel().map(x -> x * 2).toArray() 必定生成数组 [0,2,4,6,8]，也不能保证映射函数（如上例中的map()）应用于各个元素上的顺序，更不能确定一个线程是否执行了针对某个特定元素的任何行为参数。

很多使用副作用的行为参数其实有更安全高效且避免副作用的表达方式,例如可以使用可变归约行为来替换可变累加行为。对于一个"搜索字符串流以查找匹配给定正则表达式的字符串并将匹配项放入列表中"的任务,下列两段代码分别使用带有副作用的可变累加行为和不带副作用的可变归约行为来完成此任务:

代码段1:

```
ArrayList<String> results = new ArrayList<>();
stream.filter(s -> pattern.matcher(s).matches())
              .forEach(s -> results.add(s));    //行为参数具有副作用
```

代码段2:

```
List<String> results = stream.filter(s -> pattern.matcher(s).matches())
              .collect(Collectors.toList());    // 行为参数没有副作用
```

其中 Collectors.toList()返回一个 Collector<String,ArrayList<String>,ArrayList<String>>类型的可变归约器,它代表对流中元素进行的一个可变归约行为,具体来说就是将当前流中的 String 类型字符串累加到一个(如果 collect(Collector)操作顺序执行))或多个(如果 collect(Collector)操作并行执行)ArrayList<String>类型的中间列表,最后将中间列表合并后返回一个最终的 ArrayList<String>类型的列表。可以看出,可变归约器使用的中间变量是隐式的,因此在可变归约以并行方式执行时,每个线程都可以创建和修改自己的中间变量以得到中间结果,并在最后由一个主线程将所有其他线程的中间结果合并起来得到最终结果。显然,使用可变归约器作为行为参数可以避免副作用且更有利于流操作的并行执行。

10.1.7 有序流与无序流

某些流的返回的元素是有确定顺序的,这种顺序被称为流的相遇顺序(An Encounter Order)。它实际上就是流的源提供元素的顺序,例如以数组为源的流的相遇顺序就是数组中元素的排序顺序,以列表 List<E>为源的流的相遇顺序就是列表的迭代顺序,而以哈希集合 HashSet<E>为源的流不具有相遇顺序,因为哈希集合本身是随机存储元素的,其中元素没有特定顺序。

具有相遇顺序的流称为有序流,否则称为无序流。流是否具有相遇顺序取决于流的源的性质和在流上执行的中间操作,例如在数据源 List<E>、Array<E>和数组上创建的流是有序的(Ordered),但是在 HashMap<K,V>上创建的流是无序的(Unordered)。一些流中间操作能够对有序流和无序流进行转换,例如 Stream.sorted()可以将无序流转换为有序流,而 BaseStream.unordered()可以将有序流转换为无序流。而一些流终结操作如 forEach()等甚至会忽略流的相遇顺序。当对并行流执行 forEach(Consumer<? super T> action)操作时,该操作的执行结果是不确定的,因为并行流不会按照相遇顺序逐次将 action 应用到每个元素而是可能在任意时间在任意线程将 action 应用到任意元素。

如果一个流是有序流,则在该流上执行的流操作将按照相遇顺序施加到流的元素上。例如,如果某个有序流的数据源是内容为[1,2,3]的列表 List<E>,则对该流执行 map(x -> x*2)操作后得到的结果是一个内容为[2,4,6]的有序流。然而,如果上述流是无序流,则对其执行映射操作后得到的结果可能是任一个由 2、4 和 6 构成的排列组合。

对于顺序流或串行流（Sequential Streams），流是否有序不会影响其性能，只会影响其确定性。对于一个由多个流操作构成的计算管道，当其在有序的串行流上执行时，无论执行多少次，执行结果都是一样的。但是当其在无序的顺序流上多次执行时，执行结果可能是不一样的。

对于并行流（Parallel Streams），去掉有序这个约束可能会显著提高性能。如果并行流不具有相遇顺序，则过滤重复元素（如 distinct()）或分组归约（如 Collectors.groupingBy()）等聚合操作以及短路操作（如 limit()）可以更高效地实现和执行。相应地，如果并行流具有有序约束，则天然对元素顺序敏感的 limit() 操作必须要在多个执行流中间进行大量缓冲以确保语义正确性，从而必然会降低其并行执行性能。对于一个有序的并行流，如果使用者不关心其中元素的顺序，则可显示地调用 unordered() 将之转换为无序流。这种转换可以提高某些有状态或者终结操作的并行执行性能。不过即使对于具有有序约束的并行流，大多数流操作，例如前述"计算部件重量之和"的操作，由于不包含有状态操作，因此都可以高效地并行化执行。

10.1.8　归约操作

归约操作也称为折叠操作，它接受由多个元素构成的元素序列为输入，然后对元素序列重复应用组合操作（例如计算或查找一组数字的总和或最大值，或将元素累加到列表中）将之转换为单个汇总性结果。流具有多种形式的通用归约操作，如不变归约操作 reduce() 和可变归约操作 collect() 等，以及多种形式的专用归约操作如 sum()、max() 或 count() 等。

归约操作如 sum() 可以很容易地用简单的顺序循环实现，如下述代码：

```
int sum = 0;
for(int x: numbers){
    sum += x;
}
```

但是归约操作优于可变累积式的迭代循环的地方在于：一是归约操作更加抽象，它将流看作一个整体，以整个流而不是单个的流元素作为操作对象；二是构造良好的归约操作天然地可并行化，这里要求归约操作中用于处理元素的函数是可结合的（Associative）和无状态的（Stateless）。对于一个整数序列 numbers 求和的计算用归约操作可以写作：

```
int sum = numbers.stream().reduce(0, (x, y) -> x + y);
```
或
```
int sum = numbers.stream().reduce(0, Integer::sum);
```

这些归约操作可以直接、安全地并行化，几乎不需要任何修改，如下列代码所示：

```
int sum = numbers.parallelStream().reduce(0, Integer::sum);
```

注意：一个操作符或者函数 op 是可结合的（Associative）或者具有可结合性（Associativity）或者满足结合律（The Associativity Law）是指其满足下列条件：(a op b) op c == a op (b op c)。操作符满足结合律对于其并行执行非常重要，例如假如 op 满足结合律，则 a op b op c op d == (a op b) op (c op d)，这样 (a op b) 和 (c op d) 就可以并行地求值和计算，然后再对两个中间结果调用 op 以求得最终结果。符合结合律的操作包括数值加法、求最小值、求最大值和字符串拼接等。

归约操作很容易并行化。这是因为它首先并行地作用在数据集的子集上，然后收集在各个子集上计算得到的中间结果，最后将所有中间结果合并得到最终结果。使用 reduce() 代替迭代循环可以消除手动并行化循环操作的负担，并且可以得到一种由 stream 库提供的、不需要进行任何线程同步的、更为高效的并行化实现。前述关于"计算部件重量之和"的例子已经给出了一个使用归约操作的示例。假设在那个例子中，Widget 类有一个 getWeight() 方法，则可以使用归约操作并行地"找出具有最大重量的部件"：

```
OptionalInt heaviest = widgets.parallelStream()
                              .mapToInt(Widget::getWeight)
                              .max(); \\即 reduce((x, y) -> x > y ? x : y);
```

归约操作对 T 类型的元素进行归约并产生 U 类型的结果，其一般形式具有三个参数：

```
<U> U reduce(U identity, BiFunction<U, ? super T, U> accumulator, BinaryOperator<U> combiner);
```

在这里，第一个参数 identity 称为基元值，它既是归约操作的初始种子值，也是归约操作没有输入元素时的默认结果值；第二个参数 accumulator 称为累积器，以一个 U 型的中间结果和一个 T 型（或 T 的父类型）元素为输入，并产生一个新的 U 型中间结果；第三个参数 combiner 称为组合器，对两个中间结果进行合并以产生一个新的中间结果。对于并行流中的归约操作即并行归约，combiner 参数是必须的。在并行归约中，首先输入被划分成多个分区，然后针对每个分区计算一个中间结果，最后对多个中间结果迭代应用 combiner 即进行合并以得到最终结果。

参数 identity 必须是参数 combiner 函数的基元值（The Identity of A Function）。这意味着对于任意中间结果 u，必有 combiner.apply(identity,u) 等于（在 equals() 意义上）u。另外，combiner 函数必须满足结合律且要与 accumulator 函数相容一致，即对于任意 U 类型的值 u 和 T 类型的值 t，必有 combiner.apply(u,accumulator.apply(identity,t)) 在 equals() 意义上与 accumulator.apply(u,t) 相等。

不变归约操作 reduce() 共有三种形式：三参数形式即上述一般形式，以及两参数形式 "T reduce(T identity, BinaryOperator<T> accumulator)" 和单参数形式 "Optional<T> reduce(BinaryOperator<T> accumulator)"。三参数形式是两参数形式的泛化，其在两参数形式的累积步骤外添加了一个映射步骤。使用三参数形式的 reduce() 对前述"计算部件重量之和"的例子进行改写可以得到如下代码：

```
int sum = widgets.stream().reduce(0, (sum, b) -> sum + b.getWeight(), Integer::sum);
```

当然，显式地对 widgets 先使用 map() 操作得到一个关于各个部件的重量的数值流，再在该流上调用两参数形式的 reduce() 操作进行归约求和的代码更加可读易懂，因此应优先使用 map-reduce 形式进行归约操作。但是三参数形式的 reduce() 能够将映射步骤和归约步骤聚合在单个函数中，这样就可以优化掉大量中间操作。

10.1.9 可变归约

可变归约操作在处理流元素时，将元素累积到一个可变结果容器（A Mutable Result Container）中，例如一个 Collection 对象或者 StringBuffer 对象。

如果想要将一个字符串流中的所有字符串连接成一个长字符串，可以使用如下不变归约(或普通归约)操作：

```
String concatenated = strings.reduce("", String::concat);
```

上述代码可以完成想要的功能，也可以很容易地并行化。但是，需要注意的是，reduce()用于存储中间结果的对象为 String 类型的对象，它是不可变的；reduce()在执行时，要不断将流中的下一个字符串拼接到当前中间结果字符串并生成新的中间结果字符串，这会导致大量的字符串复制工作，其时间复杂度为 $O(n^2)$，其中 n 为流中所有字符串的字符个数总和。一个性能更好的办法是将中间结果存储到字符串的可变容器如 StringBuilder 对象中。像不可变归约那样，可变归约也很容易并行化。

可变归约操作用 collect() 表示，取它搜集和合并中间结果到一个可变容器如 Collection 对象。一个 collect() 操作需要三个函数：一个供应器函数(A Supplier Function)用来构造和生成新的中间可变结果容器实例，一个累积器函数(An Accumulator Function)用来将输入元素合并到中间可变结果容器中，以及一个组合器函数(A Combiner Function)用来组合多个可变中间结果以生成最终结果，该函数仅在可变归约并行执行时才会起作用。可变归约操作的一般形式与不可变归约操作很类似：

```
<R> R collect(Supplier<R> supplier, BiConsumer<R, ? super T> accumulator, BiConsumer<R, R> combiner);
```

相比于 reduce()，使用 collect() 进行归约操作的一个好处是它更加适合和易于并行化：只要累积器函数和组合器函数满足适当要求，就可以并行地对中间结果进行累积和合并。例如，如果要使用一个 ArrayList<String> 对象来收集某个流 stm 中元素的字符串表示，可以写出下列顺序循环 for-each 代码来完成上述功能：

```
ArrayList<String> strs = new ArrayList<>();
for(T element: stm){
    Strs.add(element.toString());
}
```

或者写出下列并行化的可变归约代码来完成上述功能：

```
ArrayList<String> strs = stm.collect(() -> new ArrayList<>(),
                                     (c, e) -> c.add(e.toString()),
                                     (c1, c2) -> c1.addAll(c2));
```

或者将映射操作从累积操作中分离出来，可以得到下列更简洁的可变归约代码：

```
List<String> strs = stm.map(Object::toString)
                       .collect(ArrayList::new, ArrayList::add, ArrayList::addAll);
```

在这个例子中，collect() 的供应器是 ArrayList 的无参构造方法，累积器将元素的字符串表示添加到供应器生成和返回的 ArrayList<String> 对象中，而组合器调用 addAll() 方法将字符串从一个 ArrayList<String> 对象复制到另一个对象中。这里 ArrayList<String> 对象用作可变结果容器。

可变归约操作 collect() 的三个要素即供应器 supplier、累积器 accumulator 和组合器 combiner，相互联系紧密，因此可定义一个 Collector 类型(详见 10.4 节)来统一表示这三个要素。前述使用可变归约将元素流转换为一个 List<String> 对象的例子，用标准 Collector 对象可重写如下：

```
List<String> strs = stm.map(Object::toString).collect(Collectors.toList());
```

将可变归约三要素打包进一个 Collector 还会带来一个好处即可组合性 (Composability)。Collectors(注意不是 Collector)类定义了很多生成 Collector 对象的工厂方法，包括可以将一个 Collector 对象转换为另一个 Collector 对象的组合器方法。例如，假设已有一个 Collector 对象如下，其表示计算一个员工流 employees 的薪资总和的可变归约：

```
Collector < Employee, ?, Integer > summingCollector = Collectors.summingInt (Employee::
    getSalary);
```

这里，Collector 的第二个类型实参 ? 表示当前 Collector 对象不关心中间结果的具体类型。如果想要再创建一个按照部门统计员工薪资总额的 Collector 对象 groupingCollector，则可以基于已存在的 summingCollector 对象使用 Collectors.groupingBy() 来创建它，并进一步完成按部门统计功能，如下所示：

```
Collecotr < Employee, ?, Map < Department, Integer > > groupingCollector = Collectors.
    groupingBy(Employee::getDepartment, summingCollector));
Map < Department, Integer > salariesByDept = employees. stream ( ). collect
    (groupingCollector);
```

与普通归约相比，可变归约需要先满足适当的条件才能进行并行化。第一个条件是：对任何部分累积结果(其实就是中间结果，Partially Accumulated Result)，将其合并到一个空的结果容器后得到的结果必须与原结果在 equals() 意义上等价。即对于任何部分累积结果 p，其可能由任意多次调用累积器函数 accumlator 和组合器函数 combiner 后生成，combiner.apply(p,supplier.get()) 必须等价于 p。第二个条件是：如果可变归约是分区进行的，则计算结果应与非分区进行的结果在 equals() 意义上相同。例如对于任意两个输入元素 t1 和 t2，分区和非分区进行可变归约的结果 r1 和 r2 应等价：

```
A a1 = supplier.get();
accumulator.accept(a1, t1);
accumulator.accept(a1, t2);
R r1 = finisher.apply(a1);                          //非分区进行可变归约的结果

A a2 = supplier.get();
accumulator.accept(a2, t1);
A a3 = supplier.get();
accumulator.accept(a3, t2);
R r2 = finisher.apply(combiner.apply(a2, a3));      //分区进行可变归约的结果
```

可以看出，满足上述两个条件后，可变归约就可以正确且高效地并行化了。

10.1.10 归约、并发与有序性

下列代码使用复杂归约操作如可变归约 collect() 来生成一个 Map 对象：

```
Map< Buyer, List< Transaction >> salesByBuyer =
    txns.parallelStream().collect(Collectors.groupingBy(Transaction::getBuyer));
```

上述代码在并行执行时可能并不会提高性能，而是适得其反，这是因为在组合步骤时要对多个 Map 类型的中间结果容器按照键进行合并，但这对某些 Map 的实现而言代价很高。

假设在上述归约中用到的结果容器是一个并发可修改容器(A Concurrently Modifiable Collection),例如某个 ConcurrentHashMap 对象,则在多个执行流并行执行的累积器函数实际上可以并发地将它们的计算结果存储到同一个共享的结果容器中,从而就不用调用组合器函数对多个中间结果进行合并。这可能会给可变归约的并行执行带来性能提升。这种归约被称为并发归约(A Concurrent Reduction)。

支持并发归约的 Collector 对象需要具有 Collector.Characteristics.CONCURRENT 特性。但是使用并发 Collection 对象作为中间结果容器也会带来不确定性和无序性的问题。如果多个线程同时将结果存入并发容器中,则结果存入的顺序是不确定的,即并发容器中的元素是无序的。因此,并发归约仅适用于不关心元素顺序的无序流。Stream.collect(Collector)只会在下列条件都满足的情况下才会进行并发归约。

(1) 流是并行流。

(2) 用于表示可变归约操作的 Collector 对象具有 Collector.Characteristics.CONCURRENT 特性。

(3) 流是无序的或者相关 Collector 对象具有 Collector.Characteristics.UNORDERED 特性。

如果一个流是有序流,可以调用 BaseStream.unordered()将其转换为无序流,然后在对其进行并行化的可变归约,例如:

```
Map<Buyer, List<Transaction>> salesByBuyer =
    txns.parallelStream().unordered()
    .collect(Collectors.groupingByConcurrent(Transaction::getBuyer));
```

这里,Collectors.groupingByConcurrent(java.util.function.Function<? super T,? extends K>)是 Collectors.groupingBy()的并发版本。

对于有序流,元素次序很重要,不能在其上进行并发归约,而必须要使用顺序(即串行)归约或基于合并的并行归约。

10.2 Optional<T>、OptionalInt、OptionalLong 与 OptionalDouble

Java 流接口如 Stream<T>、IntStream、LongStream 和 DoubleStream 等经常使用 Optional<T>、OptionalInt、OptionalLong 和 OptionalDouble 对象来表示流终结操作的最终结果。因此在介绍相关流接口之前,先来介绍这四个可选类(Four Optional Classes)。

Optional<T>是用于替代 null 的包装容器类,其目的和作用在于消除显式 null 检查即空指针检查。一个 Optional<T>对象 opt 的值要么是 null 要么是 T 类型对象的引用。如果 opt 包含的值是 null,则称其中不存在有效值,对其调用 isPresent()返回 false,对其调用 get()会触发 NoSuchElementException 异常;如果包含的值是非 null 引用,则称其中存在有效值,对其调用 isPresent()返回 true,对其调用 get()可以获取其所包含的 T 型非空引用。如果 Optional<T>对象包含的值为 null,则对其调用 get()会触发异常。为避免这种情况,Optional<T>还提供了 orElse()方法,其主要功能与 get()类似,也是获取 Optional<T>对象中的值,但是它允许当对象中值为 null 时返回一个定制的 T 类型的默认值。Optional<T>提供的另一个方法 ifPresent()会在检查到可选对象中存在非空值时执行一段由调用者提供的代码或者一个定制函数。

Optional＜T＞是一个基于值的类(A Value-based Class)，因此对可选对象使用标识符敏感的操作，如引用相等＝＝(Reference Equality ＝＝)、标识符哈希码(Identity Hash Code)，或者在引用上进行同步操作(Synchronization)，可能产生不可预测的结果，应该避免这类操作。

说明：所谓基于值的类，如 java.util.Optional 和 java.time.LocalDateTime，是指具有如下特点的类。

(1) 这些类的对象是最终的和不可变的(Final and Immutable)，但可能包含对可变对象的引用。

(2) 这些类对 equals()、hashCode() 和 toString() 的实现仅根据相关对象所包含的内容而不是其标识符(即对象的引用)或者任何其他对象或变量的状态来进行计算和返回结果。

(3) 对这些类的实例不要使用标识符敏感的操作如引用相等＝＝、标识符哈希码或者在实例上进行同步。

(4) 这些类的实例仅基于 equals() 来判断是否相等，而不是基于引用相等。

(5) 这些类的实例不是通过构造方法而是通过工厂方法来创建，且工厂方法不会对所返回实例的标识符有任何保证，例如两次调用工厂方法所得到的两个实例的标识符不同。

(6) 这些类的实例在基于 equals() 意义上相等时可以自由互换，这意味着对于任何计算或方法调用，将实例 x 替换为与其相等的实例 y 后，不会影响计算或方法返回结果。

泛型类 Optional＜T＞表示针对 T 类型值的封装类，而普通类 OptionalInt、OptionalLong 和 OptionalDouble 分别表示针对基本类型 int、long 和 double 值的可选类。与 Optional＜T＞使用 get() 方法获取所包含的 T 型值相比，OptionalInt、OptionalLong 和 OptionalDouble 分别使用 getAsInt()、getAsLong() 和 getAsDouble() 来获取相应的 int、long 和 double 值。同时，基本类型的可选类还没有 Optional＜T＞所具有的 map()、flatMap() 和 filter() 方法。除这两点不同之外，它们与 Optional＜T＞基本是类似的。

可选类 Optional＜T＞、OptionalInt、OptionalLong 和 OptionalDouble 的常用方法分别如表 10.1～表 10.4 所示。例 10.1 给出了一个演示如何使用 Optional＜T＞和 OptionalInt 的程序示例。OptionalLong 与 OptionalDouble 的用法与 Optional＜T＞和 OptionalInt 的用法类似，这里不再赘述。例 10.2 给出了 JDK 1.8 关于 Optional＜T＞的实现源码。

表 10.1　Optional＜T＞类的常用方法

方 法 签 名	功 能 说 明
static＜T＞Optional＜T＞empty()	返回一个空的可选对象 opt，其中没有值或者说值为 null
boolean equals(Object obj)	检查当前可选对象 this 是否与 obj 相等。如果 this＝＝obj，则返回 true，否则 this 与 obj 相等需要满足以下条件：①obj 类型为 Optional；②this 和 obj 都不包含值，即值都为空，或 this 和 obj 分别包含有效值 v1 和 v2 且 v1.equals(v2) 为 true
Optional＜T＞filter(Predicate＜? super T＞predicate)	如果当前可选对象 this 中存在值 v 且使得 predicate.test(v) 为 true，则返回一个包含 v 的新可选对象 opt；如果 v 使得 predicate.test(v) 为 false 或 this 中不存在值，则返回一个空的(即值为 null)可选对象

续表

方法签名	功能说明
< U > Optional < U > flatMap(Function <? super T,Optional < U >> mapper)	如果当前可选对象 this 中存在值 v,则返回 mapper.apply(v) 的结果,否则返回一个空的可选对象。该方法之所以命名为 flatMap 是因为参数 mapper 的结果类型已经确定为 Optional,因此只需在 mapper 被调用时直接将其调用结果返回即可,无须像 map()方法那样对其结果用 Optional 进行进一步封装
T get()	如果当前可选对象 this 中存在值 v,则将其返回,否则抛出 NoSuchElementException 异常
int hashCode()	如果当前可选对象 this 中存在值 v 则返回 v.hashCode(),否则返回 0
void ifPresent(Consumer <? super T > consumer)	如果当前可选对象 this 中存在值 v,则对 v 调用 consumer.accept(v),否则直接返回
boolean isPresent()	如果当前可选对象 this 中存在值 v 则返回 true,否则返回 false
< U > Optional < U > map(Function <? super T,? extends U > mapper)	如果当前可选对象 this 中存在值 v,则对 v 调用 mapper.apply(v)得到结果 result,如果 result 非 null,则创建一个包含 result 的可选对象 opt 并将其返回,否则即 this 中不存在值 v 或 result 为 null 就返回一个空的可选对象
static < T > Optional < T > of(T value)	创建一个包含 value 的可选对象 opt 并将其返回,value 必须是非 null 值
static < T > Optional < T > ofNullable (T value)	如果 value 非 null,则创建一个包含 value 的可选对象 opt 并将其返回,否则返回一个空的可选对象
T orElse(T other)	如果当前可选对象 this 中存在值 v,则返回 v,否则返回 other
T orElseGet(Supplier <? extends T > other)	如果当前可选对象 this 中存在值 v,则返回 v,否则返回 other.get()
< X extends Throwable > T orElseThrow (Supplier <? extends X > exceptionSupplier)	如果当前可选对象 this 中存在值 v,则返回 v,否则抛出调用 exceptionSupplier.get()所得到的的异常对象
String toString()	返回一个非空字符串以表示当前可选对象 this,例如如果 this 中不存在值 v,则返回字符串"Optional.empty"

表 10.2　OptionalInt 类的常用方法

方法签名	功能说明
static OptionalInt empty()	返回一个空的可选对象 opt,其中没有有效值
boolean equals(Object obj)	检查当前可选对象 this 是否与 obj 相等。如果 this == obj,则返回 true,否则 this 与 obj 相等需要满足以下条件:① obj 类型为 OptionalInt;②this 和 obj 都不包含有效值,或 this 和 obj 分别包含有效值 v1 和 v2 且 v1 == v2 为 true
int getAsInt()	如果当前可选对象 this 中存在有效值 v,则将其返回,否则抛出 NoSuchElementException 异常
int hashCode()	如果当前可选对象 this 中存在有效值 v,则返回 Integer.hashCode(v),否则返回 0

续表

方法签名	功能说明
void ifPresent（IntConsumer consumer）	如果当前可选对象 this 中存在有效值 v，则对 v 调用 consumer.accept(v)，否则直接返回
boolean isPresent()	如果当前可选对象 this 中存在有效值 v 则返回 true，否则返回 false
static OptionalInt of(int value)	创建一个包含 value 的 int 型可选对象 opt 并将其返回
int orElse(int other)	如果当前可选对象 this 中存在有效值 v，则返回 v，否则返回 other
int orElseGet（IntSupplier other）	如果当前可选对象 this 中存在有效值 v，则返回 v，否则返回 other.getAsInt()
< X extends Throwable > int orElseThrow(Supplier < X > exceptionSupplier)	如果当前可选对象 this 中存在有效值 v，则返回 v，否则抛出调用 exceptionSupplier.get() 所得到的的异常对象
String toString()	返回一个非空字符串以表示当前可选对象 this，例如如果 this 中不存在有效值，则返回字符串"OptionalInt.empty"

表 10.3 OptionalLong 类的常用方法

方法签名	功能说明
static OptionalLong empty()	返回一个空的可选对象 opt，其中没有有效值
boolean equals(Object obj)	检查当前可选对象 this 是否与 obj 相等。如果 this == obj，则返回 true，否则 this 与 obj 相等需要满足以下条件：① obj 类型为 OptionalLong；②this 和 obj 都不包含有效值，或 this 和 obj 分别包含有效值 v1 和 v2 且 v1 == v2 为 true
long getAsLong()	如果当前可选对象 this 中存在有效值 v，则将其返回，否则抛出 NoSuchElementException 异常
int hashCode()	如果当前可选对象 this 中存在有效值 v，则返回 Long.hashCode(v)，否则返回 0
void ifPresent(LongConsumer consumer)	如果当前可选对象 this 中存在有效值 v，则对 v 调用 consumer.accept(v)，否则直接返回
boolean isPresent()	如果当前可选对象 this 中存在有效值 v 则返回 true，否则返回 false
static OptionalLong of（long value）	创建一个包含 value 的 long 型可选对象 opt 并将其返回
long orElse(long other)	如果当前可选对象 this 中存在有效值 v，则返回 v，否则返回 other
long orElseGet(LongSupplier other)	如果当前可选对象 this 中存在有效值 v，则返回 v，否则返回 other.getAsLong()
< X extends Throwable > long orElseThrow(Supplier < X > exceptionSupplier)	如果当前可选对象 this 中存在有效值 v，则返回 v，否则抛出调用 exceptionSupplier.get() 所得到的的异常对象
String toString()	返回一个非空字符串以表示当前可选对象 this，例如如果 this 中不存在有效值，则返回字符串"OptionalLong.empty"

表 10.4 OptionalDouble 类的常用方法

方 法 签 名	功 能 说 明
static OptionalDouble empty()	返回一个空的可选对象 opt,其中没有有效值
boolean equals(Object obj)	检查当前可选对象 this 是否与 obj 相等。如果 this==obj,则返回 true,否则 this 与 obj 相等需要满足以下条件：① obj 类型为 OptionalDouble；②this 和 obj 都不包含有效值,或 this 和 obj 分别包含有效值 v1 和 v2 且 Double.compare(v1,v2)==0
double getAsDouble()	如果当前可选对象 this 中存在有效值 v,则将其返回,否则抛出 NoSuchElementException 异常
int hashCode()	如果当前可选对象 this 中存在有效值 v,则返回 Double.hashCode(v),否则返回 0
void ifPresent(DoubleConsumer consumer)	如果当前可选对象 this 中存在有效值 v,则对 v 调用 consumer.accept(v),否则直接返回
boolean isPresent()	如果当前可选对象 this 中存在有效值 v 则返回 true,否则返回 false
static OptionalDouble of(double value)	创建一个包含 value 的 double 型可选对象 opt 并将其返回
double orElse(double other)	如果当前可选对象 this 中存在有效值 v,则返回 v,否则返回 other
double orElseGet(DoubleSupplier other)	如果当前可选对象 this 中存在有效值 v,则返回 v,否则返回 other.getAsDouble()
\<X extends Throwable\> double orElseThrow(Supplier\<X\> exceptionSupplier)	如果当前可选对象 this 中存在有效值 v,则返回 v,否则抛出调用 exceptionSupplier.get() 所得到的的异常对象
String toString()	返回一个非空字符串以表示当前可选对象 this,例如如果 this 中不存在有效值,则返回字符串"OptionalDouble.empty"

【例 10.1】 演示 Optional\<T\>和 OptionalInt 用法的程序示例。

```
1    package com.jgcs.chp10.p1;
2
3    import java.util.Optional;
4    import java.util.OptionalInt;
5    import java.util.Random;
6
7    class Person {
8      private Car car;
9
10     public Car getCar() {
11         return car;
12     }
13
14     public void setCar(Car car) {
15         this.car = car;
16     }
17   }
18
19   class Car {
```

```java
20        private Insurance insurance;
21
22        public Insurance getInsurance() {
23            return insurance;
24        }
25
26        public void setInsurance(Insurance insurance) {
27            this.insurance = insurance;
28        }
29    }
30
31    class Insurance {
32        private String name;
33
34        public String getName() {
35            return name;
36        }
37
38        public void setName(String name) {
39            this.name = name;
40        }
41    }
42
43    class Person_WithOptional {
44        // 人可能有车,也可能没有车,故这里用Optional<Car_WithOptional>类型修饰相关成
          //员变量和成员方法
45        private Optional<Car_WithOptional> car;
46
47        public Optional<Car_WithOptional> getCar() {
48            return car;
49        }
50
51        public void setCar(Optional<Car_WithOptional> car) {
52            this.car = car;
53        }
54    }
55
56    class Car_WithOptional {
57        // 车可能有保险,也可能没有保险,故这里用Optional<Insurance>类型修饰相关成员
          //变量和成员方法
58        private Optional<Insurance> insurance;
59
60        public Optional<Insurance> getInsurance() {
61            return insurance;
62        }
63
64        public void setInsurance(Optional<Insurance> insurance) {
65            this.insurance = insurance;
66        }
67    }
68
69    public class App10_1 {
70        public static void main(String[] args) {
71            Person person = new Person();
```

```java
        Car car = new Car();
        Insurance insurance = new Insurance();
        insurance.setName("insurance");

        person.setCar(car);
        if (new Random().nextInt(100) % 2 == 0) { //车car有50%的可能有保险insurance
            car.setInsurance(insurance);
        }

        String carInsuranceName = getCarInsuranceName(person);
        System.out.println("第一次输出:" + carInsuranceName);

        Person_WithOptional personOptional = new Person_WithOptional();
        Car_WithOptional carOptional = new Car_WithOptional();

        personOptional.setCar(Optional.of(carOptional));
        if (new Random().nextInt(100) % 2 == 0) { //车carOptional有50%的可能有
                                                   //保险Optional.of(insurance)
            carOptional.setInsurance(Optional.of(insurance));
        } else {
            carOptional.setInsurance(Optional.ofNullable(null));
        }

        carInsuranceName = getCarInsuranceName(personOptional);
        System.out.println("第二次输出:" + carInsuranceName);

        Optional<Insurance> carInsuranceOptional = carOptional.getInsurance();
        if (carInsuranceOptional.isPresent()) {
            System.out.println("第三次输出:" + carInsuranceOptional.get().getName());
        }

        carOptional.getInsurance().ifPresent(insur -> System.out.println("第四次
            输出:" + insur.getName()));

        Insurance emptyInsurance = new Insurance();
        emptyInsurance.setName("emptyInsurance");
        System.out.println("第五次输出:" + carOptional.getInsurance().orElse
            (emptyInsurance).getName());

        System.out.println("第六次输出:" + carOptional.getInsurance().orElseGet(() -> {
            Insurance nullInsurance = new Insurance();
            nullInsurance.setName("nullInsurance");
            return nullInsurance;
        }).getName());

        System.out.println("第七次输出:" + carOptional.getInsurance().map(insur
            -> insur.getName()).get());

        System.out.println("第八次输出:" + carOptional.getInsurance().flatMap
            (insur -> Optional.of(insur.getName())).get());

        Optional<Insurance> remainedOptional = carInsuranceOptional.filter(insur
            -> insur.getName().contains("sur"));
        System.out.println("第九次输出:" + remainedOptional.get().getName());
```

```
120
121             OptionalInt optInt = OptionalInt.of(100);
122             optInt.ifPresent(i -> System.out.println("第十次输出:" + i));
123         }
124
125     public static String getCarInsuranceName(Person person) {
126             return person.getCar().getInsurance().getName();
127 //          if (person != null) {
128 //              Car car = person.getCar();
129 //              if (car != null) {
130 //                  Insurance insurance = car.getInsurance();
131 //                  if (insurance != null) {
132 //                      return insurance.getName();
133 //                  }
134 //              }
135 //          }
136 //          return "Unknown";
137         }
138
139     public static String getCarInsuranceName(Person_WithOptional person) {
140             // 通过 get()方法从 Optional 中取出值,如果当前 Optional<T>对象不包含有效
                //值,则抛出 NoSuchElementException 异常
141             return person.getCar().get().getInsurance().get().getName();
142         }
143     }
```

程序运行结果一如下:

```
Exception in thread "main" java.lang.NullPointerException
    at com.jgcs.chp10.p1.App10_1.getCarInsuranceName(App10_1.java:126)
    at com.jgcs.chp10.p1.App10_1.main(App10_1.java:81)
```

程序运行结果二如下:

```
第一次输出:insurance
Exception in thread "main" java.util.NoSuchElementException: No value present
    at java.util.Optional.get(Optional.java:135)
    at com.jgcs.chp10.p1.App10_1.getCarInsuranceName(App10_1.java:141)
    at com.jgcs.chp10.p1.App10_1.main(App10_1.java:94)
```

程序运行结果三如下:

```
第一次输出:insurance
第二次输出:insurance
第三次输出:insurance
第四次输出:insurance
第五次输出:insurance
第六次输出:insurance
第七次输出:insurance
第八次输出:insurance
第九次输出:insurance
第十次输出:100
```

例 10.1 通过针对车辆保险管理问题给出两种解决方案来说明可选类 Optional<T>的作用和用法。该程序在第 7~17 行、第 19~29 行、第 43~54 行和第 56~67 行分别定义了没有可选类型成员变量的类 Person 与 Car 和具有可选类型成员变量的类 Person_

WithOptional 与 Car_WithOptional，在第 31～41 行定义了 Insurance 类，其只有一个非可选类型成员变量 name。在现实生活中，一个人可能有车，也可能没有车；一辆车可能具有保险，也可能没有保险。在 Person 类中，如果某个人没有车，则其成员变量 car 的值就为 null；同样，在 Car 类中，如果某个车没有保险，则其成员变量 insurance 的也为 null。对于这些变量，为表示其是否具有有效值，可以使用 Optional＜T＞作为类型修饰它们，这样就得到了 Person_WithOptional 类和 Car_WithOptional 类。在 Person_WithOptional 类中，如果某个人有车，则其成员变量 car 的值就为一个包含有效 Car_WithOptional 对象的 Optioanl＜Car_WithOptional＞对象，否则 car 就为一个包含无效值 null 的 Optional＜Car_WithOptional＞对象；同样，在 Car_WithOptional 类中，如果某个车有保险，则其成员变量 insurance 的值就为一个包含有效 Insurance 对象的 Optional＜Insurance＞对象，否则 car 就为一个包含无效值 null 的 Optional＜Insurance＞对象。需要注意的是，针对某个人 personOptional 即某个 Person_WithOptional 对象或某个车 carOptional 即某个 Car_WithOptional 对象，其成员变量 car 或 insurance 的默认值为 null，而不是包含无效值 null 的 Optional＜Car_WithOptional＞或 Optional＜Insurance＞对象；如果要给 car 和 insurance 赋值空 Optional＜T＞对象，需要对 personOptional 和 carOptional 分别调用 setCar(Optioanl＜Car_WithOptional＞)与 setInsurance(Optional＜Insurance＞)方法。

在 69～143 行，程序定义了 App10_1 类，其中有两个相互重载的静态方法 getCarInsurance(Person)（第 125～137 行）和 getCarInsurance(Person_WithOptional)（第 139～142 行），它们都根据参数对象获取其所拥有的车的保险名称，只是前者针对 Person 对象，而后者针对 Person_WithOptional 对象。为从 Person 对象获取其所拥有的车的保险名称，可使用第 126 行所示代码来完成此功能，但由于一个人可能有车也可能没有车且一辆车可能有保险也可能没保险，因此该行代码在执行时有可能会触发 NullPointerException 异常。为避免该运行时异常，人们一般进行防御性编程，即对一个对象引用，先检查其是否为 null，如果不是 null，再去访问其成员变量或调用其成员方法，如第 127～136 行所示。但是，显然防御性编程会导致代码复杂化，规模变大且不易阅读和理解。为避免这一点，人们使用 Optional＜T＞作为一个包装类型来表示某个变量的值可能为 null 也可能为某个 T 对象。故在第 141 行，可以使用如此行代码所示的简洁形式来获取某个人的车的保险名称，如果这个人没有车或者车没有保险，则相应的 get()方法会抛出 NoSuchElementException 异常。

在 App10_1 类的 main()方法的第 71～82 行，程序先创建 Person 对象 person、Car 对象 car 和 Insurance 对象 insurance，然后对 person 调用 setCar(Car)方法将 car 设置为 person 的车，并以 50%的概率将 insurance 设置为 car 的保险，接着对 person 调用 getCarInsuranceName(Person)方法，则此调用将会有 50%的可能抛出 NullPointerException 异常，如第一个运行结果所示。

在第 84～95 行，程序先创建 Person_WithOptional 对象 personOptional 和 Car_WithOptional 对象 carOptional，然后对 personOptional 调用 setCar(Car_WithOptional)方法将一个包装了 carOptional 的 Optional＜Car_WithOptional＞对象作为 personOptional 的可选车，并以 50%的概率将一个封装了 insurance(或 null)的 Optional＜Insurance＞对象设置为 carOptional 的可选保险，接着对 personOptional 调用 getCarInsuranceName(Person_

WithOptional)方法,则此调用将会有50%的可能抛出NoSuchElementException异常,如第二个运行结果所示。如果将第90~92行的else分支代码注释掉,即令carOptional的insurance成员变量取值为null,则上述调用甚至会抛出NullPointerException异常。

在第97~119行,程序对相应Optional<T>对象调用Optional<T>的isPresent()、ifPresent()、orElse()、orElseGet()、map()、flatMap()和filter()等方法来演示Optional<T>的用法。在第121~122行,程序调用OptionalInt的相关方法以演示其用法。程序在第77行和第88行的判断都为true的情况下的运行结果如第三个运行结果所示。

【例10.2】 展示Optional<T>源码的程序示例。

```java
1    package com.jgcs.chp10.p2;
2    
3    import java.util.NoSuchElementException;
4    import java.util.Objects;
5    import java.util.function.Consumer;
6    import java.util.function.Function;
7    import java.util.function.Predicate;
8    import java.util.function.Supplier;
9    
10   public class App10_2 {
11     public static void main(String[] args) {
12         Optional<String> opStr = Optional.of("China");
13         String upStr = opStr.flatMap(str -> Optional.of(str.toUpperCase())).get();
14         System.out.println(upStr);
15     }
16   }
17   
18   final class Optional<T> {
19       private static final Optional<?> EMPTY = new Optional<>();
20   
21       private final T value;
22   
23       private Optional() {
24           this.value = null;
25       }
26   
27       public static <T> Optional<T> empty() {
28           @SuppressWarnings("unchecked")
29           Optional<T> t = (Optional<T>) EMPTY;
30           return t;
31       }
32   
33       private Optional(T value) {
34           this.value = Objects.requireNonNull(value);
35       }
36   
37       public static <T> Optional<T> of(T value) {
38           return new Optional<>(value);
39       }
40   
41       public static <T> Optional<T> ofNullable(T value) {
42           return value == null ? empty() : of(value);
43       }
```

```java
44
45          public T get() {
46              if (value == null) {
47                  throw new NoSuchElementException("No value present");
48              }
49              return value;
50          }
51
52          public boolean isPresent() {
53              return value != null;
54          }
55
56          public void ifPresent(Consumer<? super T> consumer) {
57              if (value != null)
58                  consumer.accept(value);
59          }
60
61          public Optional<T> filter(Predicate<? super T> predicate) {
62              Objects.requireNonNull(predicate);
63              if (!isPresent())
64                  return this;
65              else
66                  return predicate.test(value) ? this : empty();
67          }
68
69          public <U> Optional<U> map(Function<? super T, ? extends U> mapper) {
70              Objects.requireNonNull(mapper);
71              if (!isPresent())
72                  return empty();
73              else {
74                  return Optional.ofNullable(mapper.apply(value));
75              }
76          }
77
78          public <U> Optional<U> flatMap(Function<? super T, Optional<U>> mapper) {
79              Objects.requireNonNull(mapper);
80              if (!isPresent())
81                  return empty();
82              else {
83                  return Objects.requireNonNull(mapper.apply(value));
84              }
85          }
86
87          public T orElse(T other) {
88              return value != null ? value : other;
89          }
90
91          public T orElseGet(Supplier<? extends T> other) {
92              return value != null ? value : other.get();
93          }
94
95          public <X extends Throwable> T orElseThrow(Supplier<? extends X> exceptionSupplier)
            throws X {
96              if (value != null) {
```

```
97                return value;
98            } else {
99                throw exceptionSupplier.get();
100           }
101       }
102
103       @Override
104       public boolean equals(Object obj) {
105           if (this == obj) {
106               return true;
107           }
108
109           if (!(obj instanceof Optional)) {
110               return false;
111           }
112
113           Optional<?> other = (Optional<?>) obj;
114           return Objects.equals(value, other.value);
115       }
116
117       @Override
118       public int hashCode() {
119           return Objects.hashCode(value);
120       }
121
122       @Override
123       public String toString() {
124           return value != null
125               ? String.format("Optional[ % s]", value)
126               : "Optional.empty";
127       }
128   }
```

程序运行结果：

CHINA

例 10.2 在 18~128 行给出了 Optional<T>类的 JDK 源码,可以看出它本质上很简单,只是一个对 T 型值 value 的包装类,并提供了一些对所包装值进行操作的方法。在第 12~14 行,程序使用上述 Optional<T>创建了一个关于 Optional<String>的对象 opStr,然后对它调用 flatMap()方法将其转换为一个字符全部为大写的可选字符串对象,对该对象调用 get()方法得到大写字符串 upStr,并将其打印出来。

10.3 BaseStream<T,S extends BaseStream<T,S>>、Stream<T>、IntStream、LongStream 与 DoubleStream

  Java 中的 Stream 流接口总共有四种,即 Stream<T>、IntStream、LongStream 和 DoubleStream,它们的元素类型分别为 T、int、long 和 double。这四种流都直接或间接实现了基础流接口 BaseStream<T,S extends BaseStream<T,S>>,具有该基础接口所规定的方法。BaseStream<T,S extends BaseStream<T,S>>接口的常用方法如表 10.5 所示。

Stream＜T＞、IntStream、LongStream 和 DoubleStream 接口的常用成员与方法分别如表10.6、表10.8、表10.10 和表10.12 所示。这四个接口还分别具有静态内部接口 Stream.Builder＜T＞、IntStream.Builder、LongStream.Builder 和 DoubleStream.Builder，它们的常用方法分别如表10.7、表10.9、表10.11 和表10.13 所示。

　　Java 只规定了流接口应具有的成员和方法，至于流接口的实现和具体流实例的创建则交由需要实现流接口和创建流实例的类或接口来完成，例如 Arrays 类、Random 类、StreamSupport 类、Collection＜E＞接口和 Stream.Builder＜T＞接口，可以通过调用这些类或接口的相应方法如 Arrays.stream()、Random.ints()或 Collection.stream()等来获取相应流的实例。例10.3 给出了一个演示如何创建、使用、关闭 Stream＜T＞实例和 IntStream 实例的程序示例。LongStream 与 DoubleStream 的用法与 Stream＜T＞和 IntStream 类似，这里不再赘述。

表 10.5　BaseStream＜T,S extends BaseStream＜T,S＞＞接口的常用方法

方 法 签 名	功 能 说 明
void close()	关闭当前流，这会导致该流的所有关闭处理器(Close Handlers)被依次调用
boolean isParallel()	判断当前流 s 是否为并行流，即判断一个终结操作在将来执行时是否会以并行方式执行。在对流执行终结操作后再调用该方法会产生不可预测结果
Iterator＜T＞ iterator()	创建并返回当前流中元素的正向迭代器。该方法是一个流终结操作(Stream Terminal Operation)
S onClose(Runnable closeHandler)	创建并返回与当前流等价的一个新流(可能是当前流本身)，该新流会继承当前流的所有关闭处理器并拥有一个新关闭处理器 closeHandler。当调用 close()方法关闭一个流时，该流上的所有关闭处理器会按照它们被附加到该流上的顺序被逐个调用。所有关闭处理器都将得到调用，即使处于前列的处理器抛出异常也不影响后续处理器的执行。如果有处理器抛出异常，则只有第一个被抛出的异常才会被传递到 close()方法的调用者，而其他任何异常都将被该异常抑制掉(即其他异常将被添加到该异常从而成为它的抑制异常)。该方法是一个流中间操作(Stream Intermediate Operation)
S parallel()	创建并返回与当前流等价的一个并行流。如果当前流已经是并行流或者已将当前流修改为并行流，则可将当前流作为结果直接返回。该方法是一个流中间操作。并行流会对流输入进行划分，然后并行地对每个划分执行指定流操作以得到部分结果，最后对所有部分结果进行合并得到最终结果
S sequential()	创建并返回与当前流等价的一个顺序流(或串行流)。如果当前流已经是顺序流或者已将当前流修改为顺序流，则可将当前流作为结果直接返回。该方法是一个流中间操作
Spliterator＜T＞ spliterator()	创建并返回当前流中元素的可分割迭代器。该方法是一个流终结操作
S unordered()	创建并返回与当前流等价的一个无序流。如果当前流已经是无序流或者已将当前流修改为无序流，则可将当前流作为结果直接返回。这里的顺序是指流的相遇顺序，即与流关联的数据源 src 中的元素是按照索引顺序(例如 src 是数组或各种 List＜E＞等)、插入顺序(例如 src 是 LinkedList＜E＞等)或由某种比较规则确定的顺序(如由第5章所述的内比较器或外比较器所确定的顺序)在数据源 src 中存储和组织的。该方法是一个流中间操作

表 10.6　Stream＜T＞接口的常用成员与方法

成员/方法签名	功　能　说　明
static interface Stream.Builder＜T＞	静态成员,Stream＜T＞的可变创建器(Mutable Builder)接口,其常用方法如表 10.7 所示
boolean allMatch(Predicate＜? super T＞ predicate)	判断当前流中的所有元素是否都满足 predicate,如果满足返回 true,否则返回 false。该方法是一个可短路的流终结操作(A Short-circuiting Terminal Operation),它可以在不检查完所有元素的情况下就确定方法结果(例如只要遇到一个元素不满足 predicate,就可以返回 false)。如果当前流是空的,则直接返回 true 而不必检查 predicate 是否得到满足
boolean anyMatch(Predicate＜? super T＞ predicate)	判断当前流中是否存在一个元素使得 predicate 成立,如果存在返回 true,否则返回 false。该方法是一个可短路流终结操作。如果当前流是空的,则直接返回 false 而不必检查 predicate 是否成立
static＜T＞ Stream.Builder＜T＞ builder()	创建并返回一个 Stream＜T＞的可变创建器,该创建器实现了 Stream.Builder＜T＞接口。该方法是 Stream＜T＞的静态成员方法,由所有流所共享并不局限于任何一个流,因此它不是一个流操作(既不是一个流中间操作也不是一个流终结操作)

＜R＞ R collect(Supplier＜R＞ supplier, BiConsumer＜R,? super T＞ accumulator, BiConsumer＜R,R＞ combiner)	对当前流中的元素进行可变归约(Mutable Reduction)并将归约结果返回。该方法是一个流终结操作。
	可变归约使用一个可变容器如 ArrayList＜E＞作为归约结果,然后在对元素进行归约时不断修改归约结果的状态(即将元素添加到归约结果中),而不是像不可变归约(即普通归约)那样直接用新建归约结果替换旧归约结果。
	该方法等价于下列代码:
	R result = supplier.get();
	for (T element : this stream)
	　　accumulator.accept(result, element);
	return result;
	与上述顺序代码不同的是,该方法可能并行执行,且不需要对中间结果进行任何同步保护,原因见关于 collect(Collector＜T,A,R＞)方法的说明。
	参数 supplier 也称供应器,用于创建一个新的可变结果容器,如果该方法并行执行,则 supplier 可能会被多次调用以产生多个中间可变容器;参数 accumulator 也称累积器,将元素累加到可变容器中;参数 combiner 也称组合器,对多个中间可变结果进行合并以得到最终的结果,该参数只有在可变归约并行执行时才会起作用。组合器 combiner 必须与累积器 accumulator 相容一致,关于"相容一致"的涵义见关于 reduce(U,BiFunction＜U,? super T,U＞,BinaryOperator＜U＞)的说明

＜R,A＞ R collect(Collector＜? super T,A,R＞ collector)	使用收集器 collector 对当前流中的元素进行可变归约并将归约结果返回。该方法是一个流终结操作。 关于收集器的常用属性和方法详见表 10.15。收集器 Collector＜T,A,R＞用于对方法 collect(Supplier＜R＞,BiConsumer＜R,? super T＞,BiConsumer＜R,R＞)的实参进行包装,以便重用流上的收集策略,或便于组合流上的收集操作以支持对流的多层分组或划分。 如果当前流 this 是并行流且 collector 是并发收集器且至少两者之一是无序的,则该方法可能启动一个并行归约。当并行归约时,该方法将独立地创建和传播多个可变中间结果,并在最后对中间结果进行合并。因此即使中间结果是非线程安全的数据结构(如 ArrayList＜E＞),该方法也不需要对它们进行同步保护

续表

成员/方法签名	功 能 说 明
static < T > Stream < T > concat(Stream <? extends T > a, Stream <? extends T > b)	创建一个懒拼接流 rs 并返回。该流 rs 中的元素由 a 的所有元素和 b 的所有元素按序(a 中元素在前 b 中元素在后)拼接构成。如果 a 和 b 都是有序流则结果流 rs 是有序的,如果 a 和 b 中至少一个为并行流则 rs 是并行的。当 rs 关闭时,a 和 b 上的关闭处理器都会被调用。该方法不是一个流操作
long count()	返回当前流中元素的个数,等价于 return mapToLong(e -> 1L).sum()。该方法是一个流终结操作
Stream < T > distinct()	删除当前流中的重复元素并返回一个只包含互不相同(在 Object.equals(Object)意义上)元素的结果流。该去重操作对于有序流是稳定的,不会改变元素之间的相对顺序,但是对于无序流是不稳定的。该方法是一个有状态的流中间操作(A Stateful Intermediate Operation)
static < T > Stream < T > empty()	创建并返回一个空顺序流。该方法不是一个流操作
Stream < T > filter(Predicate <? super T > predicate)	创建并返回一个由当前流中满足 predicate 谓词的元素构成的结果流。该方法是一个流中间操作
Optional < T > findAny()	任取当前流的一个元素将其包装进一个 Optional < T >对象并返回该对象。如果当前流为空,则返回一个空的 Optional < T >对象。显然,该方法的结果是不确定的,多次调用该方法得到的结果可能各不相同。该方法是一个可短路的流终结操作
Optional < T > findFirst()	将当前流的第一个元素包装进一个 Optional < T >对象并返回该对象。如果当前流为空,则返回一个空的 Optional < T >对象。该方法是一个可短路的流终结操作
< R > Stream < R > flatMap (Function <? super T,? extends Stream <? extends R >> mapper)	创建并返回一个结果流 rs,其产生过程如下:对于当前流 this 中的当前元素 t,应用 mapper.apply(t)得到一个映射流 ms,将 rs 与 ms 合并得到一个新流并用 rs 指向该新流,重复上述操作直到遍历完 this 中的所有元素为止,此时 rs 所指向的流即为所求。每个映射流 ms 在进行合并后就会被关闭。该方法是一个流中间操作。 flatMap()方法可以将 Stream < T >变换到 Stream < R >,并在变换过程中进行一对多映射,如下列代码 orders.flatMap(order -> order.getItems().stream())将订单流转变成商品流,注意一个订单对应多个商品
DoubleStream flatMapToDouble (Function <? super T,? extends DoubleStream > mapper)	创建并返回一个 DoubleStream 对象 ds,其中的元素由将 mapper 逐次应用到当前流中的每个元素后所得到的 DoubleStream 流对象 ms 中的元素按序拼接构成。每个映射流 ms 在其中元素被全部拼接到 ds 后就会被关闭。DoubleStream 是一个专门用来存储 double 原始类型的值的流。该方法是一个流中间操作
IntStream flatMapToInt (Function <? super T,? extends IntStream > mapper)	创建并返回一个 IntStream 对象 is,其中的元素由将 mapper 逐次应用到当前流中的每个元素后所得到的 IntStream 流对象 ms 中的元素按序拼接构成。每个映射流 ms 在其中元素被全部拼接到 is 后就会被关闭。IntStream 是一个专门用来存储 int 原始类型的值的流。该方法是一个流中间操作

续表

成员/方法签名	功 能 说 明
LongStream flatMapToLong (Function<? super T,? extends LongStream> mapper)	创建并返回一个 LongStream 对象 ls,其中的元素由将 mapper 逐次应用到当前流中的每个元素后所得到的 LongStream 流对象 ms 中的元素按序拼接构成。每个映射流 ms 在其中元素被全部拼接到 ls 后就会被关闭。LongStream 是一个专门用来存储 long 原始类型的值的流。该方法是一个流中间操作
void forEach (Consumer <? super T> action)	为流中的每个元素执行动作 action。如果当前流是并行流,则该方法的执行结果是不确定的,因为并行流不会按照相遇顺序逐次将 action 应用到每个元素而是可能在任意时间在任意线程将 action 应用到任一元素。如果 action 要访问共享变量,则它必须对之进行同步保护。该方法是一个流终结操作
void forEachOrdered (Consumer <? super T> action)	如果当前流是有序流,则按照流的相遇顺序为流中的每个元素执行动作 action。该方法是一个流终结操作
static <T> Stream <T> generate(Supplier<T> s)	创建并返回一个无限无序的顺序(串行)流 rs,其中的元素由 s 产生,每调用一次 s 就生成一个元素。该方法不是一个流操作
static <T> Stream <T> iterate(T seed,UnaryOperator <T> f)	创建并返回一个无限有序的顺序(串行)流 rs,其中第一个元素为 seed,其后的每个元素可通过将 f 应用到前一个元素上而产生,即 rs 中的元素为 seed,f(seed),f(f(seed)),…。该方法不是一个流操作
Stream < T > limit (long maxSize)	将当前流 this 的前 maxSize 个元素截断作为结果流 stm 的元素。如果 this 的元素个数小于 maxSize,则 stm 包含 this 的全部元素。如果 this 是并行流且 maxSize 很大,则截取前 maxSize 个元素将是一个耗时昂贵的操作。该方法是一个可短路有状态的流中间操作(A Short-circuiting Stateful Intermediate Operation)
< R > Stream < R > map (Function <? super T,? extends R> mapper)	创建并返回一个 Stream<R>对象 rs,其中的元素由将 mapper 逐次应用到当前流中的每个元素后所得到的结果按序拼接构成。该方法是一个流中间操作
DoubleStream mapToDouble (ToDoubleFunction <? super T> mapper)	创建并返回一个 DoubleStream 对象 ds,其中的元素由将 mapper 逐次应用到当前流中的每个元素后所得到的结果按序拼接构成。该方法是一个流中间操作
IntStream mapToInt (ToIntFunction <? super T> mapper)	创建并返回一个 IntStream 对象 is,其中的元素由将 mapper 逐次应用到当前流中的每个元素后所得到的结果按序拼接构成。该方法是一个流中间操作
LongStream mapToLong (ToLong Function<? super T> mapper)	创建并返回一个 LongStream 对象 ls,其中的元素由将 mapper 逐次应用到当前流中的每个元素后所得到的结果按序拼接构成。该方法是一个流中间操作
Optional < T > max (Comparator <? super T> comparator)	按照外比较器 comparator 所确定的比较规则找到当前流 this 中的最大元素并将其包装成一个 Optional<T>对象返回。如果 this 为空,则返回一个空 Optional<T>对象。该方法是一个流终结操作
Optional < T > min (Comparator <? super T> comparator)	按照外比较器 comparator 所确定的比较规则找到当前流 this 中的最小元素并将其包装成一个 Optional<T>对象返回。如果 this 为空,则返回一个空 Optional<T>对象。该方法是一个流终结操作

续表

成员/方法签名	功　能　说　明
boolean noneMatch(Predicate<? super T> predicate)	检查当前流 this 中的元素以确定是否没有任何元素满足 predicate，如果不存在元素使得 predicate 成立的话则返回 true，否则返回 false。如果 this 为空则直接返回 true 且不对 predicate 进行评估。该方法不一定检查流中的所有元素，因此它是一个可短路的流终结操作
static \<T\> Stream\<T\> of(T... values)	根据参数 values 构建一个 Stream\<T\>对象并将其返回。该方法不是一个流操作
static \<T\> Stream\<T\> of(T t)	构建并返回一个只包含单个元素 t 的 Stream\<T\>对象并将其返回。该方法不是一个流操作
Stream\<T\> peek(Consumer<? super T> action)	创建并返回一个包含当前流 this 中元素的新流 rs，同时对 this 中的每个元素执行动作 action。rs 中元素的顺序与它们在 this 中的顺序相同。如果 this 是并行流，则该方法的执行结果是不确定的，因为并行流不会按照相遇顺序逐次将 action 应用到每个元素而是可能在任意时间/任意线程将 action 应用到任一元素。如果 action 要访问共享变量，则它必须对之进行同步保护。该方法主要用于调试，以便在元素流过流管道中的某个点时查看它们。该方法是一个流中间操作

Optional\<T\> reduce(BinaryOperator\<T\> accumulator)	对当前流 this 使用累积器 accumulator 进行一个普通归约即不可变归约，将归约结果包装进一个 Optional\<T\>对象并将其返回。如果 this 为空，则返回一个空的 Optional\<T\>对象。累积器 accumulator 必须满足结合律。该要求能够保证该方法的并行执行与其顺序执行具有相等的执行结果。不可变归约(Non-mutable Reduction)以可变或不可变容器为归约结果，然后在对元素进行归约时不修改旧结果，而是直接用新建归约结果替换旧归约结果。该方法等价于下列代码：
	boolean foundAny = false;
	T result = null;
	for (T element : this stream) {
	　　if (!foundAny) {
	　　　　foundAny = true;
	　　　　result = element;
	　　}
	　　else
	　　　　result = accumulator.apply(result, element);
	}
	return foundAny ? Optional.of(result) : Optional.empty();
	与上述顺序代码不同的是，该方法可能并行执行，且不需要对中间结果进行任何同步保护，因为它执行的是不可变归约。该方法是一个流终结操作

续表

成员/方法签名	功 能 说 明
T reduce(T identity, BinaryOperator<T> accumulator)	对当前流 this 使用累积器 accumulator 基于基元值 identity 进行一个普通归约即不可变归约并将归约结果返回。如果 this 为空，就将 identity 作为结果返回。关于参数的要求：①累积器 accumulator 必须满足结合律；②参数 identity 必须是 accumulator 的基元值(The Identity of A Function)，即对于 this 中的任意元素 t 必有 accumulator.apply(identity,t)等于(在 equals()意义上)t。上述两条要求能够保证该方法的并行执行与其顺序执行具有相等的执行结果。该方法等价于下列代码： T result = identity; for (T element : this stream) result = accumulator.apply(result, element) return result; 与上述顺序代码不同的是，该方法可能并行执行，且不需要对中间结果进行任何同步保护，因为它执行的是不可变归约。该方法是一个流终结操作

<U> U reduce(U identity, BiFunction<U,? super T,U> accumulator,BinaryOperator<U> combiner)	对当前流 this 使用累积器 accumulator 和组合器 combiner 基于基元值 identity 进行一个普通归约即不可变归约并将归约结果返回。如果 this 为空，就将 identity 作为结果返回。累积器 accumulator 可将当前元素 t 合并进当前中间结果 u 以得到新的中间结果。组合器 combiner 可对多个中间结果进行合并以得到最终的结果，该参数只有在该归约并行执行时才会起作用。关于参数的要求：① 参数 identity 必须是 combiner 的基元值(The Identity of A Function)，即对于任意 U 类型的值 u 必有 combiner.apply(identity,u)等于(在 equals()意义上)u；②参数 combiner 必须与 accumulator 相容一致，即对于任意 U 类型的值 u 和 T 类型的值 t，必有 combiner.apply(u,accumulator.apply(identity,t))在 equals()意义上与 accumulator.apply(u,t)相等。上述两条要求能够保证该方法的并行执行与其顺序执行具有相等的执行结果。该方法等价于下列代码：
	U result = identity;
	for (T element : this stream)
	    result = accumulator.apply(result, element);
	return result;
	与上述顺序代码不同的是，该方法可能并行执行，且不需要对中间结果进行任何同步保护，因为它执行的是不可变归约。该方法是一个流终结操作

Stream<T> skip(long n)	将当前流 this 的前 n 个元素抛弃并用剩余元素作为结果流 stm 的元素。如果 this 的元素个数小于 n，则返回一个空流。如果 this 是并行流且 n 很大，则抛弃前 n 个元素将是一个耗时昂贵的操作。该方法是一个有状态的流中间操作

续表

成员/方法签名	功 能 说 明
Stream＜T＞sorted()	按照自然顺序对当前流 this 中的元素进行排序,用排好序的元素构造一个新流并将之返回。该方法要求 this 中的元素实现 Comparable＜T＞接口,如果没有实现,则当流终结操作执行时该方法将抛出 java.lang. ClassCastException 异常。如果 this 是有序流,则当前排序操作将是稳定的,否则不能保证稳定排序。该方法是一个有状态的流中间操作
Stream＜T＞sorted (Comparator＜? super T＞ comparator)	使用外比较器 comparator 对当前流 this 中的元素进行排序,用排好序的元素构造一个新流并将之返回。如果 this 是有序流,则当前排序操作将是稳定的,否则不能保证稳定排序。该方法是一个有状态的流中间操作
Object[] toArray()	将当前流 this 转换成一个包含 this 中所有元素的 Object 类型数组并将之返回。结果数组中的元素顺序与它们在 this 中的顺序保持一致。该方法是一个流终结操作
＜A＞ A[] toArray(IntFunction ＜A[]＞ generator)	将当前流 this 中所有元素(T 型)转换成一个 A 型数组并将之返回。参数 generator 负责创建 A 型数组,它接受代表 A 型数组大小的整型值,然后生成并返回所要求大小的 A 型数组。如果 this 是并行流,则该方法在并行执行时会利用 generator 产生多个 A 型数组以存储中间结果或合并中间结果。A 应是 T 或 T 的父类或父接口。该方法是一个流终结操作

表 10.7 Stream.Builder＜T＞接口的常用方法

方 法 签 名	功 能 说 明
void accept(T t)	将元素 t 添加到当前流构建器。如果当前流构建器处于已构建状态(The Built State),则抛出 IllegalStateException 异常
default Stream.Builder ＜T＞add(T t)	将元素 t 添加到当前流构建器,返回当前流构建器。该方法的默认实现如下: accept(t); return this; 如果当前流构建器处于已构建状态,则抛出 IllegalStateException 异常
Stream＜T＞build()	利用当前构建器 this 中的元素构建一个 Stream＜T＞流并将之返回,将 this 的状态修改为已构建状态。如果 this 已经处于已构建状态,则抛出 IllegalStateException 异常

表 10.8 IntStream 接口的常用成员与方法

成员/方法签名	功 能 说 明
static interface IntStream. Builder	静态成员,IntStream 的可变创建器(Mutable Builder)接口,其常用方法如表 10.9 所示
boolean allMatch(IntPredicate predicate)	判断当前流中的所有元素是否都满足 predicate,如果满足返回 true,否则返回 false。该方法是一个可短路的流终结操作(A Short-circuiting Terminal Operation),它可以在不检查完所有元素的情况下就确定方法结果(例如只要遇到一个元素不满足 predicate,就可以返回 false)。如果当前流是空的,则直接返回 true 而不必检查 predicate 是否得到满足
boolean anyMatch (IntPredicate predicate)	判断当前流中是否存在一个元素使得 predicate 成立,如果存在返回 true,否则返回 false。该方法是一个可短路流终结操作。如果当前流是空的,则直接返回 false 而不必检查 predicate 是否成立

续表

成员/方法签名	功 能 说 明
DoubleStream asDoubleStream()	将当前 IntStream 流转换为 DoubleStream 流，其中元素的类型都为 double。该方法是一个流中间操作
LongStream asLongStream()	将当前 IntStream 流转换为 LongStream 流，其中元素的类型都为 long。该方法是一个流中间操作
OptionalDouble average()	如果当前 IntStream 流不空，则计算流中元素的算术平均值并用 OptionalDouble 来表示该值；如果当前 IntStream 流为空，则返回一个空的 OptionalDouble 对象。该方法是一个流终结操作，特别地，它是一个归约操作的特例
Stream<Integer> boxed()	将当前 IntStream 流转换为一个元素类型为 Integer 的流 Stream<Integer>，即将流中元素的类型由 int 封装为 Integer
static IntStream.Builder builder()	创建并返回一个 IntStream 的可变创建器，该创建器实现了 IntStream.Builder 接口。该方法是 IntStream 的静态成员方法，由所有 IntStream 流所共享而并不局限于任何一个流，因此它不是一个流操作（既不是一个流中间操作也不是一个流终结操作）

<R> R collect(Supplier<R> supplier, ObjIntConsumer<R> accumulator, BiConsumer<R,R> combiner)	对当前流中的元素进行可变归约（Mutable Reduction）并将归约结果返回。该方法是一个流终结操作。
	可变归约使用一个可变容器如 ArrayList<E>作为归约结果，然后在对元素进行归约时不断修改归约结果的状态（即将元素添加到归约结果中），而不是像不可变归约（即普通归约）直接用新建归约结果替换旧归约结果。
	该方法等价于下列代码：
	`R result = supplier.get();`
	`for (int element : this stream)`
	    `accumulator.accept(result, element);`
	`return result;`
	与上述顺序代码不同的是，该方法可能并行执行，且不需要对中间结果进行任何同步保护

static IntStream concat(IntStream a, IntStream b)	创建一个懒拼接流 rs 并返回。该流 rs 中的元素由 a 的所有元素和 b 的所有元素按序（a 中元素在前 b 中元素在后）拼接构成。如果 a 和 b 都是有序流，则结果流 rs 是有序的，如果 a 和 b 中至少一个为并行流，则 rs 是并行的。当 rs 关闭时，a 和 b 上的关闭处理器都会被调用。该方法不是一个流操作
long count()	返回当前流中元素的个数，等价于 return mapToLong(e -> 1L).sum()。该方法是一个流终结操作
IntStream distinct()	删除当前流中的重复元素并返回一个只包含互不相同元素的结果流。该方法是一个有状态的流中间操作（A Stateful Intermediate Operation）
static IntStream empty()	创建并返回一个空的顺序 IntStream 流。该方法不是一个流操作
IntStream filter(IntPredicate predicate)	创建并返回一个由当前流中满足 predicate 谓词的元素构成的结果流。该方法是一个流中间操作
OptionalInt findAny()	任取当前流的一个元素将其包装进一个 OptionalInt 对象并返回该对象。如果当前流为空，则返回一个空的 OptionalInt 对象。显然，该方法的结果是不确定的，多次调用该方法得到的结果可能各不相同。该方法是一个可短路的流终结操作

续表

成员/方法签名	功 能 说 明
OptionalInt findFirst()	将当前流的第一个元素包装进一个 OptionalInt 对象并返回该对象。如果当前流为空,则返回一个空的 OptionalInt 对象。该方法是一个可短路的流终结操作
IntStream flatMap(IntFunction<? extends IntStream > mapper)	创建并返回一个结果流 rs,其产生过程如下:对于当前流 this 中的当前元素 t,应用 mapper.apply(t)得到一个映射流 ms,将 rs 与 ms 合并得到一个新流并用 rs 指向该新流,重复上述操作直到遍历完 this 中的所有元素为止,此时 rs 所指向的流即为所求。每个映射流 ms 在进行合并后就会被关闭。该方法是一个流中间操作
void forEach(IntConsumer action)	为流中的每个元素执行动作 action。如果当前流是并行流,则该方法的执行结果是不确定的,因为并行流不会按照相遇顺序依次将 action 应用到每个元素而是可能在任意时间/任意线程将 action 应用到任一元素。如果 action 要访问共享变量,则它必须对之进行同步保护。该方法是一个流终结操作
void forEachOrdered(IntConsumer action)	如果当前流是有序流,则按照流的相遇顺序为流中的每个元素执行动作 action。该方法是一个流终结操作
static IntStream generate(IntSupplier s)	创建并返回一个无限无序的顺序(串行)流 rs,其中的元素由 s 产生,每调用一次 s 就生成一个元素。该方法不是一个流操作
static IntStream iterate(int seed,IntUnaryOperator f)	创建并返回一个无限有序的顺序(串行)流 rs(An Infinite Sequential Ordered Stream),其中第一个元素为 seed,其后的每个元素可通过将 f 应用到前一个元素上而产生,即 rs 中的元素为 seed,f(seed),f(f(seed)),…。该方法不是一个流操作
PrimitiveIterator.OfInt iterator()	创建并返回一个关于当前 IntStream 流中元素的迭代器。该方法是一个流终结操作
IntStream limit(long maxSize)	将当前流 this 的前 maxSize 个元素截断作为结果流 stm 的元素。如果 this 的元素个数小于 maxSize,则 stm 包含 this 的全部元素。如果 this 是并行流且 maxSize 很大,则截取前 maxSize 个元素将是一个耗时昂贵的操作。该方法是一个可短路有状态的流中间操作(A short-circuiting Stateful Intermediate Operation)
IntStream map(IntUnaryOperator mapper)	创建并返回一个 IntStream 对象 is,其中的元素由将 mapper 逐次应用到当前流中的每个元素后所得到的结果按序拼接构成。该方法是一个流中间操作
DoubleStream mapToDouble(IntToDoubleFunction mapper)	创建并返回一个 DoubleStream 对象 ds,其中的元素由将 mapper 逐次应用到当前流中的每个元素后所得到的结果按序拼接构成。该方法是一个流中间操作
LongStream mapToLong(IntToLongFunction mapper)	创建并返回一个 LongStream 对象 ls,其中的元素由将 mapper 逐次应用到当前流中的每个元素后所得到的结果按序拼接构成。该方法是一个流中间操作
< U > Stream < U > mapToObj(IntFunction<? extends U > mapper)	创建并返回一个 Stream<U>对象 rs,其中的元素由将 mapper 逐次应用到当前流中的每个元素后所得到的结果按序拼接构成。该方法是一个流中间操作
OptionalInt max()	找到当前流 this 中的最大元素并将其包装成一个 OptionalInt 对象返回。如果 this 为空,则返回一个空 OptionalInt 对象。该方法是一个流终结操作
OptionalInt min()	找到当前流 this 中的最小元素并将其包装成一个 OptionalInt 对象返回。如果 this 为空,则返回一个空 OptionalInt 对象。该方法是一个流终结操作

续表

成员/方法签名	功 能 说 明
boolean noneMatch (IntPredicate predicate)	检查当前流 this 中的元素以确定是否没有任何元素满足 predicate，如果不存在元素使得 predicate 成立的话则返回 true，否则返回 false。如果 this 为空则直接返回 true 且不对 predicate 进行评估。该方法不一定检查流中的所有元素，因此它是一个可短路的流终结操作
static IntStream of(int... values)	根据参数 values 构建一个 IntStream 对象并将其返回。该方法不是一个流操作
static IntStream of(int t)	构建并返回一个只包含单个元素 t 的 IntStream 对象并将其返回。该方法不是一个流操作
IntStream parallel()	根据当前流生成一个并行流并将之返回。如果当前流本身就是并行流或者当前流所依赖的数据源已经被修改成并行数据结构，则该方法将返回当前流本身。该方法是一个流中间操作
IntStream peek(IntConsumer action)	创建并返回一个包含当前流 this 中元素的新流 rs，同时对 this 中的每个元素执行动作 action。rs 中元素的顺序与它们在 this 中的顺序相同。如果 this 是并行流，则该方法的执行结果是不确定的，因为并行流不会按照相遇顺序逐次将 action 应用到每个元素而是可能在任意时间/任意线程将 action 应用到任一元素。如果 action 要访问共享变量，则它必须对之进行同步保护。该方法主要用于调试，以便在元素流过流管道中的某个点时查看它们。该方法是一个流中间操作
static IntStream range(int startInclusive, int endExclusive)	以步进为 1 的方式生成从 startInclusive（包含在内）到 endExclusive（不包含在内）的 int 元素序列，根据这个元素序列创建并返回一个有序的顺序 IntStream 对象。该方法不是一个流操作
static IntStream rangeClosed(int startInclusive, int endInclusive)	以步进为 1 的方式生成从 startInclusive（包含在内）到 endExclusive（包含在内）的 int 元素序列，根据这个元素序列创建并返回一个有序的顺序 IntStream 对象。该方法不是一个流操作

OptionalInt reduce (IntBinaryOperator op)	对当前流 this 使用累积操作 op 进行一个普通归约即不可变归约，将归约结果包装进一个 OptionalInt 对象并将其返回。如果 this 为空，则返回一个空的 OptionalInt 对象。累积操作 op 必须满足结合律。该要求能够保证该方法的并行执行与其顺序执行具有相等的执行结果。不可变归约（Non-mutable Reduction）以可变或不可变容器为归约结果，然后在对元素进行归约时不修改旧结果，而是直接用新建归约结果替换旧归约结果。该方法等价于下列代码：
	
	``java
	boolean foundAny = false;
	int result = 0;
	for (int element : this stream) {
	    if (!foundAny) {
	        foundAny = true;
	        result = element;
	    }
	    else
	        result = op.applyAsInt(result, element);
	}
	return foundAny ? OptionalInt.of(result) : OptionalInt.empty();
	``
	
	与上述顺序代码不同的是，该方法可能并行执行，且不需要对中间结果进行任何同步保护，因为它执行的是不可变归约。该方法是一个流终结操作

续表

成员/方法签名	功能说明

int reduce(int identity, IntBinaryOperator op)	对当前流 this 使用累积操作 op 基于基元值 identity 进行一个普通归约即不可变归约并将归约结果返回。如果 this 为空,就将 identity 作为结果返回。关于参数的要求:①累积操作 op 必须满足结合律;②参数 identity 必须是 op 的基元值(The Identity of A Function),即对于 this 中的任意元素 t 必有 op.applyAsInt(identity,t)等于 t。上述两条要求能够保证该方法的并行执行与其顺序执行具有相等的执行结果。该方法等价于下列代码:
	`int result = identity;`
	`for (int element : this stream)`
	`    result = op.applyAsInt(result, element)`
	`return result;`
	与上述顺序代码不同的是,该方法可能并行执行,且不需要对中间结果进行任何同步保护,因为它执行的是不可变归约。该方法是一个流终结操作

IntStream sequential()	根据当前流生成一个顺序(或串行)流并将之返回。如果当前流本身就是串行流或者当前流所依赖的数据源已经被修改成顺序数据结构,则该方法将返回当前流本身。该方法是一个流中间操作
IntStream skip(long n)	将当前流 this 的前 n 个元素抛弃并用剩余元素作为结果流 stm 的元素。如果 this 的元素个数小于 n,则返回一个空流。如果 this 是并行流且 n 很大,则抛弃前 n 个元素将是一个耗时昂贵的操作。该方法是一个有状态的流中间操作
IntStream sorted()	按照 int 值的自然顺序对当前流 this 中的元素进行排序,用排好序的元素构造一个新流并将之返回。如果 this 是有序流,则当前排序操作将是稳定的,否则不能保证稳定排序。该方法是一个有状态的流中间操作
Spliterator.OfInt spliterator()	创建并返回一个关于当前 IntStream 流中元素的可分割迭代器。该方法是一个流终结操作
int sum()	返回当前 IntStream 流中所有元素之和。该方法是一个归约操作的特例,等价于 return reduce(0,Integer::sum)。该方法是一个流终结操作
IntSummaryStatistics summaryStatistics()	返回一个 IntSummaryStatistics 对象,用于描述当前 IntStream 流中元素的各种概要数据。该方法是一个归约操作的特例,且是一个流终结操作
int[] toArray()	将当前 IntStream 流转换成一个包含流中所有元素的 int 类型数组并将之返回。结果数组中的元素顺序与它们在流中的顺序保持一致。该方法是一个流终结操作

表 10.9　IntStream.Builder 接口的常用方法

方法签名	功能说明
void accept(int t)	将元素 t 添加到当前流构建器。如果当前流构建器处于已构建状态(The Built State),则抛出 IllegalStateException 异常

default IntStream.Builder add(int t)	将元素 t 添加到当前流构建器,返回当前流构建器。该方法的默认实现如下:
	`accept(t);`
	`return this;`
	如果当前流构建器处于已构建状态,则抛出 IllegalStateException 异常

IntStream build()	利用当前构建器 this 中的元素构建一个 IntStream 流并将之返回,将 this 的状态修改为已构建状态。如果 this 已经处于已构建状态,则抛出 IllegalStateException 异常

表 10.10 LongStream 接口的常用成员与方法

成员/方法签名	功 能 说 明
static interface IntStream.Builder	静态成员,LongStream 的可变创建器(Mutable Builder)接口,其常用方法如表 10.11 所示
boolean allMatch (LongPredicate predicate)	判断当前流中的所有元素是否都满足 predicate,如果满足返回 true,否则返回 false。该方法是一个可短路的流终结操作(A Short-circuiting Terminal Operation),它可以在不检查完所有元素的情况下就确定方法结果(例如只要遇到一个元素不满足 predicate,就可以返回 false)。如果当前流是空的,则直接返回 true 而不必检查 predicate 是否得到满足
boolean anyMatch (LongPredicate predicate)	判断当前流中是否存在一个元素使得 predicate 成立,如果存在返回 true,否则返回 false。该方法是一个可短路流终结操作。如果当前流是空的,则直接返回 false 而不必检查 predicate 是否成立
DoubleStream asDoubleStream()	将当前 LongStream 流转换为 DoubleStream 流,其中元素的类型都为 double。该方法是一个流中间操作
OptionalDouble average()	如果当前 LongStream 流不空,则计算流中元素的算术平均值并用 OptionalDouble 来表示该值,如果当前 LongStream 流为空,则返回一个空的 OptionalDouble 对象。该方法是一个流终结操作,特别地,它是一个归约操作的特例
Stream<Long> boxed()	将当前 LongStream 流转换为一个元素类型为 Long 的流 Stream<Long>,即将流中元素的类型由 long 封装为 Long
static LongStream. Builder builder()	创建并返回一个 LongStream 的可变创建器,该创建器实现了 LongStream.Builder 接口。该方法是 LongStream 的静态成员方法,由所有 IntStream 流所共享而并不局限于任何一个流,因此它不是一个流操作(既不是一个流中间操作也不是一个流终结操作)

<R> R collect (Supplier<R> supplier, ObjLongConsumer <R> accumulator, BiConsumer<R,R> combiner)	对当前流中的元素进行可变归约(Mutable Reduction)并将归约结果返回。该方法是一个流终结操作。
	可变归约使用一个可变容器如 ArrayList<E>作为归约结果,然后在对元素进行归约时不断修改归约结果的状态(即将元素添加到归约结果中),而不是像不可变归约(即普通归约)直接用新建归约结果替换旧归约结果。
	该方法等价于下列代码:
	R result = supplier.get();
	for (long element : this stream)
	    accumulator.accept(result, element);
	return result;
	与上述顺序代码不同的是,该方法可能并行执行,且不需要对中间结果进行任何同步保护

static LongStream concat（LongStream a,LongStream b)	创建一个懒拼接流 rs 并返回。该流 rs 中的元素由 a 的所有元素和 b 的所有元素按序(a 中元素在前 b 中元素在后)拼接构成。如果 a 和 b 都是有序流则结果流 rs 是有序的,如果 a 和 b 中至少一个为并行流则 rs 是并行的。当 rs 关闭时,a 和 b 上的关闭处理器都会被调用。该方法不是一个流操作
long count()	返回当前流中元素的个数,等价于 return map(e -> 1L).sum()。该方法是一个流终结操作
LongStream distinct()	删除当前流中的重复元素并返回一个只包含互不相同元素的结果流。该方法是一个有状态的流中间操作(A Stateful Intermediate Operation)
static LongStream empty()	创建并返回一个空的顺序 LongStream 流。该方法不是一个流操作

续表

成员/方法签名	功　能　说　明
LongStream filter (LongPredicate predicate)	创建并返回一个由当前流中满足 predicate 谓词的元素构成的结果流。该方法是一个流中间操作
OptionalLong findAny()	任取当前流的一个元素将其包装进一个 OptionalLong 对象并返回该对象。如果当前流为空,则返回一个空的 OptionalLong 对象。显然,该方法的结果是不确定的,多次调用该方法得到的结果可能各不相同。该方法是一个可短路的流终结操作
OptionalLong findFirst()	将当前流的第一个元素包装进一个 OptionalLong 对象并返回该对象。如果当前流为空,则返回一个空的 OptionalLong 对象。该方法是一个可短路的流终结操作
LongStream flatMap (LongFunction<? extends LongStream> mapper)	创建并返回一个结果流 rs,其产生过程如下:对于当前流 this 中的当前元素 t,应用 mapper.apply(t)得到一个映射流 ms,将 rs 与 ms 合并得到一个新流并用 rs 指向该新流,重复上述操作直到遍历完 this 中的所有元素为止,此时 rs 所指向的流即为所求。每个映射流 ms 在进行合并后就会被关闭。该方法是一个流中间操作
void forEach (LongConsumer action)	为流中的每个元素执行动作 action。如果当前流是并行流,则该方法的执行结果是不确定的,因为并行流不会按照相遇顺序逐次将 action 应用到每个元素而是可能在任意时间/任意线程将 action 应用到任一元素。如果 action 要访问共享变量,则它必须对之进行同步保护。该方法是一个流终结操作
void forEachOrdered (LongConsumer action)	如果当前流是有序流,则按照流的相遇顺序为流中的每个元素执行动作 action。该方法是一个流终结操作
static LongStream generate (LongSupplier s)	创建并返回一个无限无序的顺序(串行)流 rs,其中的元素由 s 产生,每调用一次 s 就生成一个元素。该方法不是一个流操作
static LongStream iterate (long seed, LongUnaryOperator f)	创建并返回一个无限有序的顺序(串行)流 rs(An Infinite Sequential Ordered Stream),其中第一个元素为 seed,其后的每个元素可通过将 f 应用到前一个元素上而产生,即 rs 中的元素为 seed,f(seed),f(f(seed)),…。该方法不是一个流操作
PrimitiveIterator. OfLong iterator()	创建并返回一个关于当前 LongStream 流中元素的迭代器。该方法是一个流终结操作
LongStream limit (long maxSize)	将当前流 this 的前 maxSize 个元素截断作为结果流 stm 的元素。如果 this 的元素个数小于 maxSize,则 stm 包含 this 的全部元素。如果 this 是并行流且 maxSize 很大,则截取前 maxSize 个元素将是一个耗时昂贵的操作。该方法是一个可短路有状态的流中间操作(A Short-circuiting Stateful Intermediate Operation)
LongStream map (LongUnaryOperator mapper)	创建并返回一个 LongStream 对象 ls,其中的元素由将 mapper 逐次应用到当前流中的每个元素后所得到的结果按序拼接构成。该方法是一个流中间操作
DoubleStream mapToDouble (LongToDouble Function mapper)	创建并返回一个 DoubleStream 对象 ds,其中的元素由将 mapper 逐次应用到当前流中的每个元素后所得到的结果按序拼接构成。该方法是一个流中间操作
IntStream mapToInt (LongToIntFunction mapper)	创建并返回一个 IntStream 对象 is,其中的元素由将 mapper 逐次应用到当前流中的每个元素后所得到的结果按序拼接构成。该方法是一个流中间操作
<U> Stream<U> mapToObj(LongFunction <? extends U> mapper)	创建并返回一个 Stream<U>对象 rs,其中的元素由将 mapper 逐次应用到当前流中的每个元素后所得到的结果按序拼接构成。该方法是一个流中间操作
OptionalLong max()	找到当前流 this 中的最大元素并将其包装成一个 OptionaLong 对象返回。如果 this 为空,则返回一个空 OptionalLong 对象。该方法是一个流终结操作

续表

成员/方法签名	功 能 说 明
OptionalLong min()	找到当前流 this 中的最小元素并将其包装成一个 OptionalLong 对象返回。如果 this 为空,则返回一个空 OptionalLong 对象。该方法是一个流终结操作
boolean noneMatch(LongPredicate predicate)	检查当前流 this 中的元素以确定是否没有任何元素满足 predicate,如果不存在元素使得 predicate 成立则返回 true,否则返回 false。如果 this 为空则直接返回 true 且不对 predicate 进行评估。该方法不一定检查流中的所有元素,因此它是一个可短路的流终结操作
static LongStream of(long... values)	根据参数 values 构建一个 LongStream 对象并将其返回。该方法不是一个流操作
static LongStream of(long t)	构建并返回一个只包含单个元素 t 的 LongStream 对象并将其返回。该方法不是一个流操作
LongStream parallel()	根据当前流生成一个并行流并将之返回。如果当前流本身就是并行流或者当前流所依赖的数据源已经被修改成并行数据结构,则该方法将返回当前流本身。该方法是一个流中间操作
LongStream peek(LongConsumer action)	创建并返回一个包含当前流 this 中元素的新流 rs,同时对 this 中的每个元素执行动作 action。rs 中元素的顺序与它们在 this 中的顺序相同。如果 this 是并行流,则该方法的执行结果是不确定的,因为并行流不会按照相遇顺序逐次将 action 应用到每个元素而是可能在任意时间/任意线程将 action 应用到任一元素。如果 action 要访问共享变量,则它必须对之进行同步保护。该方法主要用于调试,以便在元素流过流管道中的某个点时查看它们。该方法是一个流中间操作
static LongStream range(long startInclusive, long endExclusive)	以步进为 1 的方式生成从 startInclusive(包含在内)到 endExclusive(不包含在内)的 long 元素序列,根据这个元素序列创建并返回一个有序的顺序 LongStream 对象。该方法不是一个流操作
static LongStream rangeClosed(long startInclusive, long endInclusive)	以步进为 1 的方式生成从 startInclusive(包含在内)到 endExclusive(包含在内)的 long 元素序列,根据这个元素序列创建并返回一个有序的顺序 LongStream 对象。该方法不是一个流操作

OptionalLong reduce(LongBinaryOperator op)	对当前流 this 使用累积操作 op 进行一个普通归约即不可变归约,将归约结果包装进一个 OptionalLong 对象并将其返回。如果 this 为空,则返回一个空的 OptionalLong 对象。累积操作 op 必须满足结合律。该要求能够保证该方法的并行执行与其顺序执行具有相等的执行结果。不可变归约(Non-mutable Reduction)以可变或不可变容器为归约结果,然后在对元素进行归约时不修改旧结果,而是直接用新建归约结果替换旧归约结果。该方法等价于下列代码:
	`boolean foundAny = false;`
	`long result = 0;`
	`for (long element : this stream) {`
	`    if (!foundAny) {`
	`        foundAny = true;`
	`        result = element;`
	`    }`
	`    else`
	`        result = op.applyAsLong(result, element);`
	`}`
	`return foundAny ? OptionalLong.of(result) : OptionalLong.empty();`
	与上述顺序代码不同的是,该方法可能并行执行,且不需要对中间结果进行任何同步保护,因为它执行的是不可变归约。该方法是一个流终结操作

续表

成员/方法签名	功能说明

long reduce(long identity, LongBinaryOperator op)	对当前流 this 使用累积操作 op 基于基元值 identity 进行一个普通归约即不可变归约并将归约结果返回。如果 this 为空，就将 identity 作为结果返回。关于参数的要求：①累积操作 op 必须满足结合律；②参数 identity 必须是 op 的基元值 (The Identity of A Function)，即对于 this 中的任意元素 t 必有 op.applyAsLong (identity,t)等于 t。上述两条要求能够保证该方法的并行执行与其顺序执行具有相等的执行结果。该方法等价于下列代码：
	　　long result = identity;
	　　for (long element : this stream)
	　　　　result = op.applyAsLong(result, element)
	　　return result;
	与上述顺序代码不同的是，该方法可能并行执行，且不需要对中间结果进行任何同步保护，因为它执行的是不可变归约。该方法是一个流终结操作

LongStream sequential()	根据当前流生成一个顺序(或串行)流并将之返回。如果当前流本身就是串行流或者当前流所依赖的数据源已经被修改成顺序数据结构，则该方法将返回当前流本身。该方法是一个流中间操作
LongStream skip (long n)	将当前流 this 的前 n 个元素抛弃并用剩余元素作为结果流 stm 的元素。如果 this 的元素个数小于 n，则返回一个空流。如果 this 是并行流且 n 很大，则抛弃前 n 个元素将是一个耗时昂贵的操作。该方法是一个有状态的流中间操作
LongStream sorted()	按照 long 值的自然顺序对当前流 this 中的元素进行排序，用排好序的元素构造一个新流并将之返回。如果 this 是有序流，则当前排序操作将是稳定的，否则不能保证稳定排序。该方法是一个有状态的流中间操作
Spliterator. OfLong spliterator()	创建并返回一个关于当前 LongStream 流中元素的可分割迭代器。该方法是一个流终结操作
long sum()	返回当前 LongStream 流中所有元素之和。该方法是一个归约操作的特例，等价于 return reduce(0,Long∷sum)。该方法是一个流终结操作
LongSummaryStatistics summaryStatistics()	返回一个 LongSummaryStatistics 对象，用于描述当前 LongStream 流中元素的各种概要数据。该方法是一个归约操作的特例，且是一个流终结操作
long[] toArray()	将当前 LongStream 流转换成一个包含流中所有元素的 long 类型数组并将之返回。结果数组中的元素顺序与它们在流中的顺序保持一致。该方法是一个流终结操作

表 10.11　LongStream.Builder 接口的常用方法

方法签名	功能说明
void accept(long t)	将元素 t 添加到当前流构建器。如果当前流构建器处于已构建状态(The Built State)，则抛出 IllegalStateException 异常
default LongStream. Builder add(long t)	将元素 t 添加到当前流构建器，返回当前流构建器。该方法的默认实现如下： accept(t); return this; 如果当前流构建器处于已构建状态，则抛出 IllegalStateException 异常
LongStream build()	利用当前构建器 this 中的元素构建一个 LongStream 流并将之返回，将 this 的状态修改为已构建状态。如果 this 已经处于已构建状态，则抛出 IllegalStateException 异常

表 10.12　DoubleStream 接口的常用成员与方法

成员/方法签名	功　能　说　明
static interface DoubleStream.Builder	静态成员，DoubleStream 的可变创建器（Mutable Builder）接口，其常用方法如表 10.13 所示
boolean allMatch (DoublePredicate predicate)	判断当前流中的所有元素是否都满足 predicate，如果满足返回 true，否则返回 false。该方法是一个可短路的流终结操作（A Short-circuiting Terminal Operation），它可以在不检查完所有元素的情况下就确定方法结果（例如只要遇到一个元素不满足 predicate，就可以返回 false）。如果当前流是空的，则直接返回 true 而不必检查 predicate 是否得到满足
boolean anyMatch (DoublePredicate predicate)	判断当前流中是否存在一个元素使得 predicate 成立，如果存在返回 true，否则返回 false。该方法是一个可短路流终结操作。如果当前流是空的，则直接返回 false 而不必检查 predicate 是否成立
OptionalDouble average()	如果当前 DoubleStream 流不空，则计算流中元素的算术平均值并用 OptionalDouble 来表示该值，如果当前 DoubleStream 流为空，则返回一个空的 OptionalDouble 对象。该方法是一个流终结操作，特别地，它是一个归约操作的特例
Stream<Double> boxed()	将当前 DoubleStream 流转换为一个元素类型为 Double 的流 Stream<Double>，即将流中元素的类型由 double 封装为 Double
static DoubleStream.Builder builder()	创建并返回一个 DoubleStream 的可变创建器，该创建器实现了 DoubleStream.Builder 接口。该方法是 DoubleStream 的静态成员方法，由所有 DoubleStream 流所共享而并不局限于任何一个流，因此它不是一个流操作（既不是一个流中间操作也不是一个流终结操作）

<R> R collect (Supplier<R> supplier, ObjDoubleConsumer<R> accumulator, BiConsumer<R,R> combiner)	对当前流中的元素进行可变归约（Mutable Reduction）并将归约结果返回。该方法是一个流终结操作。
	可变归约使用一个可变容器如 ArrayList<E>作为归约结果，然后在对元素进行归约时不断修改归约结果的状态（即将元素添加到归约结果中），而不是像不可变归约（即普通归约）直接用新建归约结果替换旧归约结果。
	该方法等价于下列代码：
	R result = supplier.get();
	for (double element : this stream)
	　　accumulator.accept(result, element);
	return result;
	与上述顺序代码不同的是，该方法可能并行执行，且不需要对中间结果进行任何同步保护

static DoubleStream concat (DoubleStream a, DoubleStream b)	创建一个懒拼接流 rs 并返回。该流 rs 中的元素由 a 的所有元素和 b 的所有元素按序(a 中元素在前 b 中元素在后)拼接构成。如果 a 和 b 都是有序流，则结果流 rs 是有序的，如果 a 和 b 中至少一个为并行流，则 rs 是并行的。当 rs 关闭时，a 和 b 上的关闭处理器都会被调用。该方法不是一个流操作
long count()	返回当前流中元素的个数，等价于 return mapToLong(e -> 1L).sum()。该方法是一个流终结操作
DoubleStream distinct()	删除当前流中的重复元素并返回一个只包含互不相同元素的结果流。该方法是一个有状态的流中间操作(A Stateful Intermediate Operation)
static DoubleStream empty()	创建并返回一个空的顺序 DoubleStream 流。该方法不是一个流操作

续表

成员/方法签名	功 能 说 明
DoubleStream filter (DoublePredicate predicate)	创建并返回一个由当前流中满足 predicate 谓词的元素构成的结果流。该方法是一个流中间操作
OptionalDouble findAny()	任取当前流的一个元素将其包装进一个 OptionalDouble 对象并返回该对象。如果当前流为空,则返回一个空的 OptionalDouble 对象。显然,该方法的结果是不确定的,多次调用该方法得到的结果可能各不相同。该方法是一个可短路的流终结操作
OptionalDouble findFirst()	将当前流的第一个元素包装进一个 OptionalDouble 对象并返回该对象。如果当前流为空,则返回一个空的 OptionalDouble 对象。该方法是一个可短路的流终结操作
DoubleStream flatMap (DoubleFunction <? extends DoubleStream > mapper)	创建并返回一个结果流 rs,其产生过程如下:对于当前流 this 中的当前元素 t,应用 mapper.apply(t)得到一个映射流 ms,将 rs 与 ms 合并得到一个新流并用 rs 指向该新流,重复上述操作直到遍历完 this 中的所有元素为止,此时 rs 所指向的流即为所求。每个映射流 ms 在进行合并后就会被关闭。该方法是一个流中间操作
void forEach (DoubleConsumer action)	为流中的每个元素执行动作 action。如果当前流是并行流,则该方法的执行结果是不确定的,因为并行流不会按照相遇顺序逐次将 action 应用到每个元素而是可能在任意时间/任意线程将 action 应用到任一元素。如果 action 要访问共享变量,则它必须对之进行同步保护。该方法是一个流终结操作
void forEachOrdered (DoubleConsumer action)	如果当前流是有序流,则按照流的相遇顺序为流中的每个元素执行动作 action。该方法是一个流终结操作
static DoubleStream generate (DoubleSupplier s)	创建并返回一个无限无序的顺序流 rs,其中的元素由 s 产生,每调用一次 s 就生成一个元素。该方法不是一个流操作
static DoubletStream iterate (double seed, DoubleUnaryOperator f)	创建并返回一个无限有序的顺序流 rs(An Infinite Sequential Ordered Stream),其中第一个元素为 seed,其后的每个元素可通过将 f 应用到前一个元素上而产生,即 rs 中的元素为 seed,f(seed),f(f(seed)),…。该方法不是一个流操作
PrimitiveIterator. OfDouble iterator()	创建并返回一个关于当前 DoubleStream 流中元素的迭代器。该方法是一个流终结操作
DoubleStream limit (long maxSize)	将当前流 this 的前 maxSize 个元素截断作为结果流 stm 的元素。如果 this 的元素个数小于 maxSize,则 stm 包含 this 的全部元素。如果 this 是并行流且 maxSize 很大,则截取前 maxSize 个元素将是一个耗时昂贵的操作。该方法是一个可短路有状态的流中间操作(A Short-circuiting Stateful Intermediate Operation)
DoubleStream map (DoubleUnaryOperator mapper)	创建并返回一个 DoubleStream 对象 ds,其中的元素由将 mapper 逐次应用到当前流中的每个元素后所得到的结果按序拼接构成。该方法是一个流中间操作
IntStream mapToInt (DoubleToIntFunction mapper)	创建并返回一个 IntStream 对象 is,其中的元素由将 mapper 逐次应用到当前流中的每个元素后所得到的结果按序拼接构成。该方法是一个流中间操作
LongStream mapToLong (DoubleToLong Function mapper)	创建并返回一个 LongStream 对象 ls,其中的元素由将 mapper 逐次应用到当前流中的每个元素后所得到的结果按序拼接构成。该方法是一个流中间操作

续表

成员/方法签名	功 能 说 明
\<U\> Stream\<U\> mapToObj(DoubleFunction\<? extends U\> mapper)	创建并返回一个 Stream\<U\>对象 rs,其中的元素由将 mapper 逐次应用到当前流中的每个元素后所得到的结果按序拼接构成。该方法是一个流中间操作
OptionalDouble max()	找到当前流 this 中的最大元素并将其包装成一个 OptionaDouble 对象返回。如果 this 为空,则返回一个空 OptionalDouble 对象。该方法是一个流终结操作
OptionalDouble min()	找到当前流 this 中的最小元素并将其包装成一个 OptionalDouble 对象返回。如果 this 为空,则返回一个空 OptionalDouble 对象。该方法是一个流终结操作
boolean noneMatch(DoublePredicate predicate)	检查当前流 this 中的元素以确定是否没有任何元素满足 predicate,如果不存在元素使得 predicate 成立则返回 true,否则返回 false。如果 this 为空则直接返回 true 且不对 predicate 进行评估。该方法不一定检查流中的所有元素,因此它是一个可短路的流终结操作
static DoubleStream of(double... values)	根据参数 values 构建一个 DoubleStream 对象并将其返回。该方法不是一个流操作
static DoubleStream of(double t)	构建并返回一个只包含单个元素 t 的 DoubleStream 对象并将其返回。该方法不是一个流操作
DoubleStream parallel()	根据当前流生成一个并行流并将之返回。如果当前流本身就是并行流或者当前流所依赖的数据源已经被修改成并行数据结构,则该方法将返回当前流本身。该方法是一个流中间操作
DoubleStream peek(DoubleConsumer action)	创建并返回一个包含当前流 this 中元素的新流 rs,同时 this 中的每个元素执行动作 action。rs 中元素的顺序与它们在 this 中的顺序相同。如果 this 是并行流,则该方法的执行结果是不确定的,因为并行流不会按照相遇顺序逐次将 action 应用到每个元素而是可能在任意时间/任意线程将 action 应用到任一元素。如果 action 要访问共享变量,则它必须对之进行同步保护。该方法主要用于调试,以便在元素流过流管道中的某个点时查看它们。该方法是一个流中间操作

OptionalDouble reduce(DoubleBinaryOperator op)	对当前流 this 使用累积操作 op 进行一个普通归约即不可变归约,将归约结果包装进一个 OptionalDouble 对象并将其返回。如果 this 为空,则返回一个空的 OptionalDouble 对象。累积操作 op 必须满足结合律。该要求能够保证该方法的并行执行与其顺序执行具有相等的执行结果。不可变归约(Non-mutable Reduction)以可变或不可变容器为归约结果,然后在对元素进行归约时不修改旧结果,而是直接用新建归约结果替换旧归约结果。该方法等价于下列代码:
	boolean foundAny = false;
	double result = 0;
	for (double element : this stream) {
	    if (!foundAny) {
	        foundAny = true;
	        result = element;
	    }
	    else
	        result = op.applyAsDouble(result, element);
	}
	return foundAny ? OptionalDouble.of(result) : OptionalDouble.empty();
	与上述顺序代码不同的是,该方法可能并行执行,且不需要对中间结果进行任何同步保护,因为它执行的是不可变归约。该方法是一个流终结操作

续表

成员/方法签名	功 能 说 明

double reduce(double identity, DoubleBinaryOperator op)	对当前流 this 使用累积操作 op 基于基元值 identity 进行一个普通归约即不可变归约并将归约结果返回。如果 this 为空,就将 identity 作为结果返回。关于参数的要求：①累积操作 op 必须满足结合律；②参数 identity 必须是 op 的基元值(The Identity of A Function),即对于 this 中的任意元素 t 必有 op.applyAsDouble(identity,t)等于 t。上述两条要求能够保证该方法的并行执行与其顺序执行具有相等的执行结果。该方法等价于下列代码：
	double result = identity;
	for (double element : this stream)
	    result = op.applyAsDouble(result, element)
	return result;
	与上述顺序代码不同的是,该方法可能并行执行,且不需要对中间结果进行任何同步保护,因为它执行的是不可变归约。该方法是一个流终结操作

DoubleStream sequential()	根据当前流生成一个顺序(或串行)流并将之返回。如果当前流本身就是串行流或者当前流所依赖的数据源已经被修改成顺序数据结构,则该方法将返回当前流本身。该方法是一个流中间操作
DoubleStream skip(long n)	将当前流 this 的前 n 个元素抛弃并用剩余元素作为结果流 stm 的元素。如果 this 的元素个数小于 n,则返回一个空流。如果 this 是并行流且 n 很大,则抛弃前 n 个元素将是一个耗时的操作。该方法是一个有状态的流中间操作
DoubleStream sorted()	按照 double 值的自然顺序对当前流 this 中的元素进行排序,用排好序的元素构造一个新流并将之返回。如果 this 是有序流,则当前排序操作将是稳定的,否则不能保证稳定排序。该方法是一个有状态的流中间操作
Spliterator.OfDouble spliterator()	创建并返回一个关于当前 DoubleStream 流中元素的可分割迭代器。该方法是一个流终结操作
double sum()	返回当前 DoubleStream 流中所有元素之和。该方法是一个归约操作的特例,等价于 return reduce(0,Double::sum)。该方法是一个流终结操作
DoubleSummaryStatistics summaryStatistics()	返回一个 DoubleSummaryStatistics 对象,用于描述当前 DoubleStream 流中元素的各种概要数据。该方法是一个归约操作的特例,且是一个流终结操作
double[] toArray()	将当前 DoubleStream 流转换成一个包含流中所有元素的 double 类型数组并将之返回。结果数组中的元素顺序与它们在流中的顺序保持一致。该方法是一个流终结操作

表 10.13 DoubleStream.Builder 接口的常用方法

方 法 签 名	功 能 说 明
void accept(double t)	将元素 t 添加到当前流构建器。如果当前流构建器处于已构建状态(The Built State),则抛出 IllegalStateException 异常
default DoubleStream.Builder add(double t)	将元素 t 添加到当前流构建器,返回当前流构建器。该方法的默认实现如下： accept(t); return this; 如果当前流构建器处于已构建状态,则抛出 IllegalStateException 异常
DoubleStream build()	利用当前构建器 this 中的元素构建一个 DoubleStream 流并将之返回,将 this 的状态修改为已构建状态。如果 this 已经处于已构建状态,则抛出 IllegalStateException 异常

【例 10.3】 演示 Stream＜T＞和 IntStream 用法的程序示例。

```java
package com.jgcs.chp10.p3;

import java.util.ArrayList;
import java.util.Arrays;
import java.util.Comparator;
import java.util.List;
import java.util.Optional;
import java.util.OptionalInt;
import java.util.Random;
import java.util.concurrent.atomic.AtomicInteger;
import java.util.function.Supplier;
import java.util.stream.IntStream;
import java.util.stream.Stream;

public class App10_3 {
    public static void main(String[] args) {
        //1.流的创建(即 Collection.stream()、Collection.parallelStream()、Arrays.
        //stream()、[Int]Stream.of()、[Int]Stream.iterate()、[Int]Stream.generate()、
        //[Int]Stream.builder()、IntStream.range()和 IntStream.rangeClosed()等)
        System.out.println("1.流的创建(即 Collection.stream()、Collection.parallelStream()、Arrays.stream()、[Int]Stream.of()、[Int]Stream.iterate()、[Int]Stream.generate()、[Int]Stream.builder()、IntStream.range()和 IntStream.rangeClosed()等):");
        //调用 java.util.Collection.stream()方法用容器创建流
        List<String> strList = Arrays.asList("Many", "years", "later", "as",
                "he", "faced", "the", "firing", "squad",
                "Colonel", "Aureliano", "Buendia", "was", "to", "remember",
                "that", "distant", "afternoon", "when",
                "his", "father", "took", "him", "to", "discover", "ice");
        Stream<String> strStream = strList.stream(); //创建一个以 strList 为源的
                                                     //字符串串行(顺序)流
                                                     //strStream
        System.out.println("已创建 strStream 流");
        Stream<String> strParallelStream = strList.parallelStream();
                //创建一个以 strList 为源的字符串并行流 strParallelStream

        //调用 java.util.Arrays.stream(T[] array)方法用数组创建流
        int[] intArray = {39, 76, 5, 29, 92, 92, 2, 38, 12, 52, 97, 61, 90, 98, 90,
                65, 62, 80, 43, 67};
        IntStream intArrayStream = Arrays.stream(intArray);
        System.out.println("已创建 intArrayStream 流");

        Student stuJason = new Student("09001", "Jason", 'M', 21, "BD");
                                                    //BD:大数据学院
        Student stuMathew = new Student("09007", "Mathew", 'M', 20, "BD");
        Student stuAlice = new Student("09010", "Alice", 'F', 19, "BD");

        Student stuIsabella = new Student("09002", "Isabella", 'F', 20, "MD");
                                                    //MD:音乐与舞蹈学院
        Student stuEric = new Student("09008", "Eric", 'M', 21, "MD");
        Student stuPenny = new Student("09009", "Penny", 'F', 19, "MD");
        Student stuAnna = new Student("09011", "Anna", 'F', 20, "MD");
```

```
40
41              Student stuCathy = new Student("09003", "Cathy", 'F', 19, "MATH");
                                                                //MATH:数学学院
42              Student stuLucas = new Student("09012", "Lucas", 'M', 20, "Math");
43
44              Student stuAndrew = new Student("09004", "Andrew", 'M', 22, "AI");
                                                                //AI:人工智能学院
45              Student stuElsa = new Student("09013", "Elsa", 'F', 19, "AI");
46              Student stuDaniel = new Student("09014", "Daniel", 'M', 20, "AI");
47
48              Student stuSophia = new Student("09005", "Sophia", 'F', 20, "CS");
                                                                //CS:计算机学院
49              Student stuMoira = new Student("09015", "Moira", 'F', 21, "CS");
50              Student stuLuke = new Student("09016", "Luke", 'M', 22, "CS");
51              Student stuHarold = new Student("09017", "Harold", 'M', 19, "CS");
52
53              Student stuKevin = new Student("09006", "Kevin", 'M', 21, "PD");
                                                                //PD:物理学院
54              Student stuViola = new Student("09018", "Viola", 'F', 20, "PD");
55
56              Student[] stuArray = {stuJason, stuMathew, stuAlice, stuIsabella, stuEric,
                stuPenny, stuAnna, stuCathy, stuLucas,
57                          stuAndrew, stuElsa, stuDaniel, stuSophia, stuMoira, stuLuke,
                            stuHarold, stuKevin, stuViola};
58              Stream<Student> stuStream = Arrays.stream(stuArray);
59              System.out.println("已创建 stuStream 流");
60
61              //调用 IntStream 和 Stream 的静态方法如 of()、iterate()、generate()和 builder()
                //等来创建流
62              IntStream intStream1 = IntStream.of(1, 2, 3, 4, 5, 6);
                                                                //调用 IntStream.of()创建流
63              IntStream intStream2 = IntStream.iterate(0, x -> x + 3).limit(6);
                                                                //调用 IntStream.iterate()创建流
64              IntStream intStream3 = IntStream.generate(() -> new Random().nextInt
                (100)).limit(20);           //调用 IntStream.generate()创建流
65              IntStream intStream4 = IntStream.range(1, 10);
                                                                //调用 IntStream.range()创建流
66              IntStream intStream5 = IntStream.rangeClosed(1, 10);
                                                                //调用 IntStream.rangeClosed()创建流
67
68              IntStream.Builder intStreamBuilder = IntStream.builder();
                                                                //调用 IntStream.builder()创建流
69              for(int i = 1; i <= 6; i++)
70                      intStreamBuilder.add(i);
71              IntStream intStream6 = intStreamBuilder.build();
72
73              Stream<Integer> integerStream1 = Stream.of(1, 2, 3, 4, 5, 6);
                                                                //调用 Stream.of()创建流
74              Stream<Integer> integerStream2 = Stream.iterate(0, x -> x + 3).limit(6);
                                                                //调用 Stream.iterate()创建流
75              Stream<Integer> integerStream3 = Stream.<Integer>generate(() -> Math.round
                ((float)(Math.random() * 100))).limit(20);  //调用 Stream.generate()创建流
76              Stream<Integer> integerStream4 = Stream.<Integer>builder().add(1).add
                (2).add(3).add(4).add(5).add(6).build(); //调用 Stream.builder()创建流
```

```java
77          Stream < Integer > integerStream = Stream. < Integer > generate(() -> new
            Random().nextInt(100)).limit(20); //调用Stream.generate()创建流
78          System.out.println("已创建integerStream流");
79
80          System. out. println ( " strStream 流、intArrayStream 流、integerStream 和
            stuStream 流包含的元素个数分别是:" + strStream. count ( ) + ", "
            + intArrayStream. count ( ) + ", " + integerStream. count ( ) + ", "
            + stuStream.count());
81
82          //2.流的遍历(即forEach()和forEachOrdered()等)
83          System.out.println("\n2.流的遍历(即forEach()和forEachOrdered()等):");
84          System.out.print("遍历串行字符串String流中内容(以forEach()方式):");
85          strList.stream().forEach(elm -> System.out.print(elm.toString() + " "));
            //forEach()
86          System.out.println();
87
88          System.out.print("遍历串行字符串String流中内容(以forEachOrdered()方
            式):");
89          strList().stream().forEachOrdered(elm -> System.out.print(elm.toString()
            + " ")); //forEachOrdered()
90          System.out.println();
91
92          System.out.print("遍历并行字符串String流中内容(以forEach()方式):");
93          strList.parallelStream().forEach(elm -> System.out.print(elm.toString()
            + " "));                    //forEach()
94          System.out.println();
95
96          System.out.print("遍历并行字符串String流中内容(以forEachOrdered()方
            式):");
97          strList.parallelStream().forEachOrdered(elm -> System.out.print(elm.toString()
            + " "));                    //forEachOrdered()
98          System.out.println();
99
100         System.out.print("遍历整数int流中内容(以forEach()方式):");
101         Arrays.stream(intArray).forEach(num -> System.out.print("" + num + " "));
                                        //forEach()
102         System.out.println();
103
104         System.out.print("遍历整数Integer流中内容(以forEach()方式):");
105         Stream. < Integer > generate(() -> new Random().nextInt(100)).limit(20).
            forEach(num -> System.out.print("" + num + " ")); //forEach()
106         System.out.println();
107
108         System.out.print("遍历学生Student流中学生的学号(以forEach()方式):");
109         Arrays.stream(stuArray).forEach(stu -> System.out.print("" + stu.getSno()
            + " "));
110         System.out.println();
111
112         //3.流的过滤、并行化、串行化和匹配(即filter()、parallel()、sequential()、
            //findFirst()、findAny()、anyMatch()、allMatch()和noneMatch()等)
113         System. out. println ( "\n3. 流的过滤、并行化、串行化和匹配(即 filter ( )、
            parallel()、sequential()、findFirst()、findAny()、anyMatch()、allMatch()和
            noneMatch()等):");
114         Optional < String > strParallelFirst = strList.parallelStream().filter(str
```

```
115        -> str.length() >= 6).findFirst();  //filter()和findFirst()
           Optional < String > strSequentialFirst = strList. parallelStream ( ).
           sequential().filter(str -> str.length() >= 6).findFirst();
                                                   //将并行流转换为串行流,sequential()
116        OptionalInt intAny = Arrays.stream(intArray).parallel().filter(x -> x % 4
           == 3).findAny();  //将串行流转换为并行流,parallel()和findAny()
117        Optional < Student > stuAny = Arrays. stream(stuArray).filter(stu -> stu.
           getSage() == 20).findAny();   //filter()和findAny()
118        System. out. println("字符串并行流中第一个长度不小于 6 的字符串是:" +
           strParallelFirst.get());
119        System. out. println("字符串串行流中第一个长度不小于 6 的字符串是:" +
           strSequentialFirst.get());
120        System. out. println( "并行 int 流中某个对 4 取模结果为 3 的元素是:" +
           intAny.getAsInt());
121        System.out.println("学生 Student 流中是否存在年龄为 20 的学生:" + stuAny.
           isPresent() + ", 其中一个这样的学生的姓名是:" + stuAny.get().getSname());
122        System. out. println("学生 Student 流中是否存在年龄大于或等于 23 的学生:" +
           Arrays.stream(stuArray).anyMatch(stu -> stu.getSage() >= 23));  //anyMatch()
123        System. out. println("学生 Student 流中的学生是否都具有有效姓名:" +
           Arrays. stream(stuArray). allMatch(stu -> stu. getSname() != null && stu.
           getSname().length() >= 0));  //allMatch()
124        System. out. println( "学生 Student 流中的学生是否都具有有效性别:" +
           Arrays. stream(stuArray). noneMatch(stu -> stu.getSsex() == '\0'));
                                                   //noneMatch()
125
126        //4.流的聚合(即求最大值 max()、求最小值 min()、求平均值 average()、求和 sum()
           //和统计元素个数 count()等)
127        System. out. println("\n4.流的聚合(即求最大值 max()、求最小值 min()、求平均
           值 average()、求和 sum()和统计元素个数 count()等):");
128        System. out. println("整数 int 流中的最大值、最小值、平均值和元素个数分别
           是:" + Arrays.stream(intArray).max().getAsInt() + ", " +
129                   Arrays.stream(intArray).min().getAsInt() + ", " + Arrays.
                   stream(intArray).average().getAsDouble() + ", " +
130                   Arrays.stream(intArray).count());
131        System.out.println("字符串 String 流中具有最大长度和最小长度的某两个字符
           串分别是:" + strList. stream ( ). max (Comparator. comparingInt (String::
           length)).get() + ", " +
132                   strList.stream().parallel().min(Comparator.comparingInt
                   (String::length)).get());
133        System. out. println("学生 Student 流中具有最大年龄和最小年龄的某两个学生
           分别是:" + Arrays. stream (stuArray). max (Comparator. comparing (Student::
           getSage)).orElseGet(() -> null) +
134                   ", " + Arrays. stream (stuArray). min (Comparator. comparing
                   (Student::getSage)).orElseGet(() -> null));
135
136        //5.流的映射(即 map()和 flatMap()等)
137        System.out.println("\n5.流的映射(即 map()和 flatMap()等):");
138        System.out.print("将字符串 String 流中所有字符串全部转换为大写字符串后得
           到的流中的元素是:");
139        strList.stream().map(String::toUpperCase).forEach(str -> System.out.print
           (str + " "));                  //map()
140        System.out.println();
141
142        System.out.print("将学生 Student 流转换为姓名字符串 String 流后得到的流中
```

```java
143                        的元素是:");
                           Arrays.stream(stuArray).map(Student::getSname).forEach(str -> System.out.
                               print(str + " "));                    //map()
144                        System.out.println();
145
146                        System.out.print("将学生姓名流转换为字符流后得到的流中的元素是:");
147                        Arrays.stream(stuArray).map(Student::getSname).
148                                      flatMap(str -> { //调用flatMap()将一个字符串str转换为由str
                                                         //的字符构成的字符Character流,flatMap()返
                                                         //回的流将是所有字符流合并而成的最终字符流
149                                          char[] chars = str.toCharArray();
150                                          Character[] characterArray = new Character
                                                 [chars.length];
151                                          for(int i = 0; i < chars.length; i++)
152                                              characterArray[i] = Character.valueOf(chars[i]);
153                                          return Arrays.stream(characterArray);
154                                      }
155                                      ).forEach(ch -> System.out.print(ch + " "));
156                        System.out.println();
157
158                        System.out.print("将学生Student流转换为年龄int流后得到的流中的元素是
                               (使用mapToInt()方法):");
159                        Arrays.stream(stuArray).mapToInt(Student::getSage).forEach(age -> System.
                               out.print(age + " "));         //mapToInt()
160                        System.out.println();
161
162                        System.out.print("将学生Student流转换为年龄int流后得到的流中的元素是
                               (使用flatMapToInt()方法):");
163                        Arrays.stream(stuArray).flatMapToInt(stu -> IntStream.of(stu.getSage())).
                               forEach(age -> System.out.print(age + " ")); //flatMapToInt()
164                        System.out.println();
165
166                        //6.流的归约(即reduce()和collect()等)
167                        System.out.println("\n6.流的归约(即reduce()和collect()等):");
168                        //调用reduce()进行普通归约或不可变归约
169                        OptionalInt intStreamSum1 = Arrays.stream(intArray).reduce((x, y) -> x + y);
                                                 //int流求和方式1
170                        OptionalInt intStreamSum2 = Arrays.stream(intArray).reduce(Integer::sum);
                           //int流求和方式2
171                        int intStreamSum3 = Arrays.stream(intArray).reduce(0, Integer::sum);
                           //int流求和方式3
172                        OptionalInt intProduct = Arrays.stream(intArray).reduce((x, y) -> x * y /
                               4); //int流求积(这里让每个元素都除以4是为了避免溢出!)
173                        OptionalInt intMax1 = Arrays.stream(intArray).reduce((x, y) -> x > y ? x : y);
                                                 //int流求最大值方式1
174                        int intMax2 = Arrays.stream(intArray).reduce(0, Integer::max);
                                                 //int流求最大值方式2
175                            System.out.println("intStreamSum1, intStreamSum2, intStreamSum3,
                                   intProduct, intMax1 and intMax2 are respectively: " + intStreamSum1.
                                   getAsInt() + ", " + intStreamSum2.getAsInt() +
176                                  ", " + intStreamSum3 + ", " + intProduct.getAsInt() + ", " +
                                       intMax1.getAsInt() + ", " + intMax2);
177
178                        Optional < Integer > integerStreamSum1 = Stream. < Integer > generate(() ->
```

```
                    new Random().nextInt(100)).limit(20).reduce((x, y) -> x + y);
                                    //Integer 流求和方式 1
179        Optional<Integer> integerStreamSum2 = Stream.<Integer>generate(() ->
                    new Random().nextInt(100)).limit(20).reduce(Integer::sum);
                                    //Integer 流求和方式 2
180        Integer integerStreamSum3 = Stream.<Integer>generate(() -> new Random().
                    nextInt(100)).limit(20).reduce(0, Integer::sum);
                                    //Integer 流求和方式 3
181        Optional<Integer> integerProduct = Stream.<Integer>generate(() -> new
                    Random().nextInt(10) + 1).limit(20).reduce((x, y) -> x * y);
                                    //Integer 流求积
182        Optional<Integer> integerMax1 = Stream.<Integer>generate(() -> new
                    Random().nextInt(100)).limit(20).reduce((x, y) -> x > y ? x : y);
                                    //Integer 流求最大值方式 1
183        Integer integerMax2 = Arrays.stream(intArray).reduce(0, Integer::max);
                                    //Integer 流求最大值方式 2
184            System.out.println(" integerStreamSum1, integerStreamSum2,
                    integerStreamSum3, integerProduct, integerMax1 and integerMax2 are
                    respectively: " + integerStreamSum1.get() + ", " +
                    integerStreamSum2.get() +
185                         ", " + integerStreamSum3 + ", " + integerProduct.get()
                        + ", " + integerMax1.get() + ", " + integerMax2);
186
187        Optional<Integer> stuAgeSum1 = Arrays.stream(stuArray).map(Student::getSage).
                    reduce((x, y) -> x + y);        //Student 流求年龄之和方式 1
188        Optional<Integer> stuAgeSum2 = Arrays.stream(stuArray).map(Student::
                    getSage).reduce(Integer::sum);       //Student 流求年龄之和方式 2
189        Integer stuAgeSum3 = Arrays.stream(stuArray).map(Student::getSage).reduce
                    (0, Integer::sum);        //Student 流求年龄之和方式 3
190        Integer stuAgeSum4 = Arrays.stream(stuArray).reduce(0, (sum, stu) -> sum
                    += stu.getSage(), (x, y) -> x + y);
                                    //Student 流求年龄之和方式 4
191        Integer stuAgeSum5 = Arrays.stream(stuArray).reduce(0, (sum, stu) -> sum += stu.
                    getSage(), Integer::sum);       //Student 流求年龄之和方式 5
192            System.out.println("stuAgeSum1, stuAgeSum2, stuAgeSum3, stuAgeSum4 and
                    stuAgeSum5 are respectively: " + stuAgeSum1.get() + ", " + stuAgeSum2.
                    get() + ", " + stuAgeSum3 + ", " + stuAgeSum4 + ", " + stuAgeSum5);
193
194        Integer stuAgeMax1 = Arrays.stream(stuArray).reduce(0, (max, stu) -> max >
                    stu.getSage() ? max : stu.getSage(), Integer::max);
                                    //Student 流求最大年龄方式 1
195        Integer stuAgeMax2 = Arrays.stream(stuArray).reduce(0, (max, stu) -> max >
                    stu.getSage() ? max : stu.getSage(), (max1, max2) -> max1 > max2 ? max1 :
                    max2);                //Student 流求最大年龄方式 2
196            System.out.println("stuAgeMax1 and stuAgeMax2 are respectively: " +
                    stuAgeMax1 + ", " + stuAgeMax2);
197
198        //调用 collect()进行可变归约
199            int intStreamSum_Collect = Arrays.stream(intArray).collect(() -> new
                    Integer(0), (Integer result, int num) -> result += num, (Integer
                    result1, Integer result2) -> result1 += result2);
                //Integer 对象是不可变对象,这样计算出来的 intStreamSum_Collect 永远为 0
200            int intStreamSum_Collect = Arrays.stream(intArray).collect(() -> new int
                    []{0}, (int[] result, int num) -> result[0] += num, (int[] result1, int[]
```

```
                    result2) -> result1[0] += result2[0])[0];
                                    //int[]对象是可变对象
201     System.out.println("intStreamSum_Collect is: " + intStreamSum_Collect);
202     String concatedStr1 = strList.stream().collect(StringBuilder::new,
                StringBuilder::append, StringBuilder::append).toString();
                                //字符串 String 流可变归约 1
203     String concatedStr2 = strList.parallelStream().collect(StringBuilder::
            new, (StringBuilder resultSb, String str) -> resultSb.append(str + " "),
            (StringBuilder resultSb1, StringBuilder resultSb2) -> resultSb1.append
            (resultSb2.toString())).toString();
                                //字符串 String 流可变归约 2
204     System.out.println("concatedStr1 is: " + concatedStr1);
205     System.out.println("concatedStr2 is: " + concatedStr2);
206     ArrayList<Student> stuList1 = Arrays.stream(stuArray).collect(ArrayList
            <Student>::new, ArrayList::add, ArrayList::addAll);
                                //学生 Student 流可变归约 1
207     ArrayList<Student> stuList2 = Arrays.stream(stuArray).collect(() -> new
            ArrayList<Student>(), (ArrayList<Student> resultLs, Student stu) ->
            resultLs.add(stu), (ArrayList<Student> resultLs1, ArrayList<Student>
            resultLs2) -> resultLs1.addAll(resultLs2));
                                //学生 Student 流可变归约 2
208     System.out.println("stuList1 is: " + stuList1);
209     System.out.println("stuList2 is: " + stuList2);
210
211     //7.流的排序、拼接、去重、限制、查看和跳过(即 sorted()、unordered()、concat()、
        //distinct()、limit()、peek()和 skip()等)
212     System.out.println("\n7.流的排序、拼接、去重、限制、查看和跳过(即 sorted()、
            unordered()、concat()、distinct()、limit()、peek()和 skip()等):");
213     System.out.print("未去重前的 int 流内容是:");
214     Arrays.stream(intArray).forEach(num -> System.out.print(num + " "));
215     System.out.println();
216     System.out.print("调用 distinct()进行去重后的 int 流内容是:");
217     Arrays.stream(intArray).distinct().forEach(num -> System.out.print(num +
            " "));                      //distinct()
218     System.out.println();
219
220     System.out.print("调用 sorted()进行排序后的 int 流内容是:");
221     Arrays.stream(intArray).sorted().forEach(num -> System.out.print(num +
            " "));                      //sorted()
222     System.out.println();
223
224     //由于 intArray 是数组,天然具有相遇顺序,故 Arrays.stream(intArray)返回的
        //流具有相遇顺序
225     //注意 forEach()会忽略流的相遇顺序,而 forEachOrdered()会考虑流的相遇顺
        //序。对于串行流,无论它是否具有相遇顺序,forEach()和 forEachOrdered()的
        //输出可能相同。
226     //对于并行流,如果它具有相遇顺序,则对其调用 forEach()打印其中元素一般会
        //得到乱序输出,而对其调用 forEachOrdered()必定会得到跟其相遇顺序一致
        //的输出。如果它不具有相遇顺序,则
227     //对其无论调用 forEach()还是 forEachOrdered(),一般都会得到乱序输出。
228     System.out.print("对 int 流调用 parallel()再调用 forEach()后的结果是:");
229     Arrays.stream(intArray).parallel().forEach(num -> System.out.print(num +
            " "));                      //forEach()
230     System.out.println();
```

```java
231
232             System.out.print("对 int 流调用 parallel()再调用 forEachOrdered()后的结
                果是:");
233             Arrays.stream(intArray).parallel().forEachOrdered(num -> System.out.print
                (num + " "));                    //forEachOrdered()
234             System.out.println();
235
236             //由于 intArray 是数组,天然具有相遇顺序,故 Arrays.stream(intArray)返回的
                //流具有相遇顺序,而对该流调用 sorted()后得到的流也具有相遇顺序。
237             //对于具有相遇顺序的流调用 unordered()其就变为不具有相遇顺序的流。
238             //对于串行(或顺序)流,流是否具有相遇顺序并不会对其执行性能有
                //影响,而只是影响其执行确定性。如果串行流具有相遇顺序,则对其数据源多次
                //执行同一流管道计算后将会得到完全相同的结果;
239             //但如果串行流不具有相遇顺序,则对其数据源多次执行同一流管道计算后得到
                //的结果可能相同也可能不相同。
240             System.out.print("先调用 sorted()再调用 unordered()后的 int 流的内容是:");
241             Arrays.stream(intArray).sorted().unordered().forEach(num -> System.out.
                print(num + " "));                 //unordered()
242             System.out.println();
243
244              System.out.print("先调用 unordered()再调用 parallel()后的 int 流的内
                容是:");
245             Arrays.stream(intArray).unordered().parallel().forEach(num -> System.out.
                print(num + " "));                 //unordered()
246             System.out.println();
247
248              System.out.print("先调用 parallel()再调用 unordered()后的 int 流的内
                容是:");
249             Arrays.stream(intArray).parallel().unordered().forEach(num -> System.out.
                print(num + " "));                 //unordered()
250             System.out.println();
251
252             System.out.print("调用 concat()对两个流进行拼后得到的 int 流的内容是:");
253             Stream.concat(Stream.of(1, 2, 3, 4, 5), Stream.iterate(6, num -> num + 1).
                limit(5)).forEach(num -> System.out.print(num + " "));   //concat()
254             System.out.println();
255
256             System.out.print("对一个从 1 开始且以 1 为步进进行递增的 int 流(按方式 1 产
                生)调用 limit()后得到的 int 流的内容是:");
257             Stream.generate(new AtomicInteger(1)::getAndIncrement).limit(10).forEach
                (num -> System.out.print(num + " "));  //limit()
258             System.out.println();
259
260             System.out.print("对一个从 1 开始且以 1 为步进进行递增的 int 流(按方式 2 产
                生)调用 limit()后得到的 int 流的内容是:");
261             Stream.generate(new Supplier<Integer>(){
262                 AtomicInteger ai = new AtomicInteger(1);
263                 public Integer get() {
264                     return ai.getAndIncrement();
265                 }
266             }).limit(10).forEach(num -> System.out.print(num + " "));  //limit()
267             System.out.println();
268
269             System.out.print("对一个元素全为 1 的 int 流(按方式 1 产生)调用 limit()后得
```

```java
270         到的int流的内容是:");
            Stream.generate(() -> new AtomicInteger(1).getAndIncrement()).limit(10).
            forEach(num -> System.out.print(num + " ")); //limit()
271         System.out.println();
272
273         System.out.print("对一个元素全为1的int流(按方式2产生)调用limit()后得
            到的int流的内容是:");
274         Stream.generate(new Supplier<Integer>() {
275             public Integer get() {
276                 return new AtomicInteger(1).getAndIncrement();
277             }
278         }).limit(10).forEach(num -> System.out.print(num + " ")); //limit()
279         System.out.println();
280
281         System.out.println("对一个String流调用peek()进行查看的结果是:");
282         strList.stream().filter(str -> str.length() > 8)
283             .peek(e -> System.out.println("filtered value: " + e)) //peek(),用于
                //查看流中的内容或者对流中内容进行一个消费性质的操作
284             .map(String::toUpperCase)
285             .peek(e -> System.out.println("mapped value: " + e))
286             .collect(ArrayList<String>::new, ArrayList<String>::add, ArrayList
                <String>::addAll);
287
288         System.out.print("对一个从1开始且以1为步进进行递增的int流调用skip()
            再调用limit()后得到的int流的结果是:");
289          Stream.iterate(1,  num -> num + 1).skip(5).limit(5).forEach(num ->
             System.out.print(num + " "));    //skip()
290         System.out.println();
291
292         System.out.print("对一个String串行流调用sorted()按照字典顺序对流中字符
            串进行排序后前三个字符串是:");
293          strList.stream().sorted(String::compareTo).limit(3).forEach(str  ->
             System.out.print(str + " "));   //sorted()
294         System.out.println();
295
296         System.out.print("对一个String并行流调用sorted()按照字典顺序对流中字符
            串进行排序后前三个字符串是:");
297          strList.parallelStream().sorted(String::compareTo).limit(3).forEach(str
             -> System.out.print(str + " ")); //sorted()
298         System.out.println();
299
300         System.out.print("对一个Student串行流调用sorted()按照学号从小到大的顺
            序对流中学生进行排序后前三个学生是:");
301          Arrays.stream(stuArray).sorted((stu1, stu2) -> stu1.compareTo(stu2)).
             limit(3).forEach(stu -> System.out.print(stu.toString() + " "));
             //sorted()
302         System.out.println();
303
304         System.out.print("对一个String串行流调用sorted()按照长度从长到短的顺序
            对流中字符串进行排序后前三个字符串是:");
305         strList.stream().sorted(Comparator.comparing(String::length).reversed()).
            limit(3).forEach(str -> System.out.print(str + " ")); //sorted()
306         System.out.println();
307
```

```
308         System.out.print("对一个 Student 串行流调用 sorted()按照年龄从大到小的方
                式对流中学生进行排序后前三个学生是:");
309             Arrays.stream(stuArray).sorted(Comparator.comparing(Student::getSage).
                reversed()).limit(3).forEach(stu -> System.out.print(stu.toString()
                + " "));                        //sorted()
310         System.out.println();
311
312         //8.流的数组转化(即 toArray()等)
313         System.out.println("\n8.流的数组转化(即 toArray()等):");
314         int[] numArray = Arrays.stream(intArray).toArray();
315         System.out.println("对一个 int 流调用 toArray()将其转换成 int 数组后数组内
                容是:" + Arrays.toString(numArray));
316
317             int[] numArray2 = IntStream.iterate(1, num -> num += 1).toArray();
                                //无限流无法转换为有限数组
318         System.out.println("对一个 int 型无限流调用 toArray()将其转换成 int 数组
                后数组内容是:" + Arrays.toString(numArray2));
319
320         String[] restStrs1 = strList.stream().filter(str -> str.length() > 8).toArray
                (String[]::new); //String 数组生成方式 1,等价于 String 数组生成方式 2
321         System.out.println("对一个 String 流调用 filter()生成一个由长度大于 8 的字
                符串构成的流,将该流转换成字符串数组后数组内容是(方式 1):" + Arrays.
                toString(restStrs1));
322
323         String[] restStrs2 = strList.stream().filter(str -> str.length() > 8).
                toArray(size -> new String[size]); //String 数组生成方式 2
324         System.out.println("对一个 String 流调用 filter()生成一个由长度大于 8 的
                字符串构成的流,将该流转换成字符串数组后数组内容是(方式 2):" + Arrays.
                toString(restStrs2));
325
326         Student[] restStus1 = Arrays.stream(stuArray).filter(stu -> stu.getSage()
                == 22).toArray(Student[]::new); //Student 数组生成方式 1,等价于 Student
                                //数组生成方式 2
327         System.out.println("对一个 Student 流调用 filter()生成一个由年龄等于 22 的
                学生构成的流,将该流转换成 Student 数组后数组内容是(方式 1):" + Arrays.
                toString(restStus1));
328
329         Student[] restStus2 = Arrays.stream(stuArray).filter(stu -> stu.getSage()
                == 22).toArray((size) -> {return new Student[size];}); //Student 数组生成
                                //方式 2
330         System.out.println("对一个 Student 流调用 filter()生成一个由年龄等于 22 的
                学生构成的流,将该流转换成 Student 数组后数组内容是(方式 2):" + Arrays.
                toString(restStus2));
331
332         //9.流关闭(即 close())
333         System.out.println("\n9.流关闭(即 close()):");
334         strStream = strList.stream().distinct();
335         System.out.println("已生成一个新的字符串流 strStream");
336           strStream.close(); //如果在这里关闭 strStream,则后续对 strStream 调用
                        //sorted()等流操作将会触发 java.lang.
                        //IllegalStateException 异常
337         System.out.print("字符串流 strStream 中内容是:");
338         strStream.sorted(String::compareTo).forEach(str -> System.out.print(str
                + " "));
```

```java
339             System.out.println();
340             System.out.println("关闭字符串流 strStream");
341             strStream.close();
342
343             System.out.print("使用 try-with-resources 语句块包裹和自动关闭流:");
                                        //另一种更好的关闭流的方法
344             try(IntStream is = IntStream.generate(() -> new Random().nextInt(100))){
345                 int sum = is.limit(20).reduce(Integer::sum).getAsInt();
346                 System.out.print("sum is " + sum);
347             }catch(Exception exp) {
348                 exp.printStackTrace();
349             }
350             System.out.println();
351         }
352     }
353
354     class Student implements Comparable<Student>{
355         String sno;
356         String sname;
357         char ssex;
358         int sage;
359         String sdept;
360
361         public Student(String sno, String sname, char ssex, int sage, String sdept) {
362             this.sno = sno;
363             this.sname = sname;
364             this.ssex = ssex;
365             this.sage = sage;
366             this.sdept = sdept;
367         }
368
369         public String getSno() {
370             return sno;
371         }
372
373         public void setSno(String sno) {
374             this.sno = sno;
375         }
376
377         public String getSname() {
378             return sname;
379         }
380
381         public void setSname(String sname) {
382             this.sname = sname;
383         }
384
385         public char getSsex() {
386             return ssex;
387         }
388
389         public void setSsex(char ssex) {
390             this.ssex = ssex;
391         }
```

```
392
393            public int getSage() {
394                return sage;
395            }
396
397            public void setSage(int sage) {
398                this.sage = sage;
399            }
400
401            public String getSdept() {
402                return sdept;
403            }
404
405            public void setSdept(String sdept) {
406                this.sdept = sdept;
407            }
408
409            @Override
410            public String toString() {
411                final StringBuilder sb = new StringBuilder("Student(");
412                sb.append("sno = '").append(sno).append('\'');
413                sb.append(", sname = '").append(sname).append('\'');
414                sb.append(", ssex = '").append(ssex).append('\'');
415                sb.append(", sage = ").append(sage);
416                sb.append(", sdept = '").append(sdept).append('\'');
417                sb.append(')');
418                return sb.toString();
419            }
420
421            @Override
422            public int hashCode() {
423                return sno.hashCode() >>> 1;
424            }
425
426            @Override
427            public boolean equals(Object obj) {  //根据学号进行比较,在返回 true 时要与
                                                  //compareTo()在语义上保持一致
428                if(obj instanceof Student) {
429                    Student stu = (Student)obj;
430                    return this.sno.equals(stu.getSno()) ? true : false;
431                } else {
432                    return false;
433                }
434            }
435
436            @Override
437            public int compareTo(Student stu) {  //根据学号进行比较,在返回 0 时要与 equals()
                                                   //在语义上保持一致
438                return sno.compareTo(stu.getSno());
439            }
440    }
```

程序运行结果如下:

1.流的创建(即 Collection.stream()、Collection.parallelStream()、Arrays.stream()、[Int]Stream.

of()、[Int]Stream.iterate()、[Int]Stream.generate()、[Int]Stream.builder()、IntStream.range()
和 IntStream.rangeClosed()等):
已创建 strStream 流
已创建 intArrayStream 流
已创建 stuStream 流
已创建 integerStream 流
strStream 流、intArrayStream 流、integerStream 和 stuStream 流包含的元素个数分别是:26, 20, 20,
18

2. 流的遍历(即 forEach()和 forEachOrdered()等):
遍历串行字符串 String 流中内容(以 forEach()方式):Many years later as he faced the firing
squad Colonel Aureliano Buendia was to remember that distant afternoon when his father took him
to discover ice
遍历串行字符串 String 流中内容(以 forEachOrdered()方式):Many years later as he faced the
firing squad Colonel Aureliano Buendia was to remember that distant afternoon when his father
took him to discover ice
遍历并行字符串 String 流中内容(以 forEach()方式):distant when afternoon his remember Many
years father later that he to Colonel faced discover squad took as Buendia to the firing was him
ice Aureliano
遍历并行字符串 String 流中内容(以 forEachOrdered()方式):Many years later as he faced the
firing squad Colonel Aureliano Buendia was to remember that distant afternoon when his father
took him to discover ice
遍历整数 int 流中内容(以 forEach()方式):39 76 5 29 92 92 2 38 12 52 97 61 90 98 90 65 62 80 43 67
遍历整数 Integer 流中内容(以 forEach()方式):53 99 87 90 87 55 76 37 55 45 10 42 13 83 81 3 63 86
71 95
遍历学生 Student 流中学生的学号(以 forEach()方式):09001 09007 09010 09002 09008 09009 09011
09003 09012 09004 09013 09014 09005 09015 09016 09017 09006 09018

3. 流的过滤、并行化、串行化和匹配(即 filter()、parallel()、sequential()、findFirst()、findAny
()、anyMatch()、allMatch()和 noneMatch()等):
字符串并行流中第一个长度不小于 6 的字符串是:firing
字符串串行流中第一个长度不小于 6 的字符串是:firing
并行 int 流中某个对 4 取模结果为 3 的元素是:67
学生 Student 流中是否存在年龄为 20 的学生:true, 其中一个这样的学生的姓名是:Mathew
学生 Student 流中是否存在年龄大于等于 23 的学生:false
学生 Student 流中的学生是否都具有有效姓名:true
学生 Student 流中的学生是否都具有有效性别:true

4. 流的聚合(即求最大值 max()、求最小值 min()、求平均值 average()、求和 sum()和统计元素个数
count()等):
整数 int 流中的最大值、最小值、平均值和元素个数分别是:98, 2, 59.5, 20
字符串 String 流中具有最大长度和最小长度的某两个字符串分别是:Aureliano, as
学生 Student 流中具有最大年龄和最小年龄的某两个学生分别是:Student(sno = '09004', sname =
'Andrew', ssex = 'M', sage = 22, sdept = 'AI'), Student(sno = '09010', sname = 'Alice', ssex = 'F',
sage = 19, sdept = 'BD')

5. 流的映射(即 map()和 flatMap()等):
将字符串 String 流中所有字符串全部转换为大写字符串后得到的流中的元素是:MANY YEARS LATER
AS HE FACED THE FIRING SQUAD COLONEL AURELIANO BUENDIA WAS TO REMEMBER THAT DISTANT AFTERNOON
WHEN HIS FATHER TOOK HIM TO DISCOVER ICE
将学生 Student 流转换为姓名字符串 String 流后得到的流中的元素是:Jason Mathew Alice Isabella
Eric Penny Anna Cathy Lucas Andrew Elsa Daniel Sophia Moira Luke Harold Kevin Viola
将学生姓名流转换为字符流后得到的流中的元素是:J a s o n M a t h e w A l i c e I s a b e l l a E r
i c P e n n y A n n a C a t h y L u c a s A n d r e w E l s a D a n i e l S o p h i a M o i r a L u k e H a

r o l d K e v i n V i o l a

将学生 Student 流转换为年龄 int 流后得到的流中的元素是(使用 mapToInt()方法):21 20 19 20 21 19 20 19 20 22 19 20 20 21 22 19 21 20

将学生 Student 流转换为年龄 int 流后得到的流中的元素是(使用 flatMapToInt()方法):21 20 19 20 21 19 20 19 20 22 19 20 20 21 22 19 21 20

6. 流的归约(即 reduce()和 collect()等):

intStreamSum1, intStreamSum2, intStreamSum3, intProduct, intMax1 and intMax2 are respectively: 1190, 1190, 1190, 511004284, 98, 98

integerStreamSum1, integerStreamSum2, integerStreamSum3, integerProduct, integerMax1 and integerMax2 are respectively: 762, 961, 992, -1718845440, 88, 98

stuAgeSum1, stuAgeSum2, stuAgeSum3, stuAgeSum4 and stuAgeSum5 are respectively: 363, 363, 363, 363, 363

stuAgeMax1 and stuAgeMax2 are respectively: 22, 22

intStreamSum_Collect is: 1190

concatedStr1 is: ManyyearslaterashefacedthefiringsquadColonelAurelianoBuendiawastorememberthatdistantafternoonwhenhisfathertookhimtodiscoverice

concatedStr2 is: Many years later as he faced the firing squad Colonel Aureliano Buendia was to remember that distant afternoon when his father took him to discover ice

stuList1 is: [Student(sno = '09001', sname = 'Jason', ssex = 'M', sage = 21, sdept = 'BD'), Student(sno = '09007', sname = 'Mathew', ssex = 'M', sage = 20, sdept = 'BD'), Student(sno = '09010', sname = 'Alice', ssex = 'F', sage = 19, sdept = 'BD'), Student(sno = '09002', sname = 'Isabella', ssex = 'F', sage = 20, sdept = 'MD'), Student(sno = '09008', sname = 'Eric', ssex = 'M', sage = 21, sdept = 'MD'), Student(sno = '09009', sname = 'Penny', ssex = 'F', sage = 19, sdept = 'MD'), Student(sno = '09011', sname = 'Anna', ssex = 'F', sage = 20, sdept = 'MD'), Student(sno = '09003', sname = 'Cathy', ssex = 'F', sage = 19, sdept = 'MATH'), Student(sno = '09012', sname = 'Lucas', ssex = 'M', sage = 20, sdept = 'Math'), Student(sno = '09004', sname = 'Andrew', ssex = 'M', sage = 22, sdept = 'AI'), Student(sno = '09013', sname = 'Elsa', ssex = 'F', sage = 19, sdept = 'AI'), Student(sno = '09014', sname = 'Daniel', ssex = 'M', sage = 20, sdept = 'AI'), Student(sno = '09005', sname = 'Sophia', ssex = 'F', sage = 20, sdept = 'CS'), Student(sno = '09015', sname = 'Moira', ssex = 'F', sage = 21, sdept = 'CS'), Student(sno = '09016', sname = 'Luke', ssex = 'M', sage = 22, sdept = 'CS'), Student(sno = '09017', sname = 'Harold', ssex = 'M', sage = 19, sdept = 'CS'), Student(sno = '09006', sname = 'Kevin', ssex = 'M', sage = 21, sdept = 'PD'), Student(sno = '09018', sname = 'Viola', ssex = 'F', sage = 20, sdept = 'PD')]

stuList2 is: [Student(sno = '09001', sname = 'Jason', ssex = 'M', sage = 21, sdept = 'BD'), Student(sno = '09007', sname = 'Mathew', ssex = 'M', sage = 20, sdept = 'BD'), Student(sno = '09010', sname = 'Alice', ssex = 'F', sage = 19, sdept = 'BD'), Student(sno = '09002', sname = 'Isabella', ssex = 'F', sage = 20, sdept = 'MD'), Student(sno = '09008', sname = 'Eric', ssex = 'M', sage = 21, sdept = 'MD'), Student(sno = '09009', sname = 'Penny', ssex = 'F', sage = 19, sdept = 'MD'), Student(sno = '09011', sname = 'Anna', ssex = 'F', sage = 20, sdept = 'MD'), Student(sno = '09003', sname = 'Cathy', ssex = 'F', sage = 19, sdept = 'MATH'), Student(sno = '09012', sname = 'Lucas', ssex = 'M', sage = 20, sdept = 'Math'), Student(sno = '09004', sname = 'Andrew', ssex = 'M', sage = 22, sdept = 'AI'), Student(sno = '09013', sname = 'Elsa', ssex = 'F', sage = 19, sdept = 'AI'), Student(sno = '09014', sname = 'Daniel', ssex = 'M', sage = 20, sdept = 'AI'), Student(sno = '09005', sname = 'Sophia', ssex = 'F', sage = 20, sdept = 'CS'), Student(sno = '09015', sname = 'Moira', ssex = 'F', sage = 21, sdept = 'CS'), Student(sno = '09016', sname = 'Luke', ssex = 'M', sage = 22, sdept = 'CS'), Student(sno = '09017', sname = 'Harold', ssex = 'M', sage = 19, sdept = 'CS'), Student(sno = '09006', sname = 'Kevin', ssex = 'M', sage = 21, sdept = 'PD'), Student(sno = '09018', sname = 'Viola', ssex = 'F', sage = 20, sdept = 'PD')]

7. 流的排序、拼接、去重、限制、查看和跳过(即 sorted()、unordered()、concat()、distinct()、limit()、peek()和 skip()等):

未去重前的 int 流内容是:39 76 5 29 92 92 2 38 12 52 97 61 90 98 90 65 62 80 43 67

调用distinct()进行去重后的int流内容是:39 76 5 29 92 2 38 12 52 97 61 90 98 65 62 80 43 67
调用sorted()进行排序后的int流内容是:2 5 12 29 38 39 43 52 61 62 65 67 76 80 90 90 92 92 97 98
对int流调用parallel()再调用forEach()后的结果是:90 97 62 98 90 2 80 61 38 29 39 92 76 12 92 67 5 65 43 52
对int流调用parallel()再调用forEachOrdered()后的结果是:39 76 5 29 92 92 2 38 12 52 97 61 90 98 90 65 62 80 43 67
先调用sorted()再调用unordered()后的int流的内容是:2 5 12 29 38 39 43 52 61 62 65 67 76 80 90 90 92 92 97 98
先调用unordered()再调用parallel()后的int流的内容是:90 2 80 90 76 92 39 29 65 67 12 61 62 5 97 52 38 92 43 98
先调用parallel()再调用unordered()后的int流的内容是:90 2 65 38 92 5 80 67 98 12 90 62 97 61 29 39 92 76 52 43
调用concat()对两个流进行拼后得到的int流的内容是:1 2 3 4 5 6 7 8 9 10
对一个从1开始且以1为步进进行递增的int流(按方式1产生)调用limit()后得到的int流的内容是:1 2 3 4 5 6 7 8 9 10
对一个从1开始且以1为步进进行递增的int流(按方式2产生)调用limit()后得到的int流的内容是:1 2 3 4 5 6 7 8 9 10
对一个元素全为1的int流(按方式1产生)调用limit()后得到的int流的内容是:1 1 1 1 1 1 1 1 1 1
对一个元素全为1的int流(按方式2产生)调用limit()后得到的int流的内容是:1 1 1 1 1 1 1 1 1 1
对一个String流调用peek()进行查看的结果是:
filtered value: Aureliano
mapped value: AURELIANO
filtered value: afternoon
mapped value: AFTERNOON
对一个从1开始且以1为步进进行递增的int流调用skip()再调用limit()后得到的int流的结果是:6 7 8 9 10
对一个String串行流调用sorted()按照字典顺序对流中字符串进行排序后前三个字符串是:Aureliano Buendia Colonel
对一个String并行流调用sorted()按照字典顺序对流中字符串进行排序后前三个字符串是:Buendia Aureliano Colonel
对一个Student串行流调用sorted()按照学号从小到大的顺序对流中学生进行排序后前三个学生是:Student(sno = '09001', sname = 'Jason', ssex = 'M', sage = 21, sdept = 'BD') Student(sno = '09002', sname = 'Isabella', ssex = 'F', sage = 20, sdept = 'MD') Student(sno = '09003', sname = 'Cathy', ssex = 'F', sage = 19, sdept = 'MATH')
对一个String串行流调用sorted()按照长度从长到短的顺序对流中字符串进行排序后前三个字符串是:Aureliano afternoon remember
对一个Student串行流调用sorted()按照年龄从大到小的方式对流中学生进行排序后前三个学生是:Student(sno = '09004', sname = 'Andrew', ssex = 'M', sage = 22, sdept = 'AI') Student(sno = '09016', sname = 'Luke', ssex = 'M', sage = 22, sdept = 'CS') Student(sno = '09001', sname = 'Jason', ssex = 'M', sage = 21, sdept = 'BD')

8.流的数组转化(即toArray()等):
对一个int流调用toArray()将其转换为int数组后数组内容是:[39, 76, 5, 29, 92, 92, 2, 38, 12, 52, 97, 61, 90, 98, 90, 65, 62, 80, 43, 67]
对一个String流调用filter()生成一个由长度大于8的字符串构成的流,将该流转换为字符串数组后数组内容是(方式1):[Aureliano, afternoon]
对一个String流调用filter()生成一个由长度大于8的字符串构成的流,将该流转换为字符串数组后数组内容是(方式2):[Aureliano, afternoon]
对一个Student流调用filter()生成一个由年龄等于22的学生构成的流,将该流转换为Student数组后数组内容是(方式1):[Student(sno = '09004', sname = 'Andrew', ssex = 'M', sage = 22, sdept = 'AI'), Student(sno = '09016', sname = 'Luke', ssex = 'M', sage = 22, sdept = 'CS')]
对一个Student流调用filter()生成一个由年龄等于22的学生构成的流,将该流转换为Student数组后数组内容是(方式2):[Student(sno = '09004', sname = 'Andrew', ssex = 'M', sage = 22, sdept = 'AI'), Student(sno = '09016', sname = 'Luke', ssex = 'M', sage = 22, sdept = 'CS')]

9. 流关闭(即 close()):
已生成一个新的字符串流 strStream
字符串流 strStream 中内容是:Aureliano Buendia Colonel Many afternoon as discover distant faced father firing he him his ice later remember squad that the to took was when years
关闭字符串流 strStream
使用 try-with-resources 语句块包裹和自动关闭流:sum is 1223

例 10.3 演示了如何创建、使用和关闭 Stream<T>和 IntStream 流。在第 354～440 行,程序复用了在例 7.4 中定义的 Student 类。Student 类实现了 Comparable<Student>接口的 compareTo()方法,如第 437～439 行所示,该方法根据学号对两个 Student 对象进行比较。

例 10.3 在第 15～352 行定义了主类 App10_3。在 main()方法中,程序在第 17～80 行使用 Collection.stream()、Collection.parallelStream()、Arrays.stream()、Stream.of()、Stream.iterate()、Stream.generate()、Stream.builder()、IntStream.of()、IntStream.iterate()、IntStream.generate()、IntStream.builder()、IntStream.range()和 IntStream.rangeClosed()创建各种类型的流,如 Stream<String>类型的字符串流 strStream、Stream<Integer>类型的整数流 integerStream、IntStream 类型的整数流 intArrayStream 和 Stream<Student>类型的学生流 stuStream。

在第 82～110 行,程序对串行流或并行流调用 forEach()和 forEachOrdered()来打印流中内容。对于具有相遇顺序的串行流,两者的执行结果是相同的;但对于具有相遇顺序的并行流,forEach()的输出内容是乱序的,而 forEachOrdered()会按序输出流中元素。

在第 112～124 行,程序对流进行过滤、并行化、串行化和匹配等操作,即演示如何调用 filter()、parallel()、sequential()、findFirst()、findAny()、anyMatch()、allMatch()和 noneMatch()等方法。在第 126～134 行,程序对流进行聚合操作,即演示如何调用 max()、min()、average()、sum()和 count()等方法。实际上,聚合操作是归约操作的特例。在第 136～164 行,程序对流进行映射操作,即演示如何调用 map()和 flatMap()等方法。在第 166～209 行,程序对流进行不可变归约和可变归约操作,即演示如何调用 reduce()和 collect()等方法。在第 211～310 行,程序对流进行排序、拼接、去重、限制、查看和跳过等操作,即演示如何调用 sorted()、unordered()、concat()、distinct()、limit()、peek()和 skip()等方法。在第 312～330 行,程序演示如何对流调用 toArray()方法将其转换成数组。在第 332～350 行,程序对流调用 close()方法并给出关闭流的两种方式。

关于流的相关方法的调用细节请参考例 10.3 的代码、注释和执行结果进行理解和掌握。

10.4 StreamSupport、Collector<T,A,R>与 Collectors

StreamSupport 类提供了各种创建流的底层方法,这些方法根据可分割迭代器如 Spliterator.OfInt、Spliterator.OfLong、Spliterator.OfDouble 或 Spliterator<T>对象来创建流。当编制好一个带有可分割迭代功能的数据结构后,想要再为该数据结构添加流功能时,StreamSupport 类就非常有用。StreamSupport 类的常用方法如表 10.14 所示。

表 10.14　StreamSupport 类的常用方法

方 法 签 名	功 能 说 明
static DoubleStream doubleStream(Spliterator.OfDouble spliterator, boolean parallel)	根据 parallel 从 spliterator 创建一个顺序或并行的 DoubleStream 流 ds。只有当 ds 流管道上的流终结操作启动时，spliterator 才会被遍历、分割或查询大小。可分割迭代器 spliterator 应具有 CONCURRENT/IMMUTABLE 特性或应是晚绑定的(Late-binding)
static DoubleStream doubleStream(Supplier＜? extends Spliterator.OfDouble＞ supplier, int characteristics, boolean parallel)	根据 parallel 利用 supplier 和 characteristics 创建一个顺序或并行的 DoubleStream 流 ds，supplier 负责生成 Spliterator.OfDouble 类型的可分割迭代器 spliterator，且它的特性集必须与 characteristics 相等。该方法使用 supplier 来提供作为流的数据源的 spliterator，可一定程度上减小 spliterator 在流操作执行期间被干扰的概率。原因如下：①只有当 ds 流管道上的流终结操作启动后，supplier.get()才会被调用(且至多会被调用一次)，而任何在流终结操作启动之前对 spliterator 的修改都会体现在最终生成的流中；②supplier.get()可以返回匿名的可分割迭代器，这样该迭代器在生成后除 ds 流操作外的其他任何代码都无法访问和修改它
static IntStream intStream(Spliterator.OfInt spliterator, boolean parallel)	根据 parallel 从 spliterator 创建一个顺序或并行的 IntStream 流 is。只有当 is 流管道上的流终结操作启动时，spliterator 才会被遍历、分割或询问大小。可分割迭代器 spliterator 应具有 CONCURRENT/IMMUTABLE 特性或应是晚绑定的
static IntStream intStream(Supplier＜? extends Spliterator.OfInt＞ supplier, int characteristics, boolean parallel)	根据 parallel 利用 supplier 和 characteristics 创建一个顺序或并行的 IntStream 流 is，supplier 负责生成 Spliterator.OfInt 类型的可分割迭代器 spliterator，它的特性集必须与 characteristics 相等。该方法使用 supplier 来提供作为流的数据源的 spliterator，可一定程度上减小 spliterator 在流操作执行期间被干扰的概率
static LongStream longStream(Spliterator.OfLong spliterator, boolean parallel)	根据 parallel 从 spliterator 创建一个顺序或并行的 LongStream 流 ls。只有当 ls 流管道上的流终结操作启动时，spliterator 才会被遍历、分割或询问大小。可分割迭代器 spliterator 应具有 CONCURRENT/IMMUTABLE 特性或应是晚绑定的
static LongStream longStream(Supplier＜? extends Spliterator.OfLong＞ supplier, int characteristics, boolean parallel)	根据 parallel 利用 supplier 和 characteristics 创建一个顺序或并行的 LongStream 流 ls，supplier 负责生成 Spliterator.OfLong 类型的可分割迭代器 spliterator，它的特性集必须与 characteristics 相等。该方法使用 supplier 来提供作为流的数据源的 spliterator，可一定程度上减小 spliterator 在流操作执行期间被干扰的概率
static ＜T＞ Stream＜T＞ stream(Spliterator＜T＞ spliterator, boolean parallel)	根据 parallel 从 spliterator 创建一个顺序或并行的 Stream＜T＞流 st。只有当 st 流管道上的流终结操作启动时，spliterator 才会被遍历、分割或询问大小。可分割迭代器 spliterator 应具有 CONCURRENT/IMMUTABLE 特性或应是晚绑定的
static ＜T＞ Stream＜T＞ stream(Supplier＜? extends Spliterator＜T＞＞ supplier, int characteristics, boolean parallel)	根据 parallel 利用 supplier 和 characteristics 创建一个顺序或并行的 Stream＜T＞流 st，supplier 负责生成 Spliterator＜T＞类型的可分割迭代器 spliterator，它的特性集必须与 characteristics 相等。该方法使用 supplier 来提供作为流的数据源的 spliterator，可一定程度上减小 spliterator 在流操作执行期间被干扰的概率

Collector＜T,A,R＞接口表示一个关于流的可变归约(见 10.1.9 节)，它实际上是对 Stream＜T＞的＜R＞ R collect(Supplier＜R＞ supplier, BiConsumer＜R,? super T＞ accumulator,

BiConsumer＜R,R＞combiner)方法中三个参数的封装。Collector＜T,A,R＞具有三个类型形参，其中 T 表示流中元素类型,A 表示中间结果的类型,累积器 accumulator 负责将 T 型元素累积到该中间结果容器,R 表示最终结果的类型。一个 Collector＜T,A,R＞实例称为一个收集器(Collector),它包括四个组成部分:①供应器 supplier,负责创建新的结果容器,可通过对收集器调用 supplier()方法获得;②累积器 accumulator,负责将新的流元素累积到某个结果容器中,可通过调用 accumulator()获得;③组合器 combiner,负责将两个中间结果进行合并以得到一个新的中间结果,可通过调用 combiner()获得;④完成器 finisher,负责对结果容器进行一个最终变换以得到最终结果,这个变换是可选的,该完成器可通过调用 finisher()获得。Collector＜T,A,R＞的常用成员和方法如表 10.15 所示。

表 10.15 Collector＜T,A,R＞接口的常用成员与方法

成员/方法签名	功 能 说 明
static enum Collector. Characteristics	静态成员枚举类,用于表示收集器的特性。一个收集可以具有 CONCURRENT、IDENTITY_FINISH 或 UNORDERED 特性
BiConsumer＜A,T＞ accumulator()	返回当前收集器的累积器 accumulator,它可以将类型为 T 的元素 t 合并到一个类型为 A 的可变结果容器里
Set＜Collector. Characteristics＞ characteristics()	返回当前收集器的特性集 s,s 是只读的
BinaryOperator＜A＞ combiner()	返回当前收集器的组合器 combiner,它将两个 A 类型中间结果合并为一个结果并将之返回,该结果可能是两个参数其中之一或是一个新建的结果容器
Function＜A,R＞ finisher()	返回当前收集器 this 的完成器 finisher,它对类型为 A 的中间结果 a 进行一个最终变换将其转换为类型为 R 的最终结果 r。如果 this 包含特性 IDENTITY_FINISH,则 finisher 应是一个恒等函数从而可直接将 a 转换为 r
static ＜T,A,R＞ Collector＜T,A,R＞ of（Supplier＜A＞ supplier,BiConsumer ＜A,T＞accumulator, BinaryOperator＜A＞ combiner,Function＜A, R＞finisher,Collector. Characteristics... characteristics)	使用供应器 supplier、累积器 accumulator、组合器 combiner、完成器 finisher 和特性集 characteristics 创建一个收集器 Collector＜T,A,R＞对象 collector,它能够将 Stream＜T＞对象中的元素归约到 A 类型的可变结果容器中并最终转换成 R 类型结果
static ＜T,R＞ Collector＜T,R,R＞of （Supplier＜R＞ supplier,BiConsumer ＜R,T＞accumulator, BinaryOperator＜R＞ combiner, Collector. Characteristics... characteristics)	使用供应器 supplier、累积器 accumulator、组合器 combiner 和特性集 characteristics 创建一个收集器 Collector＜T,R,R＞对象 collector,它能够将 Stream＜T＞对象中的元素归约到 R 类型的可变结果容器中并最终将该容器作为结果返回
Supplier＜A＞ supplier()	返回当前收集器 this 的供应器 supplier,它能创建并返回一个可变结果容器

收集器具有并发 CONCURRENT、无序 UNORDERED 和幂等 IDENTITY_FINISH

等一系列特性,这些特性以及操作这些特性的方法都在枚举类 Collector.Characteristics 中声明和定义,如表 10.16 所示。其中 CONCURRENT 特性表示收集器是并发收集器,即由其供应器 supplier 创建的可变结果容器是支持并发的容器;UNORDERED 特性表示收集器所代表的可变归约不保证归约后的结果能够保持归约前被归约元素的相遇顺序(如果这些元素具有相遇顺序的话);而 IDENTITY_FINISH 特性表示收集器的完成器 finisher 是幂等函数,因此可以略去对它的调用。

对于使用收集器 Collector<T,A,R>实例 collector 进行归约的流来说,如果它是顺序流,则它会调用 collector 的供应器 supplier 创建一个唯一的结果容器,然后使用 collector 的累积器 accumulator 将流中每个元素累积到结果容器中;如果流是并行流,则它首先将所有流元素划分成多个分区,然后为每个分区创建一个结果容器,将每个分区中的元素累积到该分区所对应的结果容器中,最后再使用 collector 的组合器将多个中间结果合并为一个综合结果。为确保使用收集器的归约操作无论在串行执行还是在并行执行时都产生相同的结果,收集器的供应器 supplier 返回的新建结果容器必须是其组合器 combiner 的基元值(即 Identity),组合器 combiner 必须满足结合律(即 Associativity),而累积器 accumulator 必须要和组合器相容一致(即 Compatibility)。关于基元值、结合律和相容性的详细描述请见表 10.6 关于<R> R collect(Supplier<R>,BiConsumer<R,? super T>,BiConsumer<R,R>)与 reduce(U,BiFunction<U,? super T,U>,BinaryOperator<U>)的描述和 10.1.8 节(归约操作)与 10.1.9 节(可变归约)的内容。

表 10.16 Collector.Characteristics 枚举的常用成员与方法

成员/方法签名	功 能 说 明
static final Collector.Characteristics CONCURRENT	该特性表示当前收集器 collector 是并发的,这意味着其供应器 supplier 返回的可变结果容器 a 是支持并发的容器,这样 collector 的累积器 accumulator 就可以同时被多个线程调用并并发地访问 a
static final Collector.Characteristics IDENTITY_FINISH	该特性表示当前收集器 collector 的完成器 finisher 是个恒等函数,因此可以略去对它的调用
static final Collector.Characteristics UNORDERED	该特性表示当前收集器 collector 所代表的可变归约操作不保证归约后的结果能够保持归约前被归约元素的相遇顺序(如果这些元素有相遇顺序)。这意味着 collector 的供应器 supplier 提供的是内在无序的容器如 HashSet<E>等而不是内在有序的容器如 ArrayList<E>等
static Collector.Characteristics valueOf(String name)	根据 name 值返回与之相对应的 Collector.Characteristics 枚举常量。字符串 name 必须精确匹配枚举常量的名称,如 valueOf("CONCURRENT")会返回 CONCURRENT 枚举常量,而 valueOf("concurrent")会抛出异常
static Collector.Characteristics[] values()	返回枚举类型 Collector.Characteristics 中的所有枚举常量值数组。枚举常量在数组中按照它们的声明顺序排列

创建一个收集器实例可以通过调用 Collector.of()方法来完成,也可以通过调用 Collectors 类提供的各种静态方法来完成。Collectors 类提供了各种实用归约操作的 Collector 实现,如将流元素积累到集合中或根据不同的标准对流元素进行汇总等。只需调用 Collectors 类的相关方法即可获得一个能完成特定归约任务的收集器 Collector<T,A,R>实例。收集器 Collector<T,A,R>被设计成是可组合的。Collectors 的许多方法都可以接受

一个收集器并生成和返回一个新收集器。Collectors 类支持收集器的组合或嵌套，即可以创建一个包含其他收集器的新收集器；新收集器将在自己所代表的归约任务中调用其他收集器来完成子归约任务。Collectors 类的常用方法如表 10.17 所示。

表 10.17 Collectors 类的常用方法

方 法 签 名	功 能 说 明
static < T > Collector < T,?,Double > averagingDouble (ToDoubleFunction <? super T > mapper)	根据参数 mapper 生成并返回一个收集器 collector，它使用 mapper 将 T 型输入元素逐个映射成 double 值，然后计算所有 double 值的算术平均值并将之返回。如果没有输入元素，collector 就返回 0
static < T > Collector < T,?,Double > averagingInt (ToIntFunction <? super T > mapper)	根据参数 mapper 生成并返回一个收集器 collector，它使用 mapper 将 T 型输入元素逐个映射成 int 值，然后计算所有 int 值的算术平均值（double 型）并将之返回。如果没有输入元素，collector 就返回 0
static < T > Collector < T,?,Double > averagingLong (ToLongFunction <? super T > mapper)	根据参数 mapper 生成并返回一个收集器 collector，它使用 mapper 将 T 型输入元素逐个映射成 long 值，然后计算所有 long 值的算术平均值（double 型）并将之返回。如果没有输入元素，collector 就返回 0
static < T,A,R,RR > Collector < T,A,RR > collectingAndThen (Collector < T,A,R > downstream, Function < R,RR > finisher)	根据收集器 downstream 和完成器 finisher 创建并返回一个新的收集器 collector，它执行 downstream 所表示的归约操作，然后利用 finisher 将 downstream 的归约结果从 R 型变换成 RR 型
static < T > Collector < T,?,Long > counting( )	创建并返回一个收集器 collector，它统计输入元素的个数并将之返回，等价于 reducing(0L,e-> 1L,Long：sum)
static < T,K > Collector < T,?,Map < K,List < T > > groupingBy (Function <? super T,? extends K > classifier)	根据参数 classifier 生成并返回一个能够实现"group-by"分组操作的收集器 collector，它利用 classifier 对 T 型输入元素进行多对一映射，然后根据 K 型映射结果对原输入元素进行分组，最后将分组结果组织成 Map < K,List < T >>类型的最终结果 result，其键是将 classifier 应用到原输入后得到的结果，与某一个键 k 对应的值 v 由原输入中经 classifier 映射得到 k 的那些元素构成。Map < K,List < T>>对象 result 和其中所包含的 List < T>对象的具体类型（例如 HashMap < K,V >或者 ArrayList < E >)、可变性(Mutability)、可串行性(Serializability)或线程安全性(Thread-safety)都是未知的。该方法返回的 collector 不是并发收集器
static < T,K,A,D > Collector < T,?, Map < K,D > > groupingBy (Function <? super T,? extends K > classifier, Collector <? super T,A,D > downstream)	根据参数 classifier 和收集器 downstream 生成并返回一个能够实现"group-by"分组操作的收集器 collector，它首先利用 classifier 对 T 型输入元素进行多对一映射，根据 K 型映射结果对原输入元素进行分组，将分组结果组织成 Map < K,List < T >>类型的中间结果 midresult；然后对于 midresult 的任意一个键 k,对与之相对应的值 v 中的 T 型元素使用 downstream 进行归约得到 D 结果 d；最后得到 Map < K,D>类型的最终结果 result 并将之返回。Map < K,D>对象 result 的具体类型（例如 HashMap < K,V >、TreeMap < K,V >或 ConcurrentMap < K,V >等)、可变性、可串行性或线程安全性都是未知的。该方法返回的 collector 不是并发收集器
static < T,K,D,A,M extends Map < K,D >> Collector < T,?,M > groupingBy(Function <? super T,? extends K > classifier, Supplier < M > mapFactory, Collector <? super T,A,D> downstream)	该方法功能与上述 groupingBy (Function <? super T,? extends K > classifier,Collector <? super T,A,D > downstream)方法相同，只不过该方法返回的 collector 使用 mapFactory 来创建 Map < K,D>类型的最终结果 result,其具体类型、可变性、可串行性或线程安全性都由 mapFactory 来确定。该方法返回的 collector 不是并发收集器

续表

方法签名	功能说明
static < T, K > Collector < T,?, ConcurrentMap < K, List < T >>> groupingByConcurrent (Function <? super T,? extends K> classifier)	根据参数 classifier 生成并返回一个能够实现"group-by"分组操作的并发收集器 collector，它利用 classifier 对 T 型输入元素进行多对一映射得到 K 型映射结果，然后创建 ConcurrentMap < K, List < T >>类型的最终结果 result，且并行执行如下操作：根据 K 型映射结果对原输入元素进行分组，并发地将分组结果组织进 result 中，最后将 result 返回。该方法返回的 collector 是一个并发且无序的（Concurrent and Unordered）收集器。ConcurrentMap < K, List < T >>对象 result 和其中所包含的 List < T >对象的具体类型（例如 ConcurrentHashMap < K, V >或者 ConcurrentSkipListMap < K, V >）、可变性或可串行性都是未知的，且 List < T >对象的线程安全性也是未知的。该方法是 groupingBy (Function <? super T,? extends K>)方法的并发版本
static < T, K, A, D > Collector < T,?, ConcurrentMap < K, D >> groupingByConcurrent (Function <? super T,? extends K> classifier, Collector <? super T, A, D> downstream)	根据参数 classifier 和收集器 classifier 生成并返回一个能够实现"group-by"分组操作的并发收集器 collector，它首先利用 classifier 对 T 型输入元素进行多对一映射，根据 K 型映射结果对原输入元素进行分组，将分组结果组织成 Map < K, List < T >>类型的中间结果 midresult；然后创建 ConcurrentMap < K, D >类型的最终结果 result，且并行地执行如下操作：对于 midresult 的任意一个键 k，对与之相应的值 v 中的 T 型元素使用 downstream 进行归约得到 D 型结果 d，并发地将(k,d)添加到 result 中；最后将 result 返回。该方法返回的 collector 是一个并发且无序的收集器。ConcurrentMap < K, D >对象 result 的具体类型（例如 ConcurrentHashMap < K, V >或者 ConcurrentSkipListMap < K, V >）、可变性或可串行性都是未知的。该方法是 groupingBy (Function <? super T,? extends K >, Collector <? super T, A, D >)方法的并发版本
static < T, K, A, D, M extends ConcurrentMap < K, D >> Collector < T,?, M > groupingByConcurrent (Function <? super T,? extends K> classifier, Supplier < M > mapFactory, Collector <? super T, A, D> downstream)	该方法功能与上述 groupingByConcurrent (Function <? super T,? extends K> classifier, Collector <? super T, A, D> downstream)方法相同，只不过该方法返回的 collector 使用 mapFactory 来创建 ConcurrentMap < K, D >类型的最终结果 result，其具体类型、可变性或可串行性都由 mapFactory 来确定。该方法是 groupingBy (Function <? super T,? extends K >, Supplier < M >, Collector <? super T, A, D >)方法的并发版本
static Collector < CharSequence,?, String > joining()	创建并返回一个收集器 collector，它将类型为 CharSequence 的输入元素（按照相遇顺序，如果有的话）串接成一个 String 对象并将之返回
static Collector < CharSequence,?, String > joining(CharSequence delimiter)	创建并返回一个收集器 collector，它使用分隔符 delimiter 将类型为 CharSequence 的输入元素（按照相遇顺序，如果有的话）串接成一个 String 对象并将之返回

续表

方 法 签 名	功 能 说 明
static Collector < CharSequence,?, String > joining (CharSequence delimiter, CharSequence prefix, CharSequence suffix)	创建并返回一个收集器 collector，它使用分隔符 delimiter 将类型为 CharSequence 的输入元素（按照相遇顺序，如果有的话）串接成一个 String 对象 s，为 s 添加上前缀 prefix 和后缀 suffix，并将之返回
static < T, U, A, R > Collector < T,?,R > mapping (Function <? super T,? extends U > mapper, Collector <? super U, A, R > downstream)	根据参数 mapper 和收集器 downstream 生成并返回一个收集器 collector，该 collector 是个适配器，它将本来只能对 U 型元素进行归约的 downstream 适配成能够处理 T 型元素的收集器：首先使用 mapper 将 T 型输入元素映射成 U 型元素，然后使用 downstream 对 U 型输入元素进行归约得到 R 型结果，最后将该结果返回。下列代码使用该方法生成的 collector 将一个 Person 流中的人按照城市进行分组，然后将每个城市中居民的姓氏累积到一个集合中，最后返回一个由城市和该城市居民的姓氏集合构成的映射 Map < City, Set < String >> 对象： Map < City, Set < String >> lastNamesByCity = people.stream().collect(groupingBy(Person::getCity, mapping(Person::getLastName, toSet())));
static < T > Collector < T,?, Optional < T >> maxBy (Comparator <? super T > comparator)	根据外比较器 comparator 创建并返回一个收集器 collector，它根据 comparator 所确定的比较规则在 T 型输入元素中寻找最大元素，把它包装进一个 Optional < T > 对象并将该对象作为结果返回
static < T > Collector < T,?, Optional < T >> minBy (Comparator <? super T > comparator)	根据外比较器 comparator 创建并返回一个收集器 collector，它根据 comparator 所确定的比较规则在 T 型输入元素中寻找最小元素，把它包装进一个 Optional < T > 对象并将该对象作为结果返回
static < T > Collector < T,?, Map < Boolean, List < T >>> partitioningBy (Predicate <? super T > predicate)	根据谓词 predicate 创建并返回一个收集器 collector，它根据能否满足 predicate 的标准将 T 型输入元素分成 true 分组和 false 分组两部分，每个分组中的元素用 List < T > 对象存储，最后返回一个由 Boolean 值和使 predicate 取该 Boolean 值的 T 型元素构成的 Map < Boolean, List < T >> 对象
static < T, D, A > Collector < T,?, Map < Boolean, D >> partitioningBy (Predicate <? super T > predicate, Collector <? super T, A, D > downstream)	根据谓词 predicate 和收集器 downstream 创建并返回一个收集器 collector，它根据能否满足 predicate 的标准将 T 型输入元素分成 true 分组和 false 分组两部分，然后对每个分组中的元素使用 downstream 进行归约得到 D 型结果，最后返回一个由 Boolean 值和 D 值构成的 Map < Boolean, D > 对象

续表

方 法 签 名	功 能 说 明

static < T > Collector < T,?, Optional < T > > reducing (BinaryOperator < T > op)	根据二元操作 op 创建并返回一个收集器 collector，它使用 op 对 T 型输入元素进行归约得到 T 型结果，把该结果包装进一个 Optional<T>对象并将该对象返回。如果对一个 Stream <T>流 s 调用 s.collect(collector)，则该可变归约与下列代码等价：
	boolean foundAny = false; T result = null;
	BinaryOperator<T> accumulator = collector.accumulator();
	for (T element : s) {
	    if (!foundAny) {
	        foundAny = true;
	        result = element;
	    }
	    else
	        result = accumulator.apply(result, element);
	}
	return foundAny ? Optional.of(result) : Optional.empty();
	与上述顺序代码不同的是，s.collect(collector)可能会并行执行。下列代码给出一个关于该 reducing()方法的使用示例。针对一个 Person 流，该示例查找每个城市中身高最高的人：
	Comparator < Person > byHeight = Comparator.comparing (Person::getHeight);
	Map<City, Person> tallestByCity = people.stream().collect (groupingBy(Person::getCity, reducing(BinaryOperator.maxBy (byHeight))));

static < T > Collector < T,?, T > reducing(T identity, BinaryOperator < T > op)	根据基元值 identity 和二元操作 op 创建并返回一个收集器 collector，它使用 op 对 T 型输入元素基于 identity 进行归约得到 T 型结果并将该结果返回。如果对一个 Stream<T>流 s 调用 s.collect(collector)，则该可变归约与下列代码等价：
	boolean foundAny = false; T result = identity;
	BinaryOperator<T> accumulator = collector.accumulator();
	for (T element : s) {
	    result = accumulator.apply(result, element);
	}
	return foundAny ? result : identity;
	与上述顺序代码不同的是，s.collect(collector)可能会并行执行

方 法 签 名	功 能 说 明

static <T,U> Collector<T,?, U> reducing (U identity, Function <? super T,? extends U> mapper, BinaryOperator <U> op)	根据基元值 identity、映射器 mapper 和二元操作 op 创建并返回一个收集器 collector，它使用 mapper 将 T 型输入元素映射成 U 型值，然后使用 op 将所有 U 型值基于 identity 进行归约得到 U 型结果，最后将该结果返回。如果对一个 Stream<T>流 s 调用 s.collect(collector)，则该可变归约与下列代码等价：
	`U result = identity;`
	`BinaryOperator<U> accumulator = collector.accumulator();`
	`for (T element : s)`
	`    result = accumulator.apply(result, mapper.apply(element));`
	`return result;`
	与上述顺序代码不同的是，s.collect(collector)可能会并行执行。下列代码给出一个关于该 reducing() 方法的使用示例。针对一个 Person 流，该示例查找每个城市中具有最长姓氏的人：
	`Comparator<String> byLength = Comparator.comparing(String::length);`
	`Map<City, String> longestLastNameByCity = people.stream().collect(groupingBy(" ", Person::getCity, reducing(Person::getLastName, BinaryOperator.maxBy(byLength))));`

static <T> Collector<T,?, DoubleSummaryStatistics> summarizingDouble (ToDoubleFunction<? super T> mapper)	根据参数 mapper 生成并返回一个收集器 collector，它使用 mapper 将 T 型输入元素逐个映射成 double 值，然后使用这些 double 值构建一个 DoubleSummaryStatistics 概要统计对象并将之作为结果返回
static <T> Collector<T,?, IntSummaryStatistics> summarizingInt (ToIntFunction<? super T> mapper)	根据参数 mapper 生成并返回一个收集器 collector，它使用 mapper 将 T 型输入元素逐个映射成 int 值，然后使用这些 int 值构建一个 IntSummaryStatistics 概要统计对象并将之作为结果返回
static <T> Collector<T,?, LongSummaryStatistics> summarizingLong (ToLongFunction<? super T> mapper)	根据参数 mapper 生成并返回一个收集器 collector，它使用 mapper 将 T 型输入元素逐个映射成 long 值，然后使用这些 long 值构建一个 LongSummaryStatistics 概要统计对象并将之作为结果返回
static <T> Collector<T,?, Double> summingDouble (ToDoubleFunction<? super T> mapper)	根据参数 mapper 生成并返回一个收集器 collector，它使用 mapper 将 T 型输入元素逐个映射成 double 值，然后计算所有 double 值的累加和并将之返回。如果没有输入元素，collector 就返回 0
static <T> Collector<T,?, Integer> summingInt (ToIntFunction<? super T> mapper)	根据参数 mapper 生成并返回一个收集器 collector，它使用 mapper 将 T 型输入元素逐个映射成 int 值，然后计算所有 int 值的累加和并将之返回。如果没有输入元素，collector 就返回 0
static <T> Collector<T,?, Long> summingLong(ToLongFunction<? super T> mapper)	根据参数 mapper 生成并返回一个收集器 collector，它使用 mapper 将 T 型输入元素逐个映射成 long 值，然后计算所有 long 值的累加和并将之返回。如果没有输入元素，collector 就返回 0

续表

方 法 签 名	功 能 说 明
static < T, C extends Collection < T >> Collector < T, ?, C > toCollection (Supplier < C > collectionFactory)	根据容器供应器 collectionFactory 生成并返回一个收集器 collector，它将 T 型输入元素按照相遇顺序(如果有)或者元素到达顺序累积到由 collectionFactory 创建的结果容器 result 中。Collection < T >对象 result 的具体类型(例如 ArrayList < E >或 HashSet < E >)、可变性、可串行性或线程安全性都由 collectionFactory 确定。该方法的伪代码实现如下: return new CollectorImpl < >(collectionFactory, Collection < T >∷add, (r1,r2) -> {r1.addAll(r2); return r1;}, Collector.Characteristics.IDENTITY_FINISH);

static < T, K, U > Collector < T, ?, ConcurrentMap < K, U >> toConcurrentMap (Function <? super T, ? extends K > keyMapper, Function <? super T, ? extends U > valueMapper)	根据键映射器 keyMapper 和值映射器 valueMapper 生成并返回一个并发收集器 collector，它使用 keyMapper 和 valueMapper 将 T 型输入元素分别映射成 K 型键对象和 U 型值对象，然后将这些键值对象存储到一个 ConcurrentMap < K, U >对象 result 并将之返回。如果多个 K 型键对象中有重复现象(在 equals()意义上)，则 collector 在执行归约时会抛出 IllegalStateException 异常。ConcurrentMap < K, U >对象 result 的具体类型、可变性或可串行性都是未知的。该方法返回的 collector 是并发且无序的收集器。该方法是 toMap(Function <? super T, ? extends K >, Function <? super T, ? extends U >)方法的并发版本。下列代码使用该方法生成的 collector 将一个 Student 流归约成一个以学号为键、以学生为值的 ConcurrentMap < String, Student >对象:
	 `Map < String, Student > studentIdToStudent =`
	`    students.stream().collect(toConcurrentMap(Student::getId,`
	`Function.identity());`

static < T, K, U > Collector < T, ?, ConcurrentMap < K, U >> toConcurrentMap (Function <? super T, ? extends K > keyMapper, Function <? super T, ? extends U > valueMapper, BinaryOperator < U > mergeFunction)	根据键映射器 keyMapper、值映射器 valueMapper 和值合并器 mergeFunction 生成并返回一个并发收集器 collector，它使用 keyMapper 和 valueMapper 将 T 型输入元素分别映射成 K 型键对象和 U 型值对象，然后将这些键值对象存储到一个 ConcurrentMap < K, U >对象 result 并将之返回。如果多个 K 型键对象中有重复现象(在 equals()意义上)，即如果有两个 T 型元素 t1 和 t2 经 keyMapper 映射后得到的键对象 k1 和 k2 在 equals()意义上相等，这里统称它们为 k，则使用 mergeFunction 对 t1 和 t2 经 valueMapper 映射后得到的值对象 v1 和 v2 进行合并得到 v；最后将(k,v)添加到 result 中。ConcurrentMap < K, U >对象 result 的具体类型、可变性或可串行性都是未知的。该方法返回的 collector 是并发且无序的收集器。该方法是 toMap (Function <? super T, ? extends K >, Function <? super T, ? extends U >, BinaryOperator < U >)的并发版本。下列代码使用该方法生成的 collector 将一个 Student 流归约成一个以姓名为键、以地址为值的 ConcurrentMap < String, String >对象:
	`Map < String, String > studentNameToAddress =`
	`students.stream().collect(toConcurrentMap(Student::getName,`
	`Student::getAddress, (a1, a2) -> a1 + "," + a2);`
	注意，如果有多个 Student 具有相同的姓名 name，则使用 mergeFunction 将它们的多个地址拼接成单个地址 address，并将 (name,address)插入 ConcurrentMap < String, String >对象中

续表

方 法 签 名	功 能 说 明
static < T, K, U, M extends ConcurrentMap < K, U >> Collector < T,?, M > toConcurrentMap (Function <? super T,? extends K > keyMapper, Function <? super T,? extends U > valueMapper, BinaryOperator < U > mergeFunction, Supplier < M > mapSupplier)	该方法与上述 toConcurrentMap(Function <? super T,? extends K >, Function <? super T,? extends U >, BinaryOperator < U >)方法类似,不同的是当前方法返回的 collector 使用 mapSupplier 来创建结果容器,即 ConcurrentMap < K, U >对象 result,以存储对输入元素进行映射后得到的键值对。ConcurrentMap < K, U >对象 result 的具体类型、可变性或可串行性都由 mapSupplier 确定。该方法是 toMap(Function <? super T,? extends K >, Function <? super T,? extends U >, BinaryOperator < U >, Supplier < M >)方法的并发版本
static < T > Collector < T,?, List < T >> toList()	生成并返回一个收集器 collector,它将 T 型输入元素按照相遇顺序(如果有)或者元素到达顺序累积到一个 List < T >对象 result 中。List < T >对象 result 的具体类型(例如 ArrayList < E >或 LinkedList < E >)、可变性、可串行性或线程安全性都是未知的。该方法的伪代码实现如下:return new CollectorImpl <>((Supplier < List < T >>) ArrayList::new, List::add, (left, right) -> {left.addAll(right); return left;}, Collector.Characteristics.IDENTITY_FINISH);

static < T, K, U > Collector < T,?, Map < K, U >> toMap (Function <? super T,? extends K > keyMapper, Function <? super T,? extends U > valueMapper)	根据键映射器 keyMapper 和值映射器 valueMapper 生成并返回一个收集器 collector,它使用 keyMapper 和 valueMapper 将 T 型输入元素分别映射成 K 型键对象和 U 型值对象,然后将这些键值对象存储到一个 Map < K, U >对象 result 并将之返回。如果多个 K 型键对象中有重复现象(在 equals()意义上),则 collector 在执行归约时会抛出 IllegalStateException 异常。Map < K, U >对象 result 的具体类型、可变性、可串行性或线程安全性都是未知的。该方法返回的 collector 不是并发收集器。下列代码使用该方法生成的 collector 将一个 Student 流归约成一个以学号为键、以学生为值的 Map < String, Student >对象:
	 Map < String, Student > studentIdToStudent =
	  students.stream().collect(toMap(Student::getId,
	                    Function.identity());

static < T, K, U > Collector < T,?, Map < K, U >> toMap (Function <? super T,? extends K > keyMapper, Function <? super T,? extends U > valueMapper, BinaryOperator < U > mergeFunction)	该方法是 toConcurrentMap(Function <? super T,? extends K >, Function <? super T,? extends U >, BinaryOperator < U >)方法的非并发版本,它返回的 collector 不是并发收集器且该 collector 返回的 Map < K, U >对象 result 的具体类型、可变性、可串行性或线程安全性都是未知的。下列代码使用该方法生成的 collector 将一个 Student 流归约成一个以姓名为键、以地址为值的 Map < String, String >对象:
	 Map < String, String > studentNameToAddress =
	  students.stream().collect(toMap(Student::getName,
	           Student::getAddress, (a1, a2) -> a1 + ", " + a2));
	 注意,如果有多个 Student 具有相同的姓名 name,则使用 mergeFunction 将它们的多个地址拼接成单个地址 address,并将(name, address)插入 Map < String, String >对象中

续表

方 法 签 名	功 能 说 明
static < T,K,U,M extends Map < K,U >> Collector < T,?,M > toMap (Function <? super T,? extends K > keyMapper, Function <? super T,? extends U > valueMapper, BinaryOperator < U > mergeFunction, Supplier < M > mapSupplier)	该方法是 toConcurrentMap(Function <? super T,? extends K >,Function <? super T,? extends U >,BinaryOperator < U >,Supplier < M >)方法的非并发版本,它返回的 collector 不是并发收集器且该 collector 返回的 Map < K,U >对象的具体类型、可变性、可串行性或线程安全性都由 mapSupplier 确定
static < T > Collector < T,?,Set < T >> toSet()	生成并返回一个收集器 collector,它将 T 型输入元素按照相遇顺序(如果有)或者元素到达顺序累积到一个 Set < T >对象 result 中。Set < T >对象 result 的具体类型(例如 HashSet < E >或 TreeSet < E >)、可变性、可串行性或线程安全性都是未知的。该方法的伪代码实现如下:return new CollectorImpl<>((Supplier < Set < T >>) HashSet::new,Set::add,(left,right) -> {left.addAll(right); return left;},Collector.Charateristics.UNORDERED);

例 10.4 给出了一个关于 StreamSupport 类、Collector < T,A,R >接口和 Collectors 类用法的程序示例。

【例 10.4】 演示 StreamSupport 类、Collector < T,A,R >接口和 Collectors 类用法的程序示例。

```
1    package com.jgcs.chp10.p4;
2
3    import java.util.ArrayList;
4    import java.util.Arrays;
5    import java.util.Collections;
6    import java.util.Comparator;
7    import java.util.HashMap;
8    import java.util.List;
9    import java.util.Map;
10   import java.util.Spliterator;
11   import java.util.concurrent.ConcurrentHashMap;
12   import java.util.function.BinaryOperator;
13   import java.util.function.Consumer;
14   import java.util.stream.Collector;
15   import java.util.stream.Collectors;
16   import java.util.stream.Stream;
17   import java.util.stream.StreamSupport;
18
19   public class App10_4 {
20       public static void main(String[] args) {
21           //1.使用 SupportStream 创建基于可分割迭代器的流
22           System.out.println("1.使用 SupportStream 创建基于可分割迭代器的流:");
23           List < String > strList = Arrays.asList("Many", "years", "later", "as", "he",
                     "faced", "the", "firing", "squad",
24                   "Colonel", "Aureliano", "Buendia", "was", "to", "remember", "that",
                     "distant", "afternoon", "when",
```

```
25                        "his", "father", "took", "him", "to", "discover", "ice");
26      //strList.spliterator()返回的Spliterator<String>可分割迭代器具有晚绑定特性,
        //并且具有 SIZED|SUBSIZED|ORDERED 特性。
27      //根据该 stream(Supplier<? extends Spliterator<T>> supplier, int characteristics,
        //boolean parallel)方法的要求,它的第二个参数的特性要与第一个参数返回的可分
        //割迭代器的特性相同
28          Stream<String> strStreamSeq = StreamSupport.stream(strList::spliterator,
            Spliterator.SIZED|Spliterator.SUBSIZED|Spliterator.ORDERED, false);
            //创建一个基于可分割迭代器的串行 String 流
29      Stream<String> strStreamPar = StreamSupport.stream(strList.spliterator(), true);
        //创建一个基于可分割迭代器的并行 String 流
30          System.out.println("已创建串行 String 流 strStreamSeq 和并行 String 流
            strStreamPar");
31
32          Student stuJason = new Student("09001", "Jason", 'M', 21, "BD");
                                            //BD:大数据学院
33          Student stuMathew = new Student("09007", "Mathew", 'M', 20, "BD");
34          Student stuAlice = new Student("09010", "Alice", 'F', 19, "BD");
35
36          Student stuIsabella = new Student("09002", "Isabella", 'F', 20, "MD");
                                            //MD:音乐与舞蹈学院
37          Student stuEric = new Student("09008", "Eric", 'M', 21, "MD");
38          Student stuPenny = new Student("09009", "Penny", 'F', 19, "MD");
39          Student stuAnna = new Student("09011", "Anna", 'F', 20, "MD");
40
41          Student stuCathy = new Student("09003", "Cathy", 'F', 19, "MATH");
                                            //MATH:数学学院
42          Student stuLucas = new Student("09012", "Lucas", 'M', 20, "MATH");
43
44          Student stuAndrew = new Student("09004", "Andrew", 'M', 22, "AI");
                                            //AI:人工智能学院
45          Student stuElsa = new Student("09013", "Elsa", 'F', 19, "AI");
46          Student stuDaniel = new Student("09014", "Daniel", 'M', 20, "AI");
47
48          Student stuSophia = new Student("09005", "Sophia", 'F', 20, "CS");
                                            //CS:计算机学院
49          Student stuMoira = new Student("09015", "Moira", 'F', 21, "CS");
50          Student stuLuke = new Student("09016", "Luke", 'M', 22, "CS");
51          Student stuHarold = new Student("09017", "Harold", 'M', 19, "CS");
52
53          Student stuKevin = new Student("09006", "Kevin", 'M', 21, "PD");
                                            //PD:物理学院
54          Student stuViola = new Student("09018", "Viola", 'F', 20, "PD");
55
56          Student[] stuArray = {stuJason, stuMathew, stuAlice, stuIsabella, stuEric, stuPenny,
            stuAnna, stuCathy, stuLucas,
57                  stuAndrew, stuElsa, stuDaniel, stuSophia, stuMoira, stuLuke, stuHarold,
                    stuKevin, stuViola};
58          MySplitableArray<Student> stuSplitableArray = new MySplitableArray<>(stuArray);
59
60          //stuSplitableArray.spliterator()返回的 Spliterator<Student>可分割迭代器具有晚
            //绑定特性,并且具有 SIZED|SUBSIZED|IMMUTABLE|ORDERED 特性。
61          Stream<Student> stuStreamSeq = StreamSupport.stream(stuSplitableArray::
            spliterator, Spliterator.SIZED|Spliterator.SUBSIZED|Spliterator.IMMUTABLE|
```

```
62              Spliterator.ORDERED, false); //创建一个基于可分割迭代器的串行Student流
                Stream<Student> stuStreamPar = StreamSupport.stream(stuSplitableArray.
                spliterator(), true); //创建一个基于可分割迭代器的并行Student流
63              System.out.println("已创建串行Student流stuStreamSeq和并行Student流
                stuStreamPar");
64
65              //2.调用Collector.of()创建收集器实例
66              System.out.println("\n2.调用Collector.of()创建收集器实例:");
67              //调用static <T, A, R> Collector<T, A, R> of(Supplier<A> supplier,
                //BiConsumer<A, T> accumulator, BinaryOperator<A> combiner, Function<A,
                //R> finisher, Collector.Characteristics... characteristics)
68              Collector<String, StringBuilder, String> strCollectorWithStringBuilder =
                Collector.of(StringBuilder::new,
69                  (sb, str) -> sb.append(str + " "),
70                  StringBuilder::append,
71                  StringBuilder::toString,
72                  Collector.Characteristics.UNORDERED); //将字符串流中所有元素
                                                          //拼接为长字符串的收集器
73              Collector<String, StringBuilder, String> strCollectorWithStringBuilder
                = Collector.of(() -> new StringBuilder(),
74                  (sb, str) -> sb.append(str),
75                  (sb1, sb2) -> sb1.append(sb2),
76                  sb -> sb.toString(),
77                  Collector.Characteristics.valueOf("UNORDERED")); //将字符串流
                //中所有元素拼接为长字符串的收集器,等同于第68~72行的代码
78
79              //调用static <T, R> Collector<T, R, R> of(Supplier<R> supplier,
                //BiConsumer<R, T> accumulator, BinaryOperator<R> combiner, Collector.
                //Characteristics... characteristics)
80              Collector<String, ArrayList<String>, ArrayList<String>>
                strCollectorWithArrayList = Collector.of(ArrayList<String>::new,
81                  (al, str) -> al.add(str),
82                  (al1, al2) -> {al1.addAll(al2); return al1;},
83                  Collector.Characteristics.UNORDERED); //将字符串流中所有元素添加
                                                          //到一个列表的收集器
84
85              //调用static <T, R> Collector<T, R, R> of(Supplier<R> supplier,
                //BiConsumer<R, T> accumulator, BinaryOperator<R> combiner, Collector.
                //Characteristics... characteristics)
86              Collector<String, List<String>, List<String>>
                strConcurrentCollectorWithSynchronizedList = Collector.of(() ->
                Collections.synchronizedList(new ArrayList<String>()),
87                  List<String>::add,
88                  (al1, al2) -> {al1.addAll(al2); return al1;},
89                  Collector.Characteristics.valueOf("UNORDERED"), Collector.
                    Characteristics.CONCURRENT); //将字符串流中所有元素添加到
                                                 //一个列表的并发收集器
90              System.out.println("收集器实例strCollectorWithStringBuilder、
                strCollectorWithArrayList和strConcurrentCollectorWithSynchronizedList
                已成功创建");
91
92              //调用static <T, A, R> Collector<T, A, R> of(Supplier<A> supplier,
                //BiConsumer<A, T> accumulator, BinaryOperator<A> combiner, Function<A, R>
                //finisher, Collector.Characteristics... characteristics)
```

```java
93      Collector<Student, Integer[], Integer> stuCollectorMaxOnAge = Collector.
        of(() -> new Integer[]{0},
94          (result, stu) -> {
95              if(result[0] < stu.getSage())
96                  result[0] = stu.getSage();
97          },
98          (result1, result2) -> result1[0] > result2[0] ? result1 : result2,
99          result -> result[0],
100         Collector.Characteristics.UNORDERED); //求取学生流中所有学生的
                                                  //年龄的最大值的收集器
101
102     //调用 static <T, A, R> Collector<T, A, R> of(Supplier<A> supplier,
        //BiConsumer<A, T> accumulator, BinaryOperator<A> combiner, Function<A, R>
        //finisher, Collector.Characteristics... characteristics)
103     Collector<Student, ArrayList<Integer>, Integer> stuCollectorSumOnAge =
        Collector.of(ArrayList<Integer>::new,
104         (al, stu) -> al.add(stu.getSage()),
105         (al1, al2) -> {al1.addAll(al2); return al1;},
106         al -> { int sum = 0; for(Integer age: al) {sum += age;}
                return sum;},
107         Collector.Characteristics.valueOf("UNORDERED"));
                                //求取学生流中所有学生的年龄的总和的收集器
108
109     //调用 static <T, R> Collector<T, R, R> of(Supplier<R> supplier,
        //BiConsumer<R, T> accumulator, BinaryOperator<R> combiner,
        //Collector.Characteristics... characteristics)
110     Collector<Student, Map<String, ArrayList<Student>>, Map<String,
        ArrayList<Student>>> stuCollectorGroupbyDepartment = Collector.of
        (HashMap<String, ArrayList<Student>>::new,
111         (map, stu) -> {
112             String dept = stu.getSdept();
113             if(map.containsKey(dept)) {
114                 map.get(dept).add(stu);
115             } else {
116                 ArrayList<Student> ls = new ArrayList<>();
117                 ls.add(stu);
118                 map.put(dept, ls);
119             }
120         },
121         (map1, map2) -> {map1.putAll(map2); return map1;},
122         Collector.Characteristics.UNORDERED);
                                //对学生流中所有学生按照学院进行分组的收集器
123     System.out.println("收集器实例 stuCollectorMaxOnAge、stuCollectorSumOnAge
        和 stuCollectorGroupbyDepartment 已成功创建");
124
125     //3.使用步骤 2 创建的收集器对步骤 1 创建的流进行可变归约
126     System.out.println("\n3.使用步骤 2 创建的收集器对步骤 1 创建的流进行可变
        归约:");
127     String concatedStr = strStreamSeq.collect(strCollectorWithStringBuilder);
        //使用 strstrCollectorWithStringBuilder 对 strStreamSeq 进行可变归约
128     List<String> strLs = strStreamPar.collect(strConcurrentCollectorWithSynchronizedList);
        //使用 strConcurrentCollectorWithSynchronizedList 对 strStreamPar 进行可变归约
129     System.out.println("concatedStr is: " + concatedStr);
130     System.out.println("strLs is: " + strLs);
```

```java
131
132             int stuMaxAge = stuStreamSeq.collect(stuCollectorMaxOnAge);
                     //使用 stuCollectorMaxOnAge 对 stuStreamSeq 求取学生年龄的最大值
133         Map<String, ArrayList<Student>> stuGroupbyDepartment = stuStreamPar.collect
            (stuCollectorGroupbyDepartment); //使用 stuCollectorGroupbyDepartment 对
                                              //stuStreamPar 按照学院进行分组
134         System.out.println("stuMaxAge is: " + stuMaxAge);
135         System.out.println("stuGroupbyDepartment is: " + stuGroupbyDepartment);
136
137         //4.调用 Collectors 方法创建收集器实例并使用它们对流进行可变归约
138         System.out.println("\n4.调用 Collectors 方法创建收集器实例并使用它们对流
            进行可变归约:");
139         //调用 Collectors.averagingInt()
140         System.out.println("所有学生的年龄的平均值是:" + Arrays.stream
            (stuArray).collect(Collectors.averagingInt(Student::getSage)));
141
142         //调用 Collectors.counting()
143         System.out.println("字符串总数是:" + strList.stream().collect
            (Collectors.counting()));
144
145         //调用 Collectors.collectingAndThen()
146         System.out.println("对字符串进行拼接后得到的长字符串是:" + strList.
            parallelStream().collect(Collectors.collectingAndThen
            (strCollectorWithArrayList,
147                 al -> {
148                     StringBuilder sb = new StringBuilder();
149                     for(String str: al)
150                         sb.append(str + " ");
151                     return sb.toString();
152                 })));
153
154         //调用 static<T, K> Collector<T, ?, Map<K, List<T>>> groupingBy
            //(Function<? super T, ? extends K> classifier)
155         System.out.println("按性别对学生进行分组的结果是:" + Arrays.stream
            (stuArray).collect(
156                 Collectors.groupingBy(stu -> new Character(stu.getSsex()))));
157
158         //调用 static<T, K, A, D> Collector<T, ?, Map<K, D>> groupingBy(Function
            //<? super T, ? extends K> classifier, Collector<? super T, A, D> downstream)
159         System.out.println("按性别对学生进行分组后每个性别组中学生的最大年龄
            是:" + Arrays.stream(stuArray).collect(
160                 Collectors.groupingBy(stu -> new Character(stu.getSsex()),
                    stuCollectorMaxOnAge)));
161
162         //调用 static<T, K, D, A, M extends Map<K, D>> Collector<T, ?, M>
            //groupingBy(Function<? super T, ? extends K> classifier, Supplier<M>
            //mapFactory, Collector<? super T, A, D> downstream)
163         System.out.println("按性别对学生进行分组后每个性别组的学生的年龄总和
            是:" + Arrays.stream(stuArray).collect(
164                 Collectors.groupingBy(stu -> new Character(stu.getSsex()),
                    HashMap<Character, Integer>::new, stuCollectorSumOnAge)));
165
166         //调用 static<T, K, A, D, M extends ConcurrentMap<K, D>> Collector<T, ?, M>
            //groupingByConcurrent(Function<? super T, ? extends K> classifier,
```

```
167                 //Supplier<M> mapFactory, Collector<? super T, A, D> downstream)
                    //调用 Collectors.minBy()
168                 System.out.println("按学院对学生进行分组后每个学院中学生的最小年龄是:"
                        + Arrays.stream(stuArray).collect(
169                         Collectors.groupingByConcurrent(stu -> stu.getSdept(), () ->
                                new ConcurrentHashMap<String, Integer>(),
170                             Collectors.collectingAndThen(
171                                 Collectors.minBy(Comparator.comparingInt(Student::
                                    getSage)), //或者 Collectors.minBy((stu1, stu2) ->
                                    //Integer.min(stu1.getSage(), stu2.getSage()))
172                                 optStu -> optStu.get().getSage())));
                                    //minBy 返回的是一个 Optional<Student>,这里将
                                    //此类型转换为 Integer 类型
173
174                 //调用 static Collector<CharSequence, ?, String> joining(CharSequence
                    //delimiter, CharSequence prefix, CharSequence suffix)
175                 System.out.println("用\", \"作为分隔符来连接 strList 中的字符串并加上前缀
                    \"[\"和后缀\"]\"后得到的字符串是:" + strList.stream().collect(
176                     Collectors.joining(",", "[", "]")));
177
178                 //调用 Collectors.mapping()和 Collectors.summingInt()
179                 System.out.println("所有学生的年龄总和是(仅使用 summingInt()):" +
                     Arrays.stream(stuArray).collect(
180                         Collectors.summingInt(stu -> stu.getSage())));
181                 System.out.println("所有学生的年龄总和是(使用 mapping()和 summingInt()):"
                        + Arrays.stream(stuArray).collect(
182                         Collectors.mapping(Student::getSage, Collectors.summingInt(age
                            -> age))));
183                 System.out.println("按学院对学生进行分组后每个学院中学生的年龄总和是:"
                        + Arrays.stream(stuArray).collect(
184                         Collectors.groupingBy(Student::getSdept, Collectors.summingInt
                            (Student::getSage))));
185
186                 //调用 static <T, D, A> Collector<T, ?, Map<Boolean, D>> partitioningBy
                    //(Predicate<? super T> predicate, Collector<? super T, A, D> downstream)
187                 System.out.println("长度大于 6 和小于或等于 6 的两组字符串分别是:" +
                        strList.stream().collect(Collectors.partitioningBy(str -> str.length() <= 6)));
188                 System.out.println("年龄大于 20 和小于或等于 20 的两组学生的学生姓名分别
                    是:" + Arrays.stream(stuArray).collect(
189                         Collectors.partitioningBy(stu -> stu.getSage() <= 20,
                            Collectors.mapping(Student::getSname, Collectors.joining
                            (",")))));
190
191                 //调用 static <T> Collector<T, ?, Optional<T>> reducing(BinaryOperator<T>
                    //op)
192                 System.out.println("具有最大年龄的其中一个学生的姓名是:" + Arrays.
                    stream(stuArray).collect(
193                         Collectors.reducing((stu1, stu2) -> stu1.getSage() > stu2.
                            getSage() ? stu1 : stu2)).get().getSname());
                        //或者 Collectors.reducing(BinaryOperator.maxBy(Comparator.
                        //comparingInt(Student::getSage)))
194
195                 //调用 static <T> Collector<T, ?, T> reducing(T identity, BinaryOperator
```

```
                //<T> op)
196     System.out.println("具有最大长度的其中一个字符串是:" + strList.stream
        ().collect(
197             Collectors.reducing("", BinaryOperator.maxBy(Comparator.
                comparingInt(String::length)))));
198
199     //调用 static <T, U> Collector<T, ?, U> reducing(U identity, Function<?
        //super T, ? extends U> mapper, BinaryOperator<U> op)
200     System.out.println("所有学生的最大年龄是:" + Arrays.stream(stuArray).
        collect(
201             Collectors.reducing(0, Student::getSage, Integer::max)));
                //这里第三个参数使用 BinaryOperator.maxBy(Integer::max)就会出
                //现错误,因为 Integer.max(a, b)函数返回最大的那一个,而不是比
                //较结果如-1,0 和 1
202
203     //调用 static <T, C extends Collection<T>> Collector<T, ?, C> toCollection
        //(Supplier<C> collectionFactory)
204     System.out.println("将字符串流转换为字符串列表后的列表内容是(使用
        Collectors.toCollection()):" + strList.stream().collect(Collectors.
        toCollection(ArrayList<String>::new)));
205
206     //调用 static <T> Collector<T, ?, List<T>> toList()
207     System.out.println("将字符串流转换为字符串列表后的列表内容是(使用
        Collectors.toList()):" + strList.parallelStream().collect(Collectors.
        toList()));
208
209     //调用 static <T> Collector<T, ?, Set<T>> toSet()
210     System.out.println("将字符串流转换为字符串无序集合后的集合内容是:" +
        strList.stream().collect(Collectors.toSet()));
211
212     //调用 static <T, K, U, M extends Map<K, U>> Collector<T, ?, M> toMap
        //(Function<? super T, ? extends K> keyMapper, Function<? super T, ? extends
        //U> valueMapper, BinaryOperator<U> mergeFunction, Supplier<M> mapSupplier)
213     System.out.println("将所有学生按照学院分组后每个学院的学生姓名是(使用
        Collectors.toMap()):" + Arrays.stream(stuArray).collect(
214             Collectors.toMap(Student::getSdept,
215                 stu -> {ArrayList<String> ls = new ArrayList<String
                    >(); ls.add(stu.getSname()); return ls;},
216                 (ls1, ls2) -> {ls1.addAll(ls2); return ls1;},
217                 HashMap<String, ArrayList<String>>::new)));
218
219     //调用 static <T, K, U, M extends ConcurrentMap<K, U>> Collector<T, ?, M>
        //toConcurrentMap(Function<? super T, ? extends K> keyMapper, Function<?
        //super T, ? extends U> valueMapper, BinaryOperator<U> mergeFunction,
        //Supplier<M> mapSupplier)
220     System.out.println("将所有学生按照学院分组后每个学院的学生姓名是(使用
        Collectors.toConcurrentMap()):" + Arrays.stream(stuArray).parallel().
        collect(
221             Collectors.toConcurrentMap(Student::getSdept,
222                 stu -> {ArrayList<String> ls = new ArrayList<String>
                    (); ls.add(stu.getSname()); return ls;},
223                 (ls1, ls2) -> {ls1.addAll(ls2); return ls1;},
224                 ConcurrentHashMap<String, ArrayList<String>>::new)));
225     }
```

```java
226        }
227
228    class Student implements Comparable< Student >{
229        String sno;
230        String sname;
231        char ssex;
232        int sage;
233        String sdept;
234
235        public Student(String sno, String sname, char ssex, int sage, String sdept) {
236            this.sno = sno;
237            this.sname = sname;
238            this.ssex = ssex;
239            this.sage = sage;
240            this.sdept = sdept;
241        }
242
243        public String getSno() {
244            return sno;
245        }
246
247        public void setSno(String sno) {
248            this.sno = sno;
249        }
250
251        public String getSname() {
252            return sname;
253        }
254
255        public void setSname(String sname) {
256            this.sname = sname;
257        }
258
259        public char getSsex() {
260            return ssex;
261        }
262
263        public void setSsex(char ssex) {
264            this.ssex = ssex;
265        }
266
267        public int getSage() {
268            return sage;
269        }
270
271        public void setSage(int sage) {
272            this.sage = sage;
273        }
274
275        public String getSdept() {
276            return sdept;
277        }
278
279        public void setSdept(String sdept) {
```

```java
280             this.sdept = sdept;
281         }
282
283         @Override
284         public String toString() {
285             final StringBuilder sb = new StringBuilder("Student(");
286             sb.append("sno = '").append(sno).append('\'');
287             sb.append(", sname = '").append(sname).append('\'');
288             sb.append(", ssex = '").append(ssex).append('\'');
289             sb.append(", sage = ").append(sage);
290             sb.append(", sdept = '").append(sdept).append('\'');
291             sb.append(')');
292             return sb.toString();
293         }
294
295         @Override
296         public int hashCode() {
297             return sno.hashCode() >>> 1;
298         }
299
300         @Override
301         public boolean equals(Object obj) { //根据学号进行比较,在返回 true 时要与
                                               //compareTo()在语义上保持一致
302             if(obj instanceof Student) {
303                 Student stu = (Student)obj;
304                 return this.sno.equals(stu.getSno()) ? true : false;
305             } else {
306                 return false;
307             }
308         }
309
310         @Override
311         public int compareTo(Student stu) { //根据学号进行比较,在返回 0 时要与 equals()
                                                //在语义上保持一致
312             return sno.compareTo(stu.getSno());
313         }
314     }
315
316     class MySplitableArray<E>{
317         private final Object[] elements;    //immutable after construction
318         MySplitableArray(Object[] data){
319             int size = data.length;
320             elements = new Object[size];
321             for(int i = 0; i < size; i++) {
322                 elements[i] = data[i];
323             }
324         }
325
326         public Spliterator<E> spliterator(){
327             return new Splitr(elements, 0, elements.length);
328         }
329
330         private class Splitr implements Spliterator<E>{
331             private final Object[] array;
```

```java
332            private int origin;           //current index, advanced on split or traversal
333            private final int fence;      //one past the greatest index
334            Splitr(Object[] array, int origin, int fence){
335                this.array = array;
336                this.origin = origin;
337                this.fence = fence;
338            }
339
340            public void forEachRemaining(Consumer<? super E> action) {
341                for(; origin < fence; origin++) {
342                    action.accept((E) array[origin]);
343                }
344            }
345
346            public boolean tryAdvance(Consumer<? super E> action) {
347                if(origin < fence) {
348                    action.accept((E) array[origin]);
349                    origin ++;
350                    return true;
351                }else { //cannot advance
352                    return false;
353                }
354            }
355
356            public Spliterator<E> trySplit(){
357                int lo = origin;              //divide range in half
358                int mid = ((lo + fence) >>> 1) & ~1; //force midpoint to be even
359                if(lo < mid) { //split out left half
360                    origin = mid;  //reset this Spliterator's origin
361                    return new Splitr(array, lo, mid);
362                }
363                else {
364                    return null;   //too small to split
365                }
366            }
367
368            public long estimateSize() {
369                return (long)(fence - origin);
370            }
371
372            public int characteristics() {
373                return SIZED | SUBSIZED | IMMUTABLE | ORDERED;
374            }
375        }
376    }
```

程序运行结果如下：

1. 使用 SupportStream 创建基于可分割迭代器的流：
已创建串行 String 流 strStreamSeq 和并行 String 流 strStreamPar
已创建串行 Student 流 stuStreamSeq 和并行 Student 流 stuStreamPar

2. 调用 Collector.of() 创建收集器实例：
收集器实例 strCollectorWithStringBuilder、strCollectorWithArrayList 和 strConcurrentCollectorWithSynchronizedList 已成功创建

收集器实例 stuCollectorMaxOnAge、stuCollectorSumOnAge
和 stuCollectorGroupbyDepartment 已成功创建

3. 使用步骤 2 创建的收集器对步骤 1 创建的流进行可变归约：
concatedStr is: Many years later as he faced the firing squad Colonel Aureliano Buendia was to remember that distant afternoon when his father took him to discover ice
strLs is: [distant, when, afternoon, that, years, remember, to, later, Many, his, Buendia, Aureliano, was, Colonel, as, he, father, firing, squad, faced, the, took, to, ice, discover, him]
stuMaxAge is: 22
stuGroupbyDepartment is: {CS = [Student(sno = '09016', sname = 'Luke', ssex = 'M', sage = 22, sdept = 'CS'), Student(sno = '09017', sname = 'Harold', ssex = 'M', sage = 19, sdept = 'CS')], BD = [Student(sno = '09010', sname = 'Alice', ssex = 'F', sage = 19, sdept = 'BD')], PD = [Student(sno = '09006', sname = 'Kevin', ssex = 'M', sage = 21, sdept = 'PD'), Student(sno = '09018', sname = 'Viola', ssex = 'F', sage = 20, sdept = 'PD')], MD = [Student(sno = '09011', sname = 'Anna', ssex = 'F', sage = 20, sdept = 'MD')], AI = [Student(sno = '09013', sname = 'Elsa', ssex = 'F', sage = 19, sdept = 'AI'), Student(sno = '09014', sname = 'Daniel', ssex = 'M', sage = 20, sdept = 'AI')], MATH = [Student(sno = '09012', sname = 'Lucas', ssex = 'M', sage = 20, sdept = 'MATH')]}

4. 调用 Collectors 方法创建收集器实例并使用它们对流进行可变归约：
所有学生的年龄的平均值是:20.166666666666668
字符串总数是:26
对字符串进行拼接后得到的长字符串是:Many years later as he faced the firing squad Colonel Aureliano Buendia was to remember that distant afternoon when his father took him to discover ice
按性别对学生进行分组的结果是:{F = [Student(sno = '09010', sname = 'Alice', ssex = 'F', sage = 19, sdept = 'BD'), Student(sno = '09002', sname = 'Isabella', ssex = 'F', sage = 20, sdept = 'MD'), Student(sno = '09009', sname = 'Penny', ssex = 'F', sage = 19, sdept = 'MD'), Student(sno = '09011', sname = 'Anna', ssex = 'F', sage = 20, sdept = 'MD'), Student(sno = '09003', sname = 'Cathy', ssex = 'F', sage = 19, sdept = 'MATH'), Student(sno = '09013', sname = 'Elsa', ssex = 'F', sage = 19, sdept = 'AI'), Student(sno = '09005', sname = 'Sophia', ssex = 'F', sage = 20, sdept = 'CS'), Student(sno = '09015', sname = 'Moira', ssex = 'F', sage = 21, sdept = 'CS'), Student(sno = '09018', sname = 'Viola', ssex = 'F', sage = 20, sdept = 'PD')], M = [Student(sno = '09001', sname = 'Jason', ssex = 'M', sage = 21, sdept = 'BD'), Student(sno = '09007', sname = 'Mathew', ssex = 'M', sage = 20, sdept = 'BD'), Student(sno = '09008', sname = 'Eric', ssex = 'M', sage = 21, sdept = 'MD'), Student(sno = '09012', sname = 'Lucas', ssex = 'M', sage = 20, sdept = 'MATH'), Student(sno = '09004', sname = 'Andrew', ssex = 'M', sage = 22, sdept = 'AI'), Student(sno = '09014', sname = 'Daniel', ssex = 'M', sage = 20, sdept = 'AI'), Student(sno = '09016', sname = 'Luke', ssex = 'M', sage = 22, sdept = 'CS'), Student(sno = '09017', sname = 'Harold', ssex = 'M', sage = 19, sdept = 'CS'), Student(sno = '09006', sname = 'Kevin', ssex = 'M', sage = 21, sdept = 'PD')]}
按性别对学生进行分组后每个性别组中学生的最大年龄是:{F = 21, M = 22}
按性别对学生进行分组后每个性别组的学生的年龄总和是:{F = 177, M = 186}
按学院对学生进行分组后每个学院中学生的最小年龄是:{CS = 19, BD = 19, PD = 20, MD = 19, AI = 19, MATH = 19}
用"，"作为分隔符来连接 strList 中的字符串并加上前缀"["和后缀"]"后得到的字符串是:[Many, years, later, as, he, faced, the, firing, squad, Colonel, Aureliano, Buendia, was, to, remember, that, distant, afternoon, when, his, father, took, him, to, discover, ice]
所有学生的年龄总和是(仅使用 summingInt()):363
所有学生的年龄总和是(使用 mapping()和 summingInt()):363
按学院对学生进行分组后每个学院中学生的年龄总和是:{CS = 82, BD = 60, PD = 41, MD = 80, AI = 61, MATH = 39}
长度大于 6 和小于或等于 6 的两组字符串分别是:{false = [Colonel, Aureliano, Buendia, remember, distant, afternoon, discover], true = [Many, years, later, as, he, faced, the, firing, squad, was, to, that, when, his, father, took, him, to, ice]}

年龄大于 20 和小于或等于 20 的两组学生的学生姓名分别是:{false = Jason, Eric, Andrew, Moira, Luke, Kevin, true = Mathew, Alice, Isabella, Penny, Anna, Cathy, Lucas, Elsa, Daniel, Sophia, Harold, Viola}
具有最大年龄的其中一个学生的姓名是:Luke
具有最大长度的其中一个字符串是:Aureliano
所有学生的最大年龄是:22
将字符串流转换为字符串列表后的列表内容是(使用 Collectors.toCollection()):[Many, years, later, as, he, faced, the, firing, squad, Colonel, Aureliano, Buendia, was, to, remember, that, distant, afternoon, when, his, father, took, him, to, discover, ice]
将字符串流转换为字符串列表后的列表内容是(使用 Collectors.toList()):[Many, years, later, as, he, faced, the, firing, squad, Colonel, Aureliano, Buendia, was, to, remember, that, distant, afternoon, when, his, father, took, him, to, discover, ice]
将字符串流转换为字符串无序集合后的集合内容是:[father, ice, when, him, years, remember, that, Aureliano, later, his, Many, took, discover, Buendia, distant, was, faced, the, afternoon, as, squad, Colonel, firing, to, he]
将所有学生按照学院分组后每个学院的学生姓名是(使用 Collectors.toMap()):{CS = [Sophia, Moira, Luke, Harold], BD = [Jason, Mathew, Alice], PD = [Kevin, Viola], MD = [Isabella, Eric, Penny, Anna], AI = [Andrew, Elsa, Daniel], MATH = [Cathy, Lucas]}
将所有学生按照学院分组后每个学院的学生姓名是(使用 Collectors.toConcurrentMap()):{CS = [Sophia, Harold, Luke, Moira], BD = [Alice, Mathew, Jason], PD = [Kevin, Viola], MD = [Penny, Eric, Anna, Isabella], AI = [Daniel, Elsa, Andrew], MATH = [Cathy, Lucas]}

例 10.4 演示了如何使用 SupportStream 创建 Stream<T>流、如何调用 Collector<T, A, R>接口和 Collectors 类中方法创建收集器实例以及如何使用这些收集器实例对流进行可变归约。在第 228～314 行,程序复用了在例 7.4 中定义的 Student 类。在第 316～376 行,程序复用了在例 4.3 中定义的 MySplitableArray<E>泛型类,它提供方法为一个 E 类型数组生成可分割迭代器 Spliterator<E>。

例 10.4 在第 19～226 行定义了主类 App10_4。在 main()方法中,程序在第 21～63 行调用 StreamSupport.stream()创建四个基于可分割迭代器的 Stream<String>或 Stream<Student>流 strStreamSeq、strStreamPar、stuStreamSeq 和 stuStreamPar。如果要利用 StreamSupport 创建 IntStream、LongStream 或 DoubleStream 流,可以调用其 intStream()、longStream()或 doubleStream()方法。

在第 65～123 行,程序调用 Collector.of()来创建各种实用收集器实例,如能够将字符串 String 流中所有元素拼接为单个长字符串的收集器 strCollectorWithStringBuilder、能够将字符串 String 流中所有元素添加到单个列表的收集器 strCollectorWithArrayList、能够求取学生 Student 流中所有学生的年龄的最大值的收集器 stuCollectorMaxOnAge 和能够对学生流中所有学生按照学院进行分组的收集器 stuCollectorGroupbyDepartment 等。在第 125～135 行,程序使用上述收集器对 strStreamSeq、strStreamPar、stuStreamSeq 和 stuStreamPar 等字符串流或学生流进行可变归约并输出归约结果。

在第 137～224 行,程序调用 Collectors 的各种方法如 averagingInt()、counting()、collectingAndThen()、groupingBy()、groupingByConcurrent()、minBy()、joining()、mapping()、summingInt()、partitioningBy()、reducing()、toCollection()、toList()、toSet()、toMap()和 toConcurrentMap()等来创建各种具有实用功能的收集器实例,然后使用它们对流进行可变归约并输出归约结果。

关于上述在程序中调用的各种方法的参数准备、调用细节和调用效果,请参考代码、注释和运行结果进行理解,这里不再赘述。

10.5 本章小结

本章首先对流进行了概述,从流概念、流接口与类、流获取与关闭、流管道与流操作、串行流与并行流、有序流与无序流、可变归约与不可变归约等多方面对流进行全面介绍;然后介绍了可选类 Optional<T>、OptionalInt、OptionalLong 和 OptionalDouble,流经常用它们来表示终结操作的最终结果;接着介绍了基本流接口 BaseStream<T,S extends BaseStream<T,S>>和四类常用流接口 Stream<T>、IntStream、LongStream 与 DoubleStream;最后介绍了用可分割迭代器创建流对象的 StreamSupport 类、用来封装可变归约参数或要素的 Collector<T,A,R>接口和用来生成 Collector<T,A,R>实例的 Collectors 类。

参 考 文 献

[1] 维基百科. 协变与逆变[EB/OL]. [2023-09-25]. https://zh.wikipedia.org/wiki/％E5％8D％8F％E5％8F％98％E4％B8％8E％E9％80％86％E5％8F％98.

[2] Oracle. The Kinds of Types and Values[EB/OL]. [2023-09-25]. https://docs.oracle.com/javase/specs/jls/se8/html/jls-4.html♯jls-4.1.

[3] Oracle. Type Erasure[EB/OL]. [2023-09-25]. https://docs.oracle.com/javase/tutorial/java/generics/erasure.html.

[4] Venners B, Eckel B. Generics in C♯, Java, and C++[EB/OL]. 2004-01-26[2023-09-25]. https://www.artima.com/articles/generics-in-c-java-and-c.

[5] CSDN. C♯中的泛型与Java、C++中泛型的区别[EB/OL]. 2012-10-31[2023-09-25]. https://blog.csdn.net/nabila/article/details/8133245.

[6] 周志明. 深入理解Java虚拟机[M]. 3版. 北京：机械工业出版社，2021：245.

[7] Oracle. Restrictions on Generics[EB/OL]. [2023-09-25]. https://docs.oracle.com/javase/tutorial/java/generics/restrictions.html♯cannotCatch.

[8] Langer A. What is the difference between the unbounded wildcard parameterized type and the raw type?[EB/OL]. [2023-09-25]. http://www.angelikalanger.com/GenericsFAQ/FAQSections/ParameterizedTypes.html♯FAQ303.

[9] Oracle. Non-Reifiable Types[EB/OL]. [2023-09-25]. https://docs.oracle.com/javase/tutorial/java/generics/nonReifiableVarargsType.html.

[10] CSDN. 多线程（八）：Vector与ArrayList[EB/OL]. [2023-09-25]. https://blog.csdn.net/vbirdbest/article/details/81748183.

[11] 苏小红，禹振，王甜甜，等. 并发缺陷暴露、检测与规避研究综述[J]. 计算机学报，2015，38(11)：2215-2233.

[12] 吴仁群. Java基础教程[M]. 3版. 北京：清华大学出版社，2017：200.

[13] CSDN. WeakHashMap源码解析及使用场景[EB/OL]. [2023-09-25]. https://blog.csdn.net/wenxindiaolong061/article/details/109290742.

[14] Stack Overflow. Why do we still need external synchronization when a synchronizedList() or Vector is already synchronized?[EB/OL]. [2023-09-25]. https://stackoverflow.com/questions/20691757/why-do-we-still-need-external-synchronization-when-a-synchronizedlist-or-vecto.

[15] Coderanch. synchronizedList() VS Vector[EB/OL]. [2023-09-25]. https://coderanch.com/t/422977/java/synchronizedList-Vector.

[16] CSDN. Java中Optional的使用[EB/OL]. [2023-09-25]. https://blog.csdn.net/aaaPostcard/article/details/123596787.